O ANIMAL HUMANO
NA CAIXA DE PANDORA
DEMÔNIOS E LIÇÕES DO ANTROPOCENO

Editora Appris Ltda.
1.ª Edição - Copyright© 2024 do autor
Direitos de Edição Reservados à Editora Appris Ltda.

Nenhuma parte desta obra poderá ser utilizada indevidamente, sem estar de acordo com a Lei nº 9.610/98. Se incorreções forem encontradas, serão de exclusiva responsabilidade de seus organizadores. Foi realizado o Depósito Legal na Fundação Biblioteca Nacional, de acordo com as Leis nos 10.994, de 14/12/2004, e 12.192, de 14/01/2010.

Catalogação na Fonte
Elaborado por: Josefina A. S. Guedes
Bibliotecária CRB 9/870

S593a
2024
	Simões-Lopes, Paulo César
	    O animal humano na caixa de pandora: demônios e lições do antropoceno / Paulo César Simões-Lopes. – 1. ed. – Curitiba: Appris, 2024.
	    420 p. ; 16 x 23 cm.
	
	    Inclui referências
	    ISBN 978-65-250-6034-7
	
	    1. Evolução. 2. Antropoceno. 3. Trajetória humana. I. Simões-Lopes, Paulo César. II. Título.
	
	                                                      CDD – 576.8

Editora e Livraria Appris Ltda.
Av. Manoel Ribas, 2265 – Mercês
Curitiba/PR – CEP: 80810-002
Tel. (41) 3156 - 4731
www.editoraappris.com.br

Printed in Brazil
Impresso no Brasil

Paulo César Simões-Lopes

O ANIMAL HUMANO NA CAIXA DE PANDORA
DEMÔNIOS E LIÇÕES DO ANTROPOCENO

FICHA TÉCNICA

EDITORIAL	Augusto Coelho
	Sara C. de Andrade Coelho
COMITÊ EDITORIAL	Ana El Achkar (UNIVERSO/RJ)
	Andréa Barbosa Gouveia (UFPR)
	Conrado Moreira Mendes (PUC-MG)
	Eliete Correia dos Santos (UEPB)
	Fabiano Santos (UERJ/IESP)
	Francinete Fernandes de Sousa (UEPB)
	Francisco Carlos Duarte (PUCPR)
	Francisco de Assis (Fiam-Faam, SP, Brasil)
	Jacques de Lima Ferreira (UP)
	Juliana Reichert Assunção Tonelli (UEL)
	Maria Aparecida Barbosa (USP)
	Maria Helena Zamora (PUC-Rio)
	Maria Margarida de Andrade (Umack)
	Marilda Aparecida Behrens (PUCPR)
	Marli Caetano
	Roque Ismael da Costa Güllich (UFFS)
	Toni Reis (UFPR)
	Valdomiro de Oliveira (UFPR)
	Valério Brusamolin (IFPR)
SUPERVISOR DA PRODUÇÃO	Renata Cristina Lopes Miccelli
ASSESSORIA EDITORIAL	William Rodrigues
PRODUÇÃO EDITORIAL	Adrielli Almeida
REVISÃO	Ana Lúcia
DIAGRAMAÇÃO	Lucielli Trevizan
CAPA	Kananda Ferreira
IMAGEM DA CAPA	Cueva de las manos, Patagônia, Argentina

Agradecimentos

> *Mestre não é quem sempre ensina, mas quem de repente aprende.*
>
> (Guimarães Rosa, Grande Sertão Veredas)

Ensinar é uma via de mão dupla, nem sempre igual. Às vezes, acontece de recebermos mais do que damos. Isso aconteceu comigo. Foi um fenômeno coletivo de trocas ininterruptas (40 anos ininterruptos não é pouco)! Todo esse tempo ensinando zoologia, comportamento animal, ecologia, biogeografia e, logicamente, evolução dos organismos (e evolução humana) deu-me oportunidades incríveis para amadurecer ideias e ter *insights*.

Foram gerações e gerações de alunos... Biologia, Oceanografia e Agronomia. Foi por meio deles que este livro nasceu. Lembro de uma passagem do físico Max Planck que eu costumava contar aos alunos, quando estavam ficando entediados. O professor Planck explicava e reexplicava em aula suas deduções, inúmeras vezes, foi quando viu um único rosto se iluminar. Havia esperança, pensou ele, por que não? E foi assim que ele decidiu explicar novamente... Pela enésima vez, tomou o raciocínio do início e, então – num lampejo de gênio –, ele parou no meio da frase, boquiaberto... Levou a mão à testa, lentamente, e então seu próprio rosto se iluminou como o sol. E ele disse em êxtase ... – Entendi!

Portanto, a elas e a eles agradeço de coração por essa jornada encantadora, que beira o extraordinário. Foi por meio deles que acabei entendendo e ganhando alguma clareza. Os alunos são professores habilidosos, só não sabem disso.

Agradeço também aos muitos colegas brilhantes com os quais tenho convivido, além dos amigos arqueólogos, antropólogos e paleontólogos. Diferentes visões são sempre ricas e inspiradoras. Que bom. A diversidade de ideias é uma espécie de bênção.

Em livros escritos no primeiro mundo, vemos agradecimentos a um sem-número de secretárias, arquivistas, agentes literários, editores, mas aqui – no terceiro mundo – não é bem assim. Nosso *staff* está reduzido a bem poucas pessoas pacientes e benevolentes, que suportam todo o tipo de ausências de nossa parte. Minha filha, Gabriela, e minha esposa, Karla, estão entre elas. Quero acrescentar aqui a paciente revisora dos manuscritos deste livro, Ana Lúcia Wehr, por suas minuciosas e assertivas correções. Tenho ainda uma dívida enorme com meus colegas de laboratório, dívida que só poderá ser paga, quiçá, em cervejas e cumplicidade. Talvez isso também seja uma bênção.

Por isso, prefiro um pujante agradecimento a TODOS. Alguns já passaram faz tempo. Se lhes esqueci o nome, não esqueci os ensinamentos. Há os que conheci agora e com quem posso partilhar minha alegria, e há também os que porventura virão. Pois, então, que venham.

Como nos disse a "Mama África", certa vez:
"eu só existo porque nós existimos". Assim é Ubuntu, a tal via de mão dupla.
Humildemente: Obrigado.

O privilégio não é concedido a qualquer um... É preciso sofrer primeiro, ter sofrido muito, ter adquirido algum miserável conhecimento. É assim que nossos olhos se abrem.

(Henry James, 1818)

SUMÁRIO

INTRODUÇÃO – ACERTO DE CONTAS 17

CAPÍTULO 1 EMOÇÕES RASAS E CORAÇÕES PROFUNDOS 21

   1.1 NOSSA LINHAGEM HUMANA 21

   1.2 METENDO OS PÉS PELAS MÃOS 23

   1.3 A CHAVE PARA O ENIGMA DAS EMOÇÕES 26

   1.4 O OLHAR QUE FALA E A INTELIGÊNCIA EMOCIONAL 38

   1.5 NOSSA VERGONHA 40

   1.6 SONHOS E FANTASIAS 43

   1.7 A CORRIDA COM BASTÕES HEREDITÁRIOS 43

CAPÍTULO 2 *Homo nomadicus*, O ANIMAL COLONIZADOR 45

   2.1 UMA ESPÉCIE INQUIETA 45

   2.2 A ESPIRAL DA EXTINÇÃO 50

   2.3 O VORAZ INVASOR DA EUROPA 53

   2.4 VIAJANTES DE UM MUNDO SEM FIM – VAGANDO PELA ÁSIA 58

   2.5 UMA JANELA PARA A TERRA DE BERÍNGIA – SERIA ESTE UM MUNDO NOVO? 61

   2.6 A MAIOR DE TODAS AS AVENTURAS – O OCEANO INFINITO 64

Capítulo 3 Da Escravidão Verde aos Outros 50 Tons de Escravidão Cinza 69

3.1 Homo Hominis Lupus Est.. 69

3.2 Sobre Bodes, Ervilhas e a Mudança de Rumo da Humanidade................... 70

3.3 O Milheto e Outros Negócios da China 75

3.4 Batatas Doces e Sonhos Verticais... 76

3.5 Do Misterioso Teosinto à Pipoca de Micro-ondas............................... 77

3.6 Sorgo Vermelho e Continente Negro 78

3.7 Cavalos do Cazaquistão (e das Estepes mais Além) 79

3.8 Uma Ilha e muitas Bananas.. 81

3.9 Passagem para a Índia 82

Capítulo 4 Vida Fragmentada: Tribos, Vilas, Cidades e Arames Farpados .. 83

4.1 Nômades nas Vastas Planícies... 83

4.2 Pântanos Encharcados e Estepes Secas... 85

4.3 O Pão Nosso de Cada Dia, Frutas Suculentas e Obesidade....................... 88

4.4 As Brumas de Carnac 90

4.5 O Vermelho e o Negro 92

4.6 Cavernas de Argila e Cidades de Adobe 93

4.7 A Tríade da Grécia... 98

4.8 Cidades do Outro Lado do Mundo?.. 100

4.9 A Simples e Poderosa Ideia da Memória Expandida............................. 102

4.10 Muralhas – Vidas Fragmentadas... 105

4.11 A Cidade dos Mortos – Guetos, Gulags, Campos de Extermínio 110

Capítulo 5 O Paraiso Terreno da Credulidade 119

5.1 A Morte 119

5.2 O Nascimento da Magia 123

5.3 E o Nascimento das Religiões – Quando a Magia Ganha uma Memória 128

5.4 Um Deus Escondido Dentro de um Corpo 132

5.5 Trezentos Milhões de Deuses!... 134

5.6 O Umbigo do Mundo 136

5.7 O Sopro de Deus e as Ilusões do Homem 138

5.8 Diavolos e o Tempestuoso Mar de Hereges 142

5.9 Fé, Materialismo e Dor 146

5.10 Credulidade Eterna? Quiçá Nem Sempre Tenha Sido Assim 148

Capítulo 6 Criatividade à Flor da Pele: Ponto de Virada 153

6.1 Ars et Scientia: Muitos Frutos e uma só Semente 153

6.2 A Credulidade Eterna e o Nascimento da Ciência 159

6.3 A Mente que Mente 162

6.4 'Aphantasia' e as Fantasias da Mente 167

6.5 Uma Mente Brilhante 169

Capítulo 7 Burocracia, Democracia, Tirania e o Monte Pnix 177

7.1 O Monte Pnix 177

7.2 Da Democracia Grega à Oligarquia Decadente 178

7.3 Política, Políticos, Populismo e a Falsa Democracia 182

7.4 Tempos de Tirania 185

7.5 O Fascismo e o Fim da Democracia 188

7.6 Existe Livre-Arbítrio? 192

Capítulo 8 Vidas Privadas e Coisas Públicas 197

8.1 A Escravidão Velada (ou Efeito Pandora) 197

8.2 *Síndrome de Lilith?* (*o que contam os livros e poemas mais antigos*) 211

8.3 '*Sex and the City*' – Nós, o Sexo e as Escolhas 213

8.4 *Auri Sacra Fames* 218

8.5 O Meu, o Seu e Aquilo que é de Ninguém 223

8.6 *Fake News* – O Tenebroso Tsunami de Mentiras 228

8.7 "*Dolce Far Niente*" 229

Capítulo 9 A Morte Pede Carona 233

9.1 Sobre a Miséria e a Fome 233

9.2 Canibalismo 239

9.3 Da Doença e das Epidemias 241

Capítulo 10 Feridas Abertas..257

10.1 Drogas, Álcool e Dependência 257

10.2 Da Desigualdade e da Depressão... 261

10.3 Da Escravidão 271

10.4 Um Racismo Eterno?.. 275

10.5 Hecatombes 281

10.6 Antropoceno e Superpopulação.. 285

Capítulo 11 Um Mundo Sem Alma, Nossa Barbárie...........................289

11.1 As Sementes da Guerra 289

11.2 O Primeiro Sangue: Raízes do Terror....................................... 292

11.3 O Vil Metal e a Supremacia Militar na Antiguidade 298

11.4 A Ferro e Fogo: Um Novo Salto Tecnológico.............................. 303

11.5 Histórias Cruzadas: Êxodo e Genocídio.................................... 305

11.6 Trilha das Lágrimas..307

11.7 Os Genocídios Ocultos e o Genocídio Cultuado.......................... 313

11.8 A Humanidade Negada: Rohingyas.. 324

11.9 Tortura... 325

11.10 A Besta da Guerra: Tríade da Devastação 329

11.11 A Arte da Guerra: O Soldado Universal 341

11.12 Crianças-Soldado – a Maldição Moderna 346

11.13 Mentiras: O Jogo Sujo da Guerra 347

11.14 Anatomia da Maldade 349

Capítulo 12 A Grande Alma do Mundo 355

12.1 Vermelho Sangue: A Cruz e o Crescente 355

12.2 Sem Médicos e Sem Fronteiras 359

12.3 Os Capacetes Azuis e os Capacetes Brancos 362

12.4 Estamos Todos Órfãos 364

12.5 O Pássaro e o Elefante Cinzento: Salvando Espécies da Extinção 368

12.6 O Igualitarismo e as Sementes da Paz 371

12.7 Ahimsa, o Lotus e o Tao 374

Capítulo 13 A História Natural da Empatia 379

13.1 Laços de Ternura. Existe Amor sem Agressão? 379

13.2 Paz, Emoções e Personalidade 382

13.3 Cuidando dos Incapacitados 383

13.4 Sentindo a Dor dos Outros 385

13.5 Consciência e Autorreconhecimento? 389

13.6 Dar e Receber 390

13.7 Recompensa e Castigo. Um Altruísmo Humano? 392

13.8 Ubuntu 393

13.9 Simpatia 395

13.10 Caberia Falar de Amor? 398

Epílogo...

"O Crepúsculo do Antropoceno?" 401

REFERÊNCIAS 413

Introdução – Acerto de Contas

Aquilo que você mais precisa encontrar, será encontrado onde você menos quer olhar.

(Carl Jung)

Somos *sapiens* ou racionais, mas nem tanto. Este livro trata, justamente, do *nem tanto*. Trata de algo que não vemos como virtude, ainda que virtude seja coisa de um dado tempo e de uma dada tradição. As virtudes mudam com o tempo e, muitas vezes, com a conveniência.

Este livro trata, principalmente, de nossos fracassos, fraquezas, indecisões, conveniências... Trata também de nossas decisões, frequentemente imersas na banalidade. O que fazemos nem sempre é pensado e ponderado. Pelo contrário, é quase sempre fruto de arroubos voluntariosos, da raiva ou da vingança, do medo, do desespero, da fome. Só depois buscamos explicações para nossos atos – no mais das vezes, muito depois.

Tudo isso, simplesmente, porque somos um "animal humano", como bem definiu Desmond Morris. Nada de muito especial, nada de muito elitizado, como pretendem alguns intelectuais. Nada que seja realmente único ou não compartilhado. Evidentemente, todas as espécies são únicas, e, por isso, quando Robert Foley escreveu seu livro de evolução humana, ele o chamou de "Apenas mais uma espécie única". Era um recado para os que se achavam "a cereja do bolo" (e continuam se achando), para os que acham que não são animais.

Desmond Morris foi ainda mais longe quando nos apelidou de "o macaco nu". De uma só vez, acusou-nos (que bom) de macacos e expôs nossa nudez. Nos dois casos, temos de agradecer a esse eminente cientista. O macaco que somos tem um código genético, uma espécie de "potencial para realizações". Mas esse código também estabelece limitações com as quais temos de aprender a lidar. Em boa parte, o título do presente livro é uma homenagem a Desmond, já que trata das limitações de nossa espécie. *Conveniências, escolhas e limitações* formam um trio desafiador e tornam todas as jornadas difíceis.

A ideia é abrir nossa Caixa de Pandora e deixar que saiam os demônios! Nossa, como são numerosos! Podemos até ver este livro como uma catarse, mas antes de tudo é um "acerto de contas" com o passado e com o presente. Por isso, há uma contraparte histórica, arqueológica e paleontológica e abordagens sociais, políticas e econômicas em menor monta. Somos tudo isso e muito mais. Somos nossos genes, nosso metabolismo e até coisas impalpáveis, como nossos medos...

Ao desnudar o homem, ao vê-lo como o animal que de fato é, começamos a adquirir *"algum miserável conhecimento"*, do tipo que Henry James se referia. E conhecimento é sempre um caminho longo, mas bem-vindo. A ignorância até aparece como opção – uma opção reconfortante –, mas nem sempre a melhor. No mais das vezes, a ignorância é uma opção cara.

Se essa é a história de *nossas limitações e nossos demônios,* então convém começar agora e aproveitar as *Lições do Antropoceno,* este tempo de mudanças tão radicais. Convém examinar a nudez desse macaco voluntarioso que é o homem, convém compreender suas fraquezas e seus trunfos, ainda que breves, convém buscar onde *menos se quer olhar,* como disse Carl Jung. Convém compreender nosso macaco interior (*Our inner ape*), como ponderou Frans de Waal.

Esse macaco interior e sua linhagem pregressa, suas emoções, sua inquietude, sua vocação em se aventurar ao desconhecido são caminhos traçados nos dois primeiros capítulos. Como nos espalhamos por todo planeta?... Mas o animal humano fez muito mais. Manipulou e transformou o mundo e, ao fazer isso, disparou a armadilha que havia preparado para os outros. As mudanças nesse mundo novo foram tantas, que o tal período foi chamado Antropoceno[1], o tempo em que a mão do homem fez (e desfez) novos cenários. São muitas as lições a aprender desse período e, na maior parte, são lições dramáticas. O terceiro e o quarto capítulos tratam dessas transformações e de como elas nos levaram ao sedentarismo e à perda da individualidade. De alguma forma, as sociedades tiveram de se reinventar, e sua reinvenção levou a progressos espetaculares como o da própria escrita.

O homem, então, teria de lidar com essas novidades, com suas crenças (um número exorbitante delas) e arbitrariedade, com sua criatividade

---

[1] O termo geralmente se refere ao período mais recente da história de nosso planeta, depois do advento das máquinas a vapor e da luz elétrica, mas talvez o mais ponderado seja considerar uma data mais precoce, já que a mão do animal humano transformou as sementes e o próprio solo há bem mais tempo. Há quem veja o Antropoceno quase como sinônimo de Holoceno, isto é, um mundo pós o advento da agricultura.

ilimitada, com a noção do público e do privado, com a noção de nação, burocracia, governo, dinheiro, dominação e cerceamento da liberdade e novamente de dinheiro. Tudo isso permeia os capítulos cinco, seis, sete e oito. Esse último dá uma atenção especial à perseguição brutal – e aparentemente infinita – perpetrada contra as mulheres. As regras impostas pelo patriarcado estão entre as decisões humanas mais cruéis e longevas do Antropoceno. Regras de conduta numa sociedade nova (ou em muitas e diferentes novas sociedades) exigiram a construção de mitos que, vistos hoje, parecem inocentes ou tolos. Cremos que algumas coisas são boas e outras más, no entanto, independentemente do lado que você estiver, verá o outro lado como abominação. Isso é parte de nossa pequenez, de nossa fraqueza maior e até de nossa dor, mas é incrivelmente comum.

Os capítulos 9, 10 e 11 mostram nosso lado sombrio. É bom que se diga: são capítulos duros. Expõem a miséria humana sem subterfúgios. Expõem as conveniências e as licenças que nos concedemos – sabe-se lá em nome de quem – ao tomar muitas de nossas decisões – decisões sobre a escravidão e a tortura, guerras, perseguições, genocídios, fome, doenças, drogas, tráfico e todo tipo de descalabros que já perpetramos ou sofremos. No 12º capítulo, surge um herói anônimo em muitos de nós. Não em todos é verdade, mas ele se manifesta em momentos improváveis. E essa grande alma do mundo aparece, vez por outra, nas ações humanitárias, nos socorristas voluntários que, em boa parte, são pessoas comuns. Como o título de um filme mais antigo revelou, às vezes, somos "heróis por acidente".

Há ainda um último capítulo, que dá as mãos ao primeiro, por voltar as nossas raízes em busca de respostas sobre o nosso lado bom. Sim, existe um lado bom pouco divulgado pela mídia. É neste 13º capítulo que tratamos da paz e da reconciliação, de nossos laços de amizade, da tendência de cuidar dos incapacitados e do dar e receber. A consciência e o autorreconhecimento não nasceram conosco, mas quando e como tudo isso começou? Surgiu em nossa linhagem direta ou muito antes dela? Recuando fundo nos caminhos dessa linhagem pregressa e avaliando como se comportam os outros mamíferos sociais, poderemos tropeçar em algo esclarecedor e resgatar o tal "macaco interior". E se isso acontecer com você (ou comigo), então um passo importante terá sido dado – pelo menos, para nós.

✲✲✲

É mesmo uma trilha longa, com lágrimas e descobertas, algumas desconcertantes. Descobertas, aliás, são um vício antigo e podem levar à compreensão, ao conhecimento ou à negação. Mas este livro é sobre a compreensão ou, pelo menos, sobre uma singela tentativa de compreensão. Só então, se tivermos [muita] sorte, começaremos a adquirir *"algum miserável conhecimento"*.

***

Conhecimento não é coisa instantânea. É um processo quase sempre tortuoso. É um despertar sonolento, atordoado e cheio de fugas – negações – seja aquele conhecimento das coisas mundanas ou de si mesmo. É uma jornada dramática, talvez a mais difícil de todas... Algo como um acerto de contas, um tempo para aprender sobre as lições do Antropoceno.

Escolhas, descobertas, limitações e "algum miserável conhecimento"...

Capítulo 1
Emoções Rasas e Corações Profundos

> *Nós, seres humanos, somos animais. Umas vezes somos monstruosos, outras imponentes, mas sempre animais. Preferimos pensar em nós próprios como anjos que caíram do céu, mas a verdade é que não passamos de macacos que se puseram de pé.*
>
> (Desmond Morris)

1.1 Nossa Linhagem Humana

Somos o que somos, mas não devido ao acaso, tampouco à interferência divina – tipo "...a imagem e semelhança de Deus". O que somos depende de uma história pregressa, que se perde na noite dos tempos. Dizendo de outra maneira, somos o que foi possível, o que foi herdado de nossos antepassados.

Nossa espécie é a ponta de lança de uma linhagem muito maior com a qual compartilhamos nossos fracassos e sucessos. É comum pensar que a evolução seja um processo de melhoria – nada mais errôneo! Nossa espécie não é melhor do que as outras.

Evolução é um processo de ajuste continuado ao mundo cambiante. E, se há algo que poderíamos dar como certo, é que o mundo muda. Continentes se afastam ou colidem; cordilheiras se elevam influenciando as temperaturas, o regime das chuvas e dos ventos, o curso dos rios e o assoreamento dos mares; espécies invasoras ocupam o espaço de outras espécies, ocorrem extinções, e tudo isso resulta em novos ajustes, ou em um novo *fitness*, como está na moda falar. Moda, aliás, é um fetiche nosso.

Nossa linhagem é uma série de experimentos evolutivos que deram certo por um tempo e depois falharam ou tiveram de sofrer novos ajustes. A evolução humana não é um processo linear, como já se pensou, e sim vários experimentos, alguns deles simultâneos. Lá, pelos dois milhões de anos atrás, chegamos a ser quatro ou cinco espécies de humanos compartilhando o coração da África². Que momento espetacular foi esse em que não fomos únicos como somos agora!

Duas dessas espécies eram vegetarianas convictas. *Paranthropus boisei* e *Paranthrops robustos* eram corpulentas e tinham dentes e mandíbula especializados em fibras duras. *Homo rudolfensis* e *Homo habilis* eram verdadeiramente "pau para toda obra". Bem mais frágeis em sua compleição, comiam o que estivesse disponível, fosse um delicioso favo de mel ou uma folha amarga; um bom naco de carne apodrecida ou um besouro nada palatável. Eles não estavam nem aí para esses detalhes insólitos.

Havia também outra espécie que pode ter compartilhado esse momento ímpar de nossa evolução. Ela foi chamada de *Homo ergaster*, que era mais alto e de pernas mais longas e uma espécie-chave em nossa linhagem tortuosa. Mas o que aconteceu a partir daí? Qual desses grupos seguiu em frente?

O ramo *Paranthropus* se extinguiu sem deixar descendência, e o ramo *Homo* continuou a partir do *Homo ergaster*, provavelmente. Essa espécie viveu numa época muito quente e pode ser produto de ajustes nesse sentido, ou seja, ajustes que facilitassem a perda de calor para manter a funcionalidade do corpo.

Para alguns cientistas, a redução dos pelos no corpo pode ter se acentuado nesse tempo. E se hoje somos um "macaco nu", como preconizou o notável Desmond Morris, talvez isso se deva ao *ergaster*.

***

Se recuarmos ainda mais no tempo, para os 3,5 milhões de anos, ver-nos-íamos numa encruzilhada evolutiva. Vagava pelo planeta uma só espécie de nossa linhagem, chamada de "macaco africano do sul", *Australopithecus afarensis*. Parece consenso que tal espécie seja nosso antepassado, e, assim, o que havia nela foi legado a nós. Não só o que havia nela, mas o que havia antes e depois dela também.

Os cientistas acharam um esqueleto quase completo dessa espécie na Etiópia e fizeram os ossos falar, se me entendem. Era uma jovem mulher

---

[2] Essas espécies eram contemporâneas, mas não obrigatoriamente se encontravam umas com as outras na vastidão da África.

com idade para um primeiro bebê³. Seu quadril (popular bacia) nos informa que era uma espécie bípede de andar bamboleante. Se fosse necessário, ela carregaria o bebê nos braços sem que ele tivesse de arcar com o esforço, da mesma maneira que os bebês humanos modernos. Os bebês modernos são preguiçosos e proporcionalmente pesados. Ambos os legados – o caminhar bípede e os bebês preguiçosos – provêm desse tempo e dessa espécie, ou – quem sabe – até mesmo antes dela.

Os ossos podem ser tagarelas quando interrogados pelos cientistas. Eles nos falam de pesos e medidas e até comportamentos. Falam de doenças, idades, crescimento, fraturas ou da *causa mortis*. Não é preciso torturá-los para obter tais respostas, não é preciso fazer acordos de delação premiada, basta ter paciência e persistência. Basta repetir as perguntas umas tantas vezes.

Mas não foram apenas os ossos tagarelas a falar sobre o passado. O mesmo "macaco africano do sul" deixou suas pegadas nas cinzas macias de uma erupção vulcânica. Eram dois adultos e outro mais jovem e tinham pés como os nossos ou quase. Tinham o hálux, o dedão, alinhado e paralelo aos demais. Isso é formidável por si só, mas o ponto de apoio estava perto do calcanhar, o que demonstra um andar oscilante.

1.2 METENDO OS PÉS PELAS MÃOS

Andar de pé foi um salto extraordinário. O corpo foi todo remodelado. Não só o quadril se modificou, mas também os pés que ficaram mais rígidos ou menos flexíveis, como queiram. O osso calcâneo ganhou robustez, o tendão de Aquiles ficou mais forte, os joelhos se modificaram. Mais do que isso, os ombros foram empurrados para traz, ao contrário dos ombros caídos para frente dos quadrúpedes. Isso fez com que a escápula se posicionasse mais para traz e se tornasse menor. O tórax ficou mais achatado, ao contrário do tórax em forma de barril. O pescoço se alongou e ganhou uma musculatura muito mais desenvolvida para segurar uma cabeça pesada, as coxas ganharam diâmetro, e os glúteos também se desenvolveram.

Figura 1 – Tórax e posição da escápula nos humanos modernos (esquerda) e nos antropoides (direita)

---

[3] Ela ficou conhecida pelo carinhoso apelido de Lucy, já que o rádio tocava, freneticamente, a afamada música do Beatles, que, no tempo dessa descoberta, eram uma verdadeira epidemia.

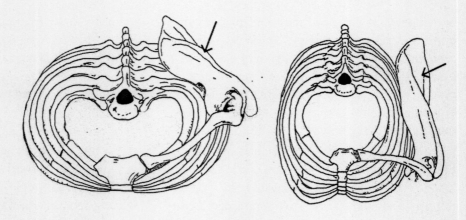

Fonte: modificado de Pough et al. (2003).

    As mãos progrediram em direção a uma super ferramenta. Tornaram-se menores, hiper articuladas e com uma sensibilidade formidável, principalmente na ponta dos dedos. A mão permanentemente dobrada dos chimpanzés pode abrir-se completamente, e cada dedo ganhou uma independência gritante. Livres, as mãos receberam novas tarefas, e isso nunca mais parou. Ao longo da evolução da linhagem humana, elas continuaram a improvisar numa espécie de gincana sem fim – quebraram galhos, fabricaram instrumentos, escreveram com carvão, penas e canetas, pintaram as mais diferentes cores, esculpiram e teceram, manipularam livros, dinheiro e armas, digitaram teclas e alisaram o cristal líquido das telas de computador, fizeram cirurgias delicadas, dedilharam instrumentos de corda, acariciaram, testaram, poliram e sopesaram o próprio destino.

    Elas também deram passos importantes em direção a uma linguagem cada vez mais elaborada. Sim, a linguagem gestual é uma linguagem. A liberdade das mãos foi um presente dos pés, como nos disse a paleoantropóloga Silvana Condemi[4]. Toda a linhagem que veio depois dos *Australophitecus* ganhou esse presente, essa dádiva do passado. Mãos e cérebro têm andado esse tempo todo de "mãos dadas", como um casal apaixonado, tocando, descobrindo, aprendendo e influenciando-se mutuamente. Assim, nosso cérebro grande também é um presente dos pés; pés, mãos e cérebro em uma linhagem cada vez mais humana...

---

[4] Ver: Condemi, S. & Savatier, F. (2019). As últimas notícias do Sapiens: Uma revolução nas nossas origens. Belo Horizonte: Vestígio.

Fica, no entanto, uma pergunta no ar. Para que servem os glúteos volumosos dos humanos modernos? Por que teriam eles se tornado maiores? Para alguns cientistas, os glúteos são fruto da 'corrida'. Advogam que nossa habilidade de correr de maneira bípede foi a mãe do bumbum. A resposta para isso seria, na melhor das hipóteses, um cauteloso "talvez". É uma visão bem reducionista.

A linhagem humana tem, sim, grande mobilidade, e caminhar fez parte de nossos maiores desafios. A busca por recursos foi algo cotidiano em nossa vida nômade, e o músculo chamado de glúteo máximo é o grande responsável pela 'caminhada'. Numa trilha convencional, o sobe e desce do terreno exige seu trabalho intenso. No caso de aclives e declives, mais acentuados, entram em cena o quadríceps e os bíceps da coxa. Afora isso, é o glúteo máximo que segura o tranco. Experimente uma caminhada de dezenas de quilômetros com pouco descanso, e você descobrirá a localização precisa desse músculo. Descobrirá que está ficando sedentário e que precisa fazer alguma coisa para reverter isso. Portanto, a caminhada satisfaz, plenamente, o desenvolvimento do bumbum. Não é necessário *correr* atrás de gazelas...

Além do mais, o traseiro dos mamíferos sempre foi alvo de interesse sexual, e o traseiro dos primatas antropoides[5] ganhou volume e cor mesmo nos primatas quadrúpedes. O bumbum surgiu já nos antropoides, milhões de anos antes de nós. É na sua origem uma adaptação para se sentar, enquanto descansa ou come, e um atrativo sexual. Bumbuns, coxas e peitos povoam a mente humana desde tempos imemoriais[6]. Sempre estiveram em evidência, independentemente da cultura e do contexto histórico ou pré-histórico.

O bumbum está manifesto na arte mundial de todos os tempos, e não há dúvidas de seu caráter sexual. Se 'caminhar' já seria suficiente para explicar o bumbum, o que dizer de sua dupla importância como caráter sexual? Não é necessário 'correr' para chegar nessa resposta...

A complexidade da evolução, geralmente, não se satisfaz com hipóteses reducionistas[7]. Não é de agora que algumas explicações acabam "metendo os pés pelas mãos", mesmo com a maior boa vontade. Gostamos de explicar as coisas, isso nos parece inerente, mas não é de agora que extrapolamos. E se corremos atrás de gazelas no passado, fizemo-lo numa corrida de reveza-

---

[5] Antropoides são os chamados grandes símios, como os gibões, orangotangos, gorilas, chimpanzés...
[6] Aqui não estamos falando de um dos sexos apenas. Estamos falando de machos ou fêmeas, tanto faz.
[7] Simplificação excessiva ou redução de uma ideia complexa aos seus elementos formadores.

mento, assim como os cães caçadores africanos (*Lycaon pictus*). Os caçadores humanos se revezavam na corrida e descansavam. Nunca jogavam todas as fichas numa maratona ensandecida. Teria o famoso Fidípedes[8] corrido de Atenas a Esparta e, a seguir, até Maratona, em 490 a.C., para levar suas mensagens, e depois morrido de infarto ao chegar?... Isso é o de menos, já que a epopeia da evolução é infinitamente maior.

***

O que nem ossos nem pegadas contaram (pelo menos, por enquanto) foi outra parte nossa tão importante quanto a forma. Algo intrinsecamente ligado ao comportamento e às percepções do mundo ao redor e que guia as nossas decisões cotidianas ou as grandes decisões da vida. Estamos falando das emoções, que brotam num turbilhão, sem controle, e das quais somos escravos perpétuos.

Nós, humanos modernos, nos autodenominamos, pomposamente, de *Homo sapiens*, aquele entre iguais (*Homo*) que sabe, racionaliza ou pondera (*sapiens*). Muita gente fora das academias científicas aceita que o homem seja um "animal racional". Certo, podemos fechar o acordo quanto ao fato de sermos animais. Tem gente que pensa que não é um animal, e isso é tolo demais, porque nós teríamos que ser alguma coisa, além de nossa contraparte mineral. Melhor ser animais do que vegetais, não lhes parece? No entanto, 'racionais' é outro passo. Existe razão em algumas decisões e emoção arrebatadora na maioria delas.

1.3 A Chave para o Enigma das Emoções

O problema de sermos 'racionais' é outra questão. Na maioria das vezes, em nossas vidas, tomamos decisões sem qualquer uso da razão, como a definem os filósofos. Um número estrondoso de pessoas jamais se viu frente a frente com a razão (e jamais se verá). A razão é um luxo e depende de treinamento exaustivo. Já as emoções são espontâneas, quase sempre incontroláveis e estão em quase todas as nossas decisões, não só agora,

---

[8] Pheidippides ou Filípides ou Felipe teria corrido 246 km de Atenas a Esparta em dois dias e depois retornado pelo mesmo terreno acidentado com uma mensagem ambígua dos espartanos. Se ele morreu ou não na volta, é bastante incerto, já que o historiador Heródoto escreveu sobre isso cerca de 40 anos depois... Há quem sustente que, na volta, ele ainda lutou a batalha de Maratona, vencendo os Persas.

mas sempre. Quem sabe nós devêssemos ser chamados de *Homo passionis* ou, ainda, *Homo permotionem*, algo do tipo um "homem emocional". Isso explicaria muito melhor quem somos. Agora, no entanto, não há como voltar atrás, e temos de continuar com a farsa.

Se as emoções não podem ser lidas diretamente, a partir de um esqueleto retirado do pó, então como saber quais emoções e comportamentos são só nossos e quais são compartilhados? Veja você: é muito fácil fazer suposições. É fácil pensar que o 'tapinha' nas costas seja uma característica humana cavalheiresca, assim como a atitude sub-reptícia de um político convencional (essa raça medíocre). É fácil ver na inveja a ruptura do verniz social, mas com quem mais compartilhamos a inveja?

Bem, aí temos de recuar no tempo ainda mais. Nossos parentes diretos estão todos mortos. São todos fósseis. Lá pelos 6 ou 7 milhões de anos, no passado, encontraremos um ancestral de nome indigesto: *Sahelanthropus tchadensis*. Ele foi encontrado na fornalha da África, num país chamado Chade[9]. Hoje o Chade é um lugar desafiador, onde pode fazer mais de 50º C à sombra regularmente! É um lugar em que eu ou você derreteríamos por completo e instantaneamente (eu pelo menos). Para muitos, essa espécie é a mais antiga representação de nossa linhagem humana[10]. É o mais próximo que podemos chegar de nosso grupo irmão, os chimpanzés.

Os chimpanzés não são nossos ancestrais, e essa é uma confusão comum, que até intelectuais de primeira linha costumam fazer. Os chimpanzés formam um ramo divergente e compartilham conosco um ancestral. Eles são outro "experimento evolutivo", embora o termo experimento esteja contaminado de ideias enganosas. Chimpanzés e humanos evoluíram, separadamente, a partir desse ancestral, e o *Sahelanthropus* é um dos primeiros na linhagem humana.

---

[9] República do Chade ou Tchade

[10] Recentemente, outras espécies têm entrado na disputa, com base em fósseis descobertos na Anatólia, Turquia e Balcãs, Sudeste da Europa (ver Sevim-Erol, A., Begun, D. R., Sözer, Ç. S. Mayda, S., van den Hoek Ostende, L.W., Martin, R.M.G., Cihat Alçiçek, M. (2023). A new ape from Türkiye and the radiation of late Miocene hominines. Commun. Biol., 6, 842. https://doi.org/10.1038/s42003-023-05210-5).

Figura 2 – Separação das linhagens chimpanzé e humana em escala de tempo – milhões de anos (M.A.)

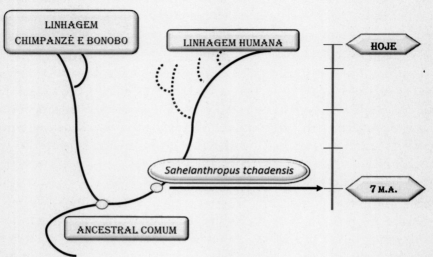

Fonte: o autor

Mas qual a razão de falar em chimpanzés se eles são um grupo divergente? Ora, se todos os nossos parentes mais próximos são fósseis, então os chimpanzés são o melhor comparativo vivo que temos. Com eles, compartilhamos quase todos os nossos genes. Nossas diferenças genéticas são de pouco mais de 1%, e isso pareceria chocante para alguém que tem medo de fazer perguntas ao seu passado.

Já para os que têm curiosidade e estão abertos a aprender, é um prato feito para descobrir quem somos. E, se somos o que somos, o jeito é perguntar a eles... Os chimpanzés têm noção da passagem do tempo? Tem expectativas do que pode vir no futuro? Podem fazer alianças para alcançar um objetivo desafiador? Podem sofrer de desesperança ou depressão, ou, ainda, vingar-se de alguém ou de um grupo que manifeste oposição? Podem pedir desculpas por ter avançado, além do que seria saudável numa relação social? Podem trapacear? A resposta para todas essas perguntas é um estrondoso SIM.

Num comparativo direto com os chimpanzés, você ficaria de queixo caído! Se nosso ramo evolutivo está separado do deles por 7 milhões de anos, e quem sabe um pouco mais, então o que nós compartilhamos com eles estava em nosso ancestral comum. A partir dessas comparações, podemos fazer perguntas sobre a origem das nossas emoções. Podemos descobrir por que as crianças são tão espontâneas. Por que elas se divertem com pequenas descobertas? Por que a maior parte de nós perde a paciência e explode em desatino por absolutamente nada? E por que coçamos a cabeça quando estamos em dúvida?

Saber por que coçamos a cabeça talvez seja algo inatingível, mas podemos dizer que esse comportamento nasceu há mais de 7 milhões de anos e nos foi legado pelo ancestral comum com os chimpanzés. Vejam que, quando um intelectual coça a cabeça, numa dúvida cartesiana, ele não faz nada que um chimpanzé não faça e pelas mesmas razões corriqueiras. Tal atitude não tem nada de sofisticada, nem mesmo quando fazemos um beicinho enquanto pensamos, nem quando apoiamos a mão no queixo como o Pensador de Rodin. Nada disso é novidade para um chimpanzé, tampouco as dúvidas que nos perseguem sem trégua.

Se um chimpanzé coça a cabeça pelas mesmas razões, então o *Homo ergaster* devia fazer o mesmo, assim como o *Homo habilis* e o *Australopithecus afarensis*. Esse é um legado hereditário, como outros tantos, a serem comentados logo mais.

Neste ponto, deveríamos incluir os famosos "tapinhas nas costas", comportamento que todos os humanos compreendem, e todos os chimpanzés selvagens também. Nas sociedades humanas ou na dos chimpanzés, ele diz a mesma coisa: Keep Calm and Carry On! Sendo assim, não foi a realeza britânica que inventou o gesto, nem o slogan, e sim nosso antiquíssimo ancestral.

Nossos rompantes de fúria e vingança, o olhar frio que lançamos aos nossos opositores, tudo isso também é compartilhado com eles. Os chimpanzés são briguentos e muito preocupados com seu status social. Clamam por ascensão dentro do grupo, como os funcionários de uma empresa. Muitas vezes, traem e enganam para alcançar seus fins. Isso explicaria a nossa "caixinha de maldades", que sabemos ser bastante sórdida.

Mas, então, de onde veio nosso esforço pela paz, nossa compulsão por ajudar uma pessoa ferida, mesmo que seja um completo estranho? De onde vem a ideia de apartar uma briga ou de mudar o rumo de um bate-boca? De onde vem a atitude de fazer uma piada em um momento de tensão social?

Frans de Waal, ex-aluno brilhante da não menos brilhante Jane Goodall, trouxe muita luz a essa questão, quando escreveu seu livro *Our*

Iner Ape[11]. Ele acrescentou outro ingrediente ao cardápio. Escondida por tabus culturais de nossa própria espécie, havia outra espécie de chimpanzé, e ela era (e é) particular em muitos quesitos. Odiava desavenças de todo o tipo, e, tão logo essas ganhavam corpo, o apaziguamento entrava em cena. Assim são os bonobos – a espécie irmã do chimpanzé comum.

De Waal[12] nos lembrou que nosso compartilhamento de genes, comportamentos e emoções inclui – igualitariamente – chimpanzés e bonobos. Ele propõe que nossa natureza irada e competitiva espelhe os chimpanzés e nosso pacifismo, os bonobos.

Esse é um tema, no mínimo, estimulante e pode servir de partida para compreender a nós mesmos. Se a ira pode ser vista como uma das nossas emoções ancestrais mais rasas e incômodas, ela está ancorada em corações profundos, nascidos num passado distante. É uma herança que recebemos e, às vezes, tratamos de renegar.

De alguma maneira, em meio a tantas curvas evolutivas, foi o *Sahelanthropus* que nos entregou o pacote de emoções que temos hoje, o pacote que continha a ira e as outras emoções. Ele foi o primeiro carteiro, o primeiro estafeta na longa jornada de entregas. Logo ele, a espécie filha da fornalha da África.

***

Os macacos-tota-verde, *Cercopithecus aethiops*, são muito mais antigos que os chimpanzés, quanto ao surgimento de sua linhagem. São outro experimento evolutivo não relacionado com o nosso. Quando eles estão em conflito com um invasor e são levados a manifestar sua ira ou raiva, levantam as sobrancelhas e arregalam os olhos. Caso isso não funcione a contento, eles mostram os dentes. A primeira parte desse comportamento pode levar um humano a uma interpretação equivocada, já que, em nosso caso, o arregalar de olhos com os supercílios levantados manifesta surpresa.

Quando ainda era um aluno universitário de Biologia, estagiei num zoológico e deparei-me com essa estranha incompatibilidade de sinais. Eu e o tota-verde levantávamos as sobrancelhas um para o outro numa conversa impossível. Já os dentes expostos dele não deixavam dúvidas...

---

[11] de Waal, F. (2007). Eu, primata: por que somos como somos. Companhia das Letras.
[12] de Waal (2007).

A chave para esse enigma simples é que os dentes expostos são um comportamento universal, quando a ira atinge proporções dramáticas. Você entende isso tanto num cão como num lagarto. Já a surpresa parece uma emoção mais derivada e menos universal. Os músculos da face dos macacos mais derivados como gorilas e chimpanzés são semelhantes aos dos humanos modernos, mas isso não ocorre com os ramos evolutivos de macacos mais antigos. Ou seja, os macacos-tota-verde não são o fio condutor que leva às nossas emoções, assim como raiva e surpresa também não surgiram juntas. Cada uma delas teve seu tempo.

Como o próprio nome sugere, emoção é uma reação instantânea a um estímulo externo. A primeira parte da palavra (*e* ou *ex*) significa "para fora" em latim, e a segunda (*movere*) se refere à ação ou ao movimento. Ora, o enrubescimento da face humana é sem dúvida um bom exemplo. Durante um episódio de ira, a face fica vermelha ou roxa, os punhos cerram, os nós dos dedos podem ficar brancos, os braços se elevam, assim como a voz. Pomos para fora, num instante, um jorro de informações sobre nosso estado emocional e nossas intenções. Os chimpanzés não cerram os punhos, mas de resto manifestam a ira como nós. É difícil controlar a ira, sejamos nós humanos ou chimpanzés.

O debate sobre as emoções animais é um tema pouco permeável à razão. Geralmente, as decisões sobre o tema são também emocionais. Curioso isso, não? Psicólogos, psicanalistas, antropólogos, neurocientistas e biólogos desfilam argumentos e contra-argumentos, e até hoje não se define se são quatro, cinco, seis ou muitas as emoções fundamentais. Isso é (em parte) compreensível, pois uma dada emoção pode decorrer de outra. Melancolia, depressão, desespero encontram relação com a tristeza e com a intensidade e duração dela. Nervosismo, ansiedade ou terror extremos são derivações do medo ou de emoções secundárias deste. Muitas emoções diferem, simplesmente, em grau, como fúria e ira, e assim por diante.

Certos autores fazem diferença entre emoções e sentimentos. Sentimentos, ao contrário de emoções, não teriam uma relação imediata com os estímulos externos. Seriam um processo que está dentro da mente, algo assim como o estado de inveja. As emoções seriam imediatas, enquanto os sentimentos seriam a interpretação das emoções. Isso parece razoável do ponto de vista técnico, mas não faremos tal distinção aqui, pois estamos interessados apenas em compreender o fio condutor que fez as emoções antigas chegarem até nós. Estamos interessados nos caminhos evolutivos.

Outra fonte de discórdia quando se deseja compreender as emoções é que as tradições culturais humanas acabam manipulando os limites e as expressões. As lágrimas de choro, em nossa espécie, são comuns a todas as etnias humanas, mas em várias delas não é permitido aos homens adultos verterem lágrimas. A tirania social as rotula como um sinal de fraqueza. Porém, às vezes, aqui e ali, as lágrimas aparecem como um sinal de grandeza, vejam só! Por sorte, os chimpanzés não vertem lágrimas, e assim podemos concluir que elas apareceram já em nossa linhagem direta. Esse tabu social não é culpa dos chimpanzés nem dos bonobos.

Nossas expressões faciais também deram um salto quântico quando os globos oculares ampliaram, extraordinariamente, seus movimentos. Gorilas e chimpanzés movem pouco os olhos – fitam você indiretamente –, mas no homem cada micromovimento dos olhos faz emergir uma miríade de novas informações. Quem consegue lê-las tem mais capacidade de tomar decisões adequadas. Vejam que não é pouca coisa em jogo. O psicólogo norte-americano Paul Ekman[13], um dos pais do mundo emocional do homem, afirma que o rosto humano é capaz de exibir mais de *10 mil expressões*!!!

Na verdade, a capacidade de ler expressões faciais e corporais é um atributo intrínseco de mamíferos sociais. Durante um passeio, os cães costumam dar uma olhada rápida para seus donos e arrancar a verdade deles quer queiram quer não. Não há como esconder de um cão suas emoções. Você pode tentar esconder de sua esposa ou de seu marido, mas não deles. Para os cães, as emoções do outro parecem estar à flor da pele e piscando como os *outdoors* da Times Square.

No entanto, humanos podem enganar humanos se forem bem treinados (ou se forem políticos). A arte da mentira é tentadora em algumas atividades humanas. Aí está a mão de ferro da cultura a atuar sobre as emoções espontâneas. A mentira funciona como uma máscara do carnaval de Veneza a ser colocada sobre a face. Isso é geralmente danoso numa sociedade tribal, pois é difícil conviver com a mentira por muito tempo. Pelo contrário, numa sociedade moderna, a sinceridade facial e corporal encontra alguns obstáculos.

Apenas suponha que você está participando de uma reunião política, na qual ninguém está falando a verdade para o outro. As dicas faciais e

---

[13] Ekman, P., Friesen, W. V., & Ellsworth, P. (2013). Emotion in the human face: Guidelines for research and an integration of findings (Vol. 11). Amsterdam: Elsevier. Ver também: Freitas-Magalhães, A. (2020). A Psicologia das Emoções – o fascínio da face humana. Alfragide: Leya.

corporais gerarão um desconforto e uma tensão crescentes. Isso vale para uma reunião de condomínio, uma reunião de negócios, um acordo de paz, uma reunião de cúpula numa grande empresa e, logicamente, um trivial debate no Senado. Angústia, inquietação, ansiedade, nervosismo são, como vimos, emoções secundárias do medo, e este, talvez, a emoção mais antiga na evolução dos organismos.

Se o medo é um mecanismo de sobrevivência e uma reação a um estímulo negativo, a convivência prolongada com a mentira vai forjando fobias na sociedade ou, para se salvar delas, uma apatia generalizada. Quando fobias ou estados de apatia contaminam sociedades, as coisas começam a complicar, definitivamente. Em muitas sociedades modernas a luz vermelha do alerta está acesa, e os espectadores apáticos parecem nada ver. E você já percebeu esses sintomas? Fique atento a eles, se puder... A Era das Fake News está decolando.

Raiva, medo, tristeza, repulsa e até a surpresa vêm de longe na evolução animal. Compartilhamos esses dramas com muitas outras espécies, e nenhuma dessas emoções – devastadoras – tem raízes na nossa. Nós temos os ramos e as folhas, mas não as raízes nem o tronco dessa árvore sentimental – a tal árvore da vida.

Vários neurocientistas que estudam a mente humana propõem que as chamadas emoções sociais, aquelas que geralmente exigem mais de um ator, sejam fruto de um processo de humanização. Dizem que um camundongo pode ficar com medo, mas é difícil imaginar que fique envergonhado[14]. Talvez isso se deva ao nosso razoável conhecimento de animais de laboratório, mas um camundongo não explica todas as emoções sociais. Culpa, vergonha, constrangimento e ciúmes são emoções sociais que compartilhamos com outros mamíferos gregários, e um simples cão pode nos explicar essas emoções com muita eloquência. E não só eles, seus ancestrais lupinos não domesticados também.

***

Alguns especialistas em melancolia, depressão e desespero, emoções filhas da tristeza, teimam em vê-las como atributos exclusivamente humanos, mas elas podem ser acompanhadas em muitos animais de cativeiro. Bugios,

---

[14] Aamodt, S. & Wang, S. (2009). Bem-vindo ao seu cérebro. São Paulo: Cultrix.

por exemplo, se tornam taciturnos em cativeiro, depois param de comer, adoecem e morrem, mas a depressão nos outros animais não é apenas um caso derivado da prisão perpétua.

Jane Goodall, em seu extraordinário livro *Uma janela para a vida – 30 anos com os chimpanzés da Tanzânia*[15], descreveu os estados progressivos de apatia de um jovem chimpanzé selvagem, que não admitia a morte da mãe. Foram necessárias poucas semanas para que ele se deixasse abater por uma tristeza profunda, parasse de comer e ficasse com os olhos opacos e imobilizados, vindo a morrer por fim. Esse dramático episódio mostrou a todos que a depressão é um dos produtos da evolução, e não uma aberração da sociedade moderna.

Então, o que dizer do amor e da alegria? O que dizer do sentimento de unidade, diversão, euforia, altruísmo? Onde estão as raízes desse prato fumegante de odor convidativo? Amor e alegria, que também estão entre as emoções básicas do ser humano, têm as raízes nele próprio?

Se estivermos falando de um amor e uma alegria que incluam a diversão, o passatempo e a euforia como emoções secundárias ou terciárias e mesmo o cuidado, a adoração e o desejo, podemos achar contrapartes em muitos outros animais. Seu próprio cãozinho vai manifestar adoração por você e o fará em troca de qualquer carinho passageiro. Olhará para você com olhos extraordinariamente vivos, tentado ler suas emoções a qualquer custo.

Alguns diriam que um cão doméstico não é mais um cão de verdade. Ele é alguém de sua família humana, que tem o formato de um cão. Dirá que ele adotou comportamentos e emoções da família humana e que está habituado com ela. Essa é uma visão simplista, travestida de ceticismo. Todos os donos de cães também adotam comportamentos caninos, mas nem por isso se transformam em cães. Eles se jogam no chão e se deixam lamber a boca, mas continuam humanos por excelência.

Dois filhotes de gorila brincando repuxam os cantos da boca para trás, expõem as gengivas, retraindo o lábio superior e apertam os olhos, enquanto derrubam um ao outro. Seus olhos estão brilhando de prazer e excitação. A cena é um verdadeiro deleite, e você poderia passar horas contemplando. Nos humanos, essa emoção se manifesta da mesma maneira, embora seja um pouco menos contida. Entre as crianças humanas, existe muita barulheira numa brincadeira. O sorriso dos gorilas, assim como dos chimpanzés, é um sorriso mudo ao contrário de nossa espalhafatosa gargalhada.

---

[15] Goodall, J. (1991). Uma janela para a vida: 30 anos com os chimpanzés da Tanzânia. Rio de Janeiro: Jorge Zahar.

Jogos, diversão e passatempo costumam explodir numa alegria incontida. São geralmente comportamentos juvenis, mas adultos de várias espécies também brincam. Afetuosas mães chimpanzés brincam. Lobos adultos brincam, e lontras também. Golfinhos adultos brincam horas a fio. Seja como for, não precisamos ir tão longe. Se os chimpanzés e bonobos têm a mesma emoção, manifestam-na da mesma maneira e pelas mesmas razões, então a alegria não tem raízes no homem, mas nasceu bem antes na escala evolutiva.

Charles Darwin foi mesmo o cara! Não só se dedicou a encontrar a contraparte animal das emoções humanas, mas inclusive tateou algumas diferenças sutis. Foi ele quem confirmou que as lágrimas acompanhavam as gargalhadas na maioria das raças humanas[16]. A expressão "chorar de tanto rir" foi confirmada por ele nos quatro cantos do mundo (supondo que o mundo fosse quadrado, é claro). Assim, vemos aqui a confirmação de uma suspeita. Se gorilas e chimpanzés não vertem lágrimas de tristeza, nem de alegria, as lágrimas sugiram a meio caminho entre o *Sahelanthropus* e o *Homo*.

Como no caso das lágrimas de tristeza, as lágrimas de alegria e os sorrisos também estão à mercê da tirania social. Sorrir abertamente ou gargalhar é severamente punido em muitas sociedades. Novamente, os machos humanos são mais visados por esses tabus opressores. Um homem de negócios, o diretor de uma *holding*, um comandante militar, um religioso e mesmo muitos intelectuais e eruditos sucumbem a esses tabus. Veem na seriedade seu sustentáculo e sua credibilidade. Além disso, veem nos sorrisos e nas lágrimas uma frivolidade – ora vejam só! E eles são intelectuais...

Como se pode constatar, mesmo certas mentes respeitáveis podem ser presas fáceis de tabus culturais. Pena que essa fachada de seriedade não passe de uma máscara de carnaval e não sirva de sustentáculo para credibilidade alguma. Um erudito sorridente é também um erudito só que mais autêntico. Um papa sorridente também (pensem num tal Francisco).

Finalmente chegamos ao amor, esta emoção multifacetada cantada por poetas mesmo antes da escrita. O amor teria provocado guerras! Quem não se lembra dos encantos de Helena sobre o arrebatado Páris? Um amor que foi capaz de extirpar toda uma cultura que era modelo de solidez e sofisticação. Pobre Troia, vítima de um amor tão devastador.

Mas vamos a exemplos menos dramáticos. O amor maternal, aquele que engloba os cuidados com bebês, está largamente disseminado no reino

---

[16] Darwin, C. (2013). A expressão das emoções no homem e nos animais São Paulo: Companhia das Letras. p. 24.

animal. Crocodilos cuidam das crias de várias maneiras, e aves também. Mamíferos são mestres nessa arte. Os biólogos chamam isso de cuidado parental, que envolve não apenas alimentar os filhotes, mas também tirá-los de encrencas, aquecê-los e limpá-los, construir abrigos e ensiná-los a como se portar em cada situação.

Geralmente, isso cabe às mães, mas alguns pais pacientes podem ajudar também. Até leões machos, cuja fama de infanticidas mancha-lhes o currículo, brincam com seus filhotes por horas a fio. Esse é um tipo de amor que consideramos válido para os humanos, e não haveria razão para descartá-lo em outros animais.

Mães chimpanzés, orangotangos e gorilas estimulam seu bebê recém-nascido a mover os dedos e segurar coisas. Passam longo tempo olhando para eles, tocando-os ou removendo sementes do pelo. Carregam-nos para todo lado e protegem-nos de intrometidos. O cuidado parental e o aloparental, aquele em que tios e irmãos mais velhos atuam, não deixam dúvida de que compartilhamos com esses primatas o mesmo tipo de amor.

Outras emoções derivadas do amor, como aquelas que envolvem excitação, desejo, paixão, ou simplesmente atração sexual, têm ainda mais contrapartes animais e são mais fáceis de rastrear nos demais primatas e mamíferos sociais. Todos os códigos faciais e posturas corporais que abarcam o sexo são geralmente fáceis de reconhecer.

Na esfera não humana, existem outras sutilezas que se parecem tanto com as nossas, que ajudarão você a ser mais facilmente convencido. Jane Goodall mergulhou por mais de 30 anos nas florestas da Tanzânia. Seguiu os chimpanzés por um incontável número de horas e presenciou cenas extraordinárias. Viu como os chimpanzés praticam a dissimulação na hora do sexo. E se você achava que tinha inventado a dissimulação com esse fim, lamento informá-lo que está enganado. Ela já foi inventada faz tempo, há, pelo menos, 7 milhões de anos e compartilhada conosco pelo ancestral dos chimpanzés e do homem.

Quando um macho chimpanzé de hierarquia inferior pretende acasalar com uma fêmea, não basta chegar até ela. Ele seria espancado pelo macho alfa. Então, enrola uma folha, como quem não quer nada, de cabeça baixa e olhar perdido, mas o código é inconfundível. E ela sai das vistas do alfa para uma escapadela com o dissimulado Don Juan. Veja o que os desejos e a atração sexual podem fazer. Podem mostrar quem somos e que somos o produto de experiências anteriores.

Se, para você, o amor não é nada disso, nem paixão, nem compaixão, nem desejo, nem respeito, nem o cuidado com os bebês ou com alguém em especial, isto é, você vê no amor apenas aspectos filantrópicos ou religiosos, então você procura ver nossa espécie como algo apartado do todo (e apartado da evolução). Religião e filantropia são mesmo uma compulsão nossa, embora nada saibamos dos nossos parentes fósseis. De qualquer maneira, a própria religião tem muito de adoração, afeição, ternura, comprometimento e devoção, todas emoções que caminham juntas ao amor, seja em nossa espécie, seja nas demais.

O famoso e premiado etólogo Marc Bekoff é fã incondicional da inclusão do amor entre as emoções fundamentais dos animais[17]. Para ele, amor significa forjar e manter laços sociais fortes e recíprocos.... As emoções funcionariam como uma 'cola social' para manter o vínculo entre os animais e para estruturar sociedades. Ele usa um estratagema simples para convencer o público sobre as emoções animais, dizendo: se os animais não demonstrassem emoções, seria pouco provável que as pessoas ligassem para eles. Isso é certo. O reconhecimento das emoções no outro é prova válida de sua importância na sobrevivência, principalmente quando ela consegue chamar atenção entre espécies diferentes.

**

É possível que nem todas as emoções humanas sejam compartilhadas com outros animais, e o inverso também pode ser verdadeiro – isto é, eles terem emoções que nem sonhamos. Assim, o quadro geral das emoções possíveis contém ainda muitas áreas em branco. Emoções como desdém, aversão (ou nojo) e avareza, apenas para citar três, são difíceis de confirmar em outras espécies, mas isso não significa que não existissem antes da nossa. Jane Goodall, sempre ela, presenciou um comportamento chimpanzé que se aproximava da aversão. Um dos membros da comunidade de Gombe havia sido acometido pela poliomielite e arrastava-se usando apenas os braços. Os outros chimpanzés claramente se afastavam dele, exceto seu parente mais próximo. O que podemos dizer disso? Medo, aversão? Além disso, nossos parentes fósseis diretos tinham razões suficientes para manifestá-las, pois as sociedades arcaicas não difeririam das nossas sociedades nômades originais.

---

[17] Bekoff, M. (2010). A vida emocional dos animais. São Paulo: Cultrix.

Até mesmo em nossa espécie tais emoções diferem largamente. Por exemplo, o nojo está envolto em uma overdose de tabus culturais. Para os índios Maquiritari[18], do alto Amazonas, um petisco dos deuses seria uma jiboia podre, com as costelas se desprendendo com facilidade da carne mole e esverdeada envolta em uma nuvem de moscas. Eles devem encher os pulmões satisfeitos com o odor fétido adocicado da carne em decomposição, enquanto nós – que pretendemos ser a contraparte civilizada – vomitaríamos nossa última refeição num único impulso. No entanto, se você apresentar uma deliciosa feijoada brasileira a um nórdico, ele ficará desconfortável com aquele caldo preto fumegando, repleto de estranhos objetos flutuantes. Se você disser a ele que são pés de porco e outras coisas mais, talvez ele também vá ao banheiro para aliviar o estômago. Isso sem falar nos maravilhosos queijos esverdeados ou com veios azuis, mas há quem sonhe com um roquefort, camembert ou gorgonzola (gente como eu, é claro!).

Certas culturas usavam, no passado recente (ou mesmo hoje), cérebro de macaco, enguias vivas, larvas de mosca, formigas, gafanhotos e toda sorte de petiscos repulsivos para uns e deliciosos para outros. Assim são os tabus, isentos de lógica e plenos de emoções.

Outras emoções, como o terror, são universais para os mamíferos. Você as verá, sem sombra de dúvida, nos olhos esbugalhados e nas narinas dilatadas de um gnu cercado de leões, numa zebra abocanhada por um crocodilo ou num filhote de elefante tragado na areia movediça. Vê-las-á, com tristeza, também numa criança humana fugindo de um bombardeio criminoso a uma cidade. O terror tem os olhos brancos e nervosos, pupilas dilatadas, respiração difícil e a boca escancarada numa máscara de horror.

Quando, em 1945, a cidade de Berlim queimava por inteiro e os corpos se empilhavam pelas ruas destroçadas durante a invasão russa, a máscara de horror havia tomado a todos, sem exceção. Foram milhares de infartos e uma verdadeira epidemia de suicídios (mais de 6 mil[19]). Às vezes, chamamos essa emoção de medo extremo, aquele medo que já tem um passo dado – talvez irreversível –, um passo para o fim de tudo.

1.4 O Olhar que Fala e a Inteligência Emocional

Sem dúvida, o trunfo decisivo de nossa espécie foi (e é) essa capacidade emocional exacerbada. Muito mais tarde, o conjunto dessas habilidades seria chamado de inteligência emocional. Sim, nós nos demos bem como

---

[18] Povo e/ou língua indígena que habita regiões de floresta e savana entre o Brasil e a Venezuela.

[19] Ryan, C. (2010). The Last Battle: The Classic History of the Battle for Berlin. New York City: Simon and Schuster.

espécie também por essa razão ou principalmente por ela. Compreender os outros é uma tarefa muito complexa, e fazê-lo de imediato, num único e certeiro olhar, faz toda a diferença entre a vida e a morte, mas também faz diferença nas decisões coletivas e corriqueiras de um grupo.

O psicólogo português Armindo Freitas-Magalhães, destacado especialista em emoções humanas, assinala – de maneira memorável, *"que uma decisão que está tomada no cérebro pode "ver-se" no rosto antes mesmo de ser revelada verbalmente. É esse o valor inquestionável da comunicação humana através do rosto – não se pode esconder nada. E quando se tenta, estamos a revelar ainda mais"*[20].

Caçadores nômades necessitam desse "olhar que fala" para cercar uma presa grande, esperta e rápida. Há risco iminente nessa tarefa. Trabalhos cansativos de rotina também necessitam dele para evitar confrontos e desavenças. Muito antes que a fala verbal ganhasse refinamentos – nosso corpo, nossa face, nossos olhos, nossas sobrancelhas –, já falavam com precisão e apelo. Essa é a pedra de toque em nossa evolução, e temos a deixado em segundo plano, quando tentamos compreender quem somos.

O oposto disso, a falta completa da expressão das emoções, é hoje caracterizada como doença[21]. Esse analfabetismo emocional é uma condição perigosa na sociedade. Geralmente, pessoas com essa condição acabam virando desajustados sociais ou solitários, e muitos dos personagens mais horrendos de nossa história não sabiam lidar com as emoções ou simplesmente não as percebiam nos outros. Muitos assassinos em série são exemplos clássicos dessa deficiência.

Tudo isso serve para embasar a ideia de que a inteligência emocional e as sutilezas entre emoções, que diferem apenas em grau, foram progressivamente selecionadas nos esparsos e pequenos grupos humanos que vagavam pela savana africana nos primórdios de nossa jornada. Os mais inteligentes emocionalmente funcionavam como argamassa, juntando os indivíduos como tijolos para formar estruturas sociais sólidas. Isso impediu, pelo menos às vezes, que as desavenças desintegrassem os grupos nômades.

Todos sabemos que viajar num pequeno grupo por longo tempo (mesmo em férias) é um desafio de paciência e maturidade. Os conflitos se ampliam. As desavenças – por questões simplórias – acabam virando uma "tempestade num copo d'água", e isso é o suficiente para minar a convivência para sempre.

---

[20] Freitas-Magalhães, A. (2020). A Psicologia das Emoções – o fascínio da face humana. Alfragide: Leya. p. 569.

[21] Alexitimia, doença que se traduz como um analfabetismo emocional, em que há grande dificuldade em expressar ou descrever emoções, sentimentos e sensações corporais.

Por isso, as emoções devem ter seu lugar de honra na evolução da nossa linhagem humana e mesmo antes dela. Hoje sabemos que as expressões faciais da emoção são hereditárias e que elas são transmitidas como uma assinatura genética de geração em geração[22].

1.5 Nossa Vergonha

Theodosius Macróbios, um escritor romano nascido em 370 d.C. e que viveu no Norte da África, nos diz "*...que a natureza atingida pela vergonha espalha o sangue a sua frente como um véu, assim como muitas vezes vemos alguém cobrir o rosto com as mãos ao corar*"[23]. A vergonha precisa ser escondida. Ela é a marca de um delito nosso, seja ele grande ou pequeno.

Debater se a vergonha é uma emoção primária ou secundária e arbitrar se ela é verdadeiramente emoção ou sentimento são pontos que se afastam da linha mestra deste livro. O que importa – como nos disse Darwin – é saber "*que o enrubecimento...é comum a maioria, provavelmente a todas as raças humanas*"[24].

Ele funciona como um painel luminosos, uma espécie de alarme emocional que conta muitas coisas sobre nós. Junto ao rubor do rosto, das orelhas, do pescoço e do peito, vem o desviar e o abaixar dos olhos ou ainda a agitação deles. As orelhas parecem pegar fogo, e as *lágrimas podem emergir. Diz-se que as mulheres coram mais do que os homens* (será verdade?), e os jovens mais do que os adultos (parece que sim). Diz-se também que as crianças muito pequenas não enrubescem.

Darwin nos disse que os negros africanos e os maori também coram, mas de uma maneira diferente. E, o mais importante, disse que "*de todas as partes do corpo, o rosto é a mais observada e valorizada, o que é natural, por ser o principal sítio das expressões e a fonte da fala*"[25]. Isso bate com o que vimos a pouco sobre as 10 mil expressões do rosto e explica por que coramos aí e não nos pés ou nos joelhos. O rosto é o painel de nossas expressões, de nosso olhar que fala, de nossa inteligência emocional; é o painel de nossas emoções rasas ou nem tanto. Não há como se esquivar tão facilmente.

---

[22] de Waal (2007).
[23] Darwin (2013), p. 274.
[24] Darwin (2013), p. 273.
[25] Darwin (2013), p. 279.

Mentir sem expressar a emoção de vergonha depende de treino repetitivo ou da perda completa das emoções. Durante as guerras mais hediondas, muitos soldados perderam a capacidade de expressar as emoções. Desenvolveram um olhar duro e frio, que é meramente um mecanismo de defesa contra a loucura e a depressão, que lhes aguardam logo adiante. Assim, a vergonha deve ter nascido como um freio social, delatando pequenas faltas ou crimes não descobertos.

Numa sociedade primitiva, na qual quase todos se conheciam intimamente, a vergonha desempenhou um papel eficaz, fazendo sofrer quem enrubesce e constrangendo quem observa[26]. É bem verdade que os tabus sociais foram moldando seus efeitos, assim como os véus que encobrem o rosto das mulheres em muitas sociedades. Seja como for, ainda temos vergonha de muitas coisas, e foi assim que a sociedade se transformou no que poderíamos chamar de um baile de máscaras.

Hoje, com o número muito grande de pessoas que não se conhecem intimamente, o enrubescimento da face é o pouco do que restou sobre a verdade de cada um. Deveríamos corar mais, embora sempre haja alguma confusão mental nesse momento. Nem sempre há um delito escondido por detrás de quem cora. É verdade que coramos, simplesmente, por estarmos sendo observados. Quando os outros nos avaliam, quando perscrutam nosso íntimo, sentimo-nos devassados, desconcertados, mas o falso delito que desejaríamos esconder, nesse caso, é muito mais o que pensamos de nós mesmos, e não o que de fato somos. Escondemos a imagem que fazemos de nós mesmos. E damos muito valor a isso...

Deveríamos ter vergonha de outras coisas, dos genocídios que cometemos, das torturas que aperfeiçoamos, das pessoas que escravizamos ou submetemos e exploramos... embora quase nunca nos lembremos disso.

Somos, sim, uma espécie emocional mais do que racional, e não há por que se envergonhar disso. Nossa vergonha é o melhor que temos, e nem sabemos de quem a herdamos. Não sabemos se os neandertais partilhavam essa emoção conosco, mas é provável que sim. Grupos humanos pequenos se valeriam bem dessa emoção ou desse sentimento. Crianças pequenas sabem quando cometeram um pequeno delito e agem como tal; macacos e cães também. O olhar de constrangimento de um cão é maravilhosamente expressivo. Viver em sociedade é cometer delitos... e denunciá-los quando possível.

***

---

[26] Darwin (2013), p. 287.

Às vezes, o mundo nos parece colorido, esfuziante, encantador. Outras vezes se apresenta sombrio. O curioso é que situações semelhantes, por vezes idênticas, podem ser vistas de diferentes maneiras por um mesmo personagem humano. Uma criança de 6 anos, que perde os dentes da frente, exibe sua "porteira" para todo mundo felicíssima com a novidade. Um jovem de 16 anos que perder os dentes da frente ficará verdadeiramente horrorizado com a situação e desejará sumir do mundo. Um adulto de 46 anos que tiver acesso a muito dinheiro em sua conta bancária ficará feliz demais e planejará mil coisas, e um velho de 86 anos com dinheiro no banco nem sequer conseguirá gerir sua conta, memorizar senhas ou compreender o que acontece com seu extrato bancário – para ele, o banco e muitas outras coisas são um pesadelo.

Por que manifestamos emoções opostas em situações quase gêmeas? Porque nossos hormônios assim determinam – eles e os neurotransmissores que brotam dos neurônios. Sua produção abundante ou sua falta torna o mundo colorido ou sombrio. São eles os pais das emoções. Por conta deles, dançamos na chuva ou nos encolhemos num dia de sol.

***

O historiador e excelente divulgador Yuval Harari[27] argumenta que o salto quântico do *Homo sapiens* está em sua capacidade de unir esforços em torno de uma ideia, necessidade ou "realidade imaginada" e pode fazê-lo envolvendo grande número de indivíduos. Diz que os chimpanzés só conseguem fazê-lo entre poucas dezenas, e o homem pode unir-se às centenas ou mesmo milhares. Isso é só parcialmente verdadeiro. Chimpanzés formam grupos pequenos porque são animais de floresta. Já os babuínos da savana unem-se às centenas em suas batalhas em campo aberto, e os lobos do planalto tibetano também o fazem ao caçar antílopes. Mais do que isso, muitas espécies de golfinhos unem-se às dezenas de milhares para caçar ou viajar juntos e mantêm comunicação estrita e sincronia notável. Assim, não somos os únicos seres organizados e que atuam em sincronia, motivados por uma "realidade imaginada".

Talvez, no entanto, não sejam necessárias "realidades imaginadas" ou mitos que congreguem indivíduos. Talvez as emoções já sejam suficientes. E o fio condutor que leva à nossa espécie é, de fato, carregado de emoções devastadoras.

---

[27] Harari, Y. N. (2014). Sapiens: A brief history of humankind. Jerusalem: Publish in agreement with The Deborah Harris Agency and the Grayhawk Agency.

1.6 Sonhos e Fantasias

Quando dormimos, afundamos de imediato num sono profundo sem sonhos. Nessa fase, um eletroencefalograma mostrará frequências cerebrais relativamente baixas e uma imobilidade completa do corpo. Depois entramos numa fase mais irregular, acompanhada de movimentos oculares rápidos e movimentos das pernas e dos braços. Esse é o sono REM, a fase onde habitam os nossos sonhos.

Tais sonhos não seguem as mesmas regras da realidade objetiva. Neles o tempo não corre da mesma maneira, basicamente porque são cargas emocionais que projetam imagens, sons e, mais raramente, cheiros. Esses acontecimentos sensoriais podem ser acompanhados por movimentos do corpo que correspondam às mesmas experiências mentais. Eis aí um mundo de fantasias irrefreável. Nosso coração acelera, nossos punhos se cerram, soqueamos inimigos imaginários, murmuramos ou beijamos o nada. Nossos parâmetros fisiológicos respondem a eles tanto quanto a uma realidade cristalina.

Seria esse um privilégio, um surto criativo exclusivamente humano? Sabemos que não. O sono REM está largamente espalhado pelos mamíferos e, pelo menos, por algumas aves[28]. Ao dormir, os cães e seus parentes ancestrais, os lobos, simulam corrida, mordidas, cópula, enquanto sonham. Gatos sonham a valer. Elefantes e ratos sonham. Macacos evidentemente sonham. Pombos também sonham – pasmem.

Portanto, sonhar é uma experiência antiga, que herdamos de outros sonhadores deste mundo. Assim, os sonhos também são o fio condutor das emoções e das fantasias, as mesmas fantasias que ajudaram a construir monstros imaginários, fantasmas e crenças e mitos. Bem-vindo aos seus sonhos! Quiçá eles já tenham sido vividos antes de você noutras mentes criativas, noutros elos da longa corrente de espécies em direção ao seu passado.

1.7 A Corrida com Bastões Hereditários

Foram tantos os corações que serviram de elo no longo caminho da evolução! A eles devemos o tributo de nossa existência como espécie. Somos o que recebemos e o que modificamos. Não há por que se esquivar disso. O passado pode explicar o presente. Portanto, temos de voltar nossa atenção a

---

[28] Griffin, D. R. (2013). Animal minds: Beyond cognition to consciousness. Chicago: University of Chicago Press.

cada um dos elos que compõem a longa linhagem e os vários antepassados. E o ideal é colocar as emoções (e os hormônios) no debate da evolução humana. Vamos quebrar esse tabu e aceitar nossa parte pouco *sapiens*.

    Mesmo que as consideremos emoções rasas ou vergonhosas, os corações que as conduzem (e conduziram) permanecem profundos. E cada um desses corações marca um elo na sinuosa corrente que chegou até nós – uma corrente de espécies e emoções ao longo do tempo, algo como uma corrida "com a passagem de bastões", onde nós estamos fazendo uma parte ínfima, porém fundamental.

Nossa corrida com bastões hereditários... Nossa corrida no tempo... Nós, os mensageiros, como um tal Fidípedes antes da Batalha de Maratona. Nós, os mensageiros de genes, porém numa epopeia infinitamente maior.

Capítulo 2

Homo Nomadicus, o Animal Colonizador

Os animais são todos iguais, mas uns são mais iguais que outros.

(George Orwell)

Aqueles que se movem são aqueles que veem as pegadas do leão.

(Provérbio Africano)

2.1   Uma Espécie Inquieta

Voltemos à África, a mãe África de quase toda a nossa linhagem humana. Retrocedendo 100 mil anos ou cerca de 3,3 mil gerações[29], chegaríamos a um continente bem mais jovem e algo diferente do atual. Nesse tempo antigo, estamos encurralados entre o deserto movediço e o oceano infinito, que viria a ser chamado de Índico, muito tempo depois.

Somos todos negros de cabelos encarapinhados. Nossa pele brilhante é um coquetel de pigmentos escuros chamados melanina, e essa marca física é encantadora e prática. O sol do deserto não pode dobrar-nos tão facilmente. As glândulas sudoríparas são abundantes, e esse sofisticado mecanismo de refrigeração é suficiente até mesmo num clima tórrido. O frio não é prolongado, embora as noites no deserto possam ser um tormento.

Somos todos nômades formando grupos esparsos, pequenos e móveis. Nossos corpos são magros como os corpos de quem lida com um dia de cada vez. Não há como estocar nada que o focinho dos outros mamíferos não

---

[29] O conceito de "geração" é bastante variável e depende da população humana a considerar. Augusto Comte e Heráclito, que viveram em momentos bem diferentes da história, falam em 30 anos (uma abordagem biológica). Sociólogos e filósofos discutem outras definições de natureza econômica, política ou cultural. Talvez na Pré-História as gerações devessem ser definidas em períodos menores de 20 anos, o que nos transportaria para 5 mil gerações em 100 mil anos.

encontre. O estômago de todo mundo anda encolhido, e a fome é voraz. Talvez seja possível guardar água dentro de ovos de avestruz enterrados. Talvez transportar consigo um pouco de carne seca ao sol, tendões ou couro para mascar e assim mascarar a dor da fome. Essa dor que corrói as entranhas não é algo que se deva desprezar.

Não temos posses além de um cesto de fibras vegetais e uma vara que sirva de lança ou bastão. Por isso, vagamos livremente. Essa liberdade, de mãos vazias, gera uma sensação atávica prazerosa no homem moderno e deve ter aí sua origem. Uma vida sem posses é hoje bastante estranha, mas foi a tônica de nossa antiga vida nômade. De certa forma, o que nos define é muito mais o nomadismo do que a faculdade de interpretar e criar. Por isso mesmo, somos uma espécie inquieta.

Em nossa linhagem, tais atributos já haviam sido preenchidos por outros personagens que ocuparam seu tempo com surtos criativos. *Homo habilis* é o mais conhecido deles por ser o homem ferramenteiro, que primeiro lascou uma rocha com ideias de transformação. Hoje se diz que o *Australopithecus* já poderia fazê-lo – quem sabe...?

O tal *habilis* conseguiu ver num seixo rolado de rio uma estrutura cortante, quando a pedra fosse lascada. Esse vislumbre, extraordinário, virou experimentos, frustrações e acertos e assim chegou ao gume ideal – tudo isso com um cérebro de apenas 500 centímetros cúbicos, que era um terço do nosso e pouco maior do que o de um chimpanzé. Suas deduções – formidáveis – permitiram a confecção dos primeiros machados[30] de mão e dos rudimentos do que viríamos chamar de razão. Teria ele plantado as primeiras sementes deste atributo que tanto tem marcado nossa trajetória?

---

[30] Essas primeiras ferramentas em pedra, produzidas entre 2,5 e 1,5 milhões de anos, eram manufaturas singelas cujo produto se tratava de lascas simples. Essa cultura material foi chamada de Oldowaniana, ou "Modo Um".

Figura 3 – Material lítico com bordos cortantes. Machados de mão de diferentes épocas.

Fonte: José-Manuel Benito Álvarez[31]

Daí para diante, foi possível quebrar um osso longo e forte para obter o precioso tutano, o ossobuco da culinária moderna. Foi possível amolecer a carne, quebrando suas fibras na pancada e separar os tendões e o couro – tarefa bastante enfadonha. Aí estava a diferença entre a vida e a morte marcando pontos decisivos a favor do *Homo habilis*. Ele fez quase tudo que seria fundamental para as gerações vindouras e era pequeno e frágil, menor que uma criança de 7 ou 8 anos! Essa criatura formidável nos legou presentes que mal compreendemos hoje, e deveríamos reverenciá-lo como fazemos com antepassados notáveis.

Você até pode imaginá-lo como um macaquinho qualquer, se isso lhe for conveniente. Porém, depois de horas tentando lascar um seixo rolado e com as mãos em frangalhos, talvez você mude de ideia. Talvez você comece a lhe atribuir astúcia e persistência, imaginação e intuição, planejamento e propósito. Nós, que temos tanto orgulho de nossos "propósitos" e que a eles atribuímos uma aura superior, temos de reconhecer que foram herdados de alguém. Foram herdados de um outro *Homo*, de um outro igual, de um outro homem.

---

[31] Disponível em: https://pt.m.wikipedia.org/wiki/Ficheiro:Oldowan_tradition_chopper.jpg. Acesso em: 22 jan. 2024.

Seu cérebro era maior que o da extraordinária Lucy (*Australopithecus afarencis,* de 3,3 milhões de anos), o tronco-mãe de tudo o que somos hoje. Também havia batido o tamanho cerebral dos corpulentos *Paranthropus* (*P. boisei* e *P. robustus*), que foram seus contemporâneos. Ele era um prodígio em si e poderia ter merecido a alcunha de *sapiens,* mas não advogou em causa própria como nós e, por isso, ficou apenas *habilis.*

Sob o ponto de vista da estrutura social, o *Homo habilis* e seus parentes diretos não diferiam tanto assim do antigo modelo chimpanzé. Esses também são nômades e viajam em grupos esparsos dentro de uma área de vida bem-estabelecida. Seus movimentos diários são relativamente restritos entre dois ou três quilômetros, mas sua área de vida, ao longo do ano, alcança 32 km² nos chimpanzés que habitam a floresta ou mesmo de 65 Km² nos que vivem na savana[32].

As comunidades de chimpanzés são bastante variáveis em número de indivíduos, mas seria razoável falar em uma média de 35 membros, embora possam chegar a 150 no maior grupo conhecido. Ora, considerando que tanto os *habilis* quanto os chimpanzés seriam onívoros e suas proporções corpóreas próximas, estaríamos pensando em números semelhantes de indivíduos num grupo. Para uma comparação mais precisa, é importante considerar que os chimpanzés são mais pesados e musculosos do que nosso antigo parente, mas esse é um ponto de partida para comparações viáveis.

Já nossa espécie, há 100 mil anos[33], era algo diferente. Suas tendências nômades permitiram um desafio assombrosamente maior. O nomadismo, como se concebe em biologia, é um deslocamento para áreas com recursos mais abundantes, sem obrigatoriedade de retorno. Isso leva a um expansionismo natural, a um estado de inquietude que poderia definir-nos como um *Homo nomadicus.* Pena termos consolidado o termo *sapiens* mesmo usando tão pouco a razão.

Nos dias de hoje, tal atributo anda encoberto. Temos posses que funcionam como uma pesada âncora, forçando a maioria de nós a criar raízes, ainda que temporárias. O nômade autêntico está encarcerado, mas essa tendência inquieta continua em nossa essência e moldou o mundo. Somos como somos, porque nos arriscamos a descobrir o que há depois de cada "obstáculo intransponível".

---

[32] Mittermeier, R. A., Wilson, D. E., & Rylands, A. B. (Eds.). (2013). Handbook of the mammals of the world: primates. Barcelona: Lynx Edicions.

[33] Nossa espécie pode ter 200 mil anos ou mais, dependendo do raciocínio que se faça.

No entanto, não fomos os primeiros a realizar uma jornada fora da África. Outros Homnídeos inquietos já haviam se lançado nessa aventura improvável. Pelo menos, três espécies disputam essa primazia. *Homo ergaster* e *Homo erectus* são os mais conhecidos. Há também o duvidoso *Homo georgicus*, uma espécie *sub judice* que vinha sendo confundida com o *H. erectus* e foi descoberta às margens do Mar Negro. As três são contemporâneas, e isso joga um pouco de areia nas engrenagens da paleontologia. Ainda não é possível bater o martelo a favor de uns ou outros.

Para muitos especialistas, *H. ergaster* foi o primeiro a realizar essa tarefa hercúlea, alcançando sítios[34] próximos a Israel, mas *H. erectus* foi o verdadeiro conquistador da Ásia, espalhando-se até a China e a longínqua ilha de Java. A data em que isso ocorreu é ainda mais sombria. Fala-se que ocorreu entre 1 milhão e 700 mil anos, mas essa é uma data apenas aproximada. Nessa questão da primeira saída da África, faz-se necessário manter a mente aberta e acompanhar o que dizem as novas descobertas.

Homo heidelbergensis fez uma nova surtida quase 1 milhão de anos depois. Seu aparecimento na Europa, em torno dos 600 mil anos, levando uma nova tecnologia de ferramentas em pedra[35], iniciou uma nova fase de conquistas e transformações em nosso planeta, como veremos mais à frente. Tanto na África quanto na Europa, teria deixado descendentes que nos interessam muito para compreender quem somos. Teria sido ele a espécie-mãe da nossa e de certo neandertal[36]?

---

[34] As evidências se baseiam em ferramentas de pedra mais complexas da cultura material Acheuleana, cujos produtos tinham gumes simétricos. Essa cultura permaneceu entre 1,65 milhões e 100 mil anos e foi chamada de "Modo Dois".
[35] Esse novo modelo de utensílios foi chamado pelos arqueólogos de "cultura mustersense". Ele foi legado aos descendentes neandertais e sapiens tanto na Europa quanto na África.
[36] Nada parece mais dinâmico do que nossa compreensão sobre a tal espécie-mãe. O debate continua. Hoje se fala também de *Homo bodoensis*, numa reinterpretação de *H. heidelbergensis* e *H. rhodesiensis*.

Figura 4 – Diagrama simplificado em espécies selecionadas. Filogenia da linhagem humana com algumas relações especulativas

Abreviaturas: A = Australopithecus; H = Homo; P= Paranthropus; MA = milhões de anos

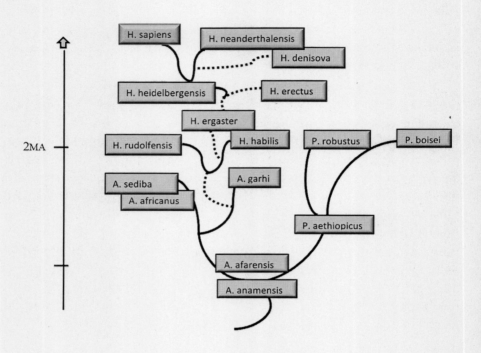

Fonte: o autor

2.2 A Espiral da Extinção

Nem tudo andava bem para nós naquela África mais jovem de 100 mil anos. Os grupos humanos se tornaram mais esparsos e isolados, batidos pela fome atroz e pela sede. Pequenos bandos são vulneráveis às epidemias, aos efeitos da consanguinidade e ao alimento contaminado – embora nosso estômago seja verdadeiramente resistente.

Nessa época, o Nordeste da África tornou-se um pouco mais úmido, fazendo com que os desertos do Saara e do Sinai ficassem mais verdes. Isso permitiu à fauna da savana uma nova via de expansão e colonização da Península do Sinai e do Oriente Próximo. A bacia de inundação do Nilo formava uma estrada quase em linha reta em direção à foz.

Se o *Homo sapiens* se deslocou ao acaso por essa via ou se apenas seguiu as grandes manadas de antílopes, fica a dúvida. Fato é que acabou por atravessar o Suez e se viu de cara com um novo mundo. Essa primeira surtida de nossa espécie permanece um mistério. Passamos o Suez a 100 ou 135 mil anos, é verdade, mas com pouco sucesso. Nos próximos 40 mil anos, o Hemisfério Norte esfriaria, o Hemisfério Sul ficaria ainda mais seco, e nossos progressos fracassariam ou quase.

Havíamos sobrevivido a tudo, aos ferimentos de caçada, ao frio, à aridez, às doenças e ao isolamento, mas agora os grupos humanos começavam a sentir a espiral da extinção puxá-los pelos calcanhares. Era cada vez mais difícil encontrar outros andarilhos.

Agora somos quase uma espécie zumbi. Estamos desaparecendo... Um após outro, os pequenos bandos capitulam. A consanguinidade e a mortalidade infantil – muito alta – começam a mostrar suas garras, e a morte de mães e filhos no parto também. De fato, nossa espécie não serve de exemplo de fertilidade. Somos agora uma pálida imagem do que fomos. Tempos ruins esses dos 100 mil anos. Somos os últimos sobreviventes, uma espécie que se recusa a sucumbir. Estranha essa força que nos mantém. Estranho manter-se unido, quando tudo está dando errado. Irônica essa questão de sermos uma espécie em extinção, que depois, muito depois, extinguiu várias espécies por sua própria mão.

Essa foi uma terrível encruzilhada, quando fomos reduzidos a quase nada, umas poucas criaturas inventivas e emocionalmente sólidas. A redução populacional humana, por volta dos 75-70 mil anos, foi um marco dramático. Nossos genes eram os genes daquelas poucas pessoas. De quantas pessoas estamos falando? As estimativas são elásticas e vão de 40 pessoas a pouco mais de 4 mil. Assim, a variabilidade genética de nossa espécie havia praticamente desaparecido. A ciência chama essa condição "gargalo de garrafa" (*bottleneck*)[37], o estreito funil antes do fim.

Quem passou pelo estreito gargalo havia sido testado ao extremo, ou dizendo de outra forma, os "genes sobreviventes" dessa gente haviam sido testados nas piores condições possíveis e arranjado uma forma de seguir em frente.

---

[37] Nem todos os evolucionistas concordam com o *bottleneck* em nossa espécie, mas isso aconteceu também com os chimpanzés e numa data semelhante.

Algumas teorias se esforçam para explicar as condições extremas que tentaram estrangular nossa espécie nessa época. Fala-se da tremenda erupção do Toba, um super vulcão da ilha de Sumatra que vomitara cinzas numa proporção dramática, gerando um "inverno nuclear"[38], fato que coincide no tempo, mas pode não ter relação de causa e efeito com o gargalo em nossa espécie.

Mais plausíveis são as próprias condições demográficas típicas de populações esparsas e muito pequenas. Não é necessário apoiar-se em justificativas extravagantes quando existem explicações biológicas corriqueiras. O isolamento é uma condição de risco, mas não uma sentença de morte. E foi assim que aqueles teimosos sobreviventes recolonizaram o planeta.

Devido ao progressivo congelamento dos polos nessa fase do Pleistoceno, as águas do mar recuaram e abriram novas rotas de dispersão. No Mar Vermelho, abriu-se uma passagem, onde hoje é o Estreito de Bab al Mandab, e assim o "corno da África" fez contato com a Península do Sinai. Hoje esse Estreito ainda é razoavelmente raso, com cerca de 30 metros de profundidade, o que permite imaginar um corredor seco ou quase seco naquele entroncamento pré-histórico.

Curioso isso, não? Nas fábulas do Velho Testamento, Moisés teria atravessado o Mar Vermelho, quando as águas se abriram, mas seguramente o fenômeno narrado anteriormente não é o mesmo. Moisés, o "Libertador dos Hebreus", teria vivido há pouco mais de 1500 a.C. e guiado seu povo pelo mesmo deserto em direção à Terra Prometida. Assim, nosso famoso Moisés é protagonista de um verdadeiro *revival* da diáspora humana, mas cerca de 58 mil anos depois!

Nos idos de 60 e poucos mil anos, durante o Pleistoceno, nossa espécie chegou ao Sinai e lá encontrou vestígios humanos mais antigos. Ferramentas em pedra já estavam do lado de lá, devido à tentativa anterior de saída da África. Dessa vez, as coisas correram de modo diferente. Nossa espécie encontrou uma fauna intocada, desacostumada a esse novo caçador. Novas tecnologias em pedra marcaram a entrada do homem no Oriente Médio, e isso deve ter conferido vantagens a esse invasor desesperado. Possivelmente, diferentes grupos chegaram ao Sinai e seguiram para o norte em momentos diferentes. Eram como "ilhas" geneticamente isoladas vagando a esmo.

---

[38] Por exemplo: Ambrose, S. H. (1998). Late Pleistocene human population bottlenecks, volcanic winter, and differentiation of modern humans. *Journal of human evolution*, 34(6), 623-651.

Talvez 10 mil anos tenham se passado, quando finalmente a espiral da extinção largou nossos calcanhares. Aqueles sobreviventes criativos fabricavam agora não apenas machados de mão, mas inúmeros outros instrumentos, para diversos fins[39]. Isso ocorreu tanto na África quanto fora dela. Esse novo cenário – revigorante – marcou também um crescimento populacional humano e uma nova expansão territorial lá pelos 70-45 mil anos AP. Agora não havia mais barreiras intransponíveis. Logo ao norte estava o que viria a ser chamado de Europa e, a leste, a interminável Ásia.

Há um fenômeno bem conhecido – e precariamente explicado –, chamado "Revolução Cognitiva". De fato, lá pelos 70 mil anos, demos um salto criativo. Várias explicações estapafúrdias já foram elencadas, mas não precisamos ir muito longe. Ao sair da África, encontramos desafios inteiramente novos: novas espécies a serem caçadas, uma variação climática muito maior e novas espécies humanas com as quais nos deparamos. Como nos disse Einstein certa vez, *"uma mente que se abre a uma ideia nunca mais voltará ao tamanho original"*. Eis a Revolução Cognitiva sem a necessidade de quaisquer novas mutações misteriosas ou explicações impalpáveis. Saímos da África e fomos levados a despertar. E esse despertar ocorreu aqui e lá e certamente também na África, como um filho que sai de casa e descobre o mundo.

2.3 O Voraz Invasor da Europa

Dois caminhos devem ter sido trilhados em levas sucessivas. Um deles seguia para o norte pelas terras equivalentes à Bulgária e Sérvia e o outro pelo litoral da Grécia, da mesma forma que hoje faz o sofrido povo da Síria. Isso teria ocorrido há apenas 45-43 mil anos, e nesse tempo também havíamos penetrado na Ásia. Aliás, por que tardamos tanto a entrar na Europa? Ninguém sabe..., mas então veio uma primeira surpresa: essas terras já estavam ocupadas por um outro igual, um outro *Homo*.

Os neandertais, *Homo neanderthalensis,* ocupavam especialmente o Leste e o Norte da Europa, embora estivessem irregularmente espalhados até a Península Ibérica. Tinham compleição física semelhante, embora fossem mais fortes e musculosos do que nós. Eram bons caçadores e estavam longamente estabelecidos naquelas terras. Eram descendentes de um tal *Homo heidelbergensis*, espécie que também pode ter sido mãe da nossa. A pinça do destino havia se fechado. Agora estávamos em contato com nossa contraparte humana.

---

[39] O novo salto tecnológico incluía dezenas de novos utensílios que iam de furadores de couro a agulhas para unir vários retalhos e confeccionar roupas.

Os primeiros encontros devem ter sido surpreendentes! Dois grupos de andarilhos, face a face, avaliando-se. Era como se estivéssemos vendo outra tribo de feições marcantes com a região dos supercílios muito proeminente e ossuda, um queixo pequeno e uma testa inclinada. Num exame mais detalhado, poder-se-ia avaliar que os ombros eram largos e o polegar mais longo. Além disso, tinham um andar bamboleante, fruto de um fêmur arqueado.

Já os neandertais devem ter nos percebido como uma tribo de rosto chato, muito queixudo, de mãos fracas e andar rígido com pernas retas demais. Devem ter nos considerado muito fracos devido ao nosso peito achatado, enquanto o deles tinha a forma de um barril, um tórax expandido e quase cilíndrico. O que chamamos de *bullying* hoje pode ter iniciado aí, ressaltando as feições marcantes do outro e atribuindo-lhe adjetivos depreciativos.

Sim, neandertais tinham capacidade vocal como os sapiens. Eles não eram os trogloditas monossilábicos que a mídia costuma vender (aqueles do tipo Rambo – Programado para Matar). Recentemente, um fóssil de neandertal permitiu a extração do FOXP2, compartilhado com a nossa espécie. Esse não é o nome de um satélite de Júpiter, e sim um gene relacionado à capacidade de falar, já que atua nos nervos que controlam os músculos faciais. Além disso, neandertais e sapiens eram muito gestuais, e isso deve ter eliminado os problemas da comunicação essencial. Aliás, a formidável capacidade gestual do ancestral dos chimpanzés e humanos foi suficiente, esse tempo todo, e continua intermediando a comunicação de turistas em qualquer lugar (por mais incômodos que os turistas sejam).

Outras diferenças mais sutis seriam de difícil visualização. A região posterior do crânio nos neandertais é mais proeminente, mas isso estaria encoberto por uma vasta cabeleira. Dizem os estudos genéticos[40] que os cabelos vermelhos da Escandinávia e de outras partes do Norte da Europa são um legado neandertal, assim como a pele branca.

Porém, o surgimento da pele branca também pode ser visto como uma simples consequência ambiental. Ao se afastar dos trópicos e penetrar cada vez mais num ambiente nevoento e com pouco sol, a síntese de vitamina D acabou prejudicada, assim como a produção de cálcio para os ossos e dentes. Em outras palavras, peles brancas resolveriam os problemas com a vitamina D e com a produção do cálcio. Nessa abordagem, o aparecimento de peles brancas nas populações de sapiens do Norte da Europa e Ásia, assim como nos neandertais, foram apenas adaptações convergentes decorrentes do clima.

---

[40] O gene MC1R é quem dá as pistas do cabelo ruivo, da pele clara e das sardas.

Lembrem-se: as populações humanas de neandertais e sapiens eram pequenas e esparsas. Qualquer modificação poderia instalar-se e permanecer tanto por mutação e seleção, quanto pelo mecanismo simples e previsível de deriva genética[41].

***

Ao contrário do que muitos pensam, os neandertais tinham o cérebro comparável ao dos humanos modernos[42] (neandertal:1.200-1.750 cm^3; sapiens: 1.000-2.000 cm^3). No entanto, isso não tem relação direta com a inteligência de uns e outros. A zona associativa do cérebro – o lobo frontal de nossa espécie – é maior que o deles, e os depósitos de memória são maiores neles do que em nós – duas inteligências diferentes, apenas isso.

Fato é que esses primeiros encontros devem ter sido raros, e na maior parte do tempo ambos os grupos se evitavam. Quando chegamos ao Oriente Médio e à Europa, os neandertais já estavam reduzidos a bolsões isolados. Caçadores coletores se movem constantemente ao exaurir seus recursos, e de repente havia novos grupos entrando na Europa. Ao descobrir sua contraparte, nossa espécie se tornou um voraz competidor – pior –, um competidor com lobos frontais maiores. No início, essa competição incluía também moradias permanentes, como cavernas, e o número destas é obviamente limitado. Assim, começamos a deslocá-los das melhores cavernas.

O fato de sermos uma espécie exótica generalista e altamente oportunista foi um problema a mais para eles. Espécies invasoras (exóticas) tendem a transitar bem entre nichos alimentares e perturbam, profundamente, as espécies já estabelecidas. Esse efeito é bem conhecido quando da introdução de espécies oportunistas em ilhas. Elas abalam o ecossistema com sua entrada triunfal.

Logo nossa espécie suplantou em número a espécie irmã[43], que havia sobrevivido às agruras das glaciações. Os contatos entre ambas podem ter se tornado mais frequentes, e duas razões jogam a favor dessa ideia:

---

[41] Teoria desenvolvida pelo geneticista Sewall Wright, a partir da década de 1930, em que mudanças aleatórias da frequência alélica (formas alternativas de um gene) alteram-se ao longo de gerações. Isso é mais comum e perceptível em populações pequenas e isoladas.

[42] Gunz, P., Neubauer, S., Maureille, B., & Hublin, J. J. (2010). Brain development after birth differs between Neanderthals and modern humans. *Current biology*, 20 (21), R921-922.

[43] Mais à frente, veremos outros arranjos possíveis que podem representar espécies irmãs.

o aparecimento de híbridos nos limites de distribuição dos neandertais – Portugal, República Tcheca e Romênia – e o aprimoramento abrupto das técnicas de confecção de ferramentas pelos neandertais.

Depois de certo tempo de convivência com a nossa espécie, os neandertais finalmente deram alguma arrancada tecnológica. Isso mostra em parte a resistência dos neandertais a novidades, mas também levanta a fascinante questão da transmissão cultural entre espécies.

Ainda hoje não está seguro como e por que deslocamos os neandertais e se fomos nós que o fizemos. Teriam eles desaparecido por razões climáticas independentes, uma vez que a "era do gelo" começou a fraquejar? Os neandertais tinham tórax mais amplo, o que lhes permitia conservar melhor o calor do corpo; tinham pulmões maiores e narinas mais amplas, que os transformaram em máquinas de trabalho pesado nos climas gélidos. Comparado a eles, nós éramos uns fracotes. Mas, então, a linha de gelo recuou para o norte da Europa e da Ásia, e essas vantagens se esvaíram... Teria aí começado a derrocada dos neandertais?

Teriam sido extintos por competição direta conosco – algo do tipo desvantagens tecnológicas ou ainda biológicas? Calcula-se que, para os neandertais, eram necessárias 4 a 5 mil calorias por dia, enquanto para nós pouco mais de 2 mil são suficientes. Isso explicaria nossa resistência aos tempos de escassez num mundo em transformação. Além disso, nossa maturidade mais tardia indica um cuidado parental mais longo, e nossa longevidade maior teria permitido o convívio de crianças e jovens com os membros mais velhos do bando, facilitando a transmissão de experiências.

São várias as abordagens e hipóteses. Teríamos nós próprios absorvido seus genes? O vaivém das especulações varia de acordo com as marés e os modismos da ciência (a ciência também tem modismos!). Os europeus e asiáticos compartilham genes neandertais em até 4% do DNA, mas não os africanos. Em outras palavras, foi fora da África que ambas as espécies trocaram genes.

Um aluno meu, que esteve no Sul da Alemanha, onde o primeiro fóssil neandertal foi descoberto, me disse certa vez: "nossa, tem muitos caras por aqui com as características que você mostrou nas suas aulas". Naquele tempo, eu ainda apresentava o clássico *Quest for Fire*[44], filme respaldado pelo evolucionista humano Desmond Morris. A observação loquaz do meu aluno ficou gravada na memória até hoje.

---

[44] Filme que foi traduzido para o português como "A Guerra do Fogo".

É possível que nossa espécie, mais plástica e adaptável, tenha absorvido completamente os neandertais e eles ainda vaguem entre nós na forma de "genes"? Bem, pelo menos o notável geneticista alemão Ernest Mayr previu essa possibilidade ao propor o modelo de "especiação em mosaico", um modelo pouco utilizado hoje, mas, em tese, muito interessante para o caso neandertal *versus* sapiens. Nesse modelo, duas entidades reconhecidas como espécies (mas compatíveis geneticamente) poderiam virar uma só, misturando-se quando ambas perdessem o isolamento geográfico.

Entidades evolutivas isoladas geograficamente, mas não incompatíveis geneticamente, poderiam coalescer, e, se assim foi, a pinça do destino nos uniu uma vez mais. Embora os geneticistas prefiram definir espécies pelo isolamento dos genes, na prática, esse isolamento pode ser geográfico, ecológico ou mesmo comportamental. Desde que estejam isoladas, por alguma dessas barreiras, suas diferenças físicas divergirão, seja por mutações em algum segmento do DNA, seja pelo que se conhece como "deriva genética". Esta última é uma obra do "acaso" frequente em grupos pequenos, como foi o caso nosso naquele tempo e, provavelmente, dos neandertais.

Neandertais e sapiens são geneticamente muito semelhantes, diferindo em menos de 0,5% de toda a sequência gênica, ou seja, nossas divergências como espécies eram mantidas, principalmente, pelo isolamento. E quando esse isolamento se foi...

***

Então, lá pelos 28 mil anos atrás, os últimos neandertais desapareceram. O teto de suas cavernas em Gibraltar ainda tem as marcas de fuligem dessas fogueiras. A espiral da extinção conseguiu puxar essa espécie pelos calcanhares, e ela sumiu, deixando inúmeras dúvidas. O excelente caçador neandertal carecia da inventividade dos *sapiens*? Tempos de escassez e uma dieta mais restrita cortaram-lhes o caminho? Mortalidade mais alta e uma vida mais curta? Cuidado parental? Necessidade excessiva de calorias para funcionar melhor? Clima cambiante? De fato, o frio severo na Europa abandonou-os paulatinamente, e eles, os mestres do frio, acabaram capitulando.

2.4 Viajantes de um Mundo sem Fim – Vagando pela Ásia

A Ásia é um lugar grande. Apenas o *Homo erectus* havia realizado tamanha epopeia. Havia alcançado Java e China em tempos absurdamente precoces (1,8 milhão AP). Havia gerado novas espécies no Sudeste da Ásia e depois desaparecido dos registros fósseis há mais ou menos 30 mil anos[45].

Quando o *Homo sapiens* adentrou a Ásia, dois caminhos diferentes foram trilhados, um deles pela costa via Índia e Paquistão e o outro pelo centro da Ásia, alcançando a Sibéria lá pelos 45 mil anos. Essas paragens eram absurdamente geladas, e nossos novos utensílios, como agulhas e furadores de couro, serviram muito bem para preparar sapatos e talvez calças.

Os debates sobre quais caminhos o homem moderno trilhou após partir do Oriente Médio permaneceram inconclusivos até nos depararmos com uma improvável evidência. Aliás, improvável e pequena. Cerca da metade dos seres humanos compartilha uma bactéria estomacal chamada de *Helicobacter pylori*, tão antiga que já ocorria em nossos ancestrais africanos. Estudando as variações genéticas dessa bactéria, transportada pelos estômagos humanos, chegou-se à conclusão de que os grupos nômades do Oriente Médio primeiro se desviaram para o Leste Europeu e só depois seguiram em direção ao extremo Oriente[46]. Apenas após essa epopeia pelo centro da Ásia teríamos alcançado o Sudeste Asiático e a Oceania.

Numa remota região da Ásia Central, onde hoje fazem fronteira quatro países (Rússia, Cazaquistão, Mongólia e China), há uma caverna repleta de mistérios. Lá foram encontrados restos humanos de 40 mil anos. A avaliação do DNA de uma mera falange revelou que os ossos não eram de sapiens, nem de neandertais, mas de outra espécie aparentada. Há quem proponha que fosse uma variação dos neandertais da Ásia...

Nada mais se sabe dos tais denisovanos, nome que remete à região em que foram encontrados os ossos. Tampouco sabemos se eles cruzaram nosso caminho. Os próximos anos devem lançar alguma luz sobre esse enigma.

***

---

[45] Hoje essa data está sob judice.

[46] Falush, D., Wirth, T., Linz, B., Pritchard, J K., Stephens, M., Kidd, M., & Suerbaum, S. (2003). Traces of human migrations in *Helicobacter pylori* populations. *Science*, 299 (5612), 1582-1585.

Linz, B., Balloux, F., Moodley, Y., Manica, A., Liu, H., Roumagnac, P., & Achtman, M. (2007). An African origin for the intimate association between humans and Helicobacter pylori. *Nature*, 445(7130), 915-918.

Antes do fim da última glaciação, o Sudeste da Ásia era bem diferente. As atuais ilhas de Sumatra, Java e Bornéu estavam ligadas ao continente, uma grande planície pontilhada por montanhas. Isso facilitou os colonos *sapiens* a tomarem posse daquelas paragens. Em apenas 15 mil anos ou menos, a partir do Oriente Médio, nossa espécie já havia alcançado os confins da Ásia. Deve ter usado embarcações para se deslocar pelos rios, apressando a expansão.

Tanto na China quanto em Java, poderia ou não ter encontrado o *H. erectus* (também chamado homem de Pequim e homem de Java). Regiões de floresta são sempre péssimas para preservar fósseis, e isso joga areia nessas questões. Fato é que existe uma sincronia aproximada da chega de um e do desaparecimento do outro. *H. erectus*, uma espécie extremamente longeva em sua passagem sobre a terra, deveria estar vivendo seus estertores justo na chegada de nossa espécie. Devia ser uma espécie extremamente rara, assim como a vanguarda dos viajantes *sapiens*. É difícil acreditar que ambas as espécies tenham se encontrado. E se o fizeram, como poderíamos saber?

Justo aí entra em cena uma testemunha quase ocular, uma incômoda e pequena testemunha debruçada em locais privilegiados, como disse o médico infectologista Stefan Ujvari[47], nas cabeças de ambos os grupos. Estamos falando dos piolhos humanos. *Homo erectus*, nosso nômade precoce, teria saído da África carregando o seu inquilino indesejado mundo afora, e esse inquilino se modificou geneticamente. Nossa espécie saiu da África bem mais tardiamente, também carregando seu próprio piolho. Ambos os piolhos tinham um ancestral africano e eram fortemente aparentados. Como é possível que hoje tenhamos as duas espécies de piolho em nossa cabeça? Ujvari sustenta a hipótese de que, em nosso efêmero encontro com *H. erectus*, eles nos tenham infectado com seus próprios piolhos. Seria algo que poderíamos chamar de um "negócio da China". O homem de Pequim infectando o tardio *sapiens*.

***

Certo é que nossa pele escura original se espalhou pelo Sul da Ásia, deixando testemunhos na Índia, Malásia, Nova Guiné e Austrália, mas, no Norte, ela se despigmentou, talvez (mas só talvez) por miscigenação com os neandertais e denisovanos. Peles escuras são uma vantagem adaptativa

---
[47] *Ujvari, S. C. (2015). *A História da humanidade contada pelo vírus*. São Paulo: Contexto.

em zonas de grande insolação, mas não nas brumas permanentes do Norte. Climas topicais e frios parecem ter deixado suas marcas para o que viriam a ser os tais preconceitos raciais num futuro distante, preconceitos que proliferariam justo numa espécie autodenominada *sapiens*. Mas, por enquanto, a Caixa de Pandora ainda estava fechada... Nosso ódio, nossa truculência irrestrita brotaria, incontrolavelmente, quando a caixa fosse aberta...

***

Depois veio a retração das geleiras e das calotas polares com a consequente elevação do nível dos mares. Assim, muitas ilhas se formaram no Sudeste Asiático. O isolamento havia começado nessa porção do mundo. Já a minúscula Ilha de Flores estava isolada todo esse tempo, e nela havia um hominídeo de tamanho bem pequeno. Ele foi chamado de *Homo floresiensis*. Mas qual a sua origem? Teria "especiado" a partir do *H. erectus*? Como ele havia chegado até ali?

Perguntas a mais, respostas de menos. O tal *H. floresiensis* tinha pouco mais de um metro de altura e cerca de 25 kg. Devido a isso, acabou recebendo o carinhoso apelido de 'hobbit' em homenagem aos romances de Tolkien. O chamado 'efeito insular' entrara em ação, moldando a nova espécie a um ambiente onde os recursos eram limitados[48].

Mas o sobe e desce das águas do mar trariam outras surpresas. A "fábrica de espécies" do Sudeste Asiático revelaria um novo nó a ser desatado e uma maior complexidade ao cenário. Outra espécie de 'hobbit' seria descoberta numa das ilhas das Filipinas: um tal *H. luzonensis* – muito provavelmente, outro fruto do efeito insular e outra espécie filha do *H. erectus*.

O mais famoso desses dois 'hobbits', *H. floresiensis,* teria vivido em Flores até 13 mil anos AP e pode ter esbarrado conosco ou nos evitado, deliberadamente, permanecendo incógnito nas florestas densas. Independentemente de contatos diretos entre ambas, as limitações físicas da ilha não eram suficientes para manter as duas espécies com nichos alimentares semelhantes, e *floresiensis* por fim capitulou.

Nossa breve passagem pelo mundo certamente não foi discreta. Direta ou indiretamente, já havíamos extirpado três espécies (talvez quatro) de hominídeos concorrentes, todas mais antigas que a nossa. Isso talvez não

---

[48] Esse nanismo insular também ocorreu com elefantes, mamutes, cervos, búfalos, cabras, entre outros.

se deva às nossas capacidades físicas, mas à nossa compulsão expansionista. Uma coisa é ser nômade, a outra é cobiçar o espaço e os recursos alheios. E nesse quesito somos os mestres do pedaço.

Nossa saída da África permitiu-nos uma experiência muito particular: a de fazer contato com outros humanos. Na Sibéria e na Europa, havíamos encontrado os neandertais e os denisovanos; na Ásia, talvez os *erectus*, os *floresiensis* e os *luzonensis* – e mesmo que alguns deles nos tenham permanecido ocultos[49], finalmente "éramos seis"... Seis espécies de homens, num vasto mundo pouco habitado e um experimento evolutivo extraordinário. Mas logo ficaríamos sozinhos, nós, os expansionistas compulsivos.

A despeito de sua magnitude, a Ásia havia chegado ao fim. Nós já havíamos colonizado as ilhas próximas no Sudeste Asiático e alcançado os climas frios do Norte, palmilhando a Sibéria numa longa peregrinação. O que mais restava por descobrir? Que condições teríamos de continuar saltando ilhas em pequenas embarcações ou resistindo aos invernos absurdos do Norte?

2.5 Uma Janela para a Terra de Beríngia – Seria este um Mundo Novo?

O que salva e dar um passo, outro passo. Sempre um novo passo que recomeça. Foi assim que Saint Exupéry se referiu ao ato de sobreviver em um de seus marcos literários chamado de Terra dos Homens. De fato, o que nos salvou foi caminhar, e muito. Se esta terra é nossa ou não é outra questão[50].

Em verdade, nossa espécie não se contentou em caminhar a esmo pelo mundo. Propôs-se a interferir no destino, a procurar oportunidades, às vezes, objetivamente. Não somos apenas um nômade oportunista, que se vale de uma área com recursos melhores, mas um planejador também.

Os caminhantes do Norte, talvez oriundos da Ásia Central, usavam sapatos de pele e carregavam armas com cabos de madeira e pontas de pedra ou osso. Dentes de morsa e mamutes, chifres de veados ou a própria madeira com a ponta endurecida pelo fogo eram alternativas comuns. Sempre era possível caminhar sobre o gelo puxando um trenó de madeira ou vime com uns poucos pertences. Onde o solo era duro, permanentemente congelado, o progresso seria mais lento, mas não havia pressa.

---

[49] Há sempre novas descobertas em curso, o que é maravilhoso. Na China, descobriu-se recentemente uma nova variação ou, quem sabe, uma nova espécie apelidada de "homem dragão".
[50] Saint Exupéry, A. de (2015). Terra dos Homens. São Paulo. Via Leitura.

Seu progresso havia sido barrado pelo mar ao Sul e Leste da Ásia, mas aparentemente não no Norte. A última glaciação havia retido tanta água na calota polar, que o mar recuara como num passe de mágica. Essa variação no nível dos mares pode ter chegado aos 100 metros[51], expondo uma grande ponte de terra e gelo que depois chamaríamos Beríngia, porém a data dessa primeira passagem é motivo de discórdia ferrenha. Alguns cientistas falam em 12 mil anos AP, e outros, em 40 mil. A primeira data é a mais famosa, mas também a mais frágil, pois há indício de humanos no Sul das Américas há mais tempo que 12 mil anos.

Quem conseguiu passar para a América do Norte deve ter sido induzido a seguir pela costa devido às Montanhas Rochosas. Havia focas, baleias encalhadas e muitos, muitos salmões subindo as corredeiras na primavera. Eram tantos os salmões que era possível pegá-los com as próprias mãos! Assim, nossos entraves não eram propriamente a fome.

Nas passagens transponíveis através das Montanhas Rochosas e nas pradarias além delas, esse caçador abateu camurças, caribus e bisões, presas que jamais haviam convivido com o homem, de modo que deviam ser ingênuas, ao menos, no início. O bisão de cornos longos foi explorado até a extinção nas centenas de anos que se seguiram, e nossa espécie pôde colocar em seu *curriculum vitae* outro exemplo de extermínio em massa. É claro, o gelo também havia começado a recuar, e o aquecimento global começava discretamente. O fim de uma espécie raramente tem uma única razão.

Se você não quer encontrar, não deve procurar – essa é uma máxima antiga –, mas, se há algo que paleontólogos, biólogos, arqueólogos e antropólogos fazem o tempo todo é procurar e procurar. Não deveriam, portanto, surpreender-se com o que encontram. Fato é que, vez por outra, se surpreendem. Há um sítio arqueológico no Sul da Califórnia conhecido por "Cerutti Mastodon". Nele havia ossos e dentes de mamíferos, inclusive de mastodontes[52]. Um estudo acurado, utilizando o decaimento radioativo de urânio, calculou a data dos mastodontes mortos, e o número que emergiu foi de 130 mil anos.

Isso não traria nenhuma novidade, salvo a constatação – chocante – de que os tais ossos continham evidências, inequívocas, de modificação humana. Estrias paralelas e marcas de martelos de pedra deixam claro que

---

[51] Glaciação de Wisconsin (ver Brown, J. H. & Lomolino, M. V. (2006). *Biogeografia*. (2. Ed), p. 691. Ribeirão Preto: FUNPEC).

[52] *Mammuthus americanos*, parente do mamute europeu.

os mastodontes foram abatidos e descarnados ali. E isso foi feito 100 mil anos antes da chegada do homem moderno às Américas. Foi feito antes de que o homem moderno saísse da África!!!

Mas, então, quem chegou até ali antes de nós? Talvez o *Homo erectus*, já que sabemos que ele chegou, pelo menos, até Beijim (Pequim). Talvez os neandertais, já que eles eram habitantes do frio. Talvez os denisovanos, dos quais quase nada sabemos. Enfim, esse é um golpe duro que poderia quebrar a espinha dorsal da antropologia, mas os cientistas verdadeiros devem estar preparados para encontrar o que desejam e o que não desejam também. Desejo é algo que faz parte do mundo emocional, mas razão, fatos, provas e contraprovas são outra coisa. E a ciência se nutre delas.

***

A conformação geográfica da América do Norte é bastante singular, e sua forma de funil gigante conduziu o *Homo sapiens* para o Sul, como havia feito antes com sua megafauna, quando da ligação dos continentes americanos via Estreito do Panamá.

Ao chegar à América do Sul, o panorama mudou. Havia uma monumental floresta úmida a leste e uma cordilheira majestosa que se erguia como uma espinha dorsal nevada. As incursões pela floresta são ainda um mistério a ser resolvido. O solo ácido e as raízes destruíram, em grande parte, as pistas da passagem do homem. Já o caminho pelo litoral do Pacífico era mais favorável.

A despeito do debate acirrado entre os arqueólogos, nossa espécie chegou ao que seria hoje o Sul do Chile e lá foi detida pelas primeiras geleiras perenes. A data dessa chegada oscila entre 11 e 14 mil anos AP, e os indícios da presença humana estão associados a um grande amontoado de ossos de mastodontes, nosso elefante americano. Para alguém habituado a caçar mamutes, foi um passo fácil. Além disso, os mastodontes estavam encurralados em vales estreitos entre miríades de vulcões ativos. Nessa latitude, os Andes começam a perder altura, e o homem deve ter encontrado nos vales uma passagem possível, chegando à vastidão da Patagônia.

Se os mastodontes já estavam no limiar da extinção e nós demos apenas o tiro de misericórdia, ou se participamos ativamente de seu extermínio, fica a dúvida, mas há quem defenda que a onda migratória humana foi causando estragos irreversíveis por onde passou e foi motivo direto da extinção de muitas espécies. Vendo por essa ótica, não seria propriamente uma 'onda', mas um verdadeiro 'tsunami'. Em áreas com limitações de espaço, como a dos contrafortes dos Andes, parece viável que grupos de caçadores pudessem dar cabo de manadas inteiras de mastodontes, encurralando-as. Já em zonas abertas, como as da Patagônia, fica mais difícil aceitar a ideia de um extermínio em massa, já que os grupos humanos eram muito esparsos. Nas planícies, seu "poder de fogo" seria mais reduzido.

Bem, a questão do homem nas Américas inclui algumas disputas sobre datas. Também existem dúvidas sobre a travessia e irradiação pelas áreas florestadas da Amazônia, onde os fósseis não se preservam bem. O que sabemos é que há uma ligação de parentesco do homem americano com populações asiáticas do Norte e com as populações australianas primitivas. O estudo do DNA, extraído de dentes humanos fósseis, reforça essa linha de raciocínio. Isso em si não é nada surpreendente, mas fato é que, nesse tempo, ainda havia áreas livres da presença humana no globo, zonas onde o tsunami humano ainda não havia feito estragos.

2.6 A Maior de Todas as Aventuras – O Oceano Infinito

Chegar até Sumatra, Java ou Bali não incluía navegações 40 mil anos em direção ao passado, pelo menos até que as águas começassem a subir. No entanto, fomos além. A partir do que hoje é a pequena ilha de Bali, seguia um grande colar de contas apertadas que eram ilhas bem próximas. Passar de uma para outra requeria habilidades náuticas, e é impressionante que isso tenha ocorrido tão cedo em nossa jornada.

Uma jangada feita com troncos leves, amarrados com fibras vegetais trançadas, poderia navegar curtas distâncias. Poderia ser impulsionada por remos colocados na popa, oscilando como a cauda de um peixe. As primeiras embarcações conhecidas, em tempos históricos, usavam esse estilo de manobra e propulsão. As jangadas egípcias eram basicamente desse tipo, tinham o casco chato e bastante espaço no convés, mas eram impulsionadas por varas contra o fundo do rio. Jangadas de bambu também seguiriam esse modelo.

Grandes troncos escavados faziam um estilo mais ágil com remadores em ambos os lados. Essas canoas de um casco só foram usadas em tempos pré-históricos no Mar Cáspio e no Mar do Norte. Canoas gigantes de quase 30 metros foram usadas até o século passado na Indonésia, mas dependiam de condições de mar moderado ou eram de imediato inundadas por uma onda traiçoeira. Apesar disso, de uma forma ou de outra, alcançamos as ilhas mais próximas no Sudeste Asiático.

A Ilha de Sonda deve ter sido a primeira da lista, e depois vieram as demais, até chegarmos a Timor, Palau e Aru. Depois vinha o grande o continente de Sahul, que era uma massa contínua formada pela Nova Guiné, Austrália e Tasmânia. Naquele tempo, Timor estava a poucas dezenas de quilômetros da Austrália e Aru da Nova Guiné. Então, as águas subiram e cortaram o caminho dos primeiros grandes marinheiros do mundo. O grande continente se fragmentou, e Timor ficou a quase 500 quilômetros do continente maior, separado pelos Mares de Timor e Arafura. Assim, o fluxo de navegadores pré-históricos foi interrompido. Só lá pelos 12 ou 8 mil anos, os navegadores voltaram a tentar quebrar essas barreiras de águas abertas.

Mas então entrou em cena uma anomalia cronológica que teremos de lidar nos próximos anos. A data de chegada do *H. sapiens* ao antigo continente de Sahul está sob judicie. Falava-se em 40 mil anos, o que já era precoce, mas agora o castelo de cartas parece estar desabando. A antropóloga Silvana Condemi nos relata, em suas As Últimas Notícias do Sapiens, sobre o achado perturbador de instrumentos em pedra datados de 65 mil anos[53] no norte da Austrália. Outros métodos e achados terão de respaldar isso, mas, no caso de uma confirmação, as coisas terão de ser revistas...

Nesse meio tempo, Nova Guiné, Austrália e Tasmânia estavam povoadas, mas o resto do Oceano Pacífico permanecia intocado pelo homem. Simplesmente não havia como vencer barreiras tão grandes. Esse grupo de colonizadores de vanguarda costuma ser chamado de "austronésios"[54] e deve ter aprimorado suas embarcações de casco longo, pois, há 5 mil anos, já estavam caçando baleias no mar do Japão e há 3 mil haviam alcançado Taiwan. Depois vieram o arquipélago das Filipinas e as Célebes. Estas ilhas distam, aproximadamente, 400 km uma da outra, o que já é uma jornada impressionante.

Sabemos que os polinésios modernos usam canoas com flutuadores laterais, que conferem estabilidade em mares mais desafiadores. Esse projeto inteligente parece ter sido testado a partir dos 3 mil anos, o que creditaria aos austronésios a invenção dos catamarãs e dos trimarãs. Com eles, teriam feito jornadas em mar aberto e rompido barreiras para o resto do Pacífico.

---

[53] Ver: Condemi e Savatier (2019).
[54] Que era mais o nome de uma cultura do que de um povo.

Há 1,6 mil anos, alcançaram as ilhas Salomão, provavelmente a partir da Nova Guiné, e há 1,2 mil anos, as ilhas Fiji. Seguramente, pescavam durante as travessias, mas fica a questão maior do estoque de água doce. Os cocos devem ter fornecido a solução mais prática. Podiam ser atulhados dentro do barco ou rebocados, já que flutuam. Isso causaria um arrasto considerável e criaria uma assustadora luta contra o tempo.

O fato é que bons navegadores conhecem o regime dos ventos como ninguém, e os austronésios, com certeza, se valeram desse conhecimento. Quando se está a favor do vento, tudo contribui, inclusive as ondas, mas, quando se está contra o martírio mostra suas garras.

Lembro-me perfeitamente de uma travessia de 1,2 mil km que fizemos num catamarã entre a costa do Brasil e o Arquipélago de Trindade e Martim Vaz. Na ida, a contravento, fomos surrados impiedosamente por ondas que caíam como marretas acertando o casco. As escotilhas vazavam, e tudo estava um pouco grudento dentro do barco. Na volta, a favor dos ventos, voamos livres e sem impedimento em ondas ainda mais altas, que se erguiam seis metros acima do casco.

Os Oceanos Índico e Pacífico têm ventos bastante regulares, e seria fácil aos navegadores pré-históricos esperar o momento certo para as travessias. Não é necessária uma vela para viajar a favor do vento. Basta um mastro e alguns petrechos pendurados ou anteparos de bambu. E assim, remando e empurrados pelos ventos, o homem saltou entre as ilhas do Pacífico. Cada pequena ilha, que servia de tábua de salvação, era vasculhada na busca de colônias de aves marinhas e ovos, de caça, de frutos, de madeira, de água e de peixes dos arrecifes. E assim era até que a ilha ficasse estéril. Então uma nova travessia tinha de ser planejada.

Essa é a história dos sucessos, que pode ser rastreada nos sítios arqueológicos deixados pelos colonizadores, mas há também a história dos insucessos, das tempestades monstruosas que engoliram famílias inteiras, a história de fome, sede e alucinações nessas viagens oceânicas. Uma história de isolamento e de náufragos que saciavam a sede bebendo o sangue dos peixes e das gaivotas debaixo de um sol feroz. E foi assim que chegamos a lugares improváveis.

***

Os egípcios e fenícios já navegavam a vela, quando os austronésios chegaram às Filipinas. O Taiti foi alcançado bem depois do ano 1000 a.C., quando, do outro lado do mundo, gregos e troianos se esfacelavam numa guerra fratricida que durou 10 anos e extirpou uma civilização inteira. As Ilhas Marquesas, que hoje pertencem à Polinésia Francesa no meio do Pacífico, foram alcançadas apenas no ano zero, pouco antes da crucificação de Cristo, e o Havaí, assim como a Ilha da Páscoa, só mais tarde, quando o Império Romano finalmente se esfacelou por volta do ano 500.

Enquanto Europa e Oriente Médio transitavam pela idade do bronze e do ferro, a Oceania era cenário de um desafio naval e de exploração sem precedentes. O que chamamos de '*avanço*' na história da humanidade tem muitas nuances, e a palavra '*conquista*' também. No futuro, chamaríamos o período compreendido entre os séculos XV e XVII de '*era das explorações ou das navegações*'. Então, o que dizer das conquistas polinésias bem anteriores, cujos povos ainda viviam em plena Pré-História? Está em tempo de reverter os créditos aos navegadores pré-históricos.

CAPÍTULO 3

DA ESCRAVIDÃO VERDE AOS OUTROS 50 TONS DE ESCRAVIDÃO CINZA

Mude o modo que você olha para as coisas, e as coisas que você olha mudarão.

(Wayne Dyer)

3.1   HOMO HOMINIS LUPUS EST

À noite, todos os gatos são pardos, mas não os lobos. Seus olhos brilham como brasas vivas. Eles rondam o perímetro do acampamento e estão famintos. Não há como fazer uma surtida noturna. O inverno cobriu tudo de neve – não há mais comida –, mas o cheiro de carne queimando[55] nas fogueiras aguça os olfatos. Também há cheiro de gente, de crianças... E se há uma coisa que os predadores sabem é escolher suas presas. Filhotes e feridos ou incapacitados são sempre os escolhidos. Se os lobos não podem ser vistos na escuridão, podem ver com clareza os movimentos no acampamento.

A única barreira é o fogo que marca os limites de segurança dos homens, mas seria ele suficiente para lobos famintos? O fogo tem sua própria história com o homem e é uma história enigmática. Quando aprendemos a usá-lo? Quando aprendemos a manipulá-lo atritando pedras de fogo ou madeira? Considerando as primeiras fogueiras, há mais de 700 mil anos, podemos creditar o fogo ao *Homo erectus*, mas não se sabe se ele poderia criá-lo ou, simplesmente, roubá-lo da natureza. Já nossa espécie dominava as técnicas de produzir fogo com maestria, e ele geralmente funcionava bem para proteger acampamentos.

São duas as marcas de nossa espécie, quando tratamos de resolver problemas imediatos: uma vem do campo das emoções e tem um viés

---

[55] Embora saibamos quando nossos ancestrais passaram a usar o fogo, existe muita dúvida sobre quando passamos a utilizá-lo para cozinhar a carne.

inato, quando protegemos alguém em perigo, como um bebê ou um lobinho órfão; a outra vem da nossa natureza oportunista, fria e planejadora, quando matamos uma loba para criar seus filhotes como nossos. Não nos interessamos pelos meios, e sim, apenas, pelos fins. Não foi o Príncipe Negro, Maquiavel, que inventou a máxima de que "os meios justificam os fins", ou seja, de que os meios não importam. Ele apenas a revelou.

Não compartilho dessa ideia com o príncipe. Vejo os fins e os meios como uma coisa só, mas foi assim que nossa relação com a natureza começou a mudar. Foi adotando filhotes de lobo e criando-os como nossos que passamos a manipular destino e sobrevivência. Lobos e homens têm estruturas sociais que se parecem. Ambos têm necessidade de aprovação de seus congêneres, ambos trabalham em grupo e são astutos. Os lobos se encaixam bem nos grupos humanos e logo entendem seu grau hierárquico.

Ninguém sabe ao certo quando passamos a criar filhotes de lobo. Pode ter sido há 10 mil anos, como dizem os textos clássicos, ou há 25 mil anos, como aconselham os estudos de genética[56]. Se hoje temos os cães é porque um dia criamos bebês lobos. Lobos dormitam de dia e costumam estar alerta à noite. Foi assim que arranjamos nossos guardas noturnos quase gratuitos. Qualquer movimento na borda dos acampamentos era saldado com um alerta imediato, um alerta confiável. Mas transformar lobos selvagens em lobos mansos e depois em cães ainda não era um passo definitivo para a escravidão. Ainda éramos nômades, e os "lobinhos-cães" tinham sua matilha humana. Mais tarde, durante o longo processo de amansar o temperamento do lobo/cão, chegaríamos ao extremo de mudar o seu metabolismo, conseguindo que ele aceitasse o amido[57]. Esse foi um grande passo para criá-lo em qualquer lugar que vivêssemos...

Embora alguns mitos pintem os lobos como monstros e o pesadelo do homem pré-histórico, o problema nunca foram os lobos, mas os homens. *Homo hominis lupus est* — o homem é o lobo do homem.

3.2 Sobre Bodes, Ervilhas e a Mudança de Rumo da Humanidade

Nossa vida de caçadores-coletores nômades valorizou a inventividade, o uso de novas matérias-primas, os progressos tecnológicos na confecção

---

[56] Freedman, A. H. & Wayne, R. K. (2017). Deciphering the origin of dogs: From fossils to genomes. *Annual Review of Animal Biosciences*, 5, 281-307.

[57] Axelsson et al. (2013). The genomic signature of dog domestication reveals adaptation to a starch-rich diet. *Nature*, 495 (7441), 360-364.

de utensílios para o dia a dia ou para a construção de abrigos e, ainda, o planejamento para transpor obstáculos desafiadores. Mais do que isso, valorizou a imaginação. Isso parece muito, mas ainda assim é uma tremenda simplificação de nossa vida durante o Paleolítico.

Olhando de fora, bem que parece uma vida fácil e feliz, uma vida sem posses e sem o amanhã, mas as tribos itinerantes aumentaram, paulatinamente, seu número de membros. E, se é relativamente simples conseguir alimento para poucos, é especialmente difícil conseguir alimento para muitos.

Na busca por comida, não adiantava apenas usar nossa marca tão conspícua: o oportunismo. Agora parecia necessário explorar o ambiente de maneira mais completa, extraindo energia das mais obscuras fontes.

Foi provavelmente aí, pelos 10 ou 12 mil anos atrás, que moldamos um novo conceito de vida, que nos persegue desde então, ora nos salvando da miséria, ora nos condenando a ela. Foi assim que desenvolvemos os conceitos "do amanhã" e da "visão utilitária da natureza".

Evidentemente, coletamos o trigo selvagem e a cevada em seus grãos duros, muito antes dessa data. Eles estavam à disposição nas campinas e poderiam ser moídos num pilão e transformados numa pasta comestível, mas isso, em si, não fazia parte ainda da tal visão utilitária, na qual a transformação da natureza e a sua submissão entrariam em cena. Ela veio depois, quando enterramos alguns grãos para vê-los germinar. Depois foi só escolher os mais bonitos e maiores e enterrá-los novamente.

Inspiração infinita é coisa para poucos. Talvez o autor de *The Immense Journey* seja um desses sujeitos atemporais, que sempre tem algo a dizer ao coração dos outros. Loren Eiseley nos brindou com tantas passagens memoráveis, que o livro inteiro poderia ser citado aqui. Uma delas, no entanto, cabe como uma luva ao nosso tema. Ela mostra a influência dos vegetais – mais propriamente das plantas com frutos e flores ou Angiospermas – na evolução dos animais e mais diretamente na nossa evolução humana[58]:

> ...*A mão que segurou a pedra às margens do rio, há muito tempo, colheu um punhado de sementes de mato e segurou-as contemplativamente. Nesse momento, as torres douradas do homem, suas multidões fervilhantes, suas rodas girando, o vasto conhecimento em suas bibliotecas abarrotadas, iriam lampejar vagamente, ali, no ancestral do trigo, um punhado de sementes seguras por uma*

---

[58] Eiseley, L. (2011). *The immense journey: An imaginative naturalist explores the mysteries of man and nature.* New York City: Vintage. p.68.

mão elameada. Sem a dádiva das flores e a infinita diversidade de seus frutos, ... o homem poderia ainda ser um insetívoro noturno, mastigando uma barata no escuro. O peso de uma pétala mudou a face do mundo e o fez nosso.

Estava decretada nossa primeira forma de escravidão: retirar o mato "improdutivo" e plantar as sementes mirradas de trigo e cevada nesse novo espaço. A isso chamaríamos de agricultura, e os gregos conceberiam a deusa Demeter para cuidar do assunto, mas, por enquanto, nada de nomes e de deusas.

Costumamos dizer que a agricultura iniciou há 10,5 mil anos (ou 8500 a.C.) em algum local do Oriente Médio ou da Península Arábica, mas essa é a data dos primeiros instrumentos agrícolas recuperados nos sítios arqueológicos, e não a das "mãos enlameadas", que fizeram o trabalho sozinhas sem instrumentos para cavar e cortar. Falta, portanto, a história não contada antes dos instrumentos...

Sabemos que era preciso esperar que as novas plantas germinassem e depois produzissem as sementes comestíveis. Assim o estilo caçador-coletor seguiu muito além dos primeiros experimentos agrícolas. Até meados do século XX, tribos amazônicas, de Papua-Nova Guiné e da Austrália, da África ou do extremo Norte do Canadá, da Groenlândia ou Rússia eram caçadoras-coletoras em tempo integral, mantendo ou não pequenas hortas insignificantes como recurso complementar.

As duas estratégias de sobrevivência não foram excludentes e moldaram a mente do homem à sua maneira. Uma delas exigia deslocamentos contínuos e poucos bens materiais, a outra, sedentarismo e acúmulo progressivo de bens... Estávamos entrando no período Neolítico, aquele em que os instrumentos em pedra passaram a ser trabalhados por polimento pedra contra pedra. Era uma nova maneira de fazer as coisas (e de vê-las).

Não há uma linha demarcatória de tempo para o mundo todo. Pelo contrário, essa transformação ocorreu primeiro onde viria a ser o Sul da Turquia, o Iraque, o Irã, a Síria, a Jordânia, a Palestina, Israel e o Norte do Egito, o chamado Crescente Fértil. Só mais tarde essa mudança se espalharia para o resto do mundo habitado. Caçadores, pescadores, coletores de raízes, sementes e frutos ainda continuariam seu modo de vida, mas havia uma revolução em curso, por sinal, uma revolução gradual.

O notável antropólogo e fundador da arqueologia científica, Robert J. Braidwood, ensinou-nos que essa manipulação ou modificação da natureza ocorreu lenta e gradualmente. O extraordinário sítio arqueológico de Jarmo de ± 7 mil anos AP, ao Norte do Iraque, continha sementes de trigo que estavam "mais ou menos a meio caminho entre o trigo moderno de pão e o trigo selvagem"[59]. De acordo com Braidwood, os habitantes da aldeia de Jarmo também faziam foices de sílex com as quais ceifavam o trigo, almofarizes para socá-lo, fogões e tigelas de pedra. Assim, sabemos que já faziam parte dessa revolução para o sistema agrícola.

Além do trigo e da cevada, bem diferentes dos atuais, o homem Neolítico também iniciou a manipulação das ervilhas e azeitonas. Ervilhas eram de crescimento rápido e podiam ser selecionadas com muita facilidade; já as azeitonas, verdadeiro patrimônio do Oriente Médio e dos povos mediterrâneos, deve ter desenvolvido também uma relação de propriedade. Comunidades maiores poderiam ser donas de áreas maiores e, portanto, de mais oliveiras.

Sedentarismo e noção de propriedade não eram experimentos totalmente novos. Caçadores-coletores Paleolíticos, estabelecidos em boas cavernas e com acesso à água fresca, também tinham noção de propriedade e podiam formar tribos maiores. O mesmo se pode falar das comunidades de pescadores que tinham no rio ou num braço de mar o seu sustento.

No entanto, os nômades ou seminômades – como nos explica o notável geneticista Luca Cavalli-Sforza – possuem baixa natalidade. Isso se deve ao fato de que as mulheres engravidam uma vez a cada quatro anos e, em média, têm cinco filhos durante a vida fértil. Mais ainda, três dessas crianças morrem antes de se tornarem adultas, e a população mantém seu equilíbrio demográfico próximo de zero[60].

Luca estudou a fundo os pigmeus africanos, que são caçadores-coletores. Se, de alguma forma, eles representarem o que acontecia no Paleolítico, esse modelo deixa claro por que suas comunidades nômades são pouco numerosas.

Por outro lado, as comunidades agrícolas exacerbaram a noção de propriedade, a noção de sedentarismo e a noção de aumento populacional. Esse aumento no número de braços serviria para proteger a colheita e aumentar a força de trabalho na faina de arrancar o mato. Nossa "visão utilitária da natureza" tinha agora suas raízes que medravam fundo nessa terra antiga.

***

---

[59] Braidwood, R. J. (1988). *Homens pré-históricos*. Brasília: UnB. p. 133.
[60] Sforza, C. & Sforza, F. C. (2002). *Quem somos. História da diversidade humana*. São Paulo: Editora Unes.

Na esteira das ervilhas vieram as lentilhas, o grão de bico... e uma nova forma de domínio: animais! Eles continham a proteína e a gordura, tão importantes para os dias difíceis. Podiam ser capturados e criados da mesma forma como fizemos com os vegetais. Podiam ser selecionados por sua índole ou pela facilidade em criá-los. Bodes e ovelhas apareceram em nossa lista de candidatos bem no início do Neolítico.

Os bodes tinham aquele olhar sinistro devido à pupila horizontal, mas comiam qualquer coisa, inclusive roupas e telhados nos acampamentos temporários. Eram, por assim dizer, baratos no quesito criação e podiam ser comparados à eficiência das ervilhas. Ovelhas eram ainda melhores por serem mais estúpidas e mais lanosas e, como somos via de regra interesseiros, inventamos a depilação há mais de 10 mil anos.

Bodes e ovelhas formam manadas que seguem um líder, mesmo que ele não seja flor que se cheire. (Estranha essa coincidência com a nossa espécie, não é mesmo?) Com isso, podíamos fazer nossas viagens exploratórias, e a "comida" nos acompanharia por livre e espontânea vontade.

A palavra "domesticação" nasceu dessa ideia de posse sobre os outros, da ideia de "aquilo ou aquele que é do homem". Ou, vendo-se de outra maneira, da ideia de domínio, de ter autoridade ou poder sobre, de conter e reprimir – "*dominus*" do latim. Também tem relação com o domicílio, morada – "*domus*" igualmente do latim. Portanto, domesticação tem o duplo sentido de sedentarismo e repressão.

Não foi a troco de nada que a ideia nos prendeu pelo pé. Se fizemos de escravos nossas ervilhas e bodes, eles nos fizeram também, pois, se há algo que podemos dar como certo, ao contrário do que disse Maquiavel, meios e fins são a mesma coisa e não se justificam.

Depois veio o gado bovino, domesticado numa larga área entre o Oriente Médio e a Índia e, talvez, chegasse ao Nordeste da África. O gado bovino e as cabras mudaram radicalmente nossa dieta, acrescentando não apenas carne estocada "na forma viva", mas também o nutritivo leite. O problema é que a quebra da lactose depende de uma enzima que produzimos em abundância no início da vida, mas que se torna cada vez mais escassa quando se passam os anos. E, ao não lidar tão bem com o leite, iniciam cólicas, diarreias e flatulência e suas consequências. Foi assim que o leite bovino e caprino iniciou sua trajetória ambígua em nossa espécie.

Junto ao gado, seguiram os porcos. Bois, assim como nós, são dados a seguir imbecis com alguma capacidade de liderança, mas não os porcos. Eles são particularmente espertos, e é um grande enigma porque se deixaram dobrar, fosse na Europa, fosse na Ásia.

Foi assim, já no início do Neolítico, por meio da agricultura e do pastoreio, que o mundo mudou. Foi assim que fincamos pé em direção ao sedentarismo. E a mãe de todas essas mudanças e revoluções sociais foi o Oriente Próximo. Só depois o resto do mundo sentiu os humores de um novo tempo. A sorte estava lançada com a fórmula da agricultura e do pastoreio. A sorte da humanidade estava lançada, e não havia como voltar atrás.

3.3 O Milheto e Outros Negócios da China

Aparentemente, a visão utilitária da natureza pipocou pelo mundo quase simultaneamente. Em locais distantes, pessoas tiveram ideias iguais. Na China, o milheto (ou painço) foi colhido e domesticado. Suas espigas longas e brancas chamaram atenção, fosse para alimentação humana, fosse para as aves que seriam domesticadas por lá, fosse para as pastagens. De crescimento rápido e resistente à seca e às temperaturas baixas, o milheto apareceu como a melhor alternativa para a rotação de culturas, uma ideia que começava a fazer sentido.

Milheto e soja se tornaram importantes no extremo Leste da Ásia a partir de 6 mil anos atrás. Os porcos também já haviam se dado bem por lá desde os 8 mil anos, e o bicho-da-seda foi a grande sacada oriental, o verdadeiro negócio da China. Por observação direta, o homem pré-histórico aprendeu sobre uma mariposa branca e sua lagarta que produzia o casulo com finíssimos fios. Com intuição e perspicácia, vislumbrou como usar esses delicados fios na produção da seda, que, no futuro, viria ser um produto global.

Os chineses também domesticaram patos e galinhas e, quando começaram a navegar pela micronésia, melanésia e polinésia, os levaram em suas embarcações mar afora, junto dos obstinados porcos. Em cada ilha que chegavam, liberavam o trio para que achasse comida e se reproduzisse. E foi assim que porcos e humanos, duas espécies generalista e oportunistas, destruíram a fauna e a flora nativas nas ilhas do Pacífico.

De certa maneira, esses navegadores mudaram, temporariamente, o rumo das coisas. Geralmente povos nômades viravam sedentários agricultores e pastores, mas, no Leste da Ásia, foram os agricultores que viraram nômades, saltando de ilha em ilha numa incrível compulsão por aventura.

3.4   Batatas Doces e Sonhos Verticais

Há um lugar no mundo de alturas vertiginosas, onde uma neblina fina lambe a encosta das montanhas, acariciando-as sem parar. É um lugar que pode fazer todos os climas num mesmo dia ou numa mesma hora. Num momento, sua pele está queimando sob o sol e noutro há uma chuva congelante e um céu de chumbo. Assim são os Andes, a espinha dorsal da América do Sul.

Foi nessas condições improváveis que grupos humanos Neolíticos se fixaram e trataram de sobreviver. Devido à altitude, a caça é um artigo raro, e a agricultura, uma saída natural para a fome. Nessas encostas nevoentas de solo vulcânico, mandiocas e batatas-doces ganharam espaço rapidamente. Nessa época antiga, os Andes tropicais eram a única região que poderia rivalizar com o Crescente Fértil, a faixa de terra que, para muitos, foi a mãe da agricultura.

É incrível que, em dois locais tão distantes na Terra, duas iniciativas geniais tenham mudado o rumo da humanidade e o tenham feito quase simultaneamente. Plantar batatas no abismo era um sonho para lá de estranho, e foi necessário construir pequenos terraços, que se tornaram famosos mais tarde nas construções enigmáticas do Império Inca. A água precisava ser canalizada e acumulada em tanques para irrigação – quem sabe isso tenha motivado os incas a serem um povo habilidoso e construtor, mas, por hora, ainda estávamos na Pré-História.

Raízes tuberosas eram a solução para o aporte de carboidratos, mas, na região andina, também foram cultivadas abóboras, abobrinhas (*zuchinis*), goiabas e feijões, este último uma domesticação antiquíssima beirando os 8 mil anos atrás[61]. Logo essas culturas se estenderam montanha abaixo em direção à Floresta Amazônica e ao Chaco. E foi aí, no miolo da América do Sul, onde os mais diversos ecossistemas se encontram, que um alimento "hiperenergético" passou a ser cultivado. Talvez, há mais de 2 mil anos (a.C.), ele tenha ganhado importância, sendo chamado pelos mais diversos nomes: *mãdu'bi*, mindubi, menduí, mani e, por fim, amendoim[62] – "o enterrado" em tupi. Para as tribos de vida nômade, o amendoim era fácil de transportar e um verdadeiro *kite* de sobrevivência, rico em gorduras, carboidratos, proteínas, vitaminas e um fantástico reservatório de potássio.

---

[61]   Caverna de Guitarrero, Peru, segundo Braidwood (1988).
[62]   Algumas variedades têm cerca de 45-50% de lipídios, o que o torna um alimento de altíssimo valor calórico.

***

A domesticação animal foi menos transformadora que a do Oriente Médio. Lhamas e alpacas, os camelídeos sul-americanos, foram pastoreados nos Andes com a finalidade evidente do uso da lã, que, por sinal, era mais áspera. Cumpriram a mesma função das ovelhas no Crescente Fértil, mas (diferentemente destas) eram e são bem mais intratáveis. Cospem, mordem e escoiceiam por nada, tem a personalidade que as ovelhas não têm. Hoje podem ser vistas com facilidade no altiplano andino, portando fitas coloridas nas orelhas que identificam a propriedade do rebanho.

Há ainda a curiosa domesticação de um roedor sem cauda chamado de preá, o popular porquinho da índia. A reprodução rápida e um corpo gorducho justificam sua domesticação para fins alimentares, num mundo com tão pouca proteína e gordura disponíveis. As Índias, de que trata o nome, são as Índias Ocidentais dos navegadores da Península Ibérica. O lugar geográfico mudou de nome, mas o porquinho, que era um rato, continuou com o apelido – coisas de um *bullying* Neolítico. Ainda hoje grupos tradicionais do altiplano, principalmente no Equador e Peru, lidam com a criação de preás para seu sustento.

3.5 Do Misterioso Teosinto à Pipoca de Micro-ondas

Na Mesoamérica, o cultivo de abobrinhas, feijões, porongos e abacates também começou cedo, mas havia um pasto mexicano estranho, que logo despertou interesse. Suas folhas verdes, longas e duras só serviam aos herbívoros, e uma espiga mirrada portava uns poucos grãos variegados. Esse vegetal hoje extinto ganhou a alcunha de teosinto, mas o que isso tem a ver com a origem da agricultura na América Central?

O milho e o teosinto não se parecem muito. A grande espiga do primeiro e a espiga mirrada do outro são um salto espantoso, que exigiria perspicácia para estabelecer uma ligação de origem e descendência.

Sabe-se que o milho foi a mola mestra responsável pela expansão dos maias, entre outras etnias mesoamericanas. O milho maia, de grãos pretos, amarelos ou marrons, está ligado aos mitos de criação da Terra e do próprio homem. Esse último não foi uma criação fácil. Os deuses tentaram criá-lo a partir do barro, mas o ato falhou. Depois tentaram criá-lo a partir da madeira, mas se frustraram novamente. Por fim, tentaram criá-lo a partir do milho e tiveram *sucesso* (uma palavra duvidosa nesse caso). É interessante ver como várias mitologias em todo mundo invertem a ordem e os papeis de quem foi o manipulador e quem foi o manipulado.

Somente no século XX o geneticista George W. Beadle deu as primeiras pistas sobre a origem do milho e chegou ao teosinto, conseguindo produzir híbridos, descoberta que foi confirmada depois por análises de DNA. Beadle conseguiu, inclusive, estourar grãos de teosinto produzindo pipocas (ou, talvez, o ancestral das pipocas).

Porém, a tacada de mestre veio depois, quando arqueólogos descobriram ferramentas de polir e moer com resíduos de milho. As tais ferramentas datavam de, pelo menos, 8,7 mil anos atrás e estavam sepultadas no abrigo de Xihuatoxtla. Assim, se o milho já era explorado nessa época, é fácil supor que fosse manipulado antes, talvez ultrapassando os 9 mil anos de existência. Essas suposições caminham de mão dadas com os cálculos a partir do DNA.

Hoje, quando alguém come milho na praia ou saboreia enormes pipocas de micro-ondas, não tem a menor noção da epopeia de nossos antepassados, não faz ideia dos desafios de raciocínio e persistência necessários para produzir uma espiga tão grande, menos ainda de como esta espiga influenciou o crescimento populacional da Mesoamérica e produziu guerras de conquista e dominação de outros povos. Meros grãos de teosinto, uma planta que se extinguiu e, mesmo assim, mudou o mundo.

3.6   Sorgo Vermelho e Continente Negro

A ciência é a arte do *Como* e do *Porquê*, mas temos de reconhecer que a primeira questão é mais difícil do que a segunda. Então, como e por que a África começou mais tardiamente o processo da domesticação? Logo ela que é o berço de nossa espécie? Ásia e Américas já haviam iniciado a domesticação perto dos 10 mil anos, e a África somente aos 5 mil ou um pouco mais... A que se deve esse estranho retardo?

Se recuarmos a linha do tempo até 12,8 mil anos, encontraríamos um Saara diferente. Havia muitos lagos rasos por lá. Havia uma multidão de peixes, hipopótamos e elefantes vagando por uma savana verde. Pescadores do início do Neolítico acampavam nas margens desses lagos e extraiam seu sustento de maneira razoavelmente fácil, mas, a partir dos 6,5 mil anos atrás, o verde abandonou essa savana e os lagos também. Antílopes, hipopótamos e elefantes tiveram de recuar para o Sul até a região subequatorial. Com eles, seguiram aqueles humanos que não queriam mudar seu estilo de vida e os que ficaram tiveram de encontrar outra maneira de encarar as coisas.

O Saara se transformara num grande deserto de pó fino e vermelho. Agora seria necessário coletar e estocar grãos em pequenos silos de palha como até hoje acontece nas comunidades mais tradicionais, e essa seria uma maneira de vencer os tempos de escassez.

O sorgo, um cereal de grãos vermelhos, foi plantado, colhido e moído onde houvesse um resto de umidade. Junto ao trigo vindo da Ásia, foi transformado em pão, cuscuz e cerveja! A planície de inundação do Nilo recebia, a cada cheia periódica, os nutrientes para o plantio, tornando-se um verdadeiro baluarte de sobrevivência. Por lá também se cultivou muitas variedades de melões, melanciais, além de linho, algodão e café.

Dentre os animais, foram domesticados gansos e asnos, que aparecem gravados já nos primeiros baixos-relevos recuperados na Núbia e no Egito. Os asnos aparecem como animais de carga, portando cestos repletos de sorgo, trigo ou cevada vindos da Península Arábica. Também daí vieram bois, bodes e ovelhas, que forneceriam lã, leite e carne.

Aos poucos, esses primeiros fazendeiros foram espalhando-se pela África e empurrando os caçadores-coletores cada vez mais para o Sul. A maior parte desses desapareceria com a formação das primeiras vilas, restando umas poucas tribos persistentes.

3.7 Cavalos do Cazaquistão (e das Estepes mais Além)

Toda domesticação prevê alguma mudança física, comportamental ou fisiológica. Ovelhas foram selecionadas pela abundância de lã e por sua passividade no trato e na manipulação; cães, por sua capacidade de empatia e fidelidade aos seus donos; e assim por diante. Em certas espécies, como os porcos, as diferenças em relação à espécie-matriz são gritantes. Os javalis são mais peludos, furiosos e têm presas maiores. Caçar javalis na Grécia Antiga era demonstração de virilidade e coragem extrema. O interessante é que, quando os porcos domésticos voltam à vida selvagem, eles fazem um rápido retorno às características ancestrais. Eles voltam a ficar peludos e a desenvolver as presas.

Nesses casos, a distância entre a matriz e a forma modificada parece um abismo, mas não é. O que está modificado é o metabolismo; e quando ele retoma ao antigo *modus operandi*, tudo volta, mais ou menos, ao que era. Assim, voltemos às estepes do Cazaquistão.

Em toda a Eurásia, milhares de manadas de cavalos enchiam o horizonte e os vales. Rápidos e alertas, eles se mantiveram de certa forma imunes, embora fossem caçados vez por outra. O homem Paleolítico deve ter tentado domesticá-los mais de uma vez, mas, se o fez, não deixou indícios. Esse cavalo selvagem formava grupos familiares com grandes áreas de vida. E, conforme o homem se expandia e fixava habitações, sua distribuição original recuava. Foi então, lá pelos 6 mil anos AP (4.000 a.C.), que nossa espécie conseguiu dobrá-lo. Uma vez que o cavalinho selvagem era um animal gregário, foi fácil criá-lo como membro da família, e o resto da história já conhecemos.

***

Hoje existem mais de 60 raças de cavalos domésticos, desde os enormes 'percherons' aos modestos pôneis. Os 'percherons' foram modificados, a princípio, como cavalos de tração, mas acabaram também por transportar carruagens da realeza em diversos locais do mundo. De uma forma ou de outra, cavalos transportaram cargas pesadas, pessoas e correspondências, araram terras pedregosas, foram usados no esporte e se tornaram a força mais mortal dos exércitos por muito tempo. Um cavalo de batalha era muito mais caro do que uma armadura e forjado dentro do conceito de ferocidade, disciplina e coragem. Bucéfalo, o extraordinário cavalo de Alexandre da Macedônia, era um verdadeiro demônio, mas mesmo ele se rendeu aos elefantes de batalha contra os rajás indianos.

Alguns indícios arqueológicos apontam o Cazaquistão como centro de domesticação dos cavalos, mas isso é irrelevante, pois, uma vez que era possível fazê-lo, todas as tribos das estepes adotaram o modelo. Assim, o cavalo selvagem, propriamente dito, foi desaparecendo em larga escala e sendo substituído por seu equivalente modificado. Em 1940, havia um relicto dessa espécie no deserto de Gobi. Hoje são cerca de 300 animais protegidos no centro de procriação dos cavalos selvagens na China, todos eles descendentes de 13 ou 14 animais[63]. O nome desse extraordinário personagem de nossa história humana é *Equus przewalskii*, o pequeno e peludo cavalo selvagem das estepes.

---

[63] Wilson, D. E. & Mittermeier, R. A. (2011). *Handbook of the mammals of the world, volume 2: hoofed mammals.* Barcelona, Spain: Lynx Ediciones.

Quando um cavalo doméstico foge e passa a viver por conta própria, acaba readquirindo hábitos ancestrais. Fica mais peludo, indócil e alerta, como seus antepassados. Assim como os porcos, também existem cavalos ferais em várias partes do mundo. O nome 'ferais' é normalmente dado aos animais cuja distância entre a matriz selvagem e o modelo doméstico permite um retorno ainda que parcial. Existem outros animais domésticos com tendência a se tornar ferais, e a eles podemos acrescentar os gatos, que, aliás, foram domesticados no Egito.

3.8 Uma Ilha e muitas Bananas

Há muito mais o que falar sobre a domesticação. Seja como for, ela prendeu o homem à sua morada. Não se poderia deixar os produtos do plantio a 'deus-dará'. Não se poderia deixar as ovelhas aos cuidados dos lobos. Assim, começou nossa escravidão de sedentarismo em seus 50 tons de cinza, de amarelos e de verdes. Em todos os lugares do mundo, tivemos que desenvolver a ideia de que é 'o olho do dono que engorda o gado'. E todo esse esforço não foi a troco de bananas.

Bananas, por sinal, eram frutas estranhas – pequenas, verdes, com grandes sementes duras e um conteúdo fibroso. O sujeito que viu potencial nessa fruta foi verdadeiramente visionário. Você quer saber quem foi? Não foi nenhum europeu, nenhum construtor de cidades de barro do Oriente Médio, nenhum sacerdote maia ou asteca. Cuidado com o preconceito! Foi um sujeito desconhecido que vagava pelas florestas densas e quase intransponíveis de Papua Nova Guiné. Sua cultura era pobre em instrumentos, e sua moradia também era pobre, mas sua mente era extraordinariamente rica. A domesticação das bananas começou com ele e seus amigos e parentes, num tempo razoavelmente antigo (± 7.000 anos).

A mente arguta desses sujeitos não era povoada apenas por bananas. Havia outros frutos cultivados, como o coco e a fruta-pão. Também cultivaram o saguzeiro da Nova Guiné, a pequena palmeira[64] da qual extraíam uma goma farinácea para fazer o sagu rico em amido. Aparentemente, a cana-de-açúcar[65] também é originária dessa ilha e de seu criativo povo. De certa forma, eles tentaram domesticar os casuares, donos de um belo pernil, mas sem sucesso evidente devido ao temperamento do bicho.

---

[64] *Metroxylon sagu*
[65] *Saccharum officinarum*

3.9 Passagem para a Índia

Em verdade, a Europa produziu poucas domesticações. Já se falou no abrandamento do comportamento dos javalis no Leste Europeu, mas aparentemente a ideia foi importada do Oriente próximo. O que parece nitidamente europeu foi a domesticação da aveia, do repolho, da papoula e, dentre os animais, possivelmente das renas, embora não se verifiquem modificações consistentes neste caso.

Já a Índia forneceu ao mundo muito mais do que geralmente é creditado a ela. Aí começaram os cultivos de certas variedades de arroz (ao mesmo tempo que na China), feijão mungo, gergelim, berinjela, zebus e búfalos d'água, além, é claro, dos elefantes asiáticos. Estes acabaram por transportar a elite reinante nos desfiles comemorativos, arqueiros e lanceiros em ferozes batalhas ou arrastaram troncos pelas florestas úmidas e lamacentas. Em tempos modernos, viraram símbolo de escravidão e dor impingida aos animais, mas a escravidão tem muitas formas, e todas elas são cinzas.

Agora cabe perguntar qual é o estranho vínculo de Europa e Índia, hoje culturas nitidamente opostas? A história evolutiva das línguas humanas dá-nos uma pista surpreendente. Essa curiosa conexão entre dois mundos distintos encontra uma história comum no famoso tronco linguístico indo--europeu. O que levou a essa conexão não está de todo esclarecido, mas o comércio de mercadorias raras, já na Pré-História, deve ter dado o pontapé inicial. Esse exemplo traz à tona novos ingredientes a serem juntados ao sedentarismo e ao aumento populacional humanos, frutos do advento da agricultura e do pastoreio. A partir daí, as sociedades humanas ganharam em complexidade, ocorrendo o nascimento das tradições culturais.

Tradições culturais em diferentes sítios já ocorriam antes, mas foi a partir do período Neolítico que elas verdadeiramente "explodiram". Foi assim que passamos a ver os outros como diferentes. Foi assim que a ideia do "nós e eles" ganhou importância e acabou sepultando o igualitarismo. Talvez essa tenha sido a encruzilhada mais dramática de nossa história. Com frequência, permanecemos alheios a esse passo, não lhe damos o devido valor, mas ele mudou muitas coisas que estavam bem estabelecidas. Nem sempre escolhemos nosso caminho. No mais das vezes, embarcamos em uma nova jornada sem perceber.

Capítulo 4

Vida Fragmentada:

Tribos, Vilas, Cidades e Arames Farpados

Como remédio para a vida em sociedade, sugiro a cidade grande. Hoje em dia, é o único deserto ao nosso alcance.

Bem aventurados os corações que podem dobrar; eles nunca serão quebrados.

(Albert Camus)

4.1 Nômades nas Vastas Planícies

Os caçadores Paleolíticos encontraram nas estepes da eurásia um verdadeiro banquete. Planícies e vales estavam repletos de cavalos selvagens, renas e bisões europeus, que formavam manadas a perder de vista. Esses caçadores ergueram pequenos muros de pedra e galhos, conduzindo as presas para uma armadilha mortal. Quando as manadas desesperadas entravam nos tais currais, eram abatidas numa carnificina desenfreada. O clima frio e seco e o solo, por vezes congelado, permitia o acondicionamento da carne.

Os bisões europeus[66], em verdade, tinham uma distribuição original bem mais ampla, que chegava até a Mongólia. A caça, durante o Paleolítico e Neolítico, foi capaz de reduzir sua distribuição a um terço do tamanho original. Isso nos dá uma razoável noção da eficiência do homem dito "pré-histórico" e sua capacidade de extermínio. Também enterra de vez a ideia idílica do "bom selvagem", que sabia lidar, harmonicamente, com a natureza. É importante entender que somos uma espécie oportunista com interesse primário no presente. Seguindo o mesmo destino dos cavalos

---

[66] *Bison bonasus* diferia do bisão americano (*Bison bison*), cujos pelos na cabeça e no pescoço eram mais compridos.

selvagens, os bisões europeus foram dizimados até o último animal no início do século XX. Os exemplares exibidos hoje em zoológicos são uma pálida representação das extensas manadas do passado.

Sem dúvida, os caçadores do Paleolítico viveram um momento de bonança. A economia de caça e coleta permitia aos humanos muito tempo livre em torno de uma fogueira. Foi assim que as tradições orais viajaram ao longo de tantas gerações. Também foi com base nesse tempo extra, que hoje chamamos de "ócio criativo", que passamos a inventar novos utensílios. É claro que os caçadores das estepes não podem ser comparados aos caçadores e coletores que vagam pelas florestas com menos tempo livre.

Os pigmeus[67] africanos contemporâneos são um exemplo vivo de caçadores de ambientes semiabertos. Praticam um sistema social igualitário, caçando poucas horas por dia e depois se juntando à beira do fogo para conversar e jogar ou tecer suas redes de caça. Formam grupos pequenos de cinco ou seis famílias, o que equivale a umas 25 ou 30 pessoas. Essa pequena rede de relações permite uma vida baseada na confiança, com pouca ou nenhuma desavença. Por isso mesmo, são incrivelmente inocentes, alegres, bem-dispostos e corajosos.

Seria arriscado dizer que eles são modelos fidedignos do que ocorreu com todos os caçadores-coletores do Paleolítico, mas, sem dúvida, dão pistas sobre o assunto. Até poucos anos ainda caçavam cervos e gazelas, que eram repartidos igualmente por todos os membros das pequenas comunidades.

Os caçadores Paleolíticos das estepes também abateram cervos, além de asnos selvagens e grandes rinocerontes lanudos. Alguns dos sítios arqueológicos mantêm vestígios de uma única presa, tamanha era sua abundância. Mamutes foram a presa principal em vários sítios Paleolíticos e, em Ripiceni-Izvor, na atual Romênia, eles compunham a quase totalidade do que foi caçado, dividindo espaço com uns poucos cavalos e rinocerontes. Dentes de mamutes foram usados como vigas e portais na construção de grandes cabanas coletivas, e essas tribos acabaram apelidadas pelos arqueólogos de "caçadores de mamutes". As tendas eram cobertas, possivelmente, com o couro ultragrosso dos mamutes. Seu apelido de paquidermes exemplifica, justamente, essa característica (do grego, *pakchydermos*, aquele que tem pele grossa).

Em muitos vales pedregosos por toda a Europa, o homem Paleolítico também abateu o gigantesco urso das cavernas. O infeliz urso vegetariano,

---

[67] Este é um nome envolvido em preconceitos, e, em verdade, existem diferentes etnias com seus nomes particulares, dentre elas: Mbuti, Mbenga, Bongo, Bakola, Aka, Twa etc.

com mais de três metros de altura quando ereto sobre as pernas traseiras, foi deslocado de seu abrigo. As cavernas sempre foram um artigo de luxo, inclusive para o homem de neandertal, o primeiro carrasco do tal urso. Neandertais e sapiens se substituíram na perseguição implacável do animal, que acabou extinto a cerca de 10 mil anos. O aquecimento global teve sua parte importante, mas os humanos participaram ativamente de sua derrocada.

Os grupos nômades começaram a se associar em tribos por diferentes razões, dentre as quais a eficácia no abate de grandes mamíferos. Mas as tribos exigiam mais alimentos, principalmente nos tempos de escassez. E foi assim, no final do Paleolítico, que começamos a armazenar carne defumada ou congelada ou guardar os grãos enterrados para cozinhá-los mais tarde. Caça e coleta ainda eram a nossa economia primária, mas agora havia a necessidade de previsão para enfrentar os tempos ruins. Assim, acrescentamos aos esforços de caça e coleta também os trabalhos de triagem, distribuição e armazenamento[68].

Esse era um novo homem, ainda nômade, mas muito mais sedentário. Inúmeros cientistas continuam a repetir que o sedentarismo veio depois da agricultura e do pastoreio, mas estão enganados. Essas "novas atividades" são, ao contrário, os primeiros frutos do sedentarismo, iniciado pelas grandes tribos há mais de 10 mil anos antes das domesticações. E uma vez que havia comida estocada, também havia mais gente. Sedentarismo, aumento populacional e produção criaram um vórtice que influenciou nossos destinos até hoje, um destino do qual, aparentemente, somos reféns.

4.2 Pântanos Encharcados e Estepes Secas

Há 10 mil anos, os caçadores-coletores compunham a totalidade dos grupos humanos e estavam espalhados mundo afora. Numa estimativa simplória, seriam mais de 10 milhões de pessoas. Quando os espanhóis e portugueses chegaram às Américas, no final do século XV, eles já haviam sido reduzidos a 1% da população mundial e, no final do século XX, eram menos de 0,001% dos humanos do planeta. Nesse momento, havia uns poucos grupos vagando pela África, Ásia e pelo círculo polar Ártico, além de Papua-Nova Guiné e Austrália, mas nenhum deles verdadeiramente intocado pelo homem moderno.

---

[68] Os primeiros indícios de armazenamento para uma vida sedentária datam de, pelo menos, 24 mil anos no sítio de Ohalo II, em Israel (Condemi & Savatier, 2019).

Se as vastas planícies entregaram de bandeja os grandes mamíferos, foram os rios e os alagados que chamaram atenção do homem Neolítico agricultor. A subida e a descida das águas, seguindo o ritmo das cheias, produzia solos férteis a cada ano, acelerando o período entre o plantio e a colheita. Os rios carreavam minerais essenciais vindos das montanhas e os depositavam nas zonas baixas. E foi aí que as plantações de trigo, cevada, sorgo e arroz iniciaram sua longa trajetória e moldaram não apenas a nossa estrutura social, mas também nossas prioridades.

No início, as sociedades agrícolas também eram igualitárias, porém compostas por mais famílias. Era necessária mais gente para arrancar o "mato improdutivo" e abrir espaço para as plantações. Por "mato improdutivo", leia-se: a vegetação original. Se o homem Paleolítico conseguiu dar cabo do urso das cavernas e de outras espécies, o homem Neolítico iniciou o processo de empobrecimento dos ecossistemas. Para manter os corpos d'água após as cheias, ele estabeleceu um sistema de represamento e canalizações, remodelando o ambiente para seu benefício.

De certa forma, ele deixava de fazer parte da natureza e a percebia de uma nova maneira, via a natureza como um manancial a ser explorado. Essa visão utilitária da natureza ainda permanece hoje e é a tônica da maioria das sociedades atuais. Continuamos com a mesma lógica, exaurindo recurso após recurso, mas sem a inocência do homem Neolítico, que talvez não tivesse plena noção da finitude dos recursos.

Enquanto os caçadores-coletores mantinham uma organização social flexível, que permitia a concentração e a dispersão, dependendo da fartura, as sociedades agrícolas favoreciam, exclusivamente, a concentração e a coletivização do trabalho, remodelando a sociedade. O apelo ao trabalho comunitário voluntário entraria nas bases futuras do Comunismo de Marx, Engels e Lenin, mas não no que ele se transformaria depois.

A densidade populacional dos caçadores-coletores fica, em geral, entre uma e duas pessoas por quilômetros quadrado. Já para os agricultores e criadores de pequenos animais, podemos falar em várias centenas de pessoas por quilômetro quadrado. Essa foi uma mudança importante e altamente transformadora. Alguns antropólogos e historiadores salientam que a 'opção pela agricultura' foi nosso erro de partida, a origem de todas as nossas dores de cabeça, mas seria importante chamar atenção que talvez não tenha sido uma opção em si, e sim uma consequência inevitável. Em outras palavras, algo assim como um círculo vicioso, em que mais pessoas exigiam mais comida, mais sedentarismo e novamente mais pessoas.

É evidente que os caçadores-coletores não desapareceram de uma hora para a outra e que os dois sistemas de sobrevivência estiveram entremeados, mas fato é que a posse de ambientes privilegiados favorecia grupos cada vez maiores, isto é, os agricultores. Essa é uma das razões do enfraquecimento de um dos sistemas e do fortalecimento do outro. Agricultores e pastores até poderiam caçar, mas o aporte regular de energia dispensava essa atividade como algo prioritário.

Áreas inundáveis e férteis, assim como o sopé das montanhas, eram ambientes privilegiados, considerando as razões agrícolas e de pastoreio. Porém, a concentração de recursos num dado local gerava problemas adicionais pelo acúmulo de dejetos humanos e animais, pela derrubada de matas de galeria e, logicamente, devido à cobiça.

A cobiça aqui não se refere, propriamente, à de outros grupos humanos, pois a densidade populacional mundial ainda era baixa durante o Neolítico, mas havia um sem-número de predadores dedicados a roubar ovelhas, bezerros, patos e demais animais de criação. Os humanos também entravam no cardápio de grandes predadores como o leão asiático, tão bem representado nos baixos relevos e afrescos sumérios e babilônios. E foi assim que apareceram as primeiras cercas.

Existem indícios de aldeias cercadas por galhos espinhosos entrelaçados ou mesmo de paredes de estuque. Essas primeiras cercas encapsulavam, numa paliçada, várias cabanas de palha, algumas com alicerces de pedra. Essas residências unifamiliares, de base redonda, são um modelo que persiste (mas não o único) ao longo da história humana e que ainda existe em tribos isoladas e aldeias pobres mundo afora. São, portanto, o modelo mais econômico de agrupamentos humanos.

As cercas mantinham longe predadores e herbívoros de grande porte, mas não pequenos ladrões sorrateiros que atacavam os depósitos de grãos. Para esses, as primeiras aldeias foram uma verdadeira bênção, capaz de mudar o fluxo de energia e a própria relação entre as comunidades animais. Esse foi um passo decisivo para que os ratos e camundongos entrassem no imaginário humano.

Foi aí que iniciou a compartimentalização das sociedades humanas, a ideia de posse e de propriedade privada. Porém, o indivíduo ainda não tinha sido sufocado. Ele ainda tinha um nome e uma importância na sociedade. Ele tinha uma história que o ajudava a moldar essa sociedade com as próprias experiências. Ele era parte da teia de relações, assegurando a sobrevivência e o bem comum. No entanto, nem tudo permaneceria assim. A roda do tempo daria outro giro, e o mundo mudaria uma vez mais.

***

Hoje vemos grandes muros de alvenaria com cercas elétricas a proteger nossas residências, por razões que podem ser bem diferentes daquelas do mundo antigo. E para refletir sobre o início dessas cercas, seríamos forçados a recuar no tempo e no espaço até as planícies férteis e inundáveis do Oriente próximo, quando ele ainda não era um deserto como hoje; recuar ao antigo curso do Nilo, quando não havia cidades por lá nem canais de irrigação ou a uma remota Índia neolítica, onde a densidade populacional era inconcebivelmente baixa. Precisamos reconstruir o panorama primevo para que as explicações mais plausíveis brotem em nossa mente moderna.

As primeiras cercas e as primeiras aldeias têm uma origem comum, a qual tem raízes no medo e na cobiça. Remontam ao tempo do nascimento da agricultura, do desmatamento, da concentração dos recursos e das mudanças demográficas que marcariam o ritmo do homem. Nossos primeiros saltos demográficos, primeiro com as grandes tribos paleolíticas e depois com as cercas e aldeias neolíticas, incharam a população humana. Porém, os solos férteis não seriam para todos, nem a água, mas isso ainda não sabíamos nesse tempo...

4.3 O Pão Nosso de Cada Dia, Frutas Suculentas e Obesidade

Não só as bananas eram mirradas, amargas e fibrosas no começo da domesticação vegetal. Assim também foi com maçãs, laranjas, beringelas, uvas e tomates... Todas ou quase todas as frutas passaram a ser selecionadas conforme a maior quantidade de açúcar, tamanho, número de bagas e suculência. Sem o saber, também selecionávamos vitaminas, proteínas e minerais.

Cenouras, rabanetes, batatas, mandiocas e mandioquinhas seriam raízes de sucesso e se tornariam menos fibrosas com o tempo. Também perderiam o amargor e a toxidade. Quase qualquer um conseguiria plantá-las e colhê-las. As vagens também ganharam tamanho e ampliaram a quantidade de sementes. Lentilhas, ervilhas e feijões – fáceis de plantar e colher, além de rápidos no crescimento – ganharam espaço na culinária humana. Junto aos cereais, criaram uma grande revolução nutricional. Centeio, trigo e cevada viraram pastas e mingaus e depois pães, seja na Mesopotâmia, seja no Egito. O pão seria alimento, moeda de troca, pagamento. "Ganhar o pão nosso de cada dia" ou "nada como a fome para dar sabor ao pão", diriam os ditados.

De repente, éramos sedentários, conseguíamos estocar grãos e raízes durante os invernos severos, conseguíamos transformá-los em farinha e fermentá-los. Isso e um pouco de verduras plantadas no quintal familiar, somado ao leite das ovelhas e das vacas, fixou-nos a terra e moldou uma nova sociedade. E nessa nova sociedade agrícola, algumas coisas que eram raras tornaram-se mais comuns.

O acúmulo de bens foi das coisas que se tornaram comuns, a mais fácil de identificar. Mas o aumento da longevidade, o espalhamento acelerado das doenças, a contaminação dos rios, o desmatamento, as primeiras cercas, a densidade populacional crescente e a obesidade também se tornariam mais comuns. A passagem do mirrado para o suculento, do seco para o fermentado, do amargo para o doce, da quantidade de energia estocada e da overdose de açucares e carboidratos criariam armadilhas novas numa sociedade nova com novas regras.

Os grupos nômades não tinham tempo para essas coisas, tinham de se satisfazer com o que encontravam pelo caminho. Nômades e agricultores valorizariam diferentes personalidades, e o mundo mudaria num piscar de olhos. Era o Antropoceno se reinventando. Viria o tempo em que a obesidade seria sinônimo de riqueza e opulência, mas isso ainda estaria em algum momento no futuro. Viria o tempo em que a obesidade se tornaria cada vez mais comum e traria consequências nefastas. Doenças cardíacas, hipertensão arterial, acidente vascular cerebral (AVC), insuficiências respiratórias, apneia do sono, diabetes, problemas articulares, refluxo esofágico, depressão.

Por enquanto, éramos apenas os novos sedentários do planeta, depois de uma longa história de vida nômade. É claro que esse foi um processo gradual, mas a agricultura estava lançando suas bases e modificando o mundo como o conhecíamos. Agora havia grãos e raízes estocados, havia melões suculentos e uma constância – para lá de incomum – no aporte de energia para os nossos corpos. O pão nosso de cada dia salvar-nos-ia nas adversidades, mas nos colocaria num novo rumo. E nós, os *sapiens* orgulhosos, demoraríamos muito para perceber isso.

Tínhamos mais tempo livre antes do que agora, viajávamos mais leves, tínhamos menos doenças, mas quem consegue perceber uma mudança quando nela está envolvido? Em outras palavras, fomos levados de roldão pelo destino. Teria a agricultura sido a única responsável pelo aumento populacional, ou o aumento populacional nos levou à agricultura? Assim é com todas as grandes mudanças...

4.4 As Brumas de Carnac

A névoa sempre recriou cenários místicos, ora revelando, ora escondendo a realidade. Quem for a Carnac hoje, ou por lá tiver caminhado há mais de 5 mil anos, pode ter ficado com a mesma impressão. Quando os celtas lá chegaram, encontraram impressionantes alinhamentos de rochas, todas de pé, como sentinelas mudos. Um menir de várias toneladas isolado em meio à bruma é um testemunho que causa inquietação, mas vários deles, como um exército petrificado e perfilado, despertam a imaginação livre.

Algumas vezes esses tais menires formam círculos de pedra (*cromlech ou cromeleques*), como Almendres em Portugal, Stonehenge na Inglaterra, Callanish na Escócia, Avebury e Ring of Brodgar nas Ilhas Orcadas. Outras vezes, estão representados por uma única e enorme rocha solitária de pé. Às vezes, tais marcos aparentam uma estranha mesa com uma rocha em forma de tampo sobre outras. São os dolmens[69]. Outras vezes, vários dolmens se sucedem formando tumbas ou galerias subterrâneas.

Explicações não faltam, mas ninguém sabe ao certo o que eles testemunharam. Já se falou de calendários astronômicos, da personificação de líderes antigos representando uma genealogia (ao estilo dos Moais da Ilha da Páscoa), sepultamentos ou, ainda, locais sagrados para rituais religiosos. Seriam os dolmens altares de sacrifício? Sacrifício de quem? Perguntas demais e muita especulação.

A cultura dos megalitos está espalhada pela Europa, em especial na França, Península Ibérica, Irlanda e Grã-Bretanha, embora alcance Dinamarca, Alemanha, Holanda, Escandinávia, Sul da Itália e mesmo ilhas como a Sardenha, Córsega e Malta. Até o Norte da África está crivado desses monumentos. Existem marcos megalíticos fora[70] da Europa, mas podem não ter qualquer relação aos quais nos referimos.

---

[69] Os dolmens também são conhecidos por outros nomes, como *hunnebed, anta, stazzone,* dependendo do local de origem.

[70] Jokrim-ri (Coreia), Gelendzhik (Rússia) e Nabta (Núbia/Egito).

É consenso que os monumentos megalíticos europeus teriam, ao menos, 5-6 mil anos, mas podem ser mais (e, em alguns casos, é muito possível que sejam mais). Eles são mais antigos nas regiões costeiras, o que faz os arqueólogos pensarem em uma cultura de navegadores, mas eles também foram eficientes em remodelar a terra, esculpindo, inclusive, labirintos subterrâneos. Outras vezes, ergueram montes artificiais arredondados. Tudo isso ocorreu numa era anterior à escrita, embora apareçam nas rochas alguns símbolos em espiral e círculos em baixo relevo. Ninguém conhece seu significado. Nos idos 1500 a.C., essa cultura desapareceu e afundou no anonimato. Nem os livros de história dão-lhe importância.

Mas o que o povo dos megalitos pretendeu com esses marcos desafiadores? De certa forma, pretendeu deixar sua marca para o futuro; nada mais durável que as pedras. A elas associaram sepultamentos, embora nem sempre. Alguém sepultado abaixo de uma arcada de dolmens, vestido com contas coloridas ou colares de conchas, estaria assim preparado para uma viagem ao outro mundo. Essa ideia de continuidade persegue nossa espécie desde o começo e a nossa espécie irmã.

Se Stonehenge é o mais famoso sítio arqueológico dos megalitos, Carnac é o maior e o mais impressionante deles. No seu tempo, as pedras mudas estavam imersas em florestas de carvalho. E quando os povos celtas lá chegaram, vindos do Leste, devem ter ficado tão perplexos quanto alguém vagando hoje pela bruma.

A ideia de continuidade das rochas e da finitude dos corpos e da mente permite, sem constrangimentos, chegar a uma ideia de religião. A religiosidade é algo muito anterior e sempre esteve no âmago de nossa espécie, mas agora apareciam os templos imersos na floresta. E uma vez que existiam templos, deveriam existir sacerdotes profissionais, treinados e educados para esse fim, o que é completamente diferente de um xamã numa tribo isolada. Qual o significado disso? Castas, talvez... E se existiam castas, as pessoas não eram finalmente iguais. Esse foi o novo giro da implacável roda do tempo. Os sacerdotes druidas, vindos bem depois, perceberam o potencial dessas pedras e dele se valeram com maestria.

***

Mas façamos aqui uma pausa estratégica. Santuários na floresta são um testemunho do homem Neolítico ou podem ter nascido ainda antes? Teria o homem Paleolítico feito algum experimento nesse sentido? Juntar rochas monumentais aqui e ali para construir um santuário mudo? Fazer algo assim mesmo antes que as aldeias permanentes tenham tomado forma?

Mais ou menos recentemente, uma descoberta arqueológica no Sul da Turquia chamou muito a atenção. O sítio incluía pilares monumentais de pedra – os tais megalitos – e certo planejamento arquitetônico com base circular. Seu nome: Golbekli Tepe ou Monte do Umbigo.

Por muito tempo confundida com um cemitério bizantino, a descoberta passou ao largo, mas hoje parece claro tratar-se de algum local para rituais, algo assim como um santuário. No entanto, ele teria origem antes da sedentarização propriamente dita, isto é, foi construído pelo homem ainda nômade que vivenciava o estilo caçador-coletor!

Essa novidade vira de pernas para o ar algumas de nossas concepções mais arraigadas, isto é, aquilo que alguns chamam de início da civilização. Ela mostra o trabalho conjugado de diferentes grupos e por um tempo bastante elástico. Era provavelmente um local de encontro de tribos itinerantes, que aí convergiam para comemorações anuais ou peregrinação...

Em outras palavras, Golbekli Tepe trará mais novidades nos tempos vindouros. E assim, o homem Paleolítico poderá receber o mérito (ou o descrédito) dos primeiros passos da civilização.

4.5   O Vermelho e o Negro

Para o antigo povo do Egito, bem antes da era dos faraós, havia dois mundos distintos. Um deles se chamava *Deserht* ou 'O Vermelho'. Era o mundo escaldante das areias, das dunas gigantes que a tudo engoliam. E antes que o período Neolítico chegasse ao meio, o Norte da África tornou-se mais seco ainda, e 'O Vermelho' ditou suas regras de ponta a ponta no continente. Os grandes lagos secaram, os hipopótamos e elefantes desapareceram, os tributários do Nilo, que eram muitos neste tempo, simplesmente evaporaram.

Restaram uns poucos oásis com charcos e palmeiras, mas eles eram efêmeros, logo solapados pelas dunas móveis de pó finíssimo, capaz de secar a garganta e fazer os olhos arderem, capaz de queimar a pele ao simples toque, de mumificar um corpo tombado, arrancando-lhe toda umidade.

Lançar-se ao *Deserht* era quase sempre um decreto de morte, e por essa razão a vida ali era mais uma miragem do que um fato.

O outro mundo era chamado de *Kemet* – O Negro. A cada ano, o Nilo transbordava nas cheias e depositava o solo fértil da Núbia em suas margens. Era uma faixa de terra escura que não se afastava muito do rio, mas era suficientemente rica e, como uma benção, se renovava ano a ano. O ciclo de cheias do Nilo era bastante regular, o que permitia aos agricultores uma rotina de semeadura e colheita.

No *Kemet*, o pasto crescia vigoroso e servia de alimento aos asnos e bois. Servia para cultivar melões ou plantar o sorgo e a cevada. Servia também como zona de sobrevivência para a fauna nativa africana, que descia das cabeceiras do Nilo e desfilava pelo corredor de terras férteis.

Assim, não faltava água, nem pasto, nem carne, nem melões. E, muito tempo depois, também não faltaria cerveja. Não fosse 'O Negro', não estaríamos hoje discutindo qual a melhor cerveja e tampouco qual o melhor rótulo, pois o próprio papiro brotava livre na planície de inundação do Nilo e acabaria por mudar a humanidade como fonte de registros escritos e pictográficos. O papiro foi convertido em papel grosseiro a partir de 4,7 mil anos AP (2.700 a.C.), no Egito. Depois virou delicados pergaminhos que podiam ser enrolados, economizando espaço. Aliás, a economia de espaço tornar-se-ia uma necessidade desesperada, milhares de anos depois.

O papiro, um junco nascido nos charcos, seria também o material dos primeiros barcos e responsável pelo primeiro comércio fluvial, ao transportar os grãos e os bodes, que serviam aos povoados Neolíticos. E já que o *Deserht* era uma zona de morte, a densidade populacional no *Kemet* bateu os primeiros recordes naqueles povoados de agricultores.

4.6 Cavernas de Argila e Cidades de Adobe

Os primeiros assentamentos Neolíticos acabaram inchando, inevitavelmente, por conta do afluxo de pessoas que procuravam proteção ou do efeito demográfico natural da demanda de mais braços. Grupos nômades itinerantes estavam habituados ao controle de natalidade[71], fato que não é natural quando impera o sedentarismo. Assim, tais aldeias se tornaram

---

[71] Sabe-se que, nos bandos de caçadores-coletores atuais, as mulheres dão à luz a uma criança a cada três anos, mas, nas sociedades claramente sedentárias, esse intervalo fica reduzido para um ano.

vilas... e depois as vilas cresceram, às vezes, sem qualquer controle ou planejamento.

Isso fez com que as primeiras cidades do mundo se tornassem grandes bocas consumindo cada vez mais. Diferentemente do que ocorria numa aldeia, onde as áreas de produção agrícola e criação de pequenos animais estavam ao lado das choupanas familiares, nas vilas maiores, isso não era mais possível. Com muitas bocas a mais, o espaço para produzir alimento acabava saltando para a periferia. Assim, uma miríade de caminhos convergia para o centro urbano como uma teia de aranha.

A ideia parece simples, mas essa nova realidade mudou tudo. Nas aldeias e nas vilas, as pessoas ainda poderiam ser iguais, ter a mesmas coisas, diferindo, talvez, no número de patos e galinhas. Poderiam ter (e manter) sua importância como indivíduos. Divisões de tarefa valorizavam ainda mais aqueles que fossem capazes. Desde *Homo habilis,* ou mesmo antes, existe a profissão do 'lascador de pedras'. Já com *Homo sapiens* o número de profissões simplesmente explodiu.

Um bom tecelão, um agricultor, um pastor, um moedor de grãos ou um xamã eram a alma das aldeias. Eram as pessoas que faziam a diferença. E mesmo que você fosse o aprendiz de um deles, você também seria importante. Todo mundo era importante.

Os oleiros ganharam importância já a partir dos 8.000 a.C., quando aparece a primeira cerâmica do mundo. Ela era feita de barro cru e levou mais 1 mil anos para que essa ideia, literalmente, "chegasse ao forno". No forno, a cerâmica perdia a porosidade, facilitando a retenção da água. E assim, como uma ideia leva à outra, surgiram vasilhas, potes, pratos e toda sorte de recipientes.

Mas, então, a teia de caminhos começou a se ampliar. A produção de alimento foi sendo deslocada ainda mais para a periferia da teia, e o homem, talvez inspirado pelas formigas, precisava livrar-se do lixo. A bocarra da aldeia pedia mais recursos e produzia mais lixo e dejetos. Esse foi (e é) *o modus operandi* das cidades modernas. Nas famílias nômades, nas tribos e nas aldeias diminutas, o indivíduo tinha valor, enquanto nas cidades era apenas mais um.

***

Seja em grupos pequenos, seja em grandes, os conflitos naturalmente surgirão. Geralmente, são conflitos banais, que podem ser descartados por um mero olhar. Grupos de chimpanzés na floresta também têm conflitos cotidianos. Eles nem sempre partem para a briga, como se costuma pensar. Na maior parte das vezes, evitam os conflitos como nós. Eles não gostam de olhar diretamente uns para os outros, exceto os filhotes que são sempre curiosos. E esse jogo de evitar a invasão de privacidade é praticado a todo momento.

Depois de um descontrole tempestuoso, eles geralmente fazem as pazes. Aproximam-se, discretamente, com a cabeça baixa, beijam a mão do outro, tocam-se com os lábios ou abraçam-se. Nada disso foi inventado por nós. E se você achou que era o autor de alguma dessas ideias, sinto informar que não. Os bonobos, nossa outra espécie-irmã, são ainda mais enfáticos. Fazem sexo para resolver as rusgas cotidianas e, por isso, o fazem várias vezes por dia. Parece um caminho que muitos de nós gostariam, mas este é outro assunto.

Nas antigas cidades fervilhantes dos homens, os conflitos também eram banais, mas foram potencializados pelo número crescente de pessoas. Um esbarrão no meio da rua acabava seguido de outro esbarrão e depois mais outro. Antes mesmo que um conflito pudesse ser resolvido, somava-se a outros. E antes de chegar ao fim daquela rua, você já estava em dívida com toda a sociedade. É óbvio que essa é apenas uma figura de linguagem, cuja função está em chamar atenção para o efeito final. A vida nas cidades adquiriu novas dimensões – mais gente, mais conflitos, menos soluções e uma frustração crescente. Os comportamentos de apaziguamento, tão bem testados durante a evolução dos primatas, não podiam ser aplicados a todos os conflitos diários. E, para completar, as pessoas estavam perdendo importância.

***

Bastava juntar com as mãos um pouco de terra crua, água e palha e, por fim, deixar secar ao sol ou à sombra. Se rachasse, você poderia aplicar mais argila molhada, e a trinca desapareceria. Se fosse necessário sustentar mais peso, bastava incluir uma trave de madeira. Simples assim, esse é o *thobe* do árabe ou, como ficou conhecido no resto do mundo, adobe[72].

Nas planícies de inundação dos grandes rios, como Tigre e Eufrates, Nilo e Indus, havia muita argila e muito sol. Logo ficou claro que uma casa

---

[72] Estuque.

com paredes e forro de adobe mantinha o interior mais fresco, dentro da temperatura de conforto dos humanos. Também era mais eficiente na conservação de grãos ou frutos. E foi assim que nossas primeiras vilas e cidades brotaram, literalmente, do barro.

Jarmo, a aldeia de 7 mil anos de que falamos antes, era justamente feita de barro e palha seca ao sol. Suas casas eram retangulares e providas de vários cômodos[73]. Outros sítios da mesma época, no Irã e na Turquia, também tinham casas de estuque com formato retangular e com divisões retilíneas. Mas se deve ter cuidado para não generalizar, pois sítios arqueológicos de aldeias da mesma época, na Palestina, tinham plantas redondas e, inclusive, o uso de tijolos[74]. Aparentemente, os métodos de construção e as primeiras concepções arquitetônicas foram mais livres do que se pensava originalmente.

Aldeias, vilas e cidades formam um contínuo natural e incontrolável. A famosa Jericó foi edificada na Palestina, e Ur, Uruk, Eridu, Lagash, Nimpur, Nínive e Quish (ou Kuish), nas antigas Suméria e Assíria (hoje Iraque). Todas elas foram cidades de adobe e disputam a prerrogativa de primeira cidade do mundo. Então o adobe passou a ser moldado na forma de tijolos maciços autênticos cozidos no fogo, e as construções ganharam vulto e solidez. Não muito depois, vieram Biblos e Sidon, no Líbano, e Aleppo e Damasco, na Síria. E a lista também deveria incluir Mohengo-Daro, às margens do Indo.

Algumas se tornaram enormes. Uruk, Eridu e Mohengo-Daro chegaram a 40-50 mil habitantes!!! Essa deve ter sido uma visão estarrecedora para um viajante vindo do interior. Tribos paleolíticas poderiam reunir-se em festividades para troca de presentes e intercâmbio de jovens. Neste caso, estaríamos falando de centenas de pessoas, mas, nas cidades, os números mudariam para milhares.

Chimpanzés formam grupos de tamanho variável, os quais, às vezes, se dividem formando novas comunidades. Com nossa espécie ocorre o mesmo. E logo havia quase 20 cidades na fértil planície entre o Tigre e o Eufrates (Mesopotâmia, como disseram os gregos, mais tarde). Os grandes tijolos de adobe permitiram ir além das casas, iniciando a construção de prédios públicos de mais de um andar. Também ocorreria a construção de templos e monumentos, mercados, muralhas e ruas. Nesse momento, havia uma transformação febril na história do homem.

---

[73] Braidwood (1988), p. 133.
[74] Braidwood (1988), p. 142.

***

Nenhuma delas, no entanto, foi a primeira vila ou cidade do mundo. Na Turquia (e não na Mesopotâmia), foi descoberto um pequeno aglomerado de casas, chamado Çatal Hüyük (ou Chatal Huyuk). Eram como caixas de adobe que se empilhavam numa colina. As casas quadradas tinham tetos planos como lajes, e não telhados inclinados. Inquilinos humanos e animais domésticos compartilhavam o cômodo único. As portas eram baixas, quase um buraco na parede. Não havia ruas e, para chegar à própria casa, era necessário subir escadas de madeira encostadas na parede da casa vizinha. Çatal Hüyük tem uma idade tentativa de 5.750 a.C.[75], isto é, quase 8 mil anos. Nessa data precoce, já continha objetos de metal, madeira e pedra polida, vestígios de tecelagem, além de murais e relevos usados como decoração!

Enfim, não era muito diferente de uma favela marginal numa grande cidade moderna (inclusive, pela ideia de fazer um churrasco 'na laje'). Até hoje existem povoados assim no Irã, Iraque, Paquistão e na Índia, demostrando a praticidade da ideia original. De acordo com Luca Cavalli-Sforza[76], a vila neolítica de Çatal Hüyük chegou a abrigar 5 mil habitantes que viviam da agricultura, e isso num tempo absurdamente antigo, recalculado por ele como tendo 9 mil anos AP[77].

Esse povoado e algumas cavernas de argila da Capadócia, de Cáucaso, da Jordânia e da Armênia merecem o título de primeiras cidades do mundo. Essas cavernas formavam intrincados labirintos com inúmeras saídas. Tinham câmaras frias para estocar alimentos e foram cavadas por mãos humanas, passando diretamente do Paleolítico ao Neolítico, ampliadas a cada nova geração. Numa avaliação imediata, mais se pareceriam a *avant première* de nossos condomínios verticais, ou prédios, como costumamos dizer.

Petra, na Jordânia, é relativamente recente (312 a.C.) como cidade antiga, mas foi ocupada desde antes de 1.200 a.C. Em outras palavras, a Cidade Vermelha, ou Cidade Rosa, é um exemplo de como um desses condomínios verticais Neolíticos se transformou numa obra de arte sem precedentes.

---

[75] Braindwood (1988), p. 143.
[76] Sforza & Sforza (2002).
[77] Outros sítios arqueológicos vêm sendo escavados nas cercanias deste assentamento e estão revelando novos povoados semelhantes.

4.7 A Tríade da Grécia

O que chamamos de Grécia é, na verdade, muitas coisas. Fincada no entroncamento do mundo e pulverizada de ilhas, aquela região era um caldeirão borbulhante. Antigas sacerdotisas, que aspiravam inebriantes gases do mundo subterrâneo, decretaram que Delfos era o umbigo do mundo. Aliás, o caldeirão dessas sacerdotisas tinha três pés, assim como a Grécia.

O menos conhecido dos três pilares do mundo grego foi o povo cicládico. Partidos diretamente da Pré-História (7.000 a.C.), eles deixaram montes de estatuetas em mármore na forma de rostos quase planos e representações estilizadas de mulheres nuas. Essa compulsão por registrar rostos dá-nos uma ideia, ainda que remota, da necessidade que nos atormenta até hoje. Sabemos que a memória é finita e que todo o nosso esforço e nossos feitos beberão da água do esquecimento. Cada um de nós desaparecerá da história como se nunca tivesse existido. Assim é e sempre foi (ou quase sempre).

A colossal muralha de pura pedra granítica, com 13 metros de altura e sete de espessura, que circunda a cidadela de Micenas, existe até hoje, assim como sua porta dos leões (que, na verdade, são duas leoas esculpidas). Fica na Argólida, a 90 km de Atenas. Na mitologia grega, teria sido fundada por Perseu, que era casado com Andrômeda. Em termos de datação, esse povo tem, pelo menos, 1.600 a.C., mas os povos Neolíticos já habitavam a região antes. Ficou famosa por ser a cidade de Agamenon e Menelau, embora ninguém saiba se estes são personagens reais ou fictícios. Por lá também passaram Héracles (Hércules) e o destino de Troia.

A muralha tem pedras enormes, o que inspirou a ideia de que foram os gigantes ciclopes que a ergueram. Ciclopes à parte, a cidade se espraiava além das muralhas e continha enormes túmulos subterrâneos. Esses túmulos tinham uma impressionante cúpula de 15 metros de altura na forma de uma abóbada. As pedras, cada vez menores, se encaixavam perfeitamente, fechando o teto.

Os estudiosos da arquitetura sonham que as catedrais medievais tenham inovado em suas abóbadas, mas a ideia já era corriqueira em Micenas. Os Micênicos inovaram também num aspecto importante: as construções eram de pedra e, portanto, muito duráveis. Esse foi o segundo pilar da civilização grega.

O terceiro pilar está na distante Creta. O povo chamado minoico está envolto em lendas escabrosas, mas inverídicas. Navegou e construiu palácios, que foram destruídos por terremotos e tsunamis colossais e novamente reconstruídos. Usavam uma mistura de pedra e adobe e aplicavam um reboco nas paredes, que era alisado como numa construção moderna. Depois pintavam tudo com cores vivas e faziam elaborados afrescos, fossem de cenas cotidianas, de lutas esportivas e desfiles, ou ainda sobre o mar que os rodeava. Os acróbatas seminus que desafiavam e os enormes touros foram a marca registrada de Creta.

O palácio de Cnossos foi tão impressionante em seu auge que acabou gerando lendas desmedidas. Chegou até nós a ideia do 'Labirinto do Minotauro', onde um monstro insaciável, com cabeça de touro e corpo humano, devorava vítimas escolhidas. Seguramente, os Minoicos devem ter adorado essa história que lhes garantiu um bom *marketing* contra os inimigos.

Porém, a história do labirinto tem uma explicação convincente e simples. O palácio tinha salas que levavam a outras salas, e assim por diante. Tinha quatro andares com colunas pintadas de negro ou vermelho. Para um mensageiro ou um comerciante vindo da insignificante Atenas, que, na época, era uma vila simplória, tudo aquilo era extraordinário e inconcebível. Não havia coisa similar naquele tempo, e você poderia perder-se por lá facilmente. O palácio era ornado de cornos, o símbolo dos minoicos, e isso foi um passo simples para se chegar à ideia distorcida do Minotauro.

Fora esses três pilares, o mundo grego recebeu a influência de invasores dóricos, vindos do Norte, e de comerciantes fenícios da Ásia Menor. Após a invasão dos dórios, seguiu-se uma época obscura, mas esse caudal de ideias e hábitos acabou transparecendo no que conhecemos hoje como as Cidades-Estado da Grécia Antiga.

Atenas, Esparta, Tebas, Corinto, Egina, entre muitas outras, tinham uma identidade comum. Tinham um mercado central (ágora), praças, jardins, uma área com os templos, áreas administrativas, bibliotecas, oficinas, banhos públicos, cemitérios e áreas residenciais. Atenas chegou a ter o primeiro shopping center fechado do mundo, a Stoa de Átalo, onde os cidadãos passeavam entre estátuas, vendedores ambulantes, filósofos e adivinhos, quase como hoje. A Stoa de Átalo também foi usada em comícios, protestos e até mesmo em aulas públicas para a comunidade, precedendo as universidades do mundo.

O mundo grego daquele tempo baseava-se na família, e quem não era da família não tinha vez. As famílias se aglomeravam em tribos, e estas, finalmente, em cidades. Portanto, um estrangeiro numa cidade continuaria a ser um estrangeiro, já que não pertencia a nenhuma família. Essas confederações de famílias, que compunham as cidades, deixaram marcas nas culturas que derivaram dos gregos. O Império Romano seguiu o mesmo princípio dos direitos de família, e os italianos modernos também. A própria "máfia" usou tais princípios com grande eloquência.

Isso fez com que as cidades gregas mantivessem independência e só depois de muito custo acabassem apoiando uma à outra. Isso facilitou a vida do macedônio Alexandre, que dobrou uma a uma das cidades, ao invés de ter de combater contra uma liga. Alexandre acabou reconhecido como um grande herói nacional, mas no início era tido como um invasor bárbaro tempestuoso. De fato, às vezes, ele podia ser mesmo irracional e, na sua batalha por Tebas, acabou massacrando todos os cidadãos e decretando o fim de uma cidade próspera.

4.8 Cidades do Outro Lado do Mundo?

Quando chegamos às Américas, durante o pleistoceno, ainda não havia cidades na Mesopotâmia nem no vale do Nilo. A agricultura ainda não havia despontado em nenhum lugar, nem a domesticação dos animais. Os metais ainda não recebiam a devida atenção, e nossa espécie era prioritariamente nômade. O mundo inteiro estava em pé de igualdade.

As Américas eram virtualmente o outro lado do mundo, obscuro e quase desconectado. Nos livros modernos de história do mundo, vemos grandes feitos humanos cujo cenário de fundo está na Europa, Ásia e África; a origem da escrita e das cidades, a origem da cerveja e do vinho, a manufatura dos metais para embelezar os nobres ou das armas letais para matar os homens comuns (leia-se os pobres e os escravos); e depois... o desenvolvimento da pólvora, da medicina, da matemática, da astronomia, do telescópio, da tipografia, das máquinas a vapor, do teflon...

E o que ocorria nas Américas, enquanto o velho mundo progredia ou mesmo antes disso? O que ocorria nas Américas, enquanto os egípcios mediam as cheias do Nilo e redigiam regras precisas de navegação às margens do grande rio? O que ocorria nas Américas, quando as pirâmides foram erigidas ou o Partenon de Atenas foi inaugurado? A história do mundo pouca atenção dá a esse lado obscuro, por onde vagavam os nômades cobertos de pele de guanacos. O que eles faziam ali, apartados do velho mundo?

Apartados de tudo e de todos, os povos centro-americanos e do altiplano andino desenvolveram uma visão própria do mundo. Passaram a usar o metal tardiamente e, quando o fizeram, não pensaram na guerra, mas na distinção social. Olmecas, toltecas, zapotecas, maias, astecas, entre outros, ocuparam uma grande área, onde hoje estão México, Guatemala, Honduras, Belize e El Salvador. Ao Sul, os incas se expandiram pelas zonas altas da Bolívia, do Peru e do Equador e alcançam a Argentina e o Chile ao sul e a Colômbia ao norte.

Embora os sítios arqueológicos centro-americanos sejam antigos, a construção de grandes vilas ou o que poderíamos chamar de cidades é bem posterior às do Sudoeste da Ásia. La Venta e São Lourenço podem datar cerca de 3.250 anos atrás e, progressivamente, ganharam edifícios, canalizações, pátios retangulares e pirâmides, além de colossais cabeças de basalto típicas dos olmecas. Ambas eram cidades pequenas com, talvez, 1 mil habitantes.

Já Monte Albán (500 a.C.-750 d.C.) era uma cidade elitizada com vários edifícios limitados por colunatas e moradias com pátios centrais, além de pirâmides e grandes praças. Em seu auge, ela teria alcançado 24 mil habitantes. Várias outras cidades magníficas, como Tikal, Palenque, Copán e a monumental Teotihuacán, também chamada "morada dos deuses", foram urbanizadas seguindo planificações com largas avenidas e templos com acesso às águas subterrâneas. Teotihuacán[78] foi a mais impressionante delas, tendo alcançado mais de 150 mil habitantes (talvez 250 mil), entre 450 e 500 d.C., mais ou menos na mesma época em que Clóvis, Rei dos Francos, fez de Paris a sua capital. Seus palácios eram decorados por pinturas murais representando deuses e animais. Teotihuacán tinha uma avenida principal com 2,4 km de comprimento e 40 metros de largura, mais longa que a Champs-Élysées da moderna Paris, mas não tão larga[79]. No entanto, essa avenida principal (avenida dos mortos) era tão larga quanto qualquer avenida da charmosa Nova York.

Por sua parte, Cusco, a antiga capital do Império Inca, é uma dessas cidades de valor inestimável, que foi habitada desde a Pré-História ininterruptamente. Em *quéchua*[80] (*qosqo* ou *qusqu*), significa "umbigo do mundo", o que respalda uma origem pré-incaica e a dificuldade natural de seu marco como cidade. Reza a lenda que o deus sol (*inti*), "em pessoa", a teria revelado.

---

[78] O sítio arqueológico está localizado a cerca de 40 km da Cidade do México.
[79] A avenida Champs-Élysées alcança a impressionante marca de 71 metros de largura.
[80] Importante tronco linguístico ainda hoje falado por milhões de pessoas no altiplano sul-americano.

Para os povos do altiplano andino, a própria origem da humanidade deriva de seus dois principais deuses, o sol e a lua. De qualquer maneira, Cusco talvez seja a cidade mais antiga das Américas e um mergulho vertiginoso na história do mundo. Hoje o que vemos tem traços do colonial espanhol, mas, na base das igrejas, no alicerce, jaz o encaixe perfeito entre as rochas da arquitetura incaica. Os templos incas foram desmantelados, e sobre eles se erigiram igrejas na tentativa de apagar a história. Apagar a história é o processo corriqueiro dos povos colonialistas.

4.9 A Simples e Poderosa Ideia da Memória Expandida

A memória é volátil, e mais cedo ou mais tarde tudo cairá no esquecimento – nomes de pessoas, fatos, imagens mentais, cheiros e sensações. Tudo desaparecerá, se deixarmos ao sabor do tempo. Ao cidadão comum restarão apenas as 'pequenas alegrias', e isto bastará. Não apenas bastará, será extraordinário. E, mesmo assim, elas também serão esquecidas.

Mas os contadores de histórias não pensavam assim. À luz das fogueiras, o homem pré-histórico gesticulou, grunhiu e falou do que viu. Homero foi um bom contador de histórias e devia ser muito intenso, pois histórias de guerreiros, monstros, heróis, cidades e guerras viajaram cavalgando o tempo por tantas gerações. Há uma força nas histórias contadas. Às vezes, elas resistem ao tempo e pouco deterioram. A questão não está em saber se Odisseu (ou Ulisses) construiu mesmo um cavalo de madeira com guerreiros dentro, mas sim que as muralhas de Troia eram enormes e mesmo assim caíram.

O problema, no entanto, não eram as guerras, e sim as pequenas coisas. O que seria levado pelo faraó em sua viagem ao outro mundo? Quantas ovelhas eu tenho e quantas são suas? E se este punhado de terra é meu, que garantias tenho quando morrer? Meu filho herdará esta terra seca? E se você me der sua filha como dote, o que fico lhe devendo então? E como andam nossos depósitos de água, de trigo, de cevada ou de cerveja? (Talvez isso lhe interesse). Alguém tem que se lembrar disso tudo!

O barro vermelho não apenas deu forma às casas, às barragens ou às tubulações de encanamento. Não tomou apenas a forma de tijolos. Também se transformou em memória expandida, um depósito, um documento, uma carta de intenções. Um pedaço de junco cortado podia deixar no barro, ainda úmido, uma pequena marca em forma de cunha. E, assim, poderíamos saber quantas ovelhas temos e quantas ânforas de azeite também. Foi assim que nossa memória volátil ganhou durabilidade. Foi dessas marquinhas em cunha que nasceu a escrita[81], e ela o fez diretamente do barro.

A escrita nasceu na Suméria como um subproduto das cidades ou mesmo como uma condição para elas. Era necessário registrar o número de carroças que passavam pelo portão de Uruk ou Eridu e quem eram os fornecedores. Portanto, listas de víveres, registros de imóveis, testamentos e contratos de todo o tipo foram guardados em tabuletas de argila na forma de baixos relevos. Os primeiros registros de uma escrita cuneiforme elaborada (do latim *cuneus,* cunhas) são de 3.300-3.500 a.C.[82], portanto ela tem de ter começado antes, talvez há 5,5 mil ou 5,7 mil anos (AP).

A ideia de Estado era apenas embrionária, mas foi justamente aí que começou a 'estatística', uma forma de medir o tamanho do Estado. As cidades precisavam da informação disponível e, sobretudo, de organização. Fazer os registros exigia conhecimentos especiais, e assim os escribas surgiram como uma nova profissão. A escrita não era apenas um subproduto das cidades, mas estas, um produto direto da escrita. As cidades não poderiam ser tão grandes sem a escrita.

A escrita suméria era incrivelmente funcional e logo foi adaptada na Acádia, Assíria, Babilônia e até pelos hititas. Línguas diferentes e escritas semelhantes eram uma experiência inspiradora. Números e ideogramas, como uma cabeça de carneiro ou uma perna humana, podiam ser combinados simbolizando um raciocínio preciso e comunicando ideias. No início, os caracteres eram alinhados verticalmente e depois passaram a horizontais, da esquerda para a direita, com linhas como hoje. Essa lógica condicionou nossa mente de tal forma, que qualquer coisa diferente disso torna-se um verdadeiro pesadelo. Até hoje os ideogramas chineses verticais embaralham a mente ocidental.

Os egípcios seguiram um caminho próprio também iniciado no barro e depois passado ao papel grosso e ao delicado papiro. Para alguns arqueólogos, foram eles os primeiros a desenvolver a escrita. De início, colocavam seus hieróglifos em monumentos à margem do Nilo com indicações de navegação, mas logo passaram a formidáveis bibliotecas, ricas em contabilidade, tratados e protocolos religiosos. Aliás, a palavra hieróglifo significa "escrita sagrada"[83], termo cunhado pelos gregos macedônios,

---

[81] Escrita cuneiforme.
[82] De acordo com o renomado historiador Samuel N. Kramer, a escrita cuneiforme precede as demais. Kramer, S. N. (1963). *The Sumerians: Their history, culture, and character.* Chicago: University of Chicago Press.
[83] Do grego, (*hierós*) "sagrado" e (*glýphein*) "escrita".

quando lá chegaram. Era uma arte própria de altos cargos ou sacerdotes, e esse sectarismo ajudava a manter os privilégios de certas castas.

A escrita egípcia tinha uma liberdade estranha para nós. Podia ser vertical, horizontal e começando da esquerda ou da direita. Os ideogramas e fonogramas podiam também ser empilhados, mas a escrita tinha grande precisão, nominando cidades, pessoas, coisas e procedimentos. Também costumava estar associada a desenhos com tinta vermelha ou preta. A escrita egípcia foi a mais duradoura da Antiguidade (cerca de três milênios), mas curiosamente não se espalhou por outros povos.

Registrar ideias e coisas parecia uma compulsão do momento em vários locais. A civilização minoica, em Creta, buscou seu caminho independente. Criou a escrita linear B, fazendo-a em espiral, como no renomado Disco de Faestos. Os micênicos usaram uma derivação dessa, a escrita linear A. Ambas, no entanto, foram posteriores à escrita egípcia e mesopotâmica. A escrita linear B é considerada por muitos especialistas como um experimento pré-alfabético e, portanto, conteria as bases do pensamento moderno ocidental.

Assim o mundo se encheu de caracteres, que continham ideias e documentos contábeis, testamentos, desejos e histórias de batalhas e deuses. Embora o mundo ocidental se vanglorie do primeiro livro do mundo, nascido de uma tradição verbal, *Ilíada* (800 a.C.), o mundo oriental já produzira livros bem antes. O *Pentateuco* é de 950 a.C., e a *Epopeia de Gilgamesh*, de 2.000 a.C. O Oriente produziu também a monumental narrativa do *Mahabharata* de 300 a.C. Agora o mundo ganhava a sua memória expandida, que serviria de alicerce para o conhecimento e poderia apoiar um conhecimento noutro e empilhar suas ideias e descobertas. E então a velocidade dessas descobertas começou a acelerar num piscar de olhos...

***

O outro lado do mundo, aquele das "lágrimas do sol", aquele lado obscuro e esquecido, também buscou um meio de expandir a memória. Astecas, maias e incas, além de várias outras tribos e culturas, também desenvolveram uma escrita própria.

Os *Quipo* ou *Khipu* do Império Inca compõem o mais enigmático desses sistemas de memória expandida. Tratava-se de séries de cordões com sequências de nós, partindo de um cordão principal, todos feitos de lã de lhama ou alpaca. Os cordões costumavam ter cores e comprimentos diferentes e podiam portar enfeites de ossos ou penas. Quantidade e tipos diferentes de nós, o espaçamento entre eles, cores dos cordões e, assim por diante, tinham uma simbologia aparentemente precisa. De maneira geral, parece um sistema contábil de provisões contendo operações matemáticas, semelhante ao que já acontecia nas tábuas de argila da Mesopotâmia, porém a durabilidade dos *quipo* era obviamente menor e necessitava de condições especiais de conservação, como de ambientes extremamente secos.

Já os maias e astecas foram particularmente criativos e fizeram registros em fibras vegetais – principalmente da casca de uma figueira –, couro de veado, pedra, madeira, cerâmica e tábuas de estuque. Costumavam ser em alto relevo e pintados. A escrita maia, talvez elaborada a partir da escrita olmeca, foi bastante completa, incluindo as contabilidades do Império, tributos, comércio, questões astronômicas ou de calendário agrícola, rituais antigos, heróis e deuses, genealogias, linhas dinásticas, informações médicas, instruções para os sacerdotes, listas de datas e questões cotidianas do nascimento ou matrimônio, da justiça e da educação. Costumavam estar agrupadas em colunas duplas e lidas em zigue-zague de cima para baixo e da esquerda para a direita, mas havia variações.

Assustada com a complexidade, quantidade impressionante de registros e com a memória importante que continham, a Igreja Católica determinou a destruição completa dos escritos retratados como pagãos. Mandou incinerar tudo para alcançar a desejada desagregação cultural e a facilitação do genocídio centro-americano. No entanto, a simples e poderosa ideia da memória expandida permaneceu em uns poucos livros feitos da casca das figueiras. Permaneceu nas paredes dos templos, nos muros, nos dintéis das portas, nas estelas em pedra. Esses códices permitiram a compreensão parcial dos símbolos e ideogramas dos povos centro-americanos, evitando que eles fossem apagados da História.

4.10 Muralhas – Vidas Fragmentadas

Mais tarde, ficaria famosa a ideia de que "todos os caminhos levam a Roma", mas, em 2.700 a.C., todos eles levavam à Mesopotâmia e às suas cidades fervilhantes. Pela teia de estradas poeirentas, o alimento chegava em cestos transportados por pessoas ou bois, ou ainda em padiolas arrastadas por tração animal.

Foi, então, que o maior gênio da história da humanidade, depois do primeiro lascador de pedras, juntou alguns pedaços de madeira e construiu uma roda – uma não, duas rodas e um eixo. Ninguém sabe o nome do sujeito, mas ele vivia por ali, nas imediações do Tigre e do Eufrates. Ele não sabia, mas mudaria o mundo. E até hoje a roda é usada da mesma maneira, salvo no caso das roldanas e polias, que foram invenção posterior.

A primeira roda era maciça e pesada, talvez com uma cinta de bronze ou ferro para reforçar o entorno. Depois ganhou aros mais leves e as primeiras carroças do mundo guincharam num atrito doloroso, de madeira contra madeira, assim como fazem hoje nos rincões mais distantes.

A roda mudaria o comércio para sempre e o transporte de materiais pesados, que até então dependia dos rios. Aquelas carroças, a passar pelos portões de Uruk ou Eridu, como dissemos faz poucas páginas, só poderiam ter existido a partir dessa data mágica dos 2.700 a.C. Embora o comércio já fosse uma atividade importante durante o Paleolítico, agora ganhava novas cores e aromas.

Vejam que as cidades da Mesopotâmia, do Oriente Médio e do Egito criaram quase tudo que move o mundo hoje. Não só a escrita, a roda, a agricultura, a canalização dos rios, a criação de animais, a cerâmica, os vasos metálicos, os funcionários públicos, os burocratas e os sacerdotes, mas também coisas menores, como selos, que eram a marca de gente de posses e de reis. Há que se pagar um tributo ao Iraque e ao Irã, à Jordânia, à Síria, a Israel e ao Egito por tudo que legaram ao mundo. Há que se pagar um tributo aos povos centro-americanos e aos povos do altiplano andino.

O mundo havia mudado num piscar de olhos, e as antigas paliçadas viraram torres e muralhas. Se você tem algo a defender também deve ter vigias e soldados. Jericó tinha muralhas e torres para esse fim, e Uruk também. Todas as cidades tinham. E se você comandava uma cidade, talvez quisesse comandar duas ou, quem sabe, três.

Sumérios e Acadianos disputaram esses domínios, e algumas cidades desses dois reinos trocaram de mãos várias vezes. Talvez ninguém se importasse, já que os hábitos, a língua e a escrita se pareciam, principalmente essa última. Depois vieram babilônios e assírios e hititas, e o espaço foi disputado com mais vigor. Talvez a palavra certa, como veremos mais afrente, seja: selvageria.

Processo semelhante ocorreu no Egito, que tinha dois reis, um era 'o branco', e o outro, 'o vermelho'. Eles construíam monumentos para impressionar um ao outro, e assim o vale do Nilo tornou-se uma galeria de arte e a primeira grande mostra internacional de arquitetura. O mundo ganharia muito com isso, mas, no momento, era apenas "vaidade".

Vaidade que também estava marcada nos portais de palácios assírios e zigurates babilônios, com seus jardins suspensos. Tais zigurates eram patamares empilhados como uma pirâmide maia, só que com outro objetivo. Tinham não só jardins, mas árvores frutíferas, piscinas e fontes para tornar a vida da nobreza ainda 'mais aprazível'. Esses foram os primeiros condomínios de luxo e nada deviam aos que temos hoje, exceto talvez um bom elevador.

Tudo isso era muito bonito e impressionante, mas a "vaidade" é amiga da "perda", aliás uma amiga íntima. E, por isso, as muralhas ganharam altura, largura, torres e fossos. As muralhas de tijolos de adobe eram fabulosas, mas as muralhas de pedra, como as de Micenas, eram ainda mais resistentes e duradouras.

Segundo a mitologia grega, as muralhas de Troia eram tão altas que só poderiam ter sido construídas por Poseidon e Apolo, aliás, deuses nada alinhados no que se refere à conduta. Um deles era tempestuoso e dado a extravagâncias, e o outro, muito mais elitizado e parcimonioso. Fossem ciclopes ou deuses, os gregos do período das cidades-Estado não conseguiam compreender como aquelas antigas muralhas eram tão bem construídas. Era como se alguma informação houvesse desaparecido.

***

Há um forte vínculo entre muralhas e reinos. As posses precisam ser guardadas e protegidas. Isso fragmentou o mundo e a maneira como nossa espécie podia ver a si mesma. Se, por um lado, o comércio aumentava, por outro, as carroças e os viajantes precisavam ser interpelados. – Qual é a sua intenção ao passar por esse portal? De repente, ninguém confiava mais em ninguém. Isso não faz o menor sentido num mundo sem muralhas.

Elas deram um peso exacerbado para o meu e o seu, para o nosso e o deles. De certa forma, reinos e muralhas demarcaram culturas, mas também as separaram e afastaram. Hoje pensamos ser melhores que os outros, mas isso é de uma burrice sem precedentes, ou melhor, com precedentes claros nas primeiras cercas, paliçadas e muralhas do mundo.

Ainda demoraria um tempo para que nós investíssemos em pontes para ligar as partes isoladas, mas as pontes não conseguiram anular o devastador mal que as muralhas trouxeram ao mundo. Os romanos foram habilidosos construtores de pontes, mas também de muralhas. Cercavam não só suas cidades, mas enfiavam muralhas nos recônditos de seu Império opressor. As Muralhas de Adriano traçaram uma linha reta marcando o "fim do mundo civilizado"; cortavam a Britânia, de lado a lado, para se proteger dos povos de pele pintada, os pictos, e, quando mandaram uma legião punitiva para o lado de lá, ela simplesmente desapareceu.

Depois que os romanos se retiram da Britânia e da Gália, a Europa mergulhou num vazio arquitetônico. Aos poucos, novas muralhas foram construídas, primeiro protegendo castelos e depois cidades inteiras. Carcassone é hoje uma joia perdida no Sudoeste da França. Suas muralhas e torres são um somatório de estilos sobrepostos. Alicerces romanos receberam aportes visigodos e, por fim, medievais, e hoje elas se erguem imponentes com seteiras e ameias para proteger arqueiros, com valas para derrubar óleo fervente e dejetos humanos sobre os invasores. Estão cercadas de um fosso que, na época, devia ser dos mais fétidos. A cidade tem uma muralha externa e ainda há outra que protege o castelo.

Carcassone é apenas um exemplo entre muitos. O sistema feudal europeu é o exemplo máximo de fragmentação. Cada castelo, um senhor, e muitas vezes o senhor do castelo tinha uma família pequena. Assim, havia agricultores paupérrimos e soldados paupérrimos, que protegiam uns poucos nobres incultos. A concepção arquitetônica e a ideia de conforto térmico da Mesopotâmia simplesmente não existiam nos castelos medievais. Os ventos frios varriam os castelos, de ponta a ponta, com proteção apenas de grandes lareiras, que ardiam todo o inverno. Não havia vidros, e os belos vitrais que vemos hoje nas catedrais góticas são coisa mais recente.

O sistema feudal chinês e suas muralhas e seus castelos eram um pouco melhores quanto à comodidade, mas a ideia de proteger os limites externos do Império foi levada a sério pelos chineses. A Grande Muralha da China é a maior construção do planeta e a única coisa que fizemos que pode ser vista do espaço! De maneira grosseira, tem, pelo menos, 8.850 quilômetros de extensão numa direção leste-oeste, mas, considerando barreiras defensivas naturais e ramificações, poderia alcançar mais de 20 mil quilômetros.

Sua finalidade é motivo de debates encarniçados entre os historiadores. A ideia de se defender contra inimigos parece óbvia, mas talvez seja uma pista falsa. Quais eram os inimigos do Império mais importante do Oriente? Talvez os mongóis..., só que eles virariam uma ameaça em 1000 anos (d.C.), e a Grande Muralha começou a ser construída centenas de anos antes de Cristo.

Dinastia após dinastia, ela cresceu e cresceu e trocou de finalidade. Foi uma forma de manter os exércitos do imperador longe da capital, da mesma maneira como aconteceu no Imperio Romano, onde a conquista da Gália, da Britânia e do Egito teve finalidade semelhante. Pode ter sido uma forma de controle fronteiriço para a rota da seda ou para regulamentar o comércio ou ainda um arroubo de grandeza como em qualquer parte do mundo.

Como essa extraordinária muralha, de mais de sete metros de altura e sete de largura, cruzou diferentes ambientes, seus materiais também diferiram. Em parte, era de tijolos de adobe, em parte de pedras calcárias ou graníticas e ainda de madeira e estuque.

Sua construção é um exemplo clássico de escravidão dramática e milenar. Ninguém tem como saber quantos operários nela trabalharam. Fala-se em 1 milhão de pessoas e que 80% delas teriam perecido de frio ou de fome durante a construção, mas esses pobres diabos eram abandonados ali mesmo, e seus restos, incorporados ao estranho monumento dedicado à fragmentação da Ásia.

Aí estamos, novamente, frente à vaidade, ou *vanitate* do latim, aquilo que é vão, aquilo que é ilusório. A vaidade é um dos atributos mal resolvidos de nossa espécie e cujos danos são mais facilmente sentidos. Não é fenômeno de alguma civilização em especial, mas um traço nosso. Temos uma angustiante necessidade de ser aceitos da mesma forma que um cãozinho. Temos necessidade de apoio e consideração. Todas as crianças têm essas necessidades básicas, mas nem todas a recebem de seu núcleo social. É uma tarefa hercúlea crescer sem aceitação e consideração. Por outro lado, alguns extrapolam as necessidades de aceitação e constroem monumentos a si mesmos.

Muralhas, obeliscos, estátuas e palácios são parte da autopromoção descontrolada de algumas poucas pessoas com muito poder. Como nos disse Fernando Pessoa, o homem prefere ser exaltado por aquilo que não é, a ser tido em menor conta por aquilo que é. Assim, a vaidade é uma maneira de despistar os outros ou literalmente enganar, e, pensando dessa forma, todas as grandes construções humanas são, de alguma maneira, um engodo consumado.

Outras muralhas e barreiras foram construídas mundo afora. A antiga Esparta não tinha muralhas e nunca foi invadida, mas foi destruída por um grande terremoto e nunca mais se recuperou. Atenas tinha pesadas muralhas, que foram sobrepujadas por Xerxes, o persa. Ele a queimou para o próprio deleite, mas a cidade foi reconstruída e ainda melhor do que antes.

Os ingleses conseguiram deter Napoleão, em Portugal, construindo o sistema defensivo das "Torres Vedras", e o engodo funcionou porque o grande general já andava preguiçoso. Os franceses construíram a "Linha Maginot" para deter a Alemanha na Segunda Guerra Mundial, mas o engodo não funcionou porque os alemães simplesmente a contornaram. Os alemães construíram trincheiras, casamatas, linhas de minas terrestres, ninhos de metralhadoras e cercas de arame farpado para deter os aliados na Normandia, mas eles passaram assim mesmo com um custo elevado de vidas.

As muralhas de Paris detiveram primeiro os visigodos e depois os ingleses na Guerra dos Cem Anos, mas acabaram obsoletas e hoje as conhecemos apenas pelas portas[84] que restaram. Hitler entrou em Paris sem as muralhas e sem resistência. As muralhas de Roma detiveram Aníbal, mas há dúvidas se ele realmente desejava tomá-la. Saladino conseguiu abrir uma brecha nas muralhas de Jerusalém, depois de uma batalha épica para pôr fim às cruzadas, mas os corpos dos soldados mortos eram tantos, que a brecha acabou obstruída por uma montanha de retalhos humanos e sangue. Essa é a história das muralhas e de sua controversa eficiência. É a história dos mortos dentro e fora delas, mas é também a história de como elas definiram culturas, povos e preferências.

4.11 A Cidade dos Mortos – Guetos, Gulags, Campos de Extermínio

Os campos de concentração de Hitler criaram retalhos do mundo em arame farpado, retalhos para isolar o que foi definido, por ele mesmo, como a "escória do mundo". Em verdade, *não se tratava de isolar, mas esconder as decisões deturpadas de mentes doentias. Hitler congregou em torno de si muitas mentes doentias como a dos dois Heinrich* – Heinrich Himmler, o chefe da SS, e Heinrich Müller, o chefe da Gestapo. A lista segue com Adolf Eichmann, o doutor Rudolf Lange, Reinhard Heydrich, Christian Wirth, Josef Mengele – o anjo da morte – e muitíssimos outros. Tudo isso levou a um retrocesso inconcebível na história das "civilizações".

---

[84] Portas de Saint Denis e de Saint Martin, que eram parte das muralhas de Felipe Augusto e Carlos V.

No início, a ideia era a deportação em massa dos judeus, mas isso se mostrou impraticável. Então vieram os guetos e depois os campos de extermínio. Uma coisa puxou a outra como sói acontecer. Um desvio de conduta é como um desvio no caminho: você acaba chegando a outro lugar. E quando iniciou a invasão nazista no Leste Europeu, o número de judeus sob a administração do Reich aumentou e se tornou um desafio a mais[85]. Foi assim que os arames farpados ganharam seu mais hediondo experimento: os campos de concentração e suas variantes mais horripilantes. Nesses campos de trabalhos forçados, havia todo o tipo de tortura psicológica e física, pouca comida e a perda completa de identidade.

Uma das torturas mais despropositais já praticadas na história do mundo foi aquela cometida por médicos psicopatas nos campos de concentração. Cabe lembrar aqui que Josef Mengele não foi o único. Vários outros também justificaram sua existência com práticas macabras que não vamos detalhar aqui por consideração ao leitor, mas que envolviam malformações congênitas, gêmeos, anões e a esterilização de mulheres a sangue frio (para conhecer depoimentos inéditos, ver o importantíssimo livro de Lawrence Rees, 2018. Holocausto)[86].

As práticas pseudocientíficas de Mengele e seus amigos incluíam amputação de membros para avaliar a regeneração de tecidos, imersão de prisioneiros em água gelada para verificar sua capacidade de sobrevivência, contaminação intencional dos internos com doenças fatais e injeção de compostos químicos nos olhos dos prisioneiros na tentativa de colori-los. Os nazistas queriam mais gente de olhos azuis!

Esse último experimento estapafúrdio demostra, claramente, que Mengele não estava interessado em estudos genéticos propriamente ditos e tampouco tinha noção do que seria a pretendida "pureza racial". Se ele estava interessado em manipular as aparências, o que então pretendia esconder? Mais tarde acabaria fugindo para a Argentina, o Paraguai e o Brasil, este último um dos países mais miscigenados do mundo – que ironia, *não?*

O poder irrestrito parece perverter, irremediavelmente, a razão e o bom senso e está longe de ser um caminho conveniente para a sociedade. Não há sociedades saudáveis, que permaneçam como tal, de baixo da asa de um ditador. Logo a crueldade, a violência e a insensatez inundam tudo como um colossal tsunami, e a primeira entidade a deixar de existir é justamente o que chamamos de indivíduo.

---

[85] Rees, L. (2018). *The Holocaust: A new history.* New York City: Public Affairs. 574 pp.
[86] Rees (2018).

***

Os guetos, ao contrário dos campos de concentração, ficavam em regiões urbanas delimitadas por arame farpado. Mais de 1 mil deles foram criados na Polônia e na então União Soviética. Eram um amontoado de gente em poucos quilômetros quadrados sem higiene nem esgoto nem privacidade. A fome extrema levava a índices impressionantes de mortalidade. As pessoas viviam cobertas de piolhos, as doenças grassavam livremente, *e o índice de suicídios era assustador.*

Ao contrário dos campos de concentração, os guetos eram administrados pelos próprios internos, poupando aos nazistas um trabalho adicional. Eles serviam de bolsões temporários para os relocados de outras regiões conquistadas. A cada nova leva de recém-chegados, misturavam-se pessoas de diferentes origens, línguas e idades, oriundos de famílias destroçadas. Os guetos de Lodz e Varsóvia receberam a maior carga de relocados, vindos de várias partes da Europa.

Enquanto a frente russa recrudescia, os nazistas apressaram seu plano mais hediondo: livrar-se dos judeus, ciganos e presos políticos numa escala nunca vista. Os fuzilamentos em massa eram custosos e abalavam a moral mesmo dos SS mais transtornados. As pessoas se deitavam nuas sobre os mortos e eram então fuziladas. Nesse momento, alguns campos de concentração foram adaptados com salas especiais para a morte por envenenamento por meio do Zyclon B (cujo principal componente era o ácido sulfúrico) ou por monóxido de carbono, produzido por motores de caminhões ou tanques de guerra. As chamadas câmaras de gás, na verdade, demoravam para matar. Ouvia-se gritos horrendos por mais de 15 minutos, e depois os corpos tinham de ser separados por outros internos e levados aos crematórios[87]. Corpos também foram queimados em grelhas a céu aberto[88]. O cheiro dos corpos queimados era nauseante e sentido a vários quilômetros de distância. Treblinka, Sobibór, Belzec, Chelmno, Dachau, Majdanek e Auschwitz-Birkenau são nomes para não serem esquecidos. Esse *último foi o* "maior centro de matança em massa na história do mundo"[89], concluiu o formidável historiador Richard J. Evans. Todos eles s*ão a própria encarnação da cidade dos mortos.*

---

[87] Rees (2018).
[88] Evans, R. J. (2017). *O Terceiro Reich em Guerra: Como os nazistas conduziram a Alemanha da conquista ao desastre (1939-1945).* Campinas: Ed. Crítica.
[89] Evans (2017), p. 344.

Havia ainda os campos de concentração de prisioneiros de guerra, onde soldados poloneses e soviéticos eram amontoados como animais e mantidos com rações diárias ínfimas. A maioria dormia no chão e até mesmo na neve, e muitos não acordavam mais. A higiene era inexistente, e os piolhos eram tantos que roupas e cabelos se mexiam. Como Hitler havia exigido uma guerra de extermínio no "front" leste, a mortandade nesses campos era intencionalmente muito alta. Isso levou a episódios de canibalismo entre os internos dos campos, aliás a Segunda Grande Guerra foi fértil em canibalismo. Nos últimos dois anos de guerra, esses prisioneiros acabaram alocados em vários outros campos, inclusive nos de extermínio.

***

Os Gulags do Império Czarista Russo e, posteriormente, do cruel regime de Joseph Stalin, também são a expressão nefasta da vida apartada por arames farpados. Originalmente tinham o viés de prisão com trabalhos forçados e se destinavam aos criminosos, mas então a coisa extrapolou. Vadiagem, latrocínio, imoralidade, prisioneiros de guerra e os assim chamados "delitos de opinião" entraram no rol das coisas proibidas e brutalmente puníveis. Toda e qualquer pessoa que se opusesse ao regime ou tivesse ideias ligeiramente diferentes, fossem anarquistas ou trotskistas, desertores do exército, suspeitos ou familiares dos suspeitos ou poloneses ou estonianos, todos eram enviados aos confins da Sibéria, e muitos – muitos mesmos – morreriam de fome ou seriam levados ao canibalismo.

Agora mesmo, em pleno século XXI, a Coréia do Norte mantém prisões secretas de arame farpado para os inimigos (internos) do Estado que são, em essência, meros campos de concentração sobre os quais quase nada se sabe. É a história a se repetir numa espécie de *"looping"* eterno.

***

A vida nos guetos, nos campos de concentração e de extermínio – essas cidades de mortos-vivos – foi provavelmente o que de mais brutal a "civilização edificou". Foi a própria antinomia da palavra civilização. E hoje, quase 80 anos depois do holocausto, os guetos ainda persistem... A Faixa de Gaza, onde 2,5 milhões de palestinos permanecem restritos é um gueto, não é mesmo? Em volta dela, existem muros e um mundo exterior "civilizado e branco". Em seu interior, 80% da população vive na incerteza e na pobreza, o desemprego é a norma, a ajuda humanitária tem dificuldades de acesso, os conflitos são cotidianos, a infraestrutura desmoronou em direção ao nada. São os arames farpados do século XXI.

Desde o Neolítico, aldeias, vilas, cidades e reinos, com ou sem muralhas, vinham cambiando as sociedades humanas e permitindo toda sorte de progressos e conflitos, mas se chegou a exageros massificantes, em que a maioria dos cidadãos ou um número desmedido deles caiu no anonimato, na solidão, na depressão, no vazio absoluto. Esse é o mal das cidades grandes, nascidas da revolução industrial e é uma marca recente do Antropoceno.

Mas as cidades dos mortos – guetos, campos de concentração e gulags – foram e são um experimento muito mais aniquilador, corrosivo, atroz. Não é possível a uma pessoa comum compreender o grau de degeneração em que as pessoas podem chegar num local desses. Despojadas de todos os seus bens, de seu nome, de sua identidade sexual, de seus filhos, de seus amigos e parentes, de sua profissão, de seu caráter, de seus desejos mais simples, de suas necessidades mais rudimentares, de toda a vida privada e de toda e qualquer manifestação pública, os habitantes dessas "anticidades" foram afundando num estado catatônico, distanciado do que chamamos humanidade. Infelizmente, esses campos de morte também são uma marca recente do Antropoceno.

Em pouco tempo, criamos as megalópoles e os campos de extermínio, e ambos criaram seres humanos pouco dispostos ao altruísmo, mais do que isso, sempre dispostos a fazer justiça com as próprias mãos e com as emoções que perderam ou deixaram de compreender. E foi assim que o Antropoceno acabou se tornando a "era do egoísmo". Seria esse um bom nome? Ou teríamos outro mais apropriado? ...

O notável pensador moderno Zygmunt Bauman e seu colega Leonidas Donskis [90] chamaram esse estado de coisas de "cegueira moral", e que há um crescente descaso, indiferença e mínimo sentimento de coletividade. É o individualismo irrefreado, o "salve-se quem puder" de nosso tempo.

✷✷✷

---

[90] Bauman, Z. & Leonidas Donskis, L. (2021). *A cegueira Moral*. Rio de Janeiro: Ed. Zahar.

Os neonazistas do século XXI, cada vez mais numerosos, não aprenderam nada esse tempo todo e negam-se a fazê-lo. Ainda estão imbuídos das visões nacionalistas que julgam acertadas. A fome que fique do outro lado dos arames e das farpas. Os imigrantes desesperados e seus filhos miseráveis que fiquem por lá também. Que a morte seja um problema dos outros, dizem os neonazistas. Na Europa, proliferam-se cercas para deter imigrantes; na América do Norte ou no Oriente Médio, essas cercas e os muros viraram *slogan* de campanhas políticas da ultradireita, mesmo que ela esteja representada por antigos imigrantes como Donald Trump. E esses *slogans* venceram eleições apostando no isolacionismo. É uma reviravolta em cima de outra, como se nossa espécie não fosse capaz de aprender com os próprios erros.

– *Você se acha capaz de aprender com os próprios erros?...*

Enquanto você decide sobre esse tema, os nacionalistas de sempre propõem barreiras aos mesmos refugiados que construíram a sua nação no passado. Quem seriam os norte-americanos sem os irlandeses, os judeus, os chineses? Quem seriam os franceses e os ingleses sem a força criativa e o trabalho escravo de suas colônias na Ásia, na África e nas Américas? Quem seriam os russos sem a espoliação da Ucrânia, da Bielorrússia (Belarus), da Letônia, da Estônia, da Geórgia e da Moldávia? E quem seriam os brasileiros sem os escravos africanos e seus descendentes ou sem seus povos originais indígenas, que hoje são vistos como um problema pelos nazi-nacionalistas que propagandeiam a indústria das armas?

Aquilo que os norte-americanos chamam de "supremacia branca" espalha-se feito um vírus mortífero pior que o SARS e prova que vivemos em uma *era de embrutecimento, de burrice coletiva, anonimato covarde, safadeza institucionalizada,* encabeçada por presidentes de repúblicas pretensamente democráticas. Verdadeiros fantoches de uma eminência parda, ou, melhor dizendo, os bobos da corte de algum dos camisas pardas?

Enquanto você decide, voltamos a perguntar sem receio: – você se acha capaz de aprender com os próprios erros?...

Negação e fuga da realidade é o que conta para os nacionalistas... e violência também. A violência é das poucas coisas que compreendem e sua única retórica. O que não se encaixar em seu plano de vida deve ser isolado (ou escondido), como fizeram Hitler, Stalin, Pol Pot ou dezenas de outros agora mesmo. O nacionalismo extremo tem prazo de validade, e esse prazo anda cada vez mais curto, mas eles têm um público fiel, quase sempre anônimo e covarde, violento, difamador e, lógico, desprovido de um cérebro pensante. E por isso, de tempos em tempos, tais "supremacistas" *são eleitos nas democracias fajutas e apoiados pela mídia fajuta e pelo empresariado corrupto.*

Muitos hoje negam o fascismo, mas pouco sabem dele, poucos sabem como ele funciona. Dependendo do país ou das circunstâncias, ele brota um pouco diferente a cada vez e se adapta com facilidade. É um fenômeno político-ideológico e não se restringe ao que aconteceu na Itália dos anos 1930. *É como um vírus mutante ou um mestre dos disfarces. No entanto, ele tem alguns ingredientes básicos facílimos de reconhecer. São ditaduras ultrarreacionárias* (mal disfarçadas ou não de democracia) com métodos difamatórios e de violência física, contêm um nacionalismo irracional[91] com rejeição ao que vem do estrangeiro e um fenômeno das massas, que repetem bordões idiotas sem jamais pensar sobre eles. O fascismo desestimula o ato de pensar. Exemplo: se algum descerebrado disser que tomar vacina é ruim, seus apoiadores devem repetir isso sem pensar. Incrível ou não, eles o fazem. Alguém aí conhece um caso assim?

Outro ponto: não há uma fronteira nítida entre fascismo e comunismo, pelo menos quando está em jogo o imperialismo. Parte do debate perde-se justamente aí. O que Karl Max propôs não é o que foi praticado depois, por isso gulags soviéticos e campos de concentração nazistas ou os guetos atuais têm essa mescla tão perfeita.

Por isso, os arames farpados são parte da história do homem e renascem quando o homem para de pensar. Umberto Eco o chamou de ur-fascismo, o fascismo eterno, que renasce quando o 'caldo de cultura' permite e quando não vigiamos a moral da sociedade. É um processo de embrutecimento e um período de profunda frustração e tristeza. Mais do que isso, é uma ilusão plantada na mente de robôs humanos. E o robô pode ser você.

– *Quem, verdadeiramente, se acha capaz de aprender com os próprios erros?...*

Para ser capaz, cada um deveria estudar história..., ler sobre a história, ler compulsivamente e informar-se, mas não na esquina ou nas redes sociais. Deveria lutar pelo conhecimento, pela ciência, pelo saber, pela educação, pelos livros, pela saúde. E todas essas são coisas que o ur-fascismo odeia. São coisas que o ur-fascismo TEME. Todos deveriam abandonar os messias desnecessários (que são muitos, muitíssimos) e que brotam do ressentimento, da mágoa, da violência, da exploração dos inocentes, da insensatez...

---

[91] Também conhecido pelo termo "chauvinista"

— *Aliás..., desde quando o Antropoceno se tornou a "Era da Insensatez"? (Talvez esse seja um nome melhor). E você, já se decidiu? Se acha ou não capaz de aprender com os próprios erros?... Uma coisa é certa:* não adiantará nada adiar esse dilema..., ele vai continuar matando a sociedade aos poucos..., ou vai continuar matando-a rapidamente.

Você também pode ter certeza de outra coisa: não existem isentos nesse dilema – todos participam dele com ou sem o próprio consentimento. Essa é uma das lições do Antropoceno.

— *Então... Você se acha capaz de aprendê-la?...*

Capítulo 5

O Paraiso Terreno da Credulidade

Não é necessário apenas ver as coisas para acreditar nelas, mas acreditar nelas para vê-las.

(Johan Wolfgang Von Goethe)

5.1 A Morte

Como é estranha essa passagem. Num breve momento, o corpo emana calor, as faces têm cor, e o hálito está presente. Existe brilho nos olhos, mesmo que eles não estejam lacrimosos, e o peito oscila como as marés, às vezes mais amplo, noutras, imperceptível. Noutro momento, quase sempre fugaz, tudo se foi de uma só vez: cor, calor, hálito e o brilho do olhar. O corpo está ali, abandonado por algo que não vemos. O peito está ali e não mais oscila.

É difícil entender a morte e sempre foi. Não é difícil só para nós; para os outros animais também é. Elefantas carregam seus bebês mortos por dias a fio. Agarram-lhe as patas com a tromba e levam-no. Várias fêmeas ajudam a mãe nessa tarefa incongruente para um mamífero de cérebro tão grande. Os golfinhos, mamíferos de cérebros igualmente grandes, fazem o mesmo.

Fêmeas chimpanzés também podem ter problemas em aceitar a morte. Põem seu bebê morto nas costas e transportam-no. Sabem que ele não está vivo e, mesmo assim, não o abandonam. O caso narrado por Jane Goodall, do jovem chimpanzé selvagem que perdeu a mãe e foi acometido por uma arrebatadora melancolia, é igualmente emblemático (ver Capítulo 1).

A morte é um golpe para velhos e jovens, tanto em nossa linhagem antiga quanto na sociedade moderna, tão rica em informações, e é um golpe porque rompe com os laços emocionais, os verdadeiros responsáveis pela cola que mantém a sociedade dos mamíferos. Nunca subestimem os laços emocionais.

Pouco sabemos sobre a morte em nossa linhagem antiga, mas não há nada de errado em supor a dor da perda. O que sabemos é que mesmo nosso ancestral comum com os neandertais (ou com os denisovanos) não enterrava seus mortos. Se esse ancestral foi o *Homo heidelbergensis* ou o *H. antecessor*, pouco importa. Eles deviam amar seus parentes queridos ou amigos, assim como nós, mas talvez fossem apenas práticos ao lidar com o problema, deixando-os pelo caminho.

Então neandertais e sapiens passaram a enterrar seus mortos, seja para protegê-los dos necrófagos, seja para se livrar da repugnante putrefação. Os mortos eram enterrados em covas rasas e mais tarde em cestos de palha e dentro de urnas funerárias de argila ou em tumbas de pedra. Alguns ficavam esticados de costas, e outros, encolhidos como quem segura os joelhos, e podiam levar consigo os pertences, que eram poucos – às vezes, um colar de contas, uma ferramenta, uma arma, um talismã; noutras vezes, até uma mascote[92] era enterrada junto. Sabe-se de casos em que o cão acompanhou o dono na sepultura (provavelmente contra sua vontade). Sepultamentos em que um golfinho foi enterrado como mascote são especialmente interessantes. Teria sido o dono da sepultura um pescador? Seria o golfinho algum amuleto sagrado, um mensageiro do mar?

Especulações à parte, as sepulturas marcaram um ponto de virada na evolução humana. Elas passaram a funcionar como bibliotecas pré-históricas cheias de registros delicados da passagem do homem. Pequenas contas brilhantes, dentes, ossos de animais caçados e, mais tarde, ossos de animais domésticos e evidências de roupas e armas.

Se não foram apenas os *sapiens* a enterrar seus mortos, mas também os neandertais, este é um ponto a considerar. Se ambos enterravam seus mortos, e o ancestral conhecido dessas espécies não o fez, então o que estaria em jogo? Seria o *Homo heidelbergensis* o verdadeiro ancestral dessas espécies ou haveria outro que ainda não conhecemos? A inumação de cadáveres teria surgido independentemente nas duas espécies? Novamente perguntas demais! (Coisa que nunca é de menos).

O fantástico em tudo isso é que justamente dos neandertais brotaram as informações mais desafiadoras (e talvez as mais bonitas). Numa sepultura neandertal, jazia um esqueleto de adulto, que tinha nas mãos um chifre de veado. Teria isso alguma simbologia especial? Seria um ato mágico? Teria algum componente religioso? Difícil dizer, talvez ele fosse apenas um bom caçador...

---

[92] Os arqueólogos chamam isso de "mascotização".

Noutra sepultura neandertal, na incrível caverna de Shanidar no Iraque, descobriu-se um esqueleto deitado sobre uma cama de flores[93]. Em verdade, restou apenas o pólen fóssil, e as flores foram colocadas por cima do morto e depois tombaram através dele, quando a carne cedeu espaço. Esse caso é particularmente emblemático, porque o morto foi tratado com dignidade e carinho. Era alguém amado ou venerado, talvez pelos familiares ou pela tribo. Essa veneração tem nuances de religião, mas só nuances. É tênue a passagem entre o que se pensa que ocorra além da vida e um simples simbolismo de amor.

***

A "passagem", como costuma ser chamada, e as sepulturas erigidas têm muitas maneiras e formas. Como dissemos há pouco, podiam ser covas rasas abrigando cestos simplórios, ânforas de argila ou ornamentados sarcófagos, pilhas de pedras usadas pelos incas na América do Sul e por povos do deserto na África, túmulos subterrâneos de pedra dos celtas, grutas funerárias, grandes catacumbas ou as criptas das igrejas medievais. Os egípcios erigiam *mastabas* e pirâmides para enterrar mortos ilustres; os gregos antigos os colocavam em cemitérios ou queimavam em piras funerárias para que a fumaça levasse a alma dos mortos para o céu; os hindus, budistas e tibetanos fazem cremações públicas ainda hoje; e há quem coma os mortos na Índia para permanecer com uma parte dos seus! Nas estepes da Mongólia, os mortos eram deixados ao relento para que os lobos os devorassem e conduzissem a alma dos mortos ao Tengri[94]. Algo semelhante também acontecia no Tibet, onde águias, abutres e leopardos das neves faziam essa função. Em algumas culturas, os parentes são enterrados no chão da cozinha, e noutras os caixões são estaqueados em penhascos verticais para que os mortos estejam em contato com o ar e possam ser levados pelo vento.

O caso dos mortos deixados ao relento é bastante emblemático, pois funciona como uma devolutiva, algo assim como a "economia da natureza". A carne e a "alma" dos mortos que foram comidos por animais retorna às

---

[93] Leroi-Gourhan, A. (1975). The flowers found with Shanidar IV, a Neanderthal burial in Iraq. *Science*, 190, 562-564. https://doi. org/10. 1126/science
Pomeroy, E., Bennett, P., Hunt, C. O., Reynolds, T., Farr, L., Frouin, M., & Barker, G. (2020). New Neanderthal remains associated with the 'flower burial' at Shanidar Cave. *Antiquity*, 94 (373), 11-26.

[94] Ou *Tngri*, deidade celeste na Mongólia e Turquia com o sentido geral de "eterno céu azul".

estepes, mantendo o ciclo da vida. Esse é também um exemplo de religião primordial, que envolve noções refinadas de justiça e dívida, além da aceitação da morte. Outras religiões e culturas, apegadas ao corpo do morto, tiveram muito mais problemas para aceitar a morte (assim como a justiça). Evidentemente, esse modelo pode funcionar bem em povos nômades e de baixa densidade populacional, mas não seria prático no mundo urbano.

***

Para os chineses, era chamado de "o último raio de sol", para outros, "o último adeus, a iluminação antes da morte, a melhora da despedida". Vários nomes, um mesmo mistério. Os cientistas preferiram termos mais sisudos, como "lucidez paradoxal ou lucidez terminal". Médicos, neurofisiologistas, filósofos, psiquiatras e biólogos têm se debruçado, por longo tempo, em mais esse mistério da vida e da morte e ainda se perguntam por que tantos doentes terminais saem do coma, da demência ou da confusão mental e têm uma súbita melhora antes da morte. Conseguem, espontaneamente, emergir do Alzheimer ou de um acidente vascular cerebral e conversam, lucidamente, com seus entes queridos, dão-lhes conselhos, lembram-nos de pendências bancárias, de agendas inadiáveis. Sim, esse é o último raio de sol!

Como é possível que um cérebro já atrofiado e longamente incapacitado, de repente, aumente sua atividade elétrica e libere os neurotransmissores adequados? Como é possível o aumento espontâneo da frequência cardíaca e da pressão arterial sem qualquer medicamento, nem estímulo externo? Mais do que isso, a emersão da antiga personalidade num rompante instantâneo, às vezes, até munida de humor?...

Os mistérios não resolvidos são assim. Eles dão espaço para as crenças, para o nascimento da magia e das religiões, como veremos mais à frente. A alma teria um peso (21 gramas), como nos conta aquele filme inquietante? Seria ela independente do cérebro e mentora da consciência? São perguntas nada novas. Hipócrates e seus colegas faziam as mesmas perguntas lá pelos idos de 400 a.C. E quais seriam as respostas?

Talvez a queda nos níveis de glicose e oxigenação antes da morte ativem um mecanismo de despertar por meio de descargas de adrenalina, semelhante aos de uma apneia durante o sono, mas essa é uma simplificação tremenda. Como emergiria a antiga personalidade num cérebro semidesligado por longo tempo? Seria o cérebro apenas um captador de sinais como uma TV, e os tais sinais continuariam a existir independentemente do estado do cérebro? Algo do tipo: uma TV ou um rádio com defeito não captam sinais, mas as ondas eletromagnéticas podem continuar disponíveis.

Algumas dessas perguntas escapam do alcance da ciência, pelo menos por enquanto, mas outras podem ser tateadas. Tanto no coma quanto nos casos de senilidade ou demência, existem oscilações naturais ao longo de todo o processo. Um paciente pode retomar a clareza ou voltar à confusão inúmeras vezes. Nesse caso, o que pensamos ser uma "lucidez terminal" talvez não passe de uma entre várias, mas lhe damos uma importância diferenciada, já que ela nos chama mais atenção. É algo que os psicólogos denominam de viés de confirmação, isto é, você recordará a aura mágica do momento derradeiro, mas não todas as outras vezes em que isso ocorreu.

***

Como dissemos, a passagem é uma só, mas são muitas as suas formas... A passagem é um momento tão difícil para os que ficam – muitas vezes desesperador –, que acaba por ser uma fonte fértil para as religiões do mundo. Ela não é o único componente, mas um ingrediente de peso. Magias, poções miraculosas, visões e revelações, doenças e pragas, curas, conforto, superação, dívidas, punições e perdão, símbolos e talismãs, contemplação, superstição, crenças, mitos, ideologias, coação, dominação e subserviência... Há uma miríade de nuances a serem compreendidas e componentes a serem adicionados, mas a morte é só um dos pontos de partida.

5.2   O Nascimento da Magia

Foi talvez com a morte que a magia tenha nascido e dado seus primeiros passos. Tragédias são – frequentemente – um marco de virada. A perda, o sofrimento, a dor e o medo mudam a mente da maioria de nós. Dependendo das circunstâncias, aceitamos qualquer panaceia. Não importa o amargor do remédio, não importa se for apenas uma mera simpatia, desde que exista algum alívio ainda que temporário.

Para os gregos, Panaceia[95] era a deusa da cura e uma das filhas[96] de Asclépio, este filho de Apolo, mas tal Deus ainda não tinha sido concebido quando a magia deu seus primeiros passos. Estamos no Paleolítico, e o homem ainda é um nômade errante. Vira-se razoavelmente bem com estratos de ervas, conhece sedativos naturais, soníferos e alucinógenos. Em alguns casos, mais simples, talvez consiga controlar a inflamação e a febre, mas isso ainda não chamamos de medicina. É uma arte do dia a dia, como fazemos com nossos filhos ainda hoje.

Somos uma espécie de vida longa, e os mais experientes acabam arcando com certas emergências, algo do tipo faça você mesmo. Assim, a magia não precisa ser atribuição de um xamã alucinado, gritando imprecações em frente ao fogo. Pode ser algo menos impressionante e mais mundano. Pode ter iniciado com a cura – a cura sempre impõe respeito, credibilidade. Curandeiros são personagens comuns em grupos familiares de qualquer época da história do mundo. Nem sempre estiveram habilitados a falar com os espíritos ou com o mundo sobrenatural, mas sempre tiveram importância capital.

Evidentemente, a magia tem predileção por algo teatral, pelo espetáculo, e feiticeiros ou xamãs se valeram disso. Danças cerimoniais, cânticos, compassos ritmados, beberagem de alucinógenos ou simples embriaguez, transe coletivo, palavras de efeito, labaredas, fumaça e algum efeito especial, mesmo que tosco, compuseram os atos de magia. Tais cerimônias podem ter iniciado com o desejo de que a chuva parasse e as inundações retrocedessem. Pode ter iniciado após uma catástrofe natural, talvez um terremoto, um raio que incendiou um abrigo de palha ou calcinou uma árvore... Cenas brutais deixam marcas duradouras. Quantas vezes, em vão, desejamos esquecê-las?

Assim, a crença na magia aparece como uma tentativa de manipular a natureza, de sobreviver às catástrofes, de curar os males do corpo ou a inquietude da mente. Surge como uma ponte oculta para contatar os entes queridos que o mistério da morte levou. Mas há outras sementes da magia que não poderiam ser esquecidas. E isso fica claro na arte rupestre pré-histórica que foi gravada nos quatro cantos do mundo. Não só cenas de caçadas, como veremos mais à frente, mas também desenhos com pessoas dançando em fantasias de animais ou a silhueta de uma mão humana tomando posse de uma presa desenhada no centro. Seria essa uma simpatia? Um sonho a se realizar?...

---

[95] Do grego, *panákeia* (*pan* significando **todos**, e *ákos*, **remédio**).
[96] A outra filha era denominada Higia, deusa da saúde, limpeza e sanidade.

***

Fato é que a magia devia estar em todo canto muito antes do final do Paleolítico. Talvez tenha envergado uma aura de religião na busca de vínculos com a natureza, com os ciclos de fertilidade animal, com o florescimento, com as chuvas, com tudo aquilo que resultasse em renovação. A ideia da natureza ou da terra como uma deusa (mãe-terra ou mãe-natureza) já estava bem estabelecida na Babilônia e na Grécia desde tempos imemoriais. Na Babilônia, chamava-se Tiamat[97] e, na Grécia, Têmis.

Infelizmente, no entanto, as evidências são magras quanto ao nascimento da magia e da religião. O que estava na mente do homem antigo morreu com ele. O que era contado por gestos e olhares, ou mesmo pela fala, deteriorou com o tempo. A arqueologia bem que tem se esforçado a peneirar indícios e, principalmente, desfazer bobagens criativas e romanceadas. Se houve um ritual antigo de cura ou uma oração a alguma entidade do raio, fica a questão. É provável que sim, já que rituais desse tipo estão espalhados por todas as culturas humanas, em qualquer tempo que contenha registros.

O famoso arqueólogo e antropólogo francês, André Leroi-Gourhan, deixa claro esse ponto e dedica-se a desmistificar as provas duvidosas sobre a magia antiga e os cultos metafísicos. Ele escreveu, em seu famoso livro *As religiões da Pré-História*[98], que esse homem antigo:

> ... deixou mensagens truncadas. Pode ter deixado no solo uma qualquer pedra, na sequência de um longo ritual em que oferecia um fígado de bisão grelhado num prato de casca de árvore pintado de ocre. Os gestos, as palavras, o fígado e o prato desapareceram; quanto ao seixo, excetuando um milagre, não o distinguiremos dos outros seixos das proximidades.

Esse é o entroncamento das origens da magia e da religião, indistinguíveis nesse tempo. Muita criatividade e poucas provas factuais, o terreno predileto das construções de acaso onde o verdadeiro se confunde com o falso com tanta facilidade[99].

---

[97] Mais tarde Tiamat iria contrair uma conotação negativa, devido a perda de importância da mulher (ou do lado feminino) ardilosamente orquestrada pela sociedade cada vez mais machista.
[98] Leroi-Gourhan, A. (2007). *As religiões da pré-história*. Lisboa: Edições 70. p. 24.
[99] Leroi-Gourhan (2007).

Alguns defensores de provas frágeis advogam a favor dos círculos "construídos" com ossos de animais em volta de uma fogueira durante o Paleolítico. Ora, esse "construídos" pressupõe intencionalidade e, como os matemáticos referem-se ao círculo como a forma geométrica perfeita, então, a intencionalidade acaba revestida de algo mais, seja magia, seja religião. Mas a explicação para isso é banal. Não há magia nem rituais religiosos nos círculos de ossos Paleolíticos e não há nada de intencional.

Como nos povos nômades da Mongólia de hoje, que vivem em abrigos circulares de pele ou nas tribos tropicais africanas, que usam abrigos de palha, os ossos descartados pelos moradores vão parar na periferia do abrigo. Vão parar ali não intencionalmente, mas para que não se tropece neles. E quando o abrigo for abandonado e desfeito pelo tempo, os ossos ficarão no mesmo lugar. O círculo de ossos forma-se ao acaso, simplesmente pela forma do abrigo. Assim, lá se vão as tais provas da "religião dos círculos" (que aliás se apoia em raciocínios circulares).

Mas nossa fixação por rituais prodigiosos, criados por uma mente especulativa, não param por aí. Tudo o que parecer..., mesmo sem ser intencional, servirá de suporte. Se um osso longo cair dentro da abertura de um crânio, ponto para imaginação. Lá está o sacerdote enlouquecido a arengar em meio à fumaça, tratando de impressionar os seus pares. Não importa se o osso caiu ali de tanto ser remexido e jogado. Não importa quantas gerações o pisotearam antes, nem quantos ursos-das-cavernas o arrastaram de lá para cá, centenas de vezes, até que ele acabasse naquela posição improvável... Para os crédulos, foi o sacerdote que o colocou ali e ponto final. Mesmo que seja um único crânio com um osso dentro, para eles, isso é prova cabal.

Existem muitas outras pseudocomprovações de artes mágicas ou religiosas a serem descartadas com facilidade. Colares de conchas pulverizados de ocre aparecem em sepulturas humanas bem antigas. Mas isso seria muito frágil como comprovação de religião. Se uma pessoa fosse suficientemente supersticiosa, poderia querer apresentar-se bem no mundo depois da morte, mas uma pessoa supersticiosa não é religião. A superstição pode conter as sementes da religião e da magia, mas ainda não é uma nem outra.

No entanto, este livro não é o fórum pretendido. Os arqueólogos modernos têm feito um bom debate com seriedade razoável. Seria mais fácil, talvez, argumentar sobre a importância de um talismã pendurado no pescoço – quem sabe um dente de tubarão ou de urso ou de lobo, criaturas selvagens impressionantes. Seu tamanho e ferocidade ajudariam a comprovar a tese do talismã. E sobre isso há muito material: dentes perfurados para serem usados como pingentes. O problema é que um talismã, embora um símbolo, não é propriamente uma evidência de religião. Também não comprova atos de magia. Talismãs são "seguranças" pessoais que muitos de nós usamos como uma medalhinha que se ganhou dos pais ou outro símbolo qualquer. O "pé de coelho" pode ser uma crença pessoal, mas não obrigatoriamente uma religião (embora até possa existir uma religião do pé de coelho, vai saber).

Fato é que crenças pessoais são comuns. Elas nascem de nossa necessidade de nos apoiar em algo e com isso atenuar as angústias. Alguns têm uma crença pessoal na arma que levam na cintura. (É algo bem materialista, mas é uma crença). Outros têm crenças coletivas, e a magia pré-histórica deve ter ajudado muito nos aspectos coletivos. Se um xamã ardiloso desejasse impressionar sua plateia, bastava adicionar dramaticidade à cena; bastava jogar um pouco de sal no fogo, de maneira sorrateira, e as chamas estalariam. A arte da indução é algo tentador para quem costuma valer-se de máscaras, e algumas das religiões modernas valem-se de máscaras o tempo todo. Se você lhes tirar as máscaras, elas simplesmente desaparecem.

As práticas de inumação de cadáveres, durante o Paleolítico, são um prato feito para o debate religioso. Tira-se conclusões muito facilmente daquilo que não permite conclusões. Imagina-se que um corpo encolhido, fletido com os joelhos no queixo, signifique o desejo do morto de voltar ao útero... como se houvesse consciência do útero naquele tempo. Imagine você cavar um solo pedregoso sem as ferramentas que temos hoje. Era uma tarefa espinhosa e cansativa. Mais fácil seria cavar uma cova rasa e pequena e então dobrar os joelhos do morto para que ele coubesse dentro dela – simples assim. Mas há quem prefira criar uma aura de mistério em tudo o que vê, sem entender... Aí começa a livre imaginação. Aí começamos a adoçar a pílula e a mentir abertamente. Qualquer cientista fica lisonjeado com o apoio a suas ideias, mesmo depois de se convencer que meteu os pés pelas mãos!

Fato é que, com o tempo, as sepulturas foram tornando-se mais elaboradas até virar o panteão das vaidades. E, em algum ponto no meio de tudo isso, talvez precocemente, a morte tenha contribuído para o desenvolvimento de ideias metafísicas. A ideia de vida após a morte é bastante generalizada nas culturas modernas e em algumas culturas antigas. Os egípcios, como veremos, extrapolaram nesse quesito, mas não foram os únicos. Os funerais vikings faziam algo parecido, milhares de anos depois. Incendiava-se o Drakkar[100] do proprietário com todos os seus bens.

---

[100] Nome genérico dado aos antigos navios vikings com cabeças de fera na forma de uma carranca, geralmente um dragão. Tinham a vela quadrada e um remo-leme na popa. Eram chamados pelos nórdicos por *långskepp* ou *langskip*. Em português, pode-se usar Dracar.

5.3   E o Nascimento das Religiões – Quando a Magia Ganha uma Memória

Distinguir atos de magia ou feitiçaria do que seriam as primeiras religiões do mundo pode ser algo frustrante e, quem sabe, desnecessário. A disputa por uma definição de religião é palco de uma batalha infinda entre sociólogos, teólogos, arqueólogos, antropólogos... Já foi definida como uma 'Torre de Babel' pelo estudioso francês Yves Lambert, que dedicou a vida a esse tema. Portanto, não há aqui qualquer intenção de engrossar o caldo, somente buscar um ou outro elemento que forneçam clareza ao processo de construção do que chamamos religião.

A princípio, as religiões pressupõem conjuntos de crenças que viajam no tempo, isto é, que sejam fixadas por uma tradição. E aqui, evidentemente, estamos falando de uma tradição oral, quando nos referimos aos povos nômades do Paleolítico. Religiões exigem simbologia e ritos que garantam sua continuidade e sirvam de laço social. Frequentemente, religiões recorrem a mitos, como os da criação, e glorificam personagens que podem ou não ser reais. Em suma, estamos falando de memória, tradições orais que só muito mais tarde foram registradas em argila, papiro, couro ou madeira.

Os primeiros rituais religiosos humanos e religiões primordiais foram mudando o seu formato conforme os arranjos sociais permitissem – vida nômade, pastoreio, vida agrícola e depois tribal. Acabaram ganhando importância com o aumento populacional, com a transformação de tribos em vilas, e assim por diante, até que as primeiras cidades do mundo, na Suméria e no Egito, marcassem um novo ponto de virada. Há mais ou menos 3000 anos (a.C.), surgem as primeiras listas de deuses em textos religiosos, mas os deuses, propriamente ditos, surgiram antes. Essas primeiras cidades buscavam a proteção dos deuses que as representavam, e esses precisavam – evidentemente – de uma morada. Assim, as jovens cidades erigiram santuários para os seus deuses, e quanto mais importante fossem, maior o santuário.

Sacerdotes e xamãs parecem ter ganhado, vez por outra, notoriedade devido ao carisma. Mas, para manter a importância, tais rituais tiveram de ser fixados não só por mitos, mas também tabus, sistemas de dominação hierárquica e alguma xenofobia. Tiveram de definir o que era certo fazer e o que era errado, assim como objetos sagrados e profanos. Se, de alguma forma, ajudaram a formar alianças, também serviram para separar pessoas e grupos. A religião já surge com essa ambivalência de *dominação e preconceito*. E será que mantém tal ambiguidade intacta até hoje?

Cuidado com as respostas prontas! Lembremos novamente os conselhos de Leroi-Gourhan[101]: muita criatividade e poucas provas factuais, são o terreno predileto das construções de acaso onde o verdadeiro se confunde com o falso com tanta facilidade.

***

Nos povos ameríndios e nos caçadores-coletores da floresta siberiana, ainda existem elementos daquilo que poder*íamos* chamar de religiões primordiais ou ritos mágico-religiosos[102]. As religiões xamânicas, como se referiu Yves Lambert[103], continham as preces, os rictos, a intenção de tornar favorável o futuro, as construções mitológicas, os amuletos, a simbologia necessária a todas as religiões, mas quase nenhum preconceito, controle e dominação. O sacerdote-xamã era um igual e podia ser substituído a qualquer momento se não realizasse seu trabalho a contento. Não era, como ocorreu posteriormente, uma referência de autoridade inequívoca. Algo semelhante acontece com os aborígenes australianos e com ainda menos autoridade centralizadora. Nesse "nascimento das religiões", a sobrevivência e os laços sociais estavam no centro das ocupações religiosas, que ainda não serviram para separar pessoas e grupos.

Com o pastoreio e a agricultura, vem a necessidade de hierarquização, e o xamanismo sofre mudanças perceptíveis. As religiões incorporam noções de subordinação, transgressões e sanções, sacrifício e as raízes do que poderíamos chamar de pecado[104]. No povo *dogon* do atual Mali, onde há uma tradição oral agrícola, estão presentes vários desses elementos. Diferentes tabus foram incorporados ao dia a dia da religião, muitos dos quais referentes à menstruação das mulheres. Há uma clara distinção de importância entre os sexos e mitos de criação comuns às religiões modernas. A religião *dogon* inclui a compreensão de força vital e cura espiritual. A doença é sinal de uma insuficiência dessa força vital e a morte de seu total abandono. Assim, proliferam oferendas e sacrifícios para reverter esse quadro indesejado.

---

[101] Leroi-Gourhan (2007).
[102] Tais casos foram estudados ao longo do século XX em diferentes grupos humanos.
[103] Lambert, Y. (2007). *La naissance des religions: de la phéhistoire aux religions universalistes*. Paris: Armand Colin.
[104] Lambert (2007).

***

Posteriormente, nas catástrofes e condições extremas de sobrevivência, as religiões desempenhariam um papel extraordinário, mantendo vivos os estados mentais que chamamos de esperança, mas também respaldariam argumentos de dominação, extermínio em massa e outras atrocidades. Essas novas construções da mente marcariam o Antropoceno de maneira definitiva, e as religiões ficariam à mercê da estrutura social, e vice-versa.

O aumento populacional humano, pós-advento da agricultura, deu às religiões uma definição que não tinham antes. Os espíritos animais e os totens alçariam a condição de "deuses" capazes de marcar o tempo, alongar os dias ou as noites e controlar as chuvas. Os antigos espíritos de lobos, raposas, águias ou leopardos das neves virariam o deus Sol e a deusa Lua. As festas da semeadura e da colheita atrairiam cada vez mais gente, inflando as vilas que virariam cidades. Nos tempos da Suméria, da Acádia e do Egito, as religiões eram politeístas, e esse estado de coisas seguiu inalterado até alcançar as tribos celtas e germânicas, além de todo o Império Romano.

Os antigos xamãs ganhariam um status de líder guerreiro ou sacerdote supremo. É claro, eles tiveram de inovar nos efeitos especiais e na grandiosidade. Fazer oferendas humanas aos deuses, arrancando o coração da vítima, foi um passo marcante dos astecas e maias, mas de forma alguma foi o ápice teatral das religiões. As catedrais e mesquitas provariam que a opulência havia virado o jogo. Os papas, aiatolás e patriarcas ortodoxos ganhariam o poder de governar Impérios direta ou indiretamente. E isso os xamãs não haviam previsto...

***

A Mesopotâmia é a fonte original de muitas inovações, dentre elas as cidades, os grandes santuários dos deuses – que mais tarde virariam mesquitas e igrejas –, a contabilidade, a escrita, os códigos de leis, os primeiros exércitos, os burocratas e administradores e a fonte dos primeiros reis que se diziam eleitos diretamente pelos deuses. Eles eram a escolha ou a vontade do Deus da cidade. Foi nesse entroncamento do mundo que as tradições orais agrárias, fossem religiosas, jurídicas, administrativas ou financeiras, foram estabilizadas por códigos impressos em tabuletas de argila ou cera ou em rolos de papiro ou couro de cabra. O mundo da escrita florescia e efervescia. Cidades cada vez maiores precisavam de regras; precisavam contabilizar os estoques de alimentos e submeter seus habitantes à vontade dos governantes ou dos deuses, o que dava no mesmo. O estímulo à credulidade era um fator preponderante para alcançar a submissão do povo humilde, e a religião, uma via fácil e crescente.

***

A credulidade aparece em todas as culturas e em todos os tempos. Se alguém lhe virar as costas e, por acaso, uma praga destruir sua plantação, pairarão no ar as suspeitas de uma maldição: as sete pragas do Egito, do gato preto (que vem dos tempos da Grécia Antiga), dos espelhos quebrados, de passar debaixo de uma escada, a maldição dos Kennedy, azares maiores e menores, todos os filhos da credulidade. Parte delas tem origem popular, e outras servem de ferramenta para as religiões. Na Idade Média, os pobres gatos pretos foram incluídos pelo papa Inocêncio VIII nas listas da Inquisição. O quão inocente era esse papa não nos cabe opinar, mas o efeito dessa decisão perdurou até hoje.

É também na Mesopotâmia que abundam adivinhos, videntes, astrólogos. Eles leem os sonhos, as vísceras de um animal estripado – principalmente o fígado –, a posição dos astros, o voo dos pássaros, as teias das aranhas, um punhado de ossos lançados, as faíscas que sobem de uma fogueira ou a fumaça de incenso ou as cinzas, e tudo isso fornece às religiões um reforço bem-vindo. Fornece aos governantes e cidadãos abastados um reforço bem-vindo. Os manipuladores se valem do acaso, do conhecido efeito placebo, das frases de efeito – quase sempre vagas – e de uma necessária perspicácia. Em muitas circunstâncias, os videntes são mais importantes que os sacerdotes, ou são eles os próprios sacerdotes. Os egípcios, hebreus, gregos e romanos foram férteis em adivinhos e, mesmo assim, não adivinharam o futuro de seus Impérios e reis.

Até hoje adivinhos leem a mão, os delicados veios da íris, a borra de café que flutua na superfície, as folhas de chá, os cristais, os búzios, a cera derretida, os desenhos de sal derramado ou de azeite, os valores numéricos das letras, a queima de ramos de louro... Lê-se de tudo e fala-se do que o consultante quer ouvir. É um jogo sutil e vez por outra assertivo. Há videntes muito sensitivos e assombrosamente exatos e há charlatães em profusão...

***

E o que dizer dos videntes "assombrosamente exatos"? São eles pessoas especiais, capazes de viajar no tempo e no espaço? Detentores de um mistério insondável? *Especiais sim*, mas absolutamente normais. Pois bem, a biologia moderna está, justo agora, se aventurando nesses antigos "territórios insondáveis". Sim, os neurocientistas do século XXI estão começando a compreender a questão de como *algumas pessoas* são capazes de imaginar o futuro com mais precisão do que outras.

A palavra *memória* é normalmente vinculada ao *passado*, mas a ciência começou a mostrar que a memória também permite estimar o futuro. Isso parece loucura, não é mesmo? Então vamos mais devagar aqui. Testes para prever o Alzheimer medem o tamanho do hipocampo, uma área do cérebro responsável por consolidar a memória. Os neurocientistas começaram a desvendar o Alzheimer a partir do tamanho do hipocampo ou de danos encontrados ali, porém acabaram tropeçando em outras descobertas. Pessoas com danos no hipocampo têm dificuldades de lembrar o passado, mas também... de pensar no futuro[105].

Memórias e previsão – passado e futuro – usam as mesmas áreas do cérebro, e isso nos leva ao campo da *imaginação*. Assim, o hipocampo está continuamente construindo cenas – montando e remontando nossas lembranças – e as extrapolando para além dos limites do presente, isto é, prevendo a natureza do mundo além do senso imediato. Funcionaria assim como um programa estatístico moderno capaz de prever cenários ideais. La está a biologia a explicar o animal humano. Eis, então, nossos videntes assertivos e perspicazes, ou, pelo menos, parte deles... Aliás, num futuro próximo, não será nada espantoso prever que o hipocampo nos explicará mais sobre o futuro.

5.4 UM DEUS ESCONDIDO DENTRO DE UM CORPO

Esta foi a sacada clássica dos egípcios no período faraônico. Buscando preservar vantagens pessoais e assegurar seus status, proeminentes personalidades da sociedade agrária, que se desenvolvia às margens do Nilo, bolaram uma história para lá de inverossímil. Eles teriam um deus vivo, não mais um deus etéreo e impalpável.

---

[105] https://www.bbc.com/future/article/20150225-secrets-of-alice-in-wonderland.
Mullally, S. L. & Maguire, E. A. (2014). Memory, imagination, and predicting the future: A common brain mechanism? *The Neuroscientist*, 20 (3), 220-234.

Assírios, babilônios e gregos desse tempo também tinham seus deuses cultuados em templos ou em suas residências privadas, mas um deus vivo era uma vantagem sem precedentes. Poderia ser apresentado ao povo, em aparições fortuitas ou em festas especiais, e isso causava grande comoção. A ideia era simples, quase banal, um 'deus escondido dentro de um corpo'. Com isso, toda a linhagem do sujeito seria cultuada, paparicada e protegida de maneira desmedida.

Para que isso fosse possível, eram necessários, pelo menos, dois pontos de apoio para estruturar a sociedade. A escrita, ou seja, a informação codificada, deveria ficar restrita a certas classes sociais, isto é, aos dignitários e seus funcionários diretos. E, os sacerdotes, os responsáveis pela comunicação com os deuses, deveriam respaldar a ideia do deus vivo. De fato, no Antigo Egito, a escrita era acessível a bem poucos, e isso acabou por hipervalorizar a classe sacerdotal.

Houve momentos em que a classe sacerdotal deteve o completo controle da situação, principalmente quando o divino estava escondido dentro do corpo de uma criança. A mercê de seus tutores, o deus vivo ditava a vontade dos sacerdotes ou tutores, e uma dessas vontades era o acúmulo ilimitado de riquezas. O famoso Tutancâmon (*Tutankhamun* ou *Amen-tut-ankh*) se tornou rei aos 9 ou 10 anos em 1.333 a.C. Ele teve como tutor o grão-vizir e general Horemebe (*Horemheb*), que veio a sucedê-lo. Assim, o deus escondido tinha também várias outras intenções, apenas parcialmente escondidas, dentre elas o poder ilimitado. Antes da morte de Tutancâmon, o grão-vizir conseguiu que ele o nomeasse "senhor da terra" e príncipe hereditário, o que pareceu bastar. Tutancâmon tinha várias deficiências físicas[106], e isso deve ter reforçado a ideia de que havia um veio fértil para o deus escondido trocar de corpo (e de linhagem). Com muita facilidade, generais sucederam linhagens deificadas sem que ninguém se desse conta do estratagema simplório.

As classes sacerdotais não ditaram suas vontades apenas no Antigo Egito. Reis e imperadores divinizados foram manobrados, sem trégua, por grandes sacerdotes. Assim o foi nas cruzadas, no Império czarista, ou onde mais procurarmos. Deuses, escondidos ou não, abrigaram diferentes corpos conforme as conveniências.

---

[106] Dentre essas deficiências, estava uma fístula palatina, cifoescoliose, hipofalangismo do pé direito, necrose do segundo e terceiro metatarsos do pé esquerdo, fratura óssea complexa do joelho direito e várias reinfeções de malária com diferentes cepas.

5.5 Trezentos Milhões de Deuses!

Há um lugar no mundo onde o tempo parece escoar para uma dimensão diferente e onde os primeiros mitos e crenças se perdem para lá do início da escrita. Talvez seja a 'mais antiga das religiões ainda vivas'. Desde a Idade do Ferro, os habitantes do vale do Indus e das partes altas do Nepal desenvolveram visões de mundo e espiritualidade muito particulares e que se mantêm fiéis ao momento inicial. Modernamente, conhecemos esse conjunto de tradições por hinduísmo ou a "lei eterna" ou "caminho eterno" (*Sanātana Dharma*). Mas o hinduísmo herdou seu corpo de crenças de uma religião ainda mais antiga, conhecida como vedismo, que foi originária do Norte da Índia.

Vasculhando o passado em busca de suas raízes, chegaremos a um corpo de escrituras sagradas conhecidas por *Vedas*[107], *Upanixades*, *Tantras* e outras obras magistrais como o *Mahabharata*. Antes que o mundo ocidental produzisse a devastação de Troia, lá pelo ano 1.000 a.C., o Oriente já havia embarcado numa aventura religiosa sem precedentes. Em verdade, o vedismo nasceu e foi difundido, originalmente, por tradição oral, por meio de hinos dirigidos aos deuses. Posteriormente, acabou sendo redigido e recebeu várias compilações com algumas diferenças entre si.

Vedismo e hinduísmo acabaram por influenciar, em alguma medida, mitos e cultos gregos, mesopotâmicos e egípcios. Porém, sua influência, talvez maior, tenha sido sobre o cristianismo, que ainda estava para nascer mais de um milhar de anos depois. Semelhanças impressionantes como aquelas dos mitos de criação da Terra e do Céu, de um "artífice universal", um pai celeste e soberano, o Uno, a noção de uma potência ardente e criadora, do inferno, onde foram trancados os demônios, do sacrifício dos homens em prol dos deuses (ou do bem) para criar o mundo – talvez no sentido de religião. E podemos seguir com as noções de transgressão da lei ou dos costumes ou do dever (*dharma*), que levam à desordem, às derrotas, às doenças, às epidemias...

Como essa matriz religiosa conseguiu influenciar diferentes povos asiáticos, do Oriente próximo ao Mediterrâneo, até povos escandinavos, eslavos e germânicos? Simples: ela foi espalhada pelos nômades invasores vindos das estepes do norte, nômades a que chamamos arianos e que legaram ao mundo também uma língua comum, cuja matriz costuma ser chamada de indo-europeia.

---

[107] O termo *Veda* tem o significado de "saber" e, objetivamente, é um compêndio de quatro livros.

***

Para muitos, o hinduísmo não pode ser definido, apenas experimentado. Não é um sistema unificado; pelo contrário, a diversidade étnica e cultural desse entroncamento do mundo levou a uma liberdade experimental. A 'força divina universal' assumiria incontáveis formas de divindades familiares ou até individuais. Como teria dito o filósofo Sri Ramakrishna Paramahansa (1836-1886): "na Índia, existem tantos deuses quanto o número de devotos". Diz-se que, na Índia e nas terras altas do Nepal e da Mongólia, existem 330 milhões de deuses que são, inclusive, contabilizados exaustivamente. A despeito desse número ser real ou inflado, a religiosidade indiana está à flor da pele e vai ao fundo da alma de cada pessoa. Há uma fé onipresente em cada passante, em cada gesto, em cada olhar profundo desse povo. Há uma intensidade de fé e de desapego que estão além da compreensão, o que por si só já demonstra que o hinduísmo deva ser mesmo 'apenas experimentado'.

Aliás, as concepções de alma (*atma*, o sopro vital) e reencarnação (*samsara*, perambulação) – ambas do sânscrito – consolidam-se nas ideias de *"fluxo incessante de renascimentos através dos mundos",* comuns ao hinduísmo, budismo e jainismo. Como dissemos há pouco, esses ciclos de morte e renascimento, com a viagem das almas dos mortos para o corpo dos recém-nascidos, também estão nas religiões primordiais dos caçadores-coletores da taiga siberiana. E esse não é um mero detalhe. Mais ainda, diferentes deidades hinduístas se manifestam na forma de animais (*Ganesha*, o deus elefante, e *Hanuman*, o deus macaco). Novamente aí transparecem as concepções animistas[108] e totêmicas espalhadas no altiplano da Mongólia ao Cáucaso e por toda a Sibéria.

Assim, é tentador imaginar o nascimento do hinduísmo a partir dessas religiões primordiais animistas, politeístas e familiares, mas é também uma temeridade. Quem influenciou quem? Como nasceram os 300 (e 30) milhões de deuses do vale do Indus e do Ganges? Só podemos rastrear provas até os *Vedas,* e isso já é tempo suficiente, um tempo que flui numa dimensão diferente. Mais do que isso, entra-se no campo das conjecturas e do reducionismo, *"onde o verdadeiro se confunde com o falso com tanta facilidade"*[109].

---

[108] A ideia de que todas as coisas, animais, pessoas e fenômenos naturais possuem um espírito.
[109] Leroi-Gourhan (2007).

5.6 O Umbigo do Mundo

Muito antes de uma Grécia unificada, quando Atenas ainda era uma vila simplória e Esparta e Micenas poderios militares, os deuses já eram bem atuantes. Sacrificava-se um bezerro, arrancava-se as tripas sanguinolentas e lia-se o futuro das guerras e herdeiros, casamentos e tesouros. Nada muito diferente do que os nórdicos faziam com suas runas e os ciganos com suas cartas e bolas de cristal. Nesse quesito, mudamos pouco...

As tribos e cidades gregas haviam desenvolvido suas crenças familiares, e os conselhos de anciãos funcionavam como unidades independentes. É dessas crenças familiares que nasce uma religião grega. Ela vem atrelada aos espíritos dos bosques, das fontes ou de fenômenos climáticos locais como nevoeiros. Qualquer fenômeno fugidio, como um arco-íris ou uma auréola em torno da lua, suscitava a presença de entes etéreos, muitas vezes chamados de "*daimones*". Esses "demônios" não eram obrigatoriamente maléficos... Posteriormente, o termo deve ter se corrompido e adquirido a concepção que temos hoje.

Esparta, Micenas e Atenas tinham relações comerciais entre si, mas também se envolviam em litígios de toda sorte. No entanto, havia um campo neutro para onde confluíam pastores e reis, amigos e inimigos viscerais. O lugar se chamava Delfos, o útero da Mãe-Terra. Conta-se que Zeus enviara duas águias voando em direções opostas do mundo e que elas se encontraram ali no ônfalo, o umbigo do mundo. (O curioso desse mito é que os gregos antigos já tinham noção plena de que a terra era redonda. Como, então, conceber que, no século XXI, ainda exista gente que defenda a ideia estúpida de Terra Plana?).

Delfos era, por assim dizer, a Organização das Nações Unidas (ONU) da época. Inimigos viscerais transitavam naquele campo neutro sem grandes constrangimentos. Iam para saber do futuro e presenteavam o Oráculo com tesouros de todo tipo. Conta-se que, durante a invasão persa, a cidade foi cercada e que, quando Xerxes exigiu a sua rendição, um grande terremoto acometeu o local. O Grande Rei e senhor da Ásia abandonou imediatamente suas pretensões. Esse é um exemplo clássico de como a credulidade pode ganhar asas e mudar o rumo da história.

***

De uma fenda entre as rochas, no assoalho do templo, emanavam gases que levavam as sacerdotisas ao transe e às profecias enigmáticas. O deus Apolo falaria por intermédio delas, assim como, muito tempo depois, os anjos da Igreja Católica também fariam as conexões com Deus.

De fato, foram encontradas falhas geológicas abaixo de Delfos, as quais podem ter conduzido o misterioso gás inebriante. Também se confirmou depósitos de betume, um hidrocarboneto leve que produz gases como metano, etano e etileno. Este último é capaz de induzir ao estado de transe, semiconsciência ou euforia, assim como outras substâncias derivadas de hidrocarbonetos, leia-se lança-perfume, cola de sapateiro e solvente para tintas, conhecido como *thinner*.

Em verdade, embora o cérebro humano seja razoavelmente conhecido, a mente permanece como uma caixa preta. Mediunidade, telepatia, alucinações, delírios e mesmo surtos psicóticos graves acabam facilitados, quando ocorre a remoção das inibições racionais, e isso tem uma forte relação com a hiperatividade dos neurônios da região límbica. Porém, algumas pessoas conseguem romper com essa inibição sem a inalação ou ingestão de substâncias estranhas, e sua percepção diferenciada do mundo permitiu-lhes explorar outras habilidades. Justo aí aparecem os xamãs, sacerdotes, pitonisas, médiuns, feiticeiros... uns são charlatões, outros surpreendentemente confiáveis.

***

Como sabemos, a Grécia Antiga foi uma formidável fonte de mitos e deuses, ao quais eram dedicados oferendas e cultos, peregrinações, procissões e festas. Porém, com o amadurecimento da filosofia, começa um jogo sutil de questionamentos que levam ao enfraquecimento da religião tradicional politeísta. Anaxágoras, Sócrates, Eurípedes, Górgias, Protágoras, e tantos outros, passaram a desmantelar crendices milenares e a oferecer explicações simples e plausíveis para o que era travestido de "mistério". No entanto, a religião grega e seus sacerdotes contra-atacou de duas maneiras: uma imediata e cruel e outra mais sutil e cheia de meandros. Primeiro baniu ou condenou à morte personalidades como Anaxágoras e Sócrates e, de quebra, transmutou-se para um novo formato, que incluía a "esperança de uma imortalidade-bem aventurada", leia-se "o acesso a uma felicidade eterna após a morte"[110]. Aí estão as raízes das chamadas "religiões da salvação", que floresceriam mais tarde, cheias de interditos, purificações e absolvições em troca de novas crenças e, claro, de subserviência...

5.7 O Sopro de Deus e as Ilusões do Homem

A trama da história pode ser caprichosa em certos casos; diferentes vidas que se cruzam como fios entrelaçados e formam nós difíceis de desatar; personagens históricos e míticos que se confundem, mutuamente, mas que acabam por dar forma ao pensamento. O faraó Akhenaton[111] e a rainha Nefertiti, uma de suas esposas, assim como o filho Tutancâmon, são desses personagens fortes que viveram antes do ano 1.300 a.C.[112]. Para muitos historiadores e arqueólogos, Akhenaton é, por assim dizer, o criador da ideia do monoteísmo ao ter dado um lugar central ao deus Aton, remetendo os demais ao desaparecimento ou a uma posição secundária.

Justo aí entra em cena outro personagem enigmático e de importância capital para o judaísmo e o cristianismo, um tal *Moshe* ou *Mūsa* ou *Mōüsēs* ou ainda Moisés. Ele teria crescido na corte do faraó como aristocrata e depois atuado como pastor de ovelhas, líder religioso, legislador e libertador dos hebreus, guiando-os através do deserto, numa epopeia de 40 anos, jornada que ficou conhecida como o êxodo.

A Moisés são atribuídos feitos extraordinários, como o de abrir as águas do Mar Vermelho e ter recebido, diretamente de Jeová, os Dez Mandamentos. Mais do que isso, a ele também são atribuídos os textos originais do Antigo Testamento (Escrituras Hebraicas), tudo isso escrito em pergaminhos de pele de cabra. Nesses escritos, existe toda a sorte de influências e costumes que vão do Egito à Suméria e, posteriormente, ao Império Persa, além de um óbvio anacronismo. Isso levou os historiadores modernos a conceberem um texto composto por diferentes autores e modificado por copistas ao longo do tempo.

Independentemente dos prováveis conflitos entre teólogos, linguistas e historiadores, o Livro do Gênesis apresenta o relato da criação, em que, no sexto dia, Deus (*Iahweh, Javé, Jeová, Elohim*) manda a **terra produzir** [grifo nosso] as criaturas vivas: "*Produza a terra seres viventes segundo as*

---

[110] Lambert (2007, p. 224 e 226).
[111] Também conhecidos por Amenófis IV ou Amenhotep IV da XVII dinastia do Egito.
[112] Em algumas referências, essa data é ainda anterior ao período de 1500 a.C.

suas espécies... répteis e animais selvagens..." [o curioso é que, no quinto dia, ele já havia produzido as aves (dinossauros viventes) antes dos répteis?... Por que isso? Se já tinha feito as aves, que são répteis voadores, por que os faria no sexto dia?].

No sexto dia, também mandou fazer o homem: *"Façamos o homem à nossa imagem, conforme a nossa semelhança: domine ele sobre os peixes do mar, sobre as aves do céu, sobre os animais domésticos, sobre toda a terra e sobre todo o réptil que se arrasta sobre a terra"*). Louco isso, não? Como Ele criaria o homem depois dos animais domésticos, estes "produzidos" pelo próprio homem? Esse sexto dia foi avassalador, e por isso ele descansou no sétimo.

Afora a dupla criação dos répteis, o Gênesis contém pontos interessantes. O escrito estabelece que a "Terra" produza os seres viventes, o que está de acordo com a ideia de que nossos átomos vêm da poeira das estrelas, numa concepção romântica da Evolução Biológica. De fato, a evolução da vida é uma organização de átomos de carbono e problemas na codificação do DNA, que acabaram gerando diferentes versões biológicas, que vão de amebas a dinossauros e políticos. (Viva! O Gênesis confirma a Evolução Biológica das espécies!).

Fica evidente também o desejo – escrachado – de domínio estipulado por Elohim sobre os outros seres, o que explica, inclusive, o racismo, a devastação da natureza e a espoliação das minorias. O sétimo dia, dedicado ao descanso, é o dia de prestação de contas – em outras palavras, o de ir à missa ou ao culto –, portanto não é propriamente um dia de descanso.

"E formou o Senhor Deus o homem do pó da terra, e soprou em suas narinas o fôlego da vida; e o homem foi feito alma vivente" (Gênesis 2). *"...até que retornes ao solo, pois dele foste tirado. Pois tu és pó e ao pó tornarás"*. (Gn 3). O que diz o livro de Moisés ou de seus muitos intérpretes posteriores sobre o homem ter vindo do *"pó da terra"* concorda, plenamente, com o que ele mesmo disse sobre os demais seres viventes, em outras palavras: Evolução Biológica novamente!

Já o tal: *"façamos o homem à nossa imagem, conforme a nossa semelhança"*, além do bendito *"sopro de Deus"*, são pontos a considerar. Como assim "façamos"? Deus seria mais de uma entidade no Antigo Testamento? Ou isso seria um ato falho dos anciãos e patriarcas, que remendaram as escrituras? Bem, isso é secundário no momento, pois há a questão primordial do "sopro de Deus", o hálito, a alma, a vida. Evidentemente, a morte era percebida nesse tempo e mesmo hoje pela falta do hálito – até aí a questão do sopro faz sentido. Mas, então, vem a discordância birrenta e a dúvida sobre: – o homem veio do sopro de Deus, como reza no Antigo Testamento, ou Deus veio do sopro do homem, como indica a mensagem implícita na expressão "imagem e semelhança". Em outras palavras, faria muito mais sentido que "o homem tivesse criado Deus a sua imagem e semelhança". A forma como está no Gênesis é no mínimo comprometedora. Como Elohim poderia ter criado um homem manipulador, racista, dominador e assassino à sua própria imagem e semelhança? Talvez por isso o Novo Testamento tente reparar muitas dessas coisas...

Fato é que Moisés pode ser poupado de tudo isso já que a redação final do texto do Gênesis pertence ao século V a.C., quando a comunidade judaica já vivia sob o domínio do Império persa, pelo menos, 800 anos depois da vida do profeta. Em tudo isso, há um jogo de ilusões e conveniências, não de Moisés propriamente, seja ele um personagem real ou mitológico, ou, ainda, mais provavelmente, uma junção de personagens já que o profeta teria vivido 120 anos... A questão das conveniências fica, então, evidente quando *somente no século VII a.C.*[113] certos "reformadores" incluíram a questão dos Dez Mandamentos!

Ilusões são nossa especialidade. O corajoso pastor de ovelhas deve mesmo ter feito muito por seus concidadãos. Pode tê-los salvo; pode ter proposto normas de conduta e mesmo leis; pode tê-las escrito em papiro ou pergaminhos de pele de cabra, já que era um homem instruído na corte faraônica. E quem duvidaria daquele que foi o único a falar diretamente com Deus?

Porém, o Antigo Testamento, em seus diferentes "livros", foi escrito também em diferentes línguas: o hebraico e o aramaico, ambas línguas semíticas, e posteriormente o grego, que seguiu por muito tempo até o Novo Testamento. O hebraico é uma língua que se expressa por metáforas e valoriza mais as emoções do que a razão e passou a ser escrito a partir do século X a.C., talvez no reinado de Salomão, ou seja, no mínimo, 300 ou 400 anos depois da vida de Moisés. Além disso, existem as contribuições dos alfabetos fenícios, ugaríticos e babilônicos, toda uma variação de problemas fonéticos, vocabulários incapazes de expressar ideias abstratas, falta de adjetivos e problemas de pontuação. Por que Moisés teria feito essa barafunda linguística? E como os "reformadores" poderiam saber sobre o "dedo de Deus" e as tábuas?

---

[113] Ver: Armstrong, K. (2016). *Campos de sangue: religião e a história da violência.* São Paulo: Companhia das Letras. p. 122.

Seja lá o que Moisés tenha escrito ou, mais provavelmente, transmitido oralmente, aquilo que chegou até nós dependeu da teoria da interpretação (hermenêutica) e da interpretação de muitas pessoas imersas em realidades completamente diferentes. Também – e principalmente – dependeu dos "reformadores" e de suas conveniências. Estava nascendo uma religião. Não eram mais as palavras do profeta...

Veredito: no mínimo, o Antigo Testamento é uma grande obra escrita por muitas pessoas (e repleta de remendos e partes perdidas), diferentes povos e línguas em diferentes momentos... e, seguramente, com diferentes propósitos. É uma obra dos primórdios da escrita (mesmo a parte dos "reformadores"), e só por isso já merece atenção e respeito. Serve de alicerce para o sistema de leis (livro da lei: *sefer torah*) que começava a surgir e ao modelo de pensamento quando as vilas se transformavam em cidades. Mais do que isso: Moisés, se é que existiu, foi um batalhador e um idealista, e não o responsável pelo monoteísmo nem pela história do "dedo de Deus" e das tábuas; menos ainda, por um tsunami no Mar Vermelho, que pode ter engolido o exército do faraó.

***

Assim, voltemos às ilusões e conveniências... que são muitas. Mais ou menos entre 400 e 600 a.C., do outro lado do mundo, um pouco ao Sul do Nepal, viveu um homem que também marcou o pensamento do mundo. Tinha muito, mas preferiu valer-se de pouco. Fez o inverso do que a maioria de nós pretende e faz. Abandonou a comodidade, a riqueza, o casamento e mergulhou em meditação e peregrinações.

Do muito que fez e disse, cabe aqui lembrar ao menos um ponto, aquele *"da ilusão em que o homem vive sobre si mesmo"*. Ao criticarmos frequentemente as religiões e as ilusões impostas por elas, esquecemos – propositalmente – daquelas que nos autoimpomos ou aceitamos, o que dá no mesmo. O ego distorce a realidade. O que é dito como verdade acaba por parecer verdade até que caiam os panos. Faltam-nos filtros? Ou é assim mesmo que nossa mente funciona?

Siddartha Guautama, o Buda, se é que também existiu, explorou essa forma de pensamento com maestria ao divulgar suas Quatro Nobres Verdades. Isso acabou por culminar no budismo, hoje com diferentes tradições e escolas. A própria palavra *maya,* do sânscrito, tem a acepção de ilusão. *"Somos o que pensamos –* teria dito Buda *– Tudo o que somos surge com nossos pensamentos, o que somos surge com nossos pensamentos. Com nossos pensamentos fazemos o mundo".*

De alguma forma, essa percepção chegou ao Oriente Próximo. Jesus de Nazaré, que viveu 600 anos depois de Buda, também tinha para si que o *"homem vive e age numa ilusão sobre si mesmo".* Sem dúvida, essa falta de filtros, que parece natural à nossa espécie, alavancou a mitologia, as religiões e a política (principalmente a política financeira). O engodo chegou ao mundo moderno na forma de pílulas douradas (ou adocicadas) por fora. Sabemos disso, mas continuamos a nos iludir com políticos, economistas, alguns clérigos e toda a sorte de propagandistas baratos.

Sobre a mente que mente, falaremos mais à frente. Por enquanto, fiquemos com o conjunto de crenças e com a "heresia" de que somos acusados ao tentar nos libertar delas. É assim que o "diávolos" vem agindo e fincando as suas garras. "É a própria mente do homem, e não seu inimigo ou adversário, que o seduz para caminhos maléficos", disse Buda.

5.8 Diavolos e o Tempestuoso Mar de Hereges

Num sentido amplo, religiões são simplesmente conjuntos de crenças. Elas podem estar restritas à esfera familiar, quase como algo pessoal, ou abarcar toda a coletividade, toda a tribo, todo o reino. E, quanto mais coletivas se tornam, tanto mais valorizam as noções de profano[114], daquilo que é impuro, daquilo que implica punição. Em outras palavras, o conjunto de crenças dos outros é uma transgressão, uma violação ao nosso conjunto de crenças.

Um forasteiro ou estranho costuma ser visto como uma ameaça ao coletivo ou – na melhor das hipóteses – como um ignorante. Foi assim que as grandes religiões modernas passaram a se referir umas às outras. Embora compartilhassem de várias concepções, enxergavam apenas as diferenças. Aqueles que vinham de outra aldeia (do latim *pagus*) e que, portanto, tinham uma concepção diferente eram chamados pagãos. Posteriormente, a ideia de "pagão" ganhou cada vez mais conotações religiosas, e, para que o conjunto de crenças permanecesse estável, os profanadores (ou pagãos) deveriam ser punidos de maneira exemplar.

---

[114] Profano: ignorante, vulgar, mundano, impuro, herege... termo sempre implicado de uma conotação ruim ou causadora de mal.

A palavra religião em si não tem nada de negativa. Em sua concepção mais aceita, vem do latim *"religare"*[115], aquilo que leva a religar o homem à sua contraparte metafísica, espiritual ou de valores morais. Seria, neste sentido, uma busca de explicações que não podem ser obtidas de outra maneira, mas que parecem fazer sentido (ou fazem sentido) dentro de um dado sistema de crenças. Assim, algumas religiões familiares ganharam corpo, regras, rituais e passaram a ser controladas (ou defendidas) contra profanadores. Mas há outra concepção também aceita para a origem da palavra religião, que encontra conexão com as ideias que acabamos de mencionar: 'regras e rituais'. Religião viria de *relegere*: executar escrupulosamente[116].

Eis que o braço de ferro das grandes religiões passou a contemplar a existência de seres superiores, fossem eles deuses ou demônios, semideuses ou seres elementais, capazes de determinar o destino e as ações humanas. Se as manifestações da natureza podiam ser tão devastadoras quanto um furacão, do que um deus ou um demônio não seria capaz? E foi assim que o ciclo se fechou. Foi então que os deuses e demônios passaram a punir os "infiéis", "hereges", "sacrílegos", os que violavam e ultrajavam o que era "bom", isto é, aquilo que era parte de um sistema de crenças capaz de nos ligar com a verdade e o fazê-lo, escrupulosamente.

Em muitas das grandes religiões e seitas menores que se espalharam pelo mundo, em especial nas modernas religiões monoteístas, desenvolveu-se a ideia e a prática de punição, subserviência e perseguição a todos os que não estivessem dispostos a se enquadrar. Embora elas proponham o bem, ameaçam com o mau. O Deus onipresente, onisciente e onipotente não pode (ou não quer) interferir com o diabo. Mais do que isso, valoriza-o sempre que pode. É curiosa tal visão dualista embutida justo em religiões monoteístas. Daí nasceriam as ideias do livre-arbítrio e determinismo.

***

Diz-se que a palavra herege ganhou importância a partir do Concílio de Nicéia[117] (325 d.C.) ou, mais propriamente, um pouco depois dele. Ário, um carismático sacerdote de Alexandria, de personalidade forte, vinha

---

[115] Lactâncio (século III e IV d.C.).

[116] Benveniste, É. (1969). *Le vocabulaire des institutions indo-européennes: Émile Benveniste. Sommaires, tableau et index établis par Jean Lallot.* Paris: Éds. de Minuit.

[117] * Hoje pertencente à província de Bursa, Turquia.

pondo à prova a unidade da Santíssima Trindade (o divino em três), e essa era a principal motivação do Concílio. A questão principal para Ário é de que o Filho não era igual ao Pai, isto é, o Pai existia antes. Ário acabou perdendo a disputa, mas não a compostura, nem os argumentos, nem os seguidores. Também não se retratou. Dessa forma, embora o concílio tenha produzido razoável desgaste, a pendenga continuou. O sacerdote acabou excomungado e vendo sua obra ser devorada pelo fogo.

Visto de fora, o problema parece quase semântico, mas não para ânimos acirrados e egos feridos. Ário morreu tempos depois de manira misteriosa, talvez envenenado, mas a versão oficial é outra, bem mais teatral[118]. O que importa, no entanto, é que ele foi declarado herege, aquele que fez uma opção diferente do dogma vigente.

A declaração de heresia tornou-se, por assim dizer, um mecanismo prático e nada racional para eliminação de opositores. Se alguém não concordava era porque estava tomado por ideias satânicas. Era uma retórica simples, em verdade simplória, que modernamente tomou conta do *modus operandi* dos partidos políticos, que hoje são pequenas unidades messiânicas. O diabo podia estar em todo lugar, por isso "diavolos" (aquele que voa através de tudo e todos). Evidentemente, aqueles que se opusessem a alguma crueldade da Igreja eram acusados de hereges, os que praticassem aborto, os que subvertessem as normas do casamento, os que rejeitassem o papa ou, simplesmente, aqueles que julgassem estar, eles mesmos, percorrendo o caminho correto.

As acusações de heresia explodiram a partir do ano mil. Reis, políticos, personalidades, sacerdotes, curandeiros, poetas, cientistas, qualquer um foi acusado e pelos mais diversos motivos. Os Cátaros ou Albigenses pagaram um preço altíssimo de perseguição e extermínio, e vários povoados do Sudoeste da França (uma região lindíssima!) passaram a ser chamados de *sedes Satanae* (um lugar do diabo). Na verdade, nesse caso, havia um componente político nem sempre revelado. O rei Felipe II da França usara a justificativa de heresia para expandir os seus domínios.

Hereges foram queimados, torturados, empalados, mutilados e estripados por delitos desprezíveis. Mesmo heróis nacionais, como Joana D'Arc, entraram na lista. Iniciativas como a dos Nestorianos, no Império Bizantino, dos Valdenses, na França, dos Lollardos, na Inglaterra, foram paulatinamente extirpadas, mas não sem violência.

---

[118] Ver: Largo, M. (2011). *Lunáticos por Deus: lendas, mitos e fatos*. São Paulo: Larousse do Brasil.

A Santa Inquisição foi um capítulo à parte e um dos campos mais férteis para o *diavolos*. Os tribunais inquisitoriais, revestidos de seriedade e reverência, eram verdadeiros teatros do absurdo, em que os destinos já estavam traçados desde o início. A inquisição visava também a converter minorias ao catolicismo, como os judeus e os muçulmanos de sempre. Por fim, foi usada também contra os Templários por motivos falsamente religiosos.

O rei Felipe IV da França, uma personalidade fria e calculista, resolveu apropriar-se dos bens dos Templários para sanar suas finanças arruinadas na guerra contra Flandres. Queimou e saqueou quase todos eles. De quebra, abalou a estrutura da Igreja, implantando um papa fantoche em Avignon. Num futuro igualmente sombrio, Hitler faria o mesmo com os judeus para financiar sua paranoia e seu extermínio em massa.

Numa estranha reviravolta, o último grão-mestre templário, Jacques de Molay, enquanto era queimado vivo em praça pública, lançou sobre o rei, o papa fantoche e o cruel conselheiro do rei Guilherme de Nogaret, uma maldição definitiva. Vaticinou que os três seriam convocados perante o tribunal divino no prazo de um ano e que a dinastia dos capetíngios[119] extinguir-se-ia sem deixar descendentes. E se o paraíso terreno da credulidade influenciou ou não, o fato é que os três morreram no prazo de um ano, e a descendência dos capetíngios de fato não prosperou. Como se poderia esperar, o *diavolos* estava mesmo em todos os lugares.

Dentre as personalidades famosas e politicamente poderosas excomungadas, poderíamos citar o rei Henrique VIII, em 1534, e Napoleão Bonaparte, em 1809. O primeiro, num rompante emocional e egocêntrico, criou a própria Igreja e burlou as regras do casamento. O segundo não estava lá muito interessado no que pensava o papa.

Seja como for, a Igreja desenvolveu a ideia de demonizar os outros para destruí-los. A ideia foi usada com maestria em muitos momentos da história e apoiada por forte propaganda. Isso levou os judeus a serem um dos alvos da Santa Inquisição e da ascensão do partido nazista na República de Weimar. Também foram alvo dos comunistas.

Os imperialistas e os capitalistas demonizaram a todos os que se opusessem a eles. Hoje os mandatários israelenses demonizam os palestinos, os expoliam de suas posses e os acusam de terroristas. A elite instruída usou a mentira e a demonização para seus fins colonialistas e declaradamente racistas, e os partidos políticos modernos desenvolveram a técnica da

---

[119] Capetígios: dinastia iniciada por Hugo Capeto (ano de 987), à qual Felipe IV pertencia.

"enxurrada de mentiras" para que o cidadão comum não saiba mais o que fazer (aliás, uma técnica proposta por Joseph Goebbels, o monstro, e usada largamente pelos fascistas modernos lá ou aqui e agora).

O diabo é sempre o outro, e não há qualquer possibilidade de diálogo. O interessante é que ninguém quer se parecer com o diabo, e, então, reage-se com violência e xingamentos desproporcionais. A questão é que o violento, o irascível, é aquele que acusa e demoniza. Os simpatizantes do belicismo, da violência policial, do encarceramento em massa, dos exércitos nas ruas, da coação, das ditaduras, do armamento da população, enfim, esses se creem inocentes. Crer é um direito deles, mas é uma crença para lá de infundada. "Os meios e os fins são a mesma coisa"[120]. Se há uma arma a mais, há também mais violência, mais dor e mais perdas. De qual lado está o diabo? Qual a sua crença sobre isso?

5.9 Fé, Materialismo e Dor

A radicalização religiosa e sua nauseante mistura com a política tem uma longa história de dor. A chamada "Guerra de Deus" das cruzadas e a *jihad* islâmica justificaram todo e qualquer sacrifício humano e um banho de sangue desmedido. Pegar em armas para satisfazer a 'vontade divina', e isso onde havia apenas mesquinharia, imperialismo, dominação e muita, muita crueldade.

Mas a fé e as religiões têm mesmo outra dimensão, menos maquiavélica, menos dada à acumulação das riquezas de um príncipe saudita, do controle de um aiatolá, de um pastor evangélico oportunista ou de um Vaticano centralizador. Há na fé uma tábua de salvação das agruras da vida, da desesperança que vem da pobreza extrema e infinita, da fome devastadora de olhos opacos, das doenças terminais que aniquilam as pessoas, do fato de não se ter absolutamente nada por toda uma vida e por intermináveis gerações. Como seguir vivendo (e sofrendo) por uma vida inteira sem perspectiva?

As sociedades ricas não fazem qualquer esforço para compreender as sociedades pobres ou os pobres marginalizados das sociedades ricas. Há, como veremos, uma pobreza estrutural planejada pelos ricos e abonados de modo que a pobreza extrema nunca desapareça. Para os ricos, a fé não é a primeira opção. Há os prazeres, a estabilidade, os confortos, a propriedade. Mas, para os que catam lixo, para os que comem lixo ou aram a terra seca de sol a sol, para os que dormem no chão e se cobrem com o lixo dos ricos, que opções existem? Se lhes tirarmos a fé, o que lhes resta?

---

[120] Pensamento oriental muito propalado por Krishnamurti e que se opõe ao Maquiavelismo.

Às vezes, pensamos em pessoas ricas e pessoas pobres – e quando estivermos falando de imensas favelas e campos de refugiados, que são maiores do que cidades, países inteiramente pobres de ponta a ponta ou continentes onde quase só há países pobres? Lugares onde não há posses, nem confortos, nem abrigos nem comida, nem remédios? Onde as moléstias são tantas que nem se sabe o nome? Onde as esperanças são tão poucas e onde o desespero não tem limites?...

...E todas aquelas perdas, seja dos que têm muito, seja dos que quase nada têm ou tiveram, da morte esperada, em que o sofrimento já passou do insuportável, do terror da morte por uma doença incurável que avança e debilita, da dor física lancinante, do fim que nasce de uma tragédia, de um acidente, de um assassinato, do luto de um amor que se foi, da mãe que perdeu um filho e de um filho que perdeu tudo... e mesmo assim permanece vivo por conta da fé, da resignação.

Este é um mundo que a maioria de nós não conhece quando tem tudo – e pensa que tem pouco –, e só mesmo "300 milhões de deuses" poderiam dar sentido à vida, esta vida insólita e resiliente que insiste em seguir sem nada. Até mesmo o luto lhes foi negado. E há também o vazio existencial da dor psíquica, que faz com que tantos vaguem sem rumo ou propósito. A depressão é também uma doença, uma dor asfixiante de olhos opacos.

A todos esses a fé é um caminho, uma panaceia, um remédio, uma redenção, uma graça, um motivo, uma centelha de vida, um passo além do que é meramente material (qual o problema disso?), uma oportunidade de continuidade, de enxergar além do desastre total. Essa é a dimensão menos maquiavélica da fé, menos mesquinha, menos cruel. E, nesse caso, é provável que, mesmo um materialista ferrenho, alguém com clareza e serenidade exemplares e que se permita dispensar a fé, mesmo esse compreenderia que não há razões para se opor a ela. Alguns sentimentos e necessidades reais são intangíveis e impermeáveis à razão, mas não à fé. É nessa dimensão que ela se espraia e confere sentido à existência.

Quando um remédio duvidoso alcança sucesso, mesmo depois de tudo mais falhar, dizemos que foi a fé. Foi a crença num santo, num deus, numa poção mágica. E quem se importará se foi curado? A isso chamamos "conforto psicológico". Pode ser uma oração, um mantra, um ouvido amigo, um mestre espiritual, um sorriso. Pode ser a atenção que damos a um estranho, podem ser os conselhos de alguém mais experiente, pode ser o caminho traçado por um psicoterapeuta ou a simples presença de um cãozinho brincalhão. O conforto psicológico move montanhas não por algum milagre, mas porque ele pode ajustar nossa química desregulada, ele pode preencher de esperança nosso espírito ou nossa mente debilitada. Nem sempre consegue, mas pode. A esperança é a mola que dá asas à sobrevivência. E esse conforto depende, em parte, de nossa credulidade e de nossa fé, sejam lá as diferenças que essas palavras contenham.

***

Fé e religião podem ou não andar de mãos dadas. Algumas pessoas têm uma fé que não contém religião, outros dizem ter religião, mas bem pouca fé. Há os que praticam uma religião que nem religião é, e sim filosofia, e há os que usam a religião em benefício próprio, usam a fé dos outros para autopromoção, para o enriquecimento, para alcançar favores políticos, para subir o pedestal do próprio ego. Esses exacerbam a fé, lhes dão contornos messiânicos, exploram e sugam os seus fiéis, lhes roubam a individualidade (e o dinheiro), estimulam o conflito, a guerra, o rancor e a subserviência.

Mas há aqueles que vivem além do desastre total. Tudo lhes foi roubado: fé, religião, filosofia e amor. O futuro lhes foi roubado. Só a dor lhes é dada todos os dias, mas os dias também lhes são roubados, e eles morrem jovens e são esquecidos. E, pior de tudo..., eles não são poucos, pelo contrário, são muitos e vivem na sombra do mundo. E quase nada sabemos deles, que são muitos...

5.10 Credulidade Eterna? Quiçá Nem Sempre Tenha Sido Assim

Hoje sabemos que há uma parcela de pessoas crédulas que aceitam, piamente, qualquer coisa que possa ser dita ou pensada. Não importa o grau de absurdo em voga, elas repetirão e repetirão que a 'terra é plana', que a terra é oca (resta saber como as duas coisas podem conviver), que há uma civilização avançada no centro da terra, que os ETs vêm até aqui para nos ensinar (e que são verdes), que o chá verde pode curar o câncer, que a energia dos cristais pode curar qualquer coisa, que Jesus Cristo não era comunista – mesmo ele pedindo expressamente para dividirmos o pão –, que o mundo acabaria no ano mil ou no ano 2 mil ou quando previsse o calendário maia, ou que acabaria com um eclipse... (depois de tantos eclipses).

Não importam as bobagens ditas por um pastor messiânico, por um ditador medíocre pró-armamentista, por uma propaganda política lunática, por um 'influencer digital' descerebrado, essas pessoas crédulas baterão com a cabeça na parede, gritarão em desatino ou cairão de joelhos pedindo o retorno de um messias (qualquer um) ou de um monstro assumido. Elas simplesmente não entendem a realidade ou não a percebem. Sabemos também que essas pessoas não são tão poucas assim.

Vemos essa credulidade nauseante se repetir, indefinidamente, em quase todas as culturas humanas, mas talvez nem sempre tenha sido dessa maneira. Haveria um espaço antes do deus Sol e da deusa Lua? Antes do deus das Tempestades? Antes mesmo do nascimento da magia e das religiões primordiais? Haveria um espaço para a "prática da realidade", em que o animal humano se dedicasse a testar o mundo, simplesmente, sem fazer suposições?

Se buscarmos por tribos originais, o que não é nada fácil, veremos quase sempre alguma crença. Mas a questão aqui está justamente no "quase". Os *Hadza* são um grupo étnico da Tanzânia, que ainda vaga ao modo caçador-coletor pelas savanas do Serengeti. Vivem num ambiente desafiador, quase sem água potável. Arrancam tubérculos do solo árido, comem frutos amargos e pouco suculentos e caçam o que precisam para o dia. Não têm calendários, nem leis, nem religião. São nômades ou seminômades, e seus únicos luxos ou modernidades são cães e cabras domésticas que pastoreiam.

Ao serem provocados com perguntas capciosas, respondem com uma franqueza estonteante:

– O que vocês verdadeiramente temem? – "Leões... e talvez hienas", respondem eles. – E por que os temem? "Porque eles comem os nossos cães e cabras..." – E o que fazem com os próprios mortos? Como se relacionam com a memória deles? Então eles respondem – "Os enterramos em um buraco pequeno e vamos embora". – Mas vocês não temem a morte? "Tememos sim, a morte dos nossos cães e cabras". – E qual a coisa mais importante na vida? "Caçar babuínos... comer mel, tomar água..." – E o que acham das estrelas e da lua a noite? "Ah – dizem eles, sem ao menos pestanejar – Elas atrapalham a caçada".

Em outras palavras, é um tremendo choque de realidade. Realidade, realidade, realidade. Nenhuma ou quase nenhuma credulidade. Nem mesmo os líderes são venerados, nem as cabras, nem os cães, nem a lua. O mundo é apenas aquele que pode ser comido, bebido e experimentado e onde tudo é dividido. Nenhum messias, nenhuma promessa, nenhuma ilusão, nenhum muro para bater a cabeça. E para completar, eles são saudáveis, práticos, inquisidores, confiantes, comunicativos, descansam à sombra nas horas mais quentes do dia, quase não têm posses, são sorridentes e dançam. Representam, com incrível precisão, o que fomos no início do Neolítico. E hoje estão desaparecendo e levando consigo o pouco que ainda temos do que já fomos.

***

Uma abordagem a ser considerada e que pode nos ajudar a entender um pouco melhor a importância original da *credulidade* é aquilo que David P. Barash[121] chama de conformismo. Para ele, assim como para muitos antropólogos, os caçadores-coletores servem bem como padrão humano original de sobrevivência, que exige atividades coordenadas. Em outras palavras, uma tendência a seguir ordens, se resignar, obedecer e se conformar em situações que exigem coordenação fina e rápida. Nessa fase da evolução de nossa linhagem pregressa, "agir como um time", diz ele, pode ter levado ao sucesso os descendentes de tais caçadores. Em contrapartida, os insubordinados, aqueles que insistiam em ações individuais, quiçá não tivessem as mesmas vantagens.

É claro que a liderança em grupos de caçadores-coletores não é um ato ditatorial, e sim uma mescla de várias lideranças e experiências, que o grupo considera válidas **por um tempo**. Mesmo assim, resignar-se ao que ditam os mais experientes no assunto é sempre parte do aprendizado. Nesse contexto, o **conformismo e a credulidade** encontram alguma conexão e podem explicar por que nossa espécie os mantêm como conduta válida.

No entanto, o mundo dos caçadores coletores mudaria. Eles passariam a ser cada vez mais sedentários devido à vida agrícola. Como vimos, o número de indivíduos das comunidades humanas aumentaria de forma impressionante, e aí podem ter começado os nossos problemas com relação à credulidade. Líderes permanentes e sustentados por milícias passaram a usar a credulidade a seu favor. Religiões passaram a usar a credulidade a seu favor. Exércitos organizados passaram a usar a credulidade a seu favor. A indústria de cosméticos e a ditadura da beleza também o fizeram. As ceitas estreitas que estimulam a comer apenas isso ou aquilo (e não um pouco de tudo) e os políticos degenerados fizeram o mesmo. Eis a nossa sina!

---

[121] David P. Barash é professor emérito de Psicologia da Universidade de Washington. Veja seu livro: Barash, D. P. (1979). *The whisperings within: Evolution and the origin of human nature.* New York City: Arco Pub. p. 186-187.

O que a neurociência pode contar-nos sobre a credulidade e o fanatismo? É possível "tatear" algo em nosso cérebro que explique isso? Há alguma pista científica, alguma medição que traga luz a esse tema sempre polêmico? Bem, credulidade e fanatismo não são a mesma coisa, mas temo que andem de mãos dadas.

Ao estudar oscilações cognitivas em certos transtornos mentais, o professor Francisco Zamorano-Mendieta resolveu medir o que acontece com o cérebro humano devido ao fanatismo compartilhado. Sua escolha? Ora, ele avaliou torcedores fanáticos de futebol buscando saber o que acontece com o cérebro nos momentos de euforia e de fracasso. Simplificando: há uma queda no controle cognitivo e uma inibição de comunicação entre o sistema límbico (cérebro emocional) com o córtex frontal (decisões, planejamento). Em outras palavras, o indivíduo se torna mais violento, tacanho e insensível. O cérebro age dessa forma para atenuar a dor da perda.

Este é o ponto. Rivalidade, discórdia social, crenças irracionais, fanatismo político são fenômenos de grupo, e as pessoas precisam, desesperadamente, fazer parte de um grupo. Daí para frete, as frustrações fazem o resto. Durante o Antropoceno, as sociedades humanas se expandiram em número e densidade de pessoas nas cidades apertadas, as frustrações decolaram, a violência e a desconfiança subiram aos píncaros, e o controle cognitivo se foi. E a ultradireita se vale desse estado de coisas, mais do que em qualquer outra época.

***

Fato é que nem sempre fomos 100% crédulos e dados a negar a realidade. Enquanto isso, em pleno século XXI, cultivamos uma vida rasa, tonta, vazia, agourenta, cheia de regrinhas sem sentido, quase estúpida. Mesmo que você mostre aos cabeças duras a realidade bruta – a luz do dia –, apresente a realidade de forma cristalina, explique como se falasse com uma criança, esclareça cada detalhe, há pessoas que simplesmente não são capazes (ou não querem) de ponderar sobre a autenticidade dos fatos. Sua mente está fechada ao óbvio ou mesmo completamente paranoica. Mas quiçá não tenha sido sempre assim. Houve e há espaço para a 'prática da realidade'. A REALIDADE É TÃO OU MAIS FASCINANTE QUE A ILUSÃO. Viver na ilusão até pode ser cômodo, mas leva a uma vida opaca e que se apaga sem deixar rastros... Escolhas sempre são possíveis.

Capítulo 6

Criatividade à Flor da Pele: Ponto de Virada

> *A realidade é meramente uma ilusão apesar de ser uma ilusão muito persistente.*
>
> *(Albert Einstein)*

> *Às vezes a gente sofre mais pela morte de uma ilusão do que pela morte de uma realidade.*
>
> *(Autor Desconhecido)*

6.1   Ars et Scientia: Muitos Frutos e uma só Semente

No ano da graça de 25 mil anos atrás (ou um pouco antes), nossos ancestrais *sapiens* deram um salto sem precedentes e, provavelmente, fizeram o maior avanço de todos os tempos na escalada humana. Viram no relevo irregular das paredes de uma caverna, as formas cambiantes projetadas pela luz das tochas. Viram animais que se moviam. Era a imagem em ação ou... "imaginação". Externaram o que estava dentro de suas mentes, mas ainda não havia tomado forma.

Foi assim que apareceram cavalos, auroques, cabritos e bisões, cervos, alces, ursos, focas, mamutes, lobos e rinocerontes-lanudos, todos pintados em ocre, vermelho, marrom ou preto. Cenas pintadas sobre o relevo irregular, tremeluzindo ao sabor das chamas. Cenas quase tridimensionais e vivas. Cenas em movimento, que falavam por conta própria. Cenas de caçadas, de animais se precipitando no abismo, de armas e de rituais, cada uma delas escapando das entranhas da mente, um mundo fora da cabeça. Um mundo rico e ilimitado, que não parava de crescer e se transformar.

Aí estava a origem da arte, da religião, da história, da ciência e da tecnologia, tudo aglutinado como se fosse uma coisa só. A tecnologia da confecção de pigmentos extraídos da argila, do saibro, dos frutos e da casca das árvores dava um novo e grande passo. Avanços tecnológicos, em si, não eram novidade, já que as lâminas em pedra eram produzidas há um bom tempo, mas agora a tecnologia deixava registros autoexplicativos. Não havia como frear esse compulsivo *sapiens*. Ele pintava novas cenas dramáticas sobre a morte, sobre as festas, sobre mulheres e homens dançando, sobre feiticeiros mascarados (já naquele tempo), e pintava os contornos de sua própria mão para dizer que esteve ali. E assim a memória ganhava uma aliada. O mundo de dentro da cabeça poderia ficar gravado para sempre (ou quase) nas rochas.

Diz-se que a história nasceu com a escrita, o que parece justo, mas a escrita nasceu da arte nas primeiras pinturas rupestres. Foi ali, no Paleolítico, em torno dos 25 mil anos, que os registros de nossos feitos começaram a se acumular e a falar por si mesmos. A escrita veio depois (bem depois) como um *upgrade*. Ela conferiu maior detalhamento, mas de forma alguma marcou a origem documental de nossa passagem pelo mundo. Foram a pintura e o desenho que cumpriram esse papel. Devemos a eles esse marco, e, a partir daí, tudo mudou mais rápido do que antes. E se sabemos algo do cotidiano da "Pré-História" é porque alguém usou uma pena de ave, um ramo de palha ou os próprios dedos e traçou imagens nas paredes nuas.

Nos contrafortes dos Pirineus, tanto na França quanto na Espanha, as pinturas em cavernas ganharam requintes de um "realismo fotográfico". Os animais eram retratados em perspectiva, passando perfeitamente a noção tridimensional. Historiadores da arte argumentam que a ideia de perspectiva ocorreu apenas depois da época faraônica, mas eles deveriam conhecer as pinturas paleolíticas antes de insistir nessas insinuações. Entre 17 e 26 mil anos AP, havia um verdadeiro surto de criatividade artística. Algumas pinturas anteriores a essa data foram feitas em lascas planas de rocha ou em ossos da escápula de mamutes já há 35 mil anos, mas foi nas paredes internas das cavernas que ela ganhou importância e durabilidade. Era o homem Cro--magnon em ação, algo como uma extirpe de pintores Paleolíticos europeus.

Porém, a África também produzia pinturas rupestres de grande qualidade e no mesmo período de tempo. Girafas, antílopes, avestruzes, abutres e rinocerontes-brancos preenchiam paredes de cavernas no Leste e no Sul do grande continente negro. Embora menos conhecidas, as pinturas rupestres africanas eram 10 vezes mais numerosas que as europeias, e isso mostra que pintar não era apenas um passatempo, mas uma nova e importante ocupação humana. Algumas pinturas mais antigas em cavernas chegam a 32 mil anos AP, embora a datação de pinturas seja sempre um desafio.

Em parte, uma pintura rupestre era uma expressão artística e, em parte, um documento histórico e científico. Até mesmo confrontos humanos foram registrados nas paredes. Os primórdios arqueológicos das guerras estão descritos nessas cenas breves. Nesses confrontos, homens usavam lanças e mais raramente arcos e flechas. E, por mais que a densidade populacional fosse baixa, havia disputa por áreas de caça.

Já os documentos científicos sobre a ecologia e o comportamento das espécies animais são de uma riqueza extraordinária. Eles fazem referência à biodiversidade de determinada época e um local, dão dicas sobre abundância relativa dos grandes mamíferos e descrevem seus hábitos. Descrevem, inclusive, as táticas de caça e o sangue jorrando das feridas abertas.

Os pequenos cavalos de crina negra e ereta são figuras recorrentes nas pinturas, e seus restos ósseos são os mais abundantes[122] nos sítios arqueológicos. O realismo dos desenhos e das cores permite aos biólogos e arqueólogos modernos uma precisa determinação das espécies paleolíticas. Assim, de certa forma, esses primeiros pintores foram também os primeiros biólogos do mundo, já que documentaram espécies, descreveram comportamentos, relataram sua frequência e informaram sobre os melhores métodos de coleta. Além disso, acompanhavam as migrações das manadas e tinham perfeito conhecimento da sazonalidade, corredores ecológicos, "*hotspots*"[123] e tudo mais que a ecologia moderna se dedica. Foram esses biólogos antigos que iniciaram o processo de documentação criterioso e dedicado, que, mais tarde, viraria uma ocupação humana chamada biologia.

Assim, a ciência nasceria da arte (como a própria religião) e dela se afastaria gradualmente, mas nesse tempo ambas ainda eram indissociáveis. Mais precisamente, ciência e arte se afastariam mutuamente uma da outra – a ciência faria um caminho cada vez mais quantitativo, e a arte um caminho mais subjetivo. Uma tentaria eliminar a emoção para que não atrapalhasse a interpretação dos fatos. A outra buscaria a emoção, intensamente, deixando que ela falasse por si. No futuro, os cientistas veriam sua contraparte como um grupo dado a devaneios, e os artistas veriam sua contraparte como humanos frios e distantes da realidade emocional. Um buscaria provas materiais, documentais ou observacionais, o outro criaria a realidade a despeito das provas.

---

[122] Os cavalos não são apenas abundantes, mas, de longe, o animal mais frequentemente retratado nas cavernas europeias ao longo de todo o período Paleolítico, desde o início das pinturas.

[123] Hotspots: áreas com grande número de espécies endêmicas ou grande biodiversidade.

A ciência chamaria para si a responsabilidade de arrancar os véus da credulidade, e a arte pintaria véus na credulidade e nas provas documentais, quaisquer que fossem elas. Como dois adolescentes buscando identidade, arte e ciência tentariam mostrar-se antagônicas, mas acabariam reconhecendo que não são. Em ambas, há uma só alma, um só hálito – a criatividade cuja fonte é o hemisfério cerebral direito. Sem a criatividade, não haveria avanços no conhecimento. O cientista e o artista maduros, de fato, se admiram mutuamente, mas sabemos que nem todos são maduros. A maior parte, aliás, se esconde por trás da vaidade. Prefere as máscaras a si mesmo.

Quando o homem Paleolítico soprou um punhado de pó ocre ou branco sobre a própria mão aberta contra a parede nua, ele criou uma imagem em negativo. Algumas paredes de cavernas têm miríades de mãos pintadas. Pinturas assim aparecem em várias partes do mundo. São mais comuns na Espanha e França, mas também aparecem na África, Austrália e Argentina. É de tirar o fôlego chegar perto desses documentos que viajaram intactos como uma cápsula do tempo. Você pode comparar as mãos paleolíticas com a sua própria, e essa é uma experiência quase mística, mesmo para materialistas convictos.

Em "Cueva de las Manos" – na secura plena da Patagônia argentina –, há um vale extraordinário e um pequeno abrigo ornado de mãos sobrepostas. Algumas foram colocadas, propositalmente, sobre a figura de um animal, geralmente um guanaco. Era a magia em ação, um ato de posse sobre a presa. Ao comparar com as minhas próprias mãos, vi que os dedos nas pinturas eram longos e finos como os de uma mulher, uma mulher xamã. Na Argentina ou na Europa, na África ou na Oceania, ocorre o mesmo. As mãos em negativo são mãos de mulher. Não todas, mas a maioria. Há também mãos de crianças. Assim, arte, história, ciência e tecnologia ganharam outra irmã não menos importante. Hoje a chamamos de magia, mas, naquele tempo, talvez fosse outra coisa, pois nossas percepções são mutantes, e nossa visão de mundo, também.

A arte em si teria nascido bem antes das pinturas rupestres. Danças e canções, com ou sem uma fala elaborada, são muito anteriores. A produção de enfeites pessoais também. A própria música deve ter nascido antes, mas se perdeu no ar. Um couro esticado ou um tronco oco forneceriam os sons ritmados da percussão, mas o couro se foi, e o tronco, também. Existem indícios de flautas confeccionadas em ossos longos, e essa é uma boa marca da origem dos instrumentos, mas não da música. No entanto, o ponto de virada, o momento de máxima impetuosidade artística gira em torno desses 25 e 32 mil anos.

Nessa mesma época nossa espécie gravou, em baixo relevo, pequenos sinais e desenhos em dentes de morsa e elefantes, ou em chifres de renas. Recentemente, descobriu-se na caverna de Stajnia, na atual Polônia, um delicado pingente confeccionado em dente de mamute. Ele era decorado com pontilhados e continha um orifício. Os arqueólogos supõem que ele fosse usado ao redor do pescoço. Mas o que surpreende é outra coisa: sua datação feita em rádio carbono. Essa pequena joia em forma de lasca teria sido produzida há mais de 41 mil anos AP[124] e para muitos é a mais antiga das artes humanas!

Produziu também estatuetas estilizadas de figuras femininas, que viriam a ser conhecidas como 'deusas da fertilidade'[125] devido às formas avantajadas. Se tais figuras representavam ou não um ideal de saúde ou maternidade ou se tinham alguma função mágica, não cabe aqui discutir[126], mas foram figuras muito comuns mundo afora. Nossa arte primitiva produziu também um sem-fim de zoólitos ou zoomorfos, dando origem ao que viríamos a chamar de escultura. Aves, lobos, ursos, felinos, golfinhos, baleias e peixes foram representados em pedra, reforçando a ideia de que o artista e o cientista eram a mesma pessoa nesse tempo longínquo; a mesma pessoa que também se dedicava a rituais de magia, ou seja: um sacerdote.

Com toda essa criatividade à flor da pele, tais pessoas deviam funcionar como uma argamassa, que dava coesão aos grupos tribais. Assim, poderíamos expandir nossa opinião inicial e perguntar-nos se arte, ciência, história, tecnologia e o xamanismo tiveram uma origem comum. Este é um ponto sensível para historiadores e antropólogos e para os teólogos, já que xamanismo e religiosidade são frutos da mesma árvore. Não se trata aqui de uma tentativa de convencimento. Não é de mais uma doutrina que precisamos. Estamos apenas em busca desta 'personalidade humana agregadora', uma mulher ou um homem criativo, capazes de expressar o pensamento de uma maneira nova; uma personalidade capaz de influenciar a maneira como vemos o mundo.

Vejam, não estamos falando de uma deidade. Esse seria um caminho simplório. Estamos falando de uma personalidade que pode estar manifesta em inúmeras pessoas comuns. Mas, se uma dessas pessoas comuns resolvesse esconder-se atrás da vaidade, vestindo uma máscara que não lhe coubesse, aí teríamos um desafio bem maior. Tal pessoa poderia tentar influenciar a maneira como vemos o mundo. Poderia tentar e, provavelmente, o faria...

---

[124] Talamo, S. et al. (2021). A 41, 500 year-old decorated ivory pendant from Stajnia Cave (Poland). *Scientific Reports*, 11(1), 22078.

[125] Eram as chamadas 'Vênus'. Estatuetas representando mulheres eram a regra, mas havia mais raramente também figuras masculinas ou ainda hermafroditas (Leroi-Gourhan, 2007).

[126] Aí existe um intenso debate entre os antropólogos e concepções incrivelmente díspares.

***

Xamãs, feiticeiros, bruxos e curandeiros deram os passos iniciais para o que viria a ser a medicina, com seus experimentos de ervas e beberagens. Sem saber, eles testavam os princípios ativos de um grande rol de plantas e criavam os primeiros remédios na forma de chás e fumigações. Mas, para eles, magia e ciência ainda não tinham nomes distintos.

No Antigo Egito, a arte do embalsamamento estimulou conhecimentos anatômicos e químicos, mas também não havia separação formal entre eles e os rituais mágicos. Talvez um dos sacerdotes médicos mais antigos do mundo tenha sido Imhotep (3.150 a.C.). Nesse tempo, o comércio a longas distâncias já estava bem estabelecido, e as pragas e doenças chegavam pelas caravanas ou se acumulavam nos canais de irrigação. Era o tal mundo conectado que surgia.

Mas foi apenas na Grécia Antiga que a verdade objetiva ganhou corpo e se afastou da ideia de divindade. Raciocínio, lógica, filosofia, história e agora medicina estavam livres(?) da magia e das religiões. A partir de 585 a.C., começou a se conjecturar que os acontecimentos naturais tinham outras explicações que não milagres. Assim, além da arte, a medicina curativa experimental dava suas contribuições a uma ciência natural emergente. Tales de Mileto, Anaxágoras, Empédocles de Agrigentum, Pitágoras de Samos, Alcmaeon de Croton, Hipócrates e outros colocariam o mundo de pernas para o ar e contestariam os milagres. Esse último sentenciaria que "há verdadeiramente duas coisas diferentes, saber e crer que se sabe... A ciência consiste em saber; em crer que se sabe reside a ignorância".

Mas a credulidade nunca abandonou e não abandonará a nossa espécie. É nossa fraqueza maior. Todavia, há de se fazer uma ressalva sobre os mitos. Eles nascem da experiência de muita gente ao longo de muito tempo – um tempo contínuo – e ajudam a explicar o mundo e a confortar toda essa gente. Aos poucos, os mitos servem de amálgama para o pensamento. A ciência talvez não seja antagônica aos mitos. Ela é apenas um passo natural que a mente pode dar... e, já faz um bom tempo, que a ciência vem salvando a humanidade com seus passos trôpegos.

6.2 A Credulidade Eterna e o Nascimento da Ciência

A credulidade humana é ilimitada e até mesmo escandalosa. Superstições bobas fazem parte de todas as culturas em todos os tempos. De algumas, pode-se reconhecer a origem, mas não da maioria. Tragédias pessoais são suficientes para desencadear suspeitas ou mesmo crenças arraigadas de uma maldição. As sete pragas do Egito, gatos pretos, espelhos quebrados, passar debaixo da escada, a maldição dos Kennedy – azares maiores e menores –, todos filhos da credulidade. Fato é que nossa cultura foi, principalmente, gestual e verbal durante boa parte da existência do homem. Assim, aquele que contava uma história era (ou deveria ser) um interlocutor confiável, que passava adiante os conhecimentos primordiais.

No estalar das chamas de uma fogueira, esse conhecimento viajava longe, e, mesmo hoje, quando a memória expandida dos livros e computadores ampliou o acesso às informações, ainda permanecemos dependentes das histórias contadas por alguém. Como disse o famoso filósofo Nietzsche: "Os homens, aparentemente, preferem acreditar ao invés de conhecer. Preferem o vazio como propósito do que serem vazios de propósito".

Mais tarde, a ciência balizaria certas verdades e desmistificaria outras, mas, se um cavaleiro medieval, munido de sua enorme espada e armadura reluzente, dissesse ter matado um dragão, assim era para todos. Não havia o que discutir (pelo menos, não com o tal sujeito). Aquele foi um tempo de dragões lançando fogo pela boca, de bruxas voando em vassouras, um tempo de quebrantos e feitiçarias. Nesse tempo, é provável que alguém tenha tropeçado em uma vértebra de dinossauro ou num crânio fóssil com dentes enormes, e foi assim que o dragão se materializou no imaginário medieval.

Outras vezes, a superstição poderia ser plantada na mente do povo inculto e paupérrimo como ferramenta de dominação das religiões. Como sabemos, na Idade Média, os pobres gatos pretos foram incluídos nas listas da Santa Inquisição. É claro, era um tempo de perseguição das bruxas e do paganismo. As ideias de magos e feiticeiras deveriam ser extirpadas, mas, mesmo assim permaneceram, a despeito da mão de ferro da Igreja. E as ideias de azar dos gatos pretos continuam tão mundanas quanto antes, apesar das condenações de um tal Inocêncio.

Com o nascimento da ciência moderna, houve um importante movimento de contestação dos fenômenos ditos sobrenaturais. Garfos que entortavam, pessoas que levitavam, fenômenos *poltergeist* e fantasmas de todo tipo tornaram-se mais raros, devido à simples presença dos céticos. (Aqui não estamos falando dos que duvidam por puro fetiche ou necessidade de aparecer. Esses são os tolos e não os céticos). Também se tornaram raros os dragões, as sereias, os vampiros e lobisomens, os ETs abduzindo pessoas, o pé-grande e o mapinguari, o monstro do Lago Ness, os chupa-cabras, as mulas-sem-cabeça, estátuas que vertem lágrimas e outros mitos que foram limitados ou desapareceram por completo.

Mesmo assim as pessoas continuam a entrar o novo ano com o pé direito apoiado no chão e pulam as sete ondas onde houver mar, se preocupam em não deixar a bolsa no chão para que o dinheiro não vá embora ou ainda cobrem os espelhos para não atrair raios durante uma tempestade. E mesmo cientistas usam talismãs e fazem dietas milagrosas (e inúteis) sem comprovação de nada.

Mais do que isso, novas seitas, tão ou mais fanáticas que as anteriores, entram em cena e encontram fiéis com facilidade. Seus defensores são, via de regra, furiosos e desmiolados e costumam forjar explicações pseudocientíficas em prol de sua causa sem pé nem cabeça. Não importa que eles façam a volta ao mundo de avião, vão continuar acreditando que a terra seja plana. Vivem num estado de negação da realidade, que beira a insanidade (ou talvez seja insanidade confessa). Vivem com suas cabeças ocas acreditando que a terra seja oca e abrigue uma misteriosa civilização em seu interior. Foi essa negação, esse medo compulsivo do vazio e a necessidade permanente de gratificação emocional que têm valorizado tais seitas e a elas conferido um sucesso epidêmico e deletério.

Dentre essas seitas modernas, pouco coerentes, poderíamos incluir, sem medo de errar, os partidos políticos das democracias deterioradas. Eles se apropriam da credulidade humana, vendem ideias rasas e truculentas, são contrários à crítica e à liberdade de opiniões e se baseiam na ideia de que a mentira prevalecerá. Baseiam-se na ideia de uma mente que mente o tempo todo. Da mesma maneira que as antigas religiões, os partidos políticos e suas ovelhas de plantão criam e valorizam mitos. O mandatário de uma nação prefere apresentar-se como mito, e não como um humano real. Nesse ponto, ficamos a um passo – para lá de temeroso – de um sistema ditatorial (como veremos logo a frente) e à mercê da crueldade ilimitada.

***

A ciência moderna, inteligentemente, permitiu a auditoria externa de seus pares e a contraprova estatística. Com isso, reduziu as crenças em seu corpo teórico e suas práticas. Permitiu correções de rumo, desmistificando o "princípio da autoridade", que dizia: se foi fulano(a) quem falou, estão não há o que discutir. Na ciência moderna, sempre há o que discutir, e por isso ela continua progredindo, mas isso depende da área da ciência. Em algumas, a crença na autoridade perdura-se. Se o "papa da área" disse, assim é. A própria ciência materialista tem seus dogmas e seus mitos, e mesmo grandes cientistas materialistas gastam muita energia lutando para desmantelar as religiões tradicionais como se essa fosse uma missão sagrada. Seria isso necessário?...

A religiosidade humana, como vimos, não é propriedade apenas dos *sapiens*. Ela recua milhões de anos e alcança outras espécies parentes. Deve ter se transformado, aqui e ali – inúmeras vezes – em sistemas de crenças familiares ou, se preferirem, em pequenas religiões familiares. A religiosidade pode ter dilatado a sobrevida desses grupos e ampliado sua sobrevivência. Vista sob esse aspecto, a religiosidade mostra a sua importância.

Todos nós temos crenças, as quais não são, obrigatoriamente, boas ou más. Se mais tarde as grandes religiões se tornaram poderosas, obscurantistas, belicosas, arbitrárias, autocráticas, opressoras, despóticas e até criminosas em seus atos, se elas perderam o mérito devido à avareza e à soberba, esse é outro ponto. Então, há que as julgar por isso.

O que seria mais sensato aos cientistas (e mesmo necessário) está em desmistificar crenças retrógradas e patéticas de grupos messiânicos como daqueles que afirmam que a evolução da vida sobre a terra não existiu. Ora, o próprio Vaticano já admitiu a evolução da vida como fato e não viu incompatibilidade com a religiosidade da fé cristã.

É certo que outras ramificações da cristandade também se apoderaram da Bíblia e passaram a usá-la como bandeira contrária à evolução da vida (e ao papa), contrária às vacinas e a favor da terra plana. Essas crenças esdrúxulas e fanáticas atraem uma parcela da população que é avessa ao conhecimento. E aqui não estamos falando em classes desfavorecidas, mas em negacionistas, em gente que prefere ser levada pelo cabresto a pensar. Pensar lhes custa. Sobre esses negacionistas, a ciência deveria, sim, posicionar-se e reagir. Essas atitudes obtusas arrastam as sociedades modernas para o buraco a passos largos.

***

Os negacionistas pretendem apenas o caos. No caos, eles encontrarão seu gado subserviente, seus fiéis, seus crentes, sua fonte inesgotável de dinheiro. Eles buscam aparentar boa informação. Juntam um punhado de verdades deslocadas do contexto e aliciam suas ovelhas ou seu gado patético. Sem dúvida, há muito de safadeza e maldade nisso, e não de credulidade.

A credulidade humana viaja por outras paragens. Seria uma fraqueza perigosa? *Parece que sim.* Seria, por outro lado, uma arte de sobrevivência às avessas? *Parece que sim.* Essa é mais uma das muitas ambiguidades humanas. E a razão até pode ajudar nesses casos, mas poderia (deveria) subjugar a credulidade? *Parece que não.*

A credulidade é um efeito de fundo que sempre esteve conosco. É isso que transparece ao examinarmos a enigmática Caixa de Pandora, assim como nossa trajetória no Antropoceno... A mente nos prega peças, inventa estórias impressionantes e mente descaradamente sobre qualquer coisa..., qualquer coisa mesmo.

A razão não tem efeito sobre a credulidade, mas tem efeito sobre as mentiras, e a ciência tem obrigação de expô-las. Expor as mentiras é um ato de clareza e igualitarismo.

6.3 A Mente que Mente

O que sabemos da mente humana? Seria ela uma caixa preta insondável ou alguns de seus nós já foram desatados? Sabemos que essa mente não é uma tábua rasa nem exclusividade nossa. Ela é o produto dos problemas e das soluções de muitos outros em nossa tortuosa linhagem evolutiva. Sabemos que os chimpanzés e bonobos, nossos parentes vivos, têm perfeita noção do passado e, devido a isso, podem construir alianças políticas no jogo de poder em sua comunidade. Também podem compreender a cronologia de eventos que estão por vir. Assim, a noção de passado, presente e futuro tem moldado a evolução da mente por, pelo menos, 6 ou 7 milhões de anos desde nosso ancestral comum.

Sabemos que a maior parte do desenvolvimento mental baseia-se em decisões emocionais e apenas, em uma pequena parte, aos cálculos racionais refinados. Sobrevivência é um ato do sistema límbico, aquela parcela do cérebro que lê nossas intenções sociais, a dor, o prazer, a esperança, a confiança nos demais indivíduos e, lógico, a desconfiança, o medo, as suspeitas, a aversão...

A atração física, as percepções sensoriais, os atos motores automatizados pelo treino, como andar de bicicleta, nada disso depende da razão, nem o amor que sentimos por alguém, nem o amor espiritual ou a devoção, nem o amor-próprio dependem da razão. E foi assim que nossa mente e a de nossos ancestrais foi moldada – passo a passo –, expandindo-se conforme enfrentávamos novos problemas.

O notável evolucionista Edward O. Wilson[127] teria expressado que nossa mente "... *pode ser descrita, com mais exatidão, como um instrumento autônomo para tomada de decisões, um examinador alerta do ambiente... e leva o corpo a ação de acordo com um programa flexível que muda automática e gradualmente da infância a velhice*". De fato, a mente envelhece, ou, dizendo de outra maneira, a mente dos jovens é diferente da dos velhos. Em algumas pessoas, ela envelhece mais devagar, e isso tem relação com aquilo que o "examinador alerta do ambiente" encontra pela frente. Professores tendem a manter a mente jovem por mais tempo, simplesmente por estarem em contato com mentes jovens.

Há também a mente da infância, que é extraordinariamente criativa e particular. Ela simplesmente absorve, compara e ordena tudo (ou quase tudo) o que chegar até ela e o faz sem precisar de esforço. Imagens, sons, cheiros, texturas, tudo é absorvido com facilidade e comparado com o que a mente já sabe.

Certa vez, minha filha pequena, de apenas 3 anos, apontou para a TV que passava um documentário de vida animal. Então disse para mim – com aquele brilho nos olhos: "camelo...". O bicho que ela apontava não era um camelo, mas um animal desconhecido para ela. No entanto, fiquei ainda mais estupefato: ela apontava para um guanaco das planícies da patagônia. Numa fração de segundos, ela classificara o animal desconhecido na família taxonômica correta, a dos camelídeos. Sim, guanacos, vicunhas, camelos e dromedários são todos parentes. Talvez ela tenha reconhecido aqueles lábios carnudos do bicho, mas o fato foi que acertou sem ter estudado para a prova. Alguns acadêmicos de Biologia teriam mais dificuldade, podem ter certeza...

Sabemos hoje que a evolução da mente humana e de nossos ancestrais já vem com essa capacidade intuitiva de classificar objetos, animais e plantas..., assim como compreender as intenções de outro ser humano. Por isso, a mente não é uma 'tábua rasa'. Todos somos bons biólogos e psicólogos ao nascer e depois desperdiçamos essas habilidades ao não investir nelas. Também temos um kit para linguagem, que é inato e precisa ser estimulado para funcionar bem.

---

[127] Wilson, E. O. (1981). *Da natureza humana.* (Tradução de G. Florsheim). São Paulo: TA Oueiroz. p. 67.

***

Edward Wilson continua: "*A acumulação de antigas escolhas, sua lembrança, a reflexão sobre aquelas que ainda terão lugar, o sentir novamente das emoções pelas quais elas foram engendradas, tudo isso constitui a mente*"[128]. Sim, a mente do presente é fruto de experiências coletivas ou individuais do passado, que ela absorveu e examinou, enquanto era bombardeada por hormônios. Isso ocorre num chimpanzé e num humano moderno. Assim, nossa mente de hoje e sua plasticidade são o resultado do que ocorreu antes mesmo desses 7 milhões de anos.

Já foi dito que o cérebro é o *hardware*, e a mente, o *software*, mas o notável arqueólogo Steven Mithen, muito interessado na evolução da mente, nos lembra que ela não age apenas como um computador. A mente faz algo diferente: ela cria. Ela pensa em coisas que não existem lá fora, no mundo. Coisas que não poderiam estar no mundo. A mente pensa, cria, imagina[129].

Os gêmeos idênticos e fraternos nos mostram o quanto de "herdado" tem em nossas mentes, e isso é a grande contribuição da genética, mas também mostram que a personalidade de cada um depende, significativamente, do ambiente e das oportunidades. A mente também progride ao longo da vida de um indivíduo. Quando muito jovens, não compreendemos as sutilizas da mente adulta, e o mesmo acontece com a capacidade de formulação de hipóteses. É por isso que o tal "instrumento autônomo" merece tanta atenção nesse capítulo.

Recordamos, imaginamos e fantasiamos. Nossas fantasias e nossas verdades absolutas se entrelaçam e se embaralham. "*O cérebro inventa histórias*" – disse Wilson – "*. . . movimenta eventos imaginados e lembrados para frente e para trás através do tempo: destruindo inimigos, unindo amantes... viajando livremente pelos reinos do mito e da perfeição*"[130].

Os neurocientistas e psicólogos já descobriram, faz anos, que nossas memórias são fragmentadas. O cérebro descarta as partes que não interessam e fica com o que considera essencial. Uma vez requisitadas as memórias, ele

---

[128] Wilson (1981).
[129] Mithen, S. J. (1998). *The prehistory of the mind a search for the origins of art, religion and science*. London: Orion Publishing Group.
[130] Wilson (1981).

acrescenta detalhes inventados para dar coerência ao conjunto[131]. Justo aí ele *inventa* explicações que parecem verossímeis. Essa é a razão pela qual muitas pessoas acreditam piamente em falsidades gritantes. Elas recuperam suas memórias como lhes convêm. O mundo antes da escrita dependia, exclusivamente, da recuperação dessas memórias adaptadas. Nossas memórias fragmentadas são a fonte inesgotável dos mitos.

Vejam um exemplo curioso desse autoconvencimento narrado pelo notável historiador Laurentino Gomes[132]. Durante o centenário tráfico de escravos de Angola para o Brasil, "*... era mais fácil viajar de Luanda para o Rio de Janeiro do que de Salvador para São Luís do Maranhão*". Todos os marinheiros sabiam que, embora esse percurso fosse muitíssimo menor, ele era dificultado pelos ventos alísios vindos de nordeste e pelas correntes marinhas oriundas do Norte, mas o padre Antônio Vieira, um dos poucos letrados desse tempo no Brasil, dizia que isso só podia ser explicado pela intervenção milagrosa de Nossa Senhora do Rosário, que, dessa forma, propiciava a **salvação** dos negros africanos convertidos ao catolicismo no Brasil. A "salvação" a que ele se referia incluía uma vida de tortura brutal e destruição da identidade dos traficados. Essa conveniência tosca dourava a pílula e acrescentava detalhes inventados para dar coerência a um conjunto para lá de falso.

Nossas crenças e nossos mitos, boa parte de nossos tabus e tradições, nossas religiões – tudo isso que nos é tão caro – são todos filhos das memórias recuperadas, da mente emocional, da mente apoiada num propósito de sobrevivência a qualquer custo. Mesmo a arte, a história e a ciência também têm raízes aí. E o ponto é justamente esse: a mente necessita da mentira para não se desintegrar ante as contradições que são muitas. Assim, ela é – em boa parte – uma mente que mente.

***

Nossa maneira de pensar e agir depende muito do que foi absorvido pela mente, essa esponja voraz. Absorvemos com igual facilidade o bom e o ruim, mas a necessidade de sobreviver treinou-nos a prestar muita atenção ao catastrófico. Informações mais 'espantosas', dignas de medo e reação imediata, são capturadas pela mente de modo mais eficiente. E, quanto

---

[131] Ver: Aamodt e Wang (2009).
[132] Gomes, L. (2019). *Escravidão: do primeiro leilão de cativos em Portugal até a morte de Zumbi dos Palmares*. (Vol. 1). São Paulo: Globo livros. p. 100

mais estapafúrdia e fantasiosa for a informação, tanto mais ela ganha um espaço na mente sem filtros.

A televisão, que vive principalmente de comerciais pagos, é um repositório estratosférico de abominações. Estas chamam atenção e são perfiladas nos jornais diários em horário nobre. Incêndios, inundações, maremotos, assassinatos, sequestros e traições atraem audiência e entram na sua mente sem uma defesa consciente no mais das vezes. Assim também é nas redes sociais e em outras mídias digitais. Há um pandemônio de mentiras e distorções, uma avalanche de lixo.

Nossos neurônios-espelho[133], talhados para imitação e cópia, vão adestrando a mente a partir do que está disponível. E, se o que está disponível é uma verdadeira desgraça, o que se poderia esperar dos pensamentos e sentimentos? Desgraças e bobagens explicam tanto as crenças rasas – como as da Terra Plana ou dos óvnis –, quanto a visão doentia dos políticos profissionais.

Alguém que acredita em óvnis ou numa civilização que habita o centro da Terra pouco mal pode fazer, mas alguém que acredita – e treina todos os dias a arte da manipulação – enverada para uma fantasia de igual medida. A expressão "o poder corrompe" é bastante verdadeira, como veremos mais à frente, e nasce dessa retroalimentação de mentiras. Os políticos se retroalimentam num círculo fechado de ideias e acabam por acreditar em coisas bem distantes da realidade. Dizendo de maneira clara e objetiva: criam monstros e heróis imaginários tão fantasiosos como a 'Terra Plana'.

Dizemos também que o hábito faz o monge ou que somos produtos do meio. Resposta: sim e não. A mente é uma esponja, mas nem todo mundo engole mentiras ou se deixa contaminar. Isso, no entanto, exige um propósito firme e diuturno, pois a mente que mente também crê em suas próprias fantasias. Essa é a fatalidade da reeleição na política, a perpetuação de ideias viciadas e fantasiosas ou ainda maléficas.

***

Mente é uma palavra disputada por muitas mães e pais, para distintas áreas do conhecimento, diferentes abrangências e significados. É isso que torna o tema tão instigante. Às vezes, a palavra aparece entrelaçada

---

[133] Neurônios associados ao movimento e à percepção.

com outras, tipo ego, alma, cérebro, inteligência, consciência, dimensão espiritual... Mas não é necessário ir tão longe nem se perder numa retórica tão preciosista. A palavra vem do latim (*menten, mens, animus*) e tem por objetivo expressar o *ato de pensar, entender, e tomar suas próprias conclusões*. Visto dessa maneira, a mente é um produto do cérebro, a mente é o ânimo (*animis*) sem o qual o cérebro estaria paralisado.

6.4 'Aphantasia' e as Fantasias da Mente

Algumas mentes não são capazes de ver. Elas são cegas. As pessoas que as carregam têm bons olhos, mas suas mentes não. Elas não conseguem visualizar o que há dentro da própria mente[134]. Não conseguem construir ali formas, texturas, cores e brilhos nem cheiros, se a fonte real motivadora não estiver presente. Alguns nem são capazes de reconhecer rostos. Em outras palavras, é uma mente sem imagens mentais. Hoje se sabe que essa condição tem relação com a falta de ativação do córtex visual, devido a um déficit de conexões neurais.

Pelo contrário, outros de nós não só refazem voluntariamente imagens mentais completas, como lhe "sentem" o cheiro, relembram as sensações de tato e "ouvem" os ruídos da cena imaginada. Imaginam com precisão cenas que nem aconteceram e nunca estiveram fora da cabeça. Criam quadros ou storyboards, como fazem os cineastas. Imaginam dentro da mente batalhas sanguinolentas e depois as colocam no papel como fazem os escritores.

É comum que não consigamos lembrar do rosto de uma antiga namorada ou um namorado ou até de uma pessoa muito próxima e querida que faleceu. É fato que muitas emoções são frequentemente bloqueadas por diversas razões. Na "aphantasia", há uma redução persistente ou perda total dessa capacidade para toda e qualquer imagem que se tenta reconstruir voluntariamente, mas o curioso é que essas pessoas conseguem sonhar, e isso não as impede de viver e trabalhar.

Até artistas plásticos podem ter "aphantasia". Podem transportar a imagem de um modelo vivo para uma tela em tinta a óleo, podem compreender perfeitamente o que leem num livro, só não podem debruçar-se numa imagem dentro da própria mente. Se você tentar ler um parecer jurídico rebuscado, como costuma acontecer, não formará imagens mentais

---

[134] Zeman, A., Dewar, M., & Della-Sala, S. (2015). Lives without imagery – Congenital aphantasia. *Cortex*, 73, 378-380.

daquele palavrório repetitivo, nem por isso será privado de compreender, nem por isso está acometido de "aphantasia". Fato é que não seria necessário formar imagens para tudo, e isso explica como mesmo cientistas podem apresentar essa condição clínica.

Estamos falando de uma condição mais ou menos rara e que afeta duas ou três pessoas em cada cem. De qualquer forma, mentes criativas se valem muito de imagens mentais. Podem não só compreender por meio dessas imagens como antecipar ações. É comum aos tenistas elaborarem mentalmente os movimentos do saque antes de executá-lo. Isso aumenta bastante sua eficiência e precisão. Portanto, aquela imagem em ação – imaginação – dentro da mente deu-nos uma condição formidável e irrefreada de criatividade, que é nossa marca registrada.

***

Por isso a ironia de Einstein, cuja frase abre este capítulo, tem tal importância. Ilusão e realidade se transpassam com tamanha fluidez que fica difícil distinguir fantasmas e alucinações do que é concreto. "Acho que todos somos um pouco como Dom Quixote: certas ilusões são mais fortes que a realidade"[135], disse Marcello Mastroianni. Sem dúvida, essa é uma condição humana que vem desenhando a história pregressa de nossa espécie e tem sido cada vez mais intensa no mundo moderno, rico em apelos visuais.

Aqui estamos falando de ilusões cotidianas, de peças pregadas pela mente saudável, de uma simples distorção visual relacionada à sensibilidade da visão periférica (visão de canto de olho), que ao chegar aos lobos temporais, os quais gerenciam nossa memória, podem criar pontes insólitas. Essa é a razão pela qual fantasmas estão relacionados com a noite. Infrassons também podem ativar memórias, mas, como você não os percebe conscientemente e não registra a sua origem, então a ilusão vence a realidade.

É claro, condições de estresse fisiológico intenso também criam ilusões. O nômade sedento ou o alpinista privado de quantidades ideais de oxigênio terá muitas miragens pela frente. Além disso, à noite, "todos os gatos são pardos" ou, dizendo de outra forma, os cones de nossa retina não conseguem reconstruir cores e formas com precisão. Os vultos que percebemos através dos bastonetes, as outras células sensoriais da retina,

---

[135] Ver: https://www.pensador.com/autor/marcello_mastroianni/.

podem facilmente virar fantasmas se houver um resquício de medo no ar. Lembro, vividamente, de quando caí de um penhasco à noite, enquanto escalava uma montanha. Eu ainda não sabia se estava a salvo ou num ressalto do paredão de pedra. E, naquela escuridão de carvão, eu imaginava abismos assustadores à minha frente, mas os tais abismos não passavam de folha molhada e galhos apodrecidos.

Vultos podem virar (e acabam virando) fantasmas e bruxas e demônios em diferentes culturas e diferentes tempos. A mente é uma fonte inesgotável de fantasias criativas, e a memória, um depósito inesgotável de ilusões. Quando o cérebro tenta interpretar o que não vê claramente, sons que não conhece ou nuances estranhas no olhar de alguém, ele faz brotar, instantaneamente, imagens que encontra nos depósitos da memória. São mais sentimentos do que certezas e mais ilusão do que realidade.

6.5   Uma Mente Brilhante

Como dissemos, a mente é o ânimo (*animis*), a mente animada que produziu extravagantes descobertas que mudaram o mundo e criou um novo cenário que chamamos Antropoceno. Bem antes de criarmos o mundo virtual e lançarmos sondas a Marte, bem antes de botar os pés na Lua ou de construir telescópios e edifícios altíssimos, resistentes a terremotos, e antes das máquinas a vapor, da lâmpada elétrica e das baterias para estocar energia, já tínhamos feito prodígios. Já tínhamos inventado o vidro e os óculos (que ótimo!), a bússola, a prensa, o papel, a escrita, as bibliotecas, o sistema de esgotos, o arado, a irrigação, os abrigos para a chuva e os ventos, a maravilhosa roda, montes de ferramentas em pedra, ossos, madeira, metal e plástico. Mas nada foi tão definitivo, tão devastador, tão brilhante e progressista quanto a descoberta que fez aquela mente que concebeu o uso do fogo.

O fogo que salvaria mãos e pés congelados, prolongaria o dia nos longos invernos e permitiria ao homem um tempo a mais para planejar e sonhar. Sim, as noites iluminadas pelo fogo permitiram que o mundo dentro da cabeça dos homens tomasse uma nova dimensão. Relembrando Steven Mithen, a mente pode conceber *"coisas que não existem 'lá fora', no mundo"*[136]. Esse foi o nosso ponto de virada, a virada da mente imaginativa. Religião, arte, ciência, tecnologia, medicina, nutrição (na forma do cozimento dos alimentos) dariam saltos a partir do fogo, e as armas também. A

---
[136] Mithen (1998).

ponta queimada de um galho daria rigidez a uma lança, uma liga metálica aquecida viraria o aço de uma espada, e o fogo no estopim detonaria uma dinamite... Literalmente, o fogo explodiria nossa criatividade.

O uso do fogo – e aquilo que ele deu à mente – mudou o mundo. Assim, o seu uso poderia servir de marco inicial do Antropoceno. Se assim foi, nem a Revolução Industrial nem a Agricultura teriam essa primazia. Nem a nossa espécie teria, pois os neandertais já o faziam. Talvez antes deles a mente tenha concebido o uso do fogo, a mente de um tal *Homo erectus* ou de um *H. heidelbergensis*. Seriam os 400 mil anos Antiguidade suficientes para o uso do fogo?

***

Sim, a mente que mente também é a mente que cria, que tem surtos de criatividade: inventar memórias, adaptar memórias, ter ideias, solucionar enigmas, contornar adversidades, modificar invenções e, depois, modificá-las novamente. O Antropoceno havia inaugurado uma nova era para a mente, e a humanidade nunca mais seria a mesma. Se o grande salto se deu pelo controle do fogo, pelas habilidades de construir abrigos e ferramentas, ou devido à comunicação gestual, ou pela fala ou pela arte, isso temos de decidir. Seguramente, já havíamos mudado o mundo bem antes da Revolução Industrial.

***

Sem dúvida, nossa espécie é dona de uma mente criativa e, até certo ponto, brilhante, mas nenhuma catedral é erguida sem os alicerces, nenhum Burj Khalifa, o prédio com quase um quilômetro de altura em Dubai, se erguerá altivo sem uma incrível base de sustentação. Então, onde está a espécie ancestral ou as espécies que lançaram as sementes do futuro para essa mente brilhante?

Alguns pensam que o *Homo sapiens* seja um ponto fora da curva, um gênio isolado e único, tão diferente que não pode ser comparado nem julgado. É um pensamento confortável, mas para lá de enganoso. Hoje vemos um abismo mental entre nós e nossos únicos parentes vivos, os chimpanzés e bonobos. Por isso, há quem ridicularize as comparações com os chimpanzés. No entanto, é o melhor que temos quando se trata de parentes vivos. Todo o resto da nossa linhagem direta perdeu-se na linha do tempo. E na linhagem deles apenas restaram os chimpanzés e bonobos. É um quebra-cabeças para lá de incompleto.

Essas duas linhagens partem de um mesmo ponto, cerca de 6 ou 7 milhões de anos atrás, como discutimos no primeiro capítulo. O tal *Sahelanthropus tchadensis,* que representa os primeiros passos de nossa linhagem, era um sujeito quadrupede, talvez algo territorial como são os modernos chimpanzés. Aos poucos, a mente dos *Sahelanthropus* foi submetida a novos desafios, enquanto a dos chimpanzés e bonobos permanecia na floresta densa e rica em recursos.

A partir do *Sahelanthropus,* muitos "experimentos evolutivos" foram testados por milhões de anos, e a maior parte deles fracassou. Alguns novos "modelos" de humanos entraram no páreo e tiveram a capacidade craniana aumentada enormemente, a postura se tornou bípede, os pés e as pernas se modificaram, assim como a caixa torácica, a pélvis, a posição das escápulas, braços e mãos. O focinho encurtou, assim como a mandíbula. A região frontal do crânio expandiu-se.

Para cada um desses novos "planos de corpo", novos desafios para a mente. Assim, enquanto a "linhagem chimpanzé" encarava os desafios da floresta, a "nossa linhagem" encarava os novos desafios de uma vida bípede, nômade e num ambiente de savana. Nesse tempo, também perdemos quase todos os pelos e ganhamos um número extraordinário de glândulas sudoríparas. Depois enfrentaríamos outras paragens desérticas ou campinas varridas pelo vento e até o frio congelante das neves eternas.

Dessa forma, é estranha a ideia de que os chimpanzés simplesmente pararam no tempo como sucata evolutiva e que nós nos tornamos o glorioso "macacos-nu". O que aconteceu foi que a linhagem chimpanzé se aferrou *à* floresta, enquanto nós experimentamos novas possibilidades e nos arriscamos mais além. A mente é não apenas um reflexo do corpo, mas também de novas possibilidades. Para viver no deserto, no gelo, nas florestas ou savanas, a mente tinha de encontrar soluções. Para cada desafio, a mente desses modelos humanos, que chamamos de espécies, tinha de dar seus saltos ou capitular. Capitulamos muitas vezes e vemos isso nos humanos extintos.

***

Chimpanzés resolvem um grande número de problemas em sua convivência com a floresta. Constroem um mapa mental das fontes de alimento, discriminam espécies vegetais com a precisão de um botânico profissional, preparam camas para passar a noite, modificam objetos naturais, os guardam para usar mais tarde e até usam composições de objetos como martelos e bigornas para quebrar coquinhos, mascam folhas para transformá-las em esponjas, usam folhas para se limpar ou como pratos, usam palitos para pescar cupins ou retirar o tutano dos ossos ou para retirar o cérebro de suas presas de dentro da caixa craniana. São formidáveis em seus acordos políticos e ardis, em dissimular e ludibriar, construir amizades, desbancar adversários e até em construir a paz e manter a estabilidade do grupo. Mais ainda, transmitem informações entre gerações que podem transformar-se em tradições permanentes, assim como as nossas. E se você ou eu estivermos perdidos numa floresta, os veríamos como donos de uma mente brilhante. Ainda mais: nossos ancestrais, possivelmente, aprenderam com eles alguns truques, observando como atuavam naquele mundo desafiador.

Chimpanzés e sua contraparte bonobo têm uma desenvolvida inteligência social, que pode ser maior do que a de alguns ditadores e até de presidentes de democracias capengas. Sabemos que pessoas com péssimo traquejo social podem ir longe e tornar-se *líderes. É uma liderança tormentosa, mas que brota vez por outra. É bem provável que esse fenômeno quiçá seja raro. A inteligência social – e a mente que a pratica – depende da habilidade de inferir os estados mentais de seus aliados e inimigos*[137]. Nisso, os chimpanzés são mestres.

É claro, essa equação tem um problema de quantidades. Chimpanzés formam grupos relativamente pequenos, ao contrário dos humanos modernos, que extrapolam nesse quesito. E a inteligência social dos chimpanzés nunca foi testada nessa dimensão estratosférica. Assim, a linhagem humana teve de lidar com esse problema de grandes quantidades em algum momento do passado, e a linhagem chimpanzé não.

Chimpanzés também têm alguma inteligência técnica utilizando e modificando objetos, praticando e imitando seus congêneres, porém há um limite na conjunção dessas unidades, quando comparados à nossa linhagem. Chimpanzés podem usar duas ou três unidades no máximo, quando trabalham com um martelo, uma bigorna e talvez um calço. Já um simples machado com lâmina de pedra, cabo de madeira e uma fibra vegetal para atar essas partes também tem uma conjunção de três unidades. Também aí

---

[137] Mithen (1998).

nossa linhagem demonstra uma inteligência técnica maior – mas por qual razão a mente dos chimpanzés necessitaria desse salto?

***

Como vimos, nossa linhagem esbarrou em diferentes cenários, sempre mutantes, devido às estações bem definidas nas regiões temperadas e a uma vida nômade. Se agrupou em bandos maiores, o que endossaria, por si só, a plasticidade e a complexidade da mente humana. Além disso, a mente humana é filha de um andar bípede e de mãos livres para examinar, carregar objetos, sopesá-los e medi-los. Isso deve ter acontecido lá pelos 4 milhões de anos com um tal *Australopithecus*.

Daí para diante, *não só carregamos e medimos tudo, mas construímos*, moldamos e adaptamos toda e qualquer coisa. E cada coisa levou *à* outra. Em sociedade, não dependemos de um único gênio criador. Cada engenhoca que um de nós for capaz de criar, o outro modificar*á* ou perceber*á* novos usos. É um fenômeno de 'criatividade coletiva', catalisado pelo grande número de pessoas das sociedades densas. Tal vantagem – aquela de um número extravagante de gênios criadores –, nós de fato levamos em relação aos nossos parentes vivos.

É plausível e mesmo lógico que, em nossa linhagem, a mente tenha se tornado cada vez mais brilhante, já que o "X" da questão – a pedra de toque – estava (e está) na criatividade. A evolução da mente entre espécies concorrentes conferia um bônus para quem tivesse mais criatividade. Novos ambientes extremos exigiam, desesperadamente, arroubos de criatividade e novas engenhocas facilitadoras de trabalho, armazenamento, transporte ou conforto. Se os chimpanzés são bons em classificar a posição social dos membros de seu bando, inversamente "são incapazes de guardar [lembrar] as quantidades de água contidas numa série de vasilhames"[138]. Aí está outra vantagem que temos sobre eles: a ideia de armazenamento e previsão de problemas futuros. E se você é daqueles que age como se nunca existisse amanhã, talvez deva perguntar-se mais vezes sobre evolução, atavismos e outros temas correlatos.

Muito antes da nossa espécie, da roda e das carretas, já transportávamos nossos utensílios arrastando padiolas pelo deserto ou pelo gelo ou

---

[138] Mithen (1998), p. 144.

transportando-os em pequenos e improvisados barcos. Nossa compulsão nômade, nossa curiosidade desmedida, animais diferentes para caçar em cada região e em cada estação, ideias para se mover pelo gelo, ideias para armazenar água no deserto, ideias para armazenar carne debaixo da terra congelada, ideias para fazer um teto, ideias e mais ideias... Esse salto – esses saltos – é fruto de nossa insatisfação endógena.

Nossa mente moderna é fruto dessa insatisfação endógena nascida de várias e diferentes espécies. E onde teria nascido essa insatisfação permanente? Por que teria sido valorizada? Talvez pelo fato gritante de o mundo ser mutável, de nosso alimento migrar para outras regiões distantes, talvez pelo fato de a água escassear, talvez pelo frio ou pela seca, por incêndios e inundações. Isso criaria uma mente nômade, inconstante..., mas nem todas as mentes humanas foram tão insatisfeitas quanto a nossa. Os neandertais, por exemplo, tinham uma mente dos tempos gelados e, quando as geleiras recuaram, nos primórdios do aquecimento global, eles não se propuseram a grandes mudanças. Mas nós sim. Nós mudamos e mudamos novamente, sempre insatisfeitos.

Não só a insatisfação, também o ócio nos rege. Nossas mãos livres, nosso conforto, nosso tempo ocioso – já que o alimento dos próximos dias estaria garantido e acondicionado em algum lugar – permitiram-nos o tempo livre, o ócio criativo. A diferença entre consumir na hora ou guardar para depois deu à linhagem humana algo que a linhagem chimpanzé jamais sonhou, por mais engenhosa que fosse.

A mente do primeiro fabricante de ferramentas em pedra, a mente do primeiro grande nômade explorador que partiu da África ou do Oriente Médio, a mente do caçador astuto capaz de seguir e reconhecer pegadas foram mentes diferentes: todas tinham inteligência social. Todas tinham inteligência técnica, mas a inteligência naturalística, aquela capaz de reconhecer quem deixou qual pegada e para onde foi, aquela capaz de reconhecer nas flores, nas nuvens ou no vento a mudança das estações, aquela capaz de construir mapas mentais em larga escala, envolvendo não só recursos alimentares ou abrigos, mas toda uma compreensão dos ecossistemas, quase como um ecólogo moderno, essa mente é mais posterior. Talvez *Homo ergaster* ou quem sabe depois dele, essas qualidades ganharam sofisticação.

Fato é que *neandertais* e *sapiens* foram ou são portadores de uma notável inteligência naturalística, e não há razões para desconfiar que seus contemporâneos *denisovanos* também não a tivessem. Estamos falando em três espécies similares com inteligências similares. Mais recentemente, entrou no jogo outra espécie próxima e ainda não inteiramente definida (como comentamos no primeiro capítulo), o homem-dragão, descoberta na China. Agora a dança das cadeiras ficou ainda mais empolgante na corrida para saber quem é parente de quem e como nossa inteligência *sapiens* finalmente floresceu. A dança das cadeiras agora ganha uma quarta espécie, e a história de nossa mente também.

O passo posterior a uma inteligência naturalística seria uma inteligência linguística. Sabemos que os chimpanzés têm uma linguagem gestual sofisticada, e, portanto, toda a linhagem humana a partir dos 6 milhões de anos a teria, mas estamos falando dessa tagarelice à que somos propensos. Onde ela teria começado? Ninguém sabe ao certo. Alguns autores defendem que *Homo erectus* ainda não seria esse cara[139]. Ele produziria uma baixa variedade sonora destinada apenas a expressar emoções básicas, não chegando ao que consideramos linguagem. Em algum momento, depois dele, ocorre a explosão verbal, e a quantidade de informações a serem transmitidas dá uma arrancada surpreendente. Não só a quantidade, mas a velocidade. Teria esse frenesi verbal ocorrido com *Homo heidelbergensis*? Ou ainda depois? Há 250 mil anos, nossa linhagem tinha atingido o maior desenvolvimento cerebral, mas a mente que fala já estaria em plena atividade?

***

Se hoje temos o que chamamos de uma mente brilhante é porque a recebemos pronta ou quase. Mas há outras derivações dessa insatisfação endógena que só agora percebemos. O conforto e o ócio criativo nos dariam novos bens a transportar e defender, novos espaços a invadir e modificar, mas essa mente embrionária e brilhante, que um dia pousaria uma sonda em Marte, não poderia conhecer os desvios futuros das guerras devastadoras, dos genocídios, da crueldade, da barbárie sem limite, da escravidão, da desigualdade e da subserviência.

Ainda teríamos de viver um pouco mais para compreender as consequências de nossa insatisfação endógena. Há uma linha tênue entre insatisfação e curiosidade. Nenhuma delas é um mal em si mesma. Elas são apenas parte do que somos, e raramente lhes damos a devida atenção. Elas

---

[139] Mithen (1998), p. 222.

nasceram antes de nós em algum ponto do passado. Foram elas que nos catapultaram em direção ao progresso vertiginoso da tecnologia.

Enquanto isso, nossa mente brilhante se regozija do que é e faz, embora minta e invente histórias e fantasias para convencer a si mesma de que está certa. Embora pondere sobre o livre-arbítrio, a lógica e a razão, ela continua presa às emoções. Embora tenha, de fato, uma capacidade inventiva extraordinária, uma mente tecnológica muito além daquela dos chimpanzés e bonobos, ainda assim é uma mente que mente e se engana. E, quando nossos enganos tomam proporções de massa, epidêmicos, afundamo-nos e regredimos como acontece nas guerras, nas perseguições étnicas, nos genocídios, nos frenesis de violência urbana...

O que emerge nesses momentos é algo grotesco, mas isso não cabe aos nossos ancestrais. São nossos demônios modernos, a Caixa de Pandora que nós mesmos abrimos por descuido ou talvez não. Pandora não teve qualquer culpa, todos nós a tivemos ou temos, seja por ignorância, seja por maldade ou omissão.

Capítulo 7

Burocracia, Democracia, Tirania e o Monte Pnix

O primeiro método para estimar a inteligência de um governante é olhar para os homens que tem à sua volta.

(Nicolau Maquiavel)

7.1 O Monte Pnix

O antigo mercado de Atenas era uma área movimentada. Não era apenas um local para se abastecer com víveres, mas um lugar de encontros e passatempo. Os gregos antigos gostavam de trocar ideias enquanto caminhavam ao ar livre pela ágora. Diziam que assim as ideias fluíam melhor e a tensão se dissipava. Eles valorizavam o ócio e sabiam que ele levava à criatividade.

Em nossa sociedade moderna, perdemos alguma coisa pelo caminho. Nossas reuniões importantes ocorrem em ambientes fechados, e todos ficamos sentados de olhos fixos em nós mesmos. A tensão é crescente, o ócio não é permitido e, via de regra, desvalorizado.

Sem dúvida, havia várias distrações na ágora antiga lá pelo século V a.C. – comida, músicos, vendedores, profetas, videntes, cheiros variados e tudo o mais que um bom mercado costuma ter. Assim, os debates públicos sobre problemas e necessidades da *polis* mereciam um ambiente separado da turba. Logo ao lado do belo Templo de Eféstio, passava uma trilha suave que levava a um platô rochoso de mármore puro e a uma campina. A caminhada era curta, mas o local era uma boa opção para decisões importantes das Assembleias Democráticas. De quebra, tinha uma espetacular vista para a Acrópole.

O orador subia ao pódio por degraus escavados no mármore e apresentava suas ideias. Lá discursaram Aristides, Temístocles e Milcíades – exigindo providências contra a invasão dos persas de Dario I e Xerxes – ou ainda Péricles, que reconstruiu das cinzas as belezas de Atenas. Discursou, ainda, o extraordinário Demóstenes, que ganhou fama de subversivo por sua luta constante contra a tirania. Assim era no passado, assim é ainda hoje.

Lá estão as origens da democracia, deitadas sobre a laje branca do Monte Pnix. Se algum dia você passar por lá, respire fundo e entregue-se ao devaneio. Sente-se e abandone-se. Deixe-se invadir pela experiência humanista. O Pnix é o lugar perfeito para isso. Os gregos entenderão seu ócio criativo. Os tiranos e os arrogantes não entenderão por que tamanha contemplação, que bom! Que eles fiquem de fora dos seus sentimentos.

7.2 Da Democracia Grega à Oligarquia Decadente

Aqui seria o caso de ser simples e direto. A democracia é um bom experimento de governança e, evidentemente, não é isenta de falhas. Ao longo dos séculos, desde as reuniões públicas dos atenienses nas colinas de mármore do Monte Pnix, ou mesmo antes, ela ganhou alguns "ingredientes" e perdeu outros. Assim é com tudo o que fazemos – as mudanças são a norma e nem sempre são mudanças para melhor. Portanto, cabe a pergunta direta (e quiçá simplória): existe algo da proposta original que era importante e foi deixado para trás ou convenientemente esquecido?

Se uma parte essencial foi perdida de lá para cá, então os sistemas de governo que chamamos democracia talvez sejam outra coisa que não a democracia grega. *Krátos* tinha o sentido claro de poder, e *demos* poderia significar povo, população ou, num sentido pejorativo, a ralé. A ideia de que o povo poderia participar das esferas do poder era claramente diferente de qualquer outro sistema passado de pai para filho como nas organizações tribais ou nas tiranias.

A democracia inovava e virava o mundo de ponta cabeças. Um homem rico ou descendente dos deuses – em sua imaginação fértil – ficaria exacerbado ao ser governado por um qualquer. Por isso a ideia pejorativa de ralé, que alguns preferiam (ou preferem) ao considerar a palavra *demos*. Fato é que sujeitos como Sólon e Clístenes influenciaram essa virada ateniense para a perplexidade das demais *polis* da Grécia Antiga.

Como se poderia esperar, o ponto de partida da democracia era um tanto limitado. Pouca gente participava da eleição, talvez pouco mais de 30%, já que eram excluídos os não atenienses de nascimento, os escravos e as mulheres (a escravidão velada). Nesse sentido, a democracia melhorou com o tempo, mas as mulheres só foram votar, no país mais rico do mundo, em 1920[140]. Até então, e mesmo depois disso, permaneceriam como cidadãs de segunda classe.

A grande sacada da democracia ateniense, no entanto, foi outra. Estabeleceu-se que cargos semelhantes aos do "Senado" de hoje seriam escolhidos por *sorteio* – simples assim. Aristóteles chegou a dizer que "o sufrágio por sorteio pertence a natureza da democracia; por eleição [voto] à aristocracia". Independentemente do que se pense hoje, era um ato de extrema clarividência. Sem sorteio, quem não fosse bem nascido jamais chegaria a um posto elevado. Não teria dinheiro para bancar propaganda ou para subornar diretamente alguém. Mais ainda, o sorteado para o cargo de "senador"[141] tinha seu tempo de atividades pela *polis* limitado, sem reeleição. A sensibilidade ateniense já havia percebido os vícios do poder e os limitava dessa forma. Por sinal, Sólon era um poeta, e assim a palavra sensibilidade faz bastante sentido.

Também faz todo o sentido que os aristocratas daquele tempo não conseguissem digerir a ideia – nem naquele tempo, nem hoje. Em pleno século XXI, há quem veja a si mesmo como o próprio *'eleito celestial'*, uma entidade especial. Tive um conhecido que achava absurdo que o voto de um índio tivesse o mesmo valor do que o seu. Ele, um aristocrata decadente, não conseguia elaborar essa ideia simples e poderosa. Era um sujeito bem informado, mas, como se vê, informação não é tudo. Mais do que isso, informação pode ser facilmente "plantada". Não é de agora que as pessoas acreditam piamente no que lhes dizem.

Na Grécia Antiga, somente alguns cargos permitiam ascensão pelo voto ou escolha direta, dentre eles o de general ou comandante das tropas em batalha. Apregoava-se que um general deveria ter experiência prévia e treinamento, e por isso o cargo não estaria aberto a qualquer cidadão. A ideia parece razoável, mas carece de comprovações inequívocas. Sobre isso, Temístocles foi um exemplo relevante. Era, basicamente, um *não ateniense*, que fez carreira *política* e se tornou *general* supremo, chegando a vencer os persas. Em outras palavras, não seguiu quaisquer regras da época.

A democracia grega foi e veio inúmeras vezes, quase sempre por descontentamento dos aristocratas. E, nessas idas e vindas, perdeu-se algo

---

[140] Como reflexo do movimento das sufragistas: USA, 1920; Reino Unido, 1918; Nova Zelândia, 1893.

[141] Dependendo da categoria, esses mandatários eram chamados de *bulé* ou *arcontes*.

da proposta original, algo que parece ter sido importante. A maior parte das democracias de hoje não é decidida por sorteio, embora existam democracias assim. E a maior parte dos políticos de hoje, literalmente, apodrece no poder. Ninguém consegue tirá-los de lá, nem que roubem o universo inteiro. Em outras palavras, quebramos duas regras de ouro de uma só vez. Não deveria surpreender a ninguém que a "insaciável fome de ouro" esteja no fulcro da questão. Deu-se um jeito de subverter as boas ideias e implantar ideias estranhas, que, de tanto serem repetidas, se tornaram verdades (ou quase). Como teria dito Karl Marx, "as ideias dominantes numa época nunca passaram das ideias da classe dominante".

Hoje, os ditos governos democráticos oferecem ao *demo* (ou seja, a ralé) o direito à *escolha pelo voto,* mas é claro que se trata do voto nos aristocratas. Tudo bem, um ou outro representante verdadeiro do povo aparece por lá, mas não é convidado para as festas, as festas do "*Auri sacra fames*", como disse Virgílio certa vez...

Foi assim que a democracia original virou o que chamamos de "democracia contemporânea", um nome bonito, mas talvez vazio. Como advertiu Aristóteles, o caminho que escolhemos é o caminho da "aristocracia", o caminho da perpetuação do poder e dos vícios do poder. Algo de importante foi deixado para trás ou – quem sabe – convenientemente esquecido, tanto faz.

É verdade que hoje as mulheres podem votar e ser eleitas. É verdade que a escravidão foi oficialmente condenada nas democracias (embora permaneça nas sombras dessas mesmas "democracias"). É verdade que se fale na igualdade, embora se pratique pouco. E é verdade também que se fale em liberdade de opiniões, mas nunca se for contra as classes dominantes. Porque, se for contra, então entrarão em cena os velhos e malévolos métodos da tirania, a começar pela difamação.

Assim, temos hoje o direito a votar num general ou num representante dele como naqueles tempos idos. Temos o direito a votar num empresário de sucesso ou num corrupto que faça a vontade dele. Essas são as nossas opções de voto. A isso se chama *plutocracia,* ou seja: *o poder do dinheiro, o poder das classes mais abastadas.* E fica evidente que algo importante nos foi roubado (ou será na próxima eleição). E quando alguém de bom coração aparecer e oferecer a cara a tapa será menosprezado, acusado de despreparado, de simplório, de manipulável, de medíocre; por fim, essas *informações plantadas* convencerão você a votar em alguém que "se apresente" como *preparado, esperto, manipulador e eficiente.* Tudo isso porque a política é –

declaradamente – o "paraíso terreno da credulidade" e porque somos *pouco racionais*, a despeito de nossa alcunha de *sapiens*.

Mas quando e onde a ideia original se perdeu? E por quê? ... Difícil dizer, mas coisas foram perdidas, e coisas, incorporadas. As cidades greco-romanas estavam em franco crescimento, já bem antes do ano zero. Havia problemas de eficiência na chamada democracia direta, em que cada cidadão levantava o braço e pedia a palavra. Foram, então, necessárias algumas, digamos..., adaptações; dentre elas, a eleição de representantes que falassem pelos cidadãos.

A ideia de "Senado", que temos da Roma Antiga, provém de uma assembleia de anciãos (*senex*), que mais tarde ganhou conotações aristocráticas. E foi nesse momento que perdemos alguma coisa (ou muitas). A chamada *res publica*, ou seja, "a coisa pública", era uma tarefa a ser mantida por muitos em oposição ao que era privado. Esses muitos compunham o tal Senado, que funcionava, em parte, como uma democracia representativa.

Já naquela época, assim como hoje, o Senado estava amarrado ao poder político das elites (a tal plutocracia). Assim como hoje, tinha o povo como justificativa, mas não como objetivo. O próprio símbolo clássico da República romana, com as letras SPQR (*senatus populusque romanus*)[142], fazia menção ao povo. O Senado romano e o Senado de hoje tinham quase o mesmo número de representantes, embora esse número tenha variado ao longo do tempo e entre países. Mas o Senado antigo tinha outras atribuições como aquelas administrativas e de justiça. Também tinha a responsabilidade de eleger os representantes do Executivo, os chamados cônsules. Em outras palavras, o Senado era todo poderoso para administrar a *res publica*.

Agora vejamos o que podem parecer incríveis coincidências. Na República romana daquele tempo, era tacitamente permitido tudo aquilo que consideramos falcatrua e corrupção. A cobrança de propinas ocorria, às claras, em quase todos os elos do funcionalismo público. "*Toda a função pública era uma falcatrua em que os prepostos faziam os subordinados pagarem e todos juntos exploravam os administrados*", nos disse o historiador Paul Veyne[143]. O enriquecimento ilícito era motivo de orgulho e algo a ser assumido nas 'redes sociais' da época, e os crimes de colarinho branco (ou deveríamos dizer de toga branca) eram raramente punidos.

---

[142] O Senado e o povo de Roma.
[143] Veyne, P. (2011). *História da vida privada*. [Histoire de La Vie Privée]. São Paulo: Companhia das Letras. p. 105.

Hoje dizemos, com seriedade fingida, que uma atitude é republicana ou não é republicana. Mas quem estamos copiando? Se assim é, então não inventamos nada em nossa 'democracia representativa de cooptação moderna'. Plagiamos os romanos apenas e fizemo-lo, degenerando, ainda mais, a ideia de República. Permitimos a permanência ilimitada no poder, já que os cônsules romanos atuavam apenas por um ano, e *nós somos favoráveis à reeleição continuada* – vejam as "democracias" da Rússia, da China, da Venezuela, da Turquia.

Em Roma, o povo tinha representação apenas por meio de seus tribunos (*tribuni plebis*), mas isso dependia do ditador do momento. Sim, a República conviveu com sistemas ditatoriais no passado – assim como hoje –, os quais limitavam o poder dos tribunos quando lhes convinha.

A Câmara dos Comuns (a nossa Câmara dos Deputados) foi uma inovação do século XIV no Reino Unido. Ela introduziu à República o sistema de duas câmaras, que convive com a democracia de hoje com diferentes nomes. A ideia era a de um mecanismo de controle, mas, quando os ditadores se aborrecem (e se aborrecem muito facilmente), eles fecham o Congresso e as Assembleias estaduais, já que, por definição, os ditadores não sabem conviver com as diferenças. Eles simplesmente não têm intelecto para isso.

Quando têm algum intelecto, eles atuam – laboriosamente – para fragilizar o intelecto do povo, desmontando as instituições de ensino e de pesquisa, os museus, as manifestações artísticas e ampliando, desmesuradamente, a burocracia, porque assim controlarão as "iniciativas". Essa é a mais clara manifestação das oligarquias decadentes e um convite temeroso à falsa democracia.

A degeneração é ponto comum a todos os sistemas de governança, mas há uma regra de ouro na democracia que teima em permanecer mesmo nas crises. O historiador e poeta francês Edgar Quinet pontuou a questão com muita elegância (e boa dose de ironia), lembrando que "A democracia tem necessidade de justiça, enquanto a aristocracia e a monarquia podem passar bem sem ela".

7.3   Política, Políticos, Populismo e a Falsa Democracia

"*Auri sacra fames*" – como dissemos antes, a insaciável ou execrável fome de ouro – é o verso imortal do notável poeta romano Virgílio, que viveu no século I a.C. Incrível é sua atualidade e aplicação em nossas democracias de mentira. Falsas democracias se baseiam na máxima de que "sempre haverá ovelhas para os lobos". A questão é simples: algumas democracias são em verdade ditaduras disfarçadas. Não importa como você se vista, não importa se está de uniforme militar ou de terno e gravata, todo mundo sabe que existem "lobos em pele de cordeiro". E, numa falsa democracia, os lobos são a norma. Eles estão ali para proveito próprio, e você está para o proveito deles.

Na China, Venezuela e Rússia, existem falsas democracias e eleições de mentira, mas existem outros países bem mais enrustidos, que fazem de conta que o eleitor pode tudo, que ele é o responsável pelo futuro da nação, que ele está de posse de sua cidadania (uma palavra importante e cada vez mais gasta). Falsas democracias costumam ter "voto obrigatório", já que isso garante que todas as ovelhas do curral compareçam. Votando no candidato certo, o eleitor-ovelha pode mudar as coisas. Mas qual é o candidato certo para a alcateia? Qual lobo será eleito para "cuidar" delas enquanto dormem?

A propaganda é maciça nesse sentido. Martela-se o eleitor, sem trégua, num processo de catequese e adestramento. Você pode achar que eleição não é religião, mas em certa medida é. Se o eleitor votar num lobo qualquer, legitimará a falsa democracia, e isso é tudo que os lobos precisam. O eleitor recebe o ônus da escolha. Mas: e se ele não tiver escolha? Você escolheria ser assaltado por um ladrão em detrimento de outro? Incrível, mas já ouvi a resposta sim! É desse tipo de falsa democracia que tratamos aqui, da que se traveste de liberdade. A falsa liberdade é a falsidade maior.

Adolf Hitler, o tirano de quem falaremos logo à frente, adotou a máxima de seu ministro da propaganda, Joseph Goebbels, de que "uma mentira dita mil vezes torna-se verdade". As falsas democracias têm esse mesmo *modus operandi*. Os "lobos em pele de cordeiro" vendem a ideia que você desejar... qualquer uma. E depois que você comprar, eles o terão na mão. Terão vários anos para lhe dar as costas e, certamente, fá-lo-ão. Não há nada que os obrigue a cumprir o que foi prometido. Eles não perderão o mandato, a não ser que os peguem com uma arma na mão (e olhe lá). Uma vez empossados, eles se tornam reis e serão intocáveis. E lembre-se: o ônus da escolha foi somente seu.

Assim, os tais lobos-senadores, deputados ou presidentes poderão saciar sua sede de dinheiro ou de sangue, conforme a conveniência. Seus aliados, hoje nominados "tropa de choque", os protegerão... e agredirão com violência desmedida qualquer contestação. Sua voz será encoberta pela deles, e eles serão donos da mídia, porque são os donos do sagrado dinheiro. Acusarão qualquer contestação de uma "agressão a democracia", mas todos sabemos que a verdadeira agressão à democracia está no cerceamento à liberdade de expressão, está em impedir a contestação. Essa é a maneira mais fácil de reconhecer uma falsa democracia. E você se considera vivendo numa democracia de verdade?

Os lobos retratados aqui ganham o nome de políticos, e, para que eles cheguem aonde desejam chegar, será necessário o que se chama de "massa de manobra". Nem todos nós somos filósofos ou cientistas políticos e não podemos conhecer todas as tratativas sórdidas dos bastidores. Isso dá aos políticos profissionais uma larga vantagem. Eles podem arregimentar votos por meio de concessões tolas para certas classes e valendo-se de propaganda venenosa contra as outras. Podem fazer como o imperador romano Constantino, que ofereceu "pão e circo" para manter um punhado de burocratas e soldados num lugar desolado, onde pretendia construir uma cidade com seu nome[144]. E a "massa de manobra" regozija-se com "pão e circo". Esse é um belo ingrediente da falsa democracia.

Constantino não foi o inventor do populismo, mas um ilustre utilitário dessa conduta. As falsas democracias e as verdadeiras se valem do populismo, dependendo da ocasião. O populismo não é um problema em si. O problema está no cerne da questão – os políticos –, palavra que hoje se afundou num mar tempestuoso e sinistro.

O filósofo e escritor Mário Cortella traz para a superfície, com clareza e habilidade, algo que já deveríamos saber há tempos: que político, na Grécia Antiga, era alguém que se preocupava com a *polis*, a cidade. (É isto o que significa a palavra). Era, portanto, alguém altruísta e abnegado. Os demais, que preferiam ouvir seus próprios pensamentos e digerir seus problemas e *demônios pessoais*, eram idiotas (do grego *"idiótes"), cuja conotação era de um cidadão sem interesse pelos demais, isto é, alguém de caráter privado*. Ele nos lembra, também, que hoje conseguimos inverter o significado de ambos os termos.

Esse é outro extraordinário ingrediente das falsas democracias: os políticos modernos são aqueles que se interessam apenas e incondicionalmente por si mesmos. Não estão interessados na *polis* (embora costumem ser populistas). Dispersos nesse sinistro corpo de oportunistas, existem políticos de verdade, que estão interessados em resolver conflitos, e não em criá-los. Eles trabalham muito e aparecem pouco na mídia e, muitas vezes, são assassinados quando denunciam desmandos. Você conhece algum país onde isso acontece? Algo lhe soa familiar? *"Auri sacra fames"*, disse Virgílio certa vez...

---

[144] Constantinopla, posteriormente rebatizada de Istambul.

7.4 Tempos de Tirania

Adolf Hitler, o psicopata, o genocida, o megalomaníaco, o racista, o viciado compulsivo em drogas injetáveis (embora fosse abstêmio) – farta é a lista para definir o ditador. Vários de seus generais e demais bajuladores definiam-no como "o maior comandante de todos os tempos". Mas isso é, no mínimo, cegueira ou subserviência. Hitler era extremamente centralizador e descartava, sem pestanejar, os conselhos de seus generais mais experientes. Parte das trapalhadas e desmandos durante a invasão da Rússia são sua responsabilidade direta e de mais ninguém.

Sem dúvida, foi um *ditador* que poderia receber a alcunha de *tirano*. Para alguns pensadores, essas palavras diferem na origem[145], mas na prática se confundem e se entrelaçam. Hitler tinha carisma, a seu modo, e serviu de gatilho para que o partido nacional-socialista subisse ao poder. E, respaldado por um partido de trabalhadores que não conseguiu enxergar sua proposta de ultradireita, iniciou a obra que culminaria na concentração de poderes. Sem o carisma, um mero estafeta engajado na Primeira Guerra Mundial, jamais chegaria ao status de comandante supremo.

No entanto, seria ele o arquétipo dos tiranos? Aquele que incorpora todos os atributos de uma personalidade maléfica? ...Pouco provável. O tempo cria novidades, e ele viveu numa época de deslumbramento pelos fármacos. A indústria química estava fascinada por si mesma. Produzia e distribuía medicamentos sem o devido controle do Estado. Parte da energia e do carisma original de Hitler foi sendo substituída por drogas sintéticas e compostos duvidosos de origem animal, dos quais ele se tornou dependente. Outros ditadores, antes dele, não passaram pelo mesmo processo, embora o ópio seja uma droga tão antiga quanto a civilização.

Dentre suas muitas extravagâncias, Hitler tinha um fascínio pela morte. Ele adorava discorrer sobre temas como suicídio e assassinato. Não deveria ser surpresa, então, que ele tenha transformado a Europa num campo de abate. Suas ideias de genocídio já eram conhecidas bem antes de sua ascensão ao poder. No entanto, todos nós vemos as coisas que queremos ver e descartamos as que não nos convêm no momento. Hitler era visto como um trabalhador compulsivo, um moralista, abstêmio e vegetariano, mas seu horror repulsivo aos homossexuais, judeus, ciganos, sérvios e romenos acabou sendo deixado de lado durante sua ascensão...

---

[145] A tirania necessita de um tirano, enquanto a ditadura pode ocorrer apenas pela ação do Estado.

Os tiranos, em geral, são movidos por obsessões. Começam com projetos megalomaníacos e depois se afundam numa crise de desconfiança. Cercam-se de poucas pessoas nas quais confiam e vão isolando-se do mundo real, progressivamente. Esses poucos "eleitos" costumam ser bajuladores inúteis, verdadeiros lambe-botas, que só dizem o que o tirano gostaria de ouvir. De fato, Hitler e seus contemporâneos, como Franco e Mussolini, seguiram por um caminho igual.

É comum aos tiranos o controle coercivo por intermédio da polícia comum e de uma polícia secreta. Aliás, tirano é aquele que tiraniza, opressor, déspota injusto e cruel. A concentração de poder baseia-se na supressão da oposição, no controle dos meios de comunicação e do próprio partido, dos sindicatos e da educação. Baseia-se num aparato de propaganda organizado, na repressão física e da expressão verbal ou escrita, além, é claro..., das torturas e dos assassinatos.

Josef Stalin subiu ao poder como um líder revolucionário, mas rapidamente embarcou numa paranoia de desconfiança e perseguiu tudo e todos, inclusive os integrantes de seu próprio governo. Criou campos de concentração[146] como os de Hitler e matou de fome 5 milhões de ucranianos. Stalin também veio de um partido de trabalhadores e foi catapultado ao poder devido ao seu carisma. Também cultuou a própria personalidade, embora pregasse, oficialmente, o contrário. Aliás, esse é um pré-requisito de controle das massas: a mentira ampla, geral e irrestrita. Ele tinha todos os atributos listados há pouco e se valeu dos mesmos métodos. Embora tenha se tornado inimigo de Hitler, abocanhou, junto a ele, vários países do Leste Europeu, pouco antes da Guerra Mundial.

Mao Tse-Tung também foi um revolucionário, e suas mudanças foram, provavelmente, as mais categóricas já propostas na história da humanidade. Ele tirou a China da Idade Média e a lançou no século XX em poucas décadas. O mote de suas reformas focou nos trabalhadores do campo, e o que parecia, a princípio, um comunismo ao estilo russo transformou-se num comunismo chinês com vida própria. O regime foi tão fechado que só recentemente sua face sombria emergiu, mostrando horrores inimagináveis.

Como todos os demais regimes totalitários, primeiro era necessário eleger os "culpados" a serem punidos e depois exterminados. Para os nazistas, os culpados foram os judeus, uma "raça" descrita como degenerada. Para Mao, eram os empresários, os industriais, os latifundiários, os intelectuais

---

[146] Gulags.

e, na falta de algum deles, quaisquer outros que tivessem bens. Sua reorganização social não foi apenas trabalhista, mas enveredou, sorrateiramente, para os recônditos da mente do povo chinês.

Em outras palavras, para que os "culpados" fossem encontrados, eles deveriam ser delatados pelos vizinhos em seções públicas. Mais do que isso, estipulou-se percentuais de delação para cada comunidade, e, assim, todo mundo que tivesse uma galinha a mais seria fuzilado ou enforcado, e as pessoas afundaram numa paranoia coletiva que destroçou as relações de amizade e as tradições. (Incrível, mas esse *modus operandi* de delação de proscritos não era novo. Foi utilizado antes pelo imperador Júlio César e seu descendente direto.)

O terror mental foi apenas o começo. Mao interferiu em todos os recantos da vida de "seu" povo. Estipulou o que deveria ser plantado, quando deveria, como deveria ser plantado. Levou pessoas do campo para trabalhar nas indústrias e trabalhadores das indústrias para o campo. Logicamente, isso gerou um colapso na produção, já que o *savoir-faire* estava perdido. Ao caos demográfico e social e à paranoia coletiva, somou-se o desastre da fome e um desastre ambiental gigantesco. Aliás, o meio ambiente jamais foi prioridade de qualquer tirano em toda a história do homem, e o descaso com ele é um bom termômetro para detectar regimes totalitários (ou candidatos a ditadores).

Os últimos anos da vida de Mao foram de fome e atos de abominação completa na China. O solo estava perdido devido à quebra dos protocolos mais básicos de plantio. Sua hiperexploração puxou o sal para a superfície. Os trabalhadores do campo estavam desnutridos e reduzidos a doentes ambulantes e, num desespero completo, foram levados ao canibalismo. Uma das passagens mais sinistras da história do mundo ocorreu justamente sob a mão de ferro de Mao: crianças foram simplesmente devoradas para que o mundo continuasse a existir.

O Khmer Vermelho, Pol Pot, usou uma fórmula parecidíssima à de Mao. Ele foi responsável pelo chamado genocídio cambojano com, pelo menos, 3 milhões de mortos[147]. Também deslocou – à força – pessoas das zonas urbanas para o campo, suprimiu o dinheiro e a propriedade e a religião, transformou escolas em centros de tortura, matou o povo de fome e assassinou, ininterruptamente, todo mundo.

---

[147] O que equivaleu a um terço do país.

Vejam. Não há aqui qualquer apologia anticomunista! Todos os tiranos modernos levaram seu povo à fome e à degradação moral, fossem de direita, fossem de esquerda (ou de centro, como alguns parecem desejar), fossem nazistas, stalinistas, fascistas ou maoístas e, mais recentemente, chavistas[148]. *É importante que fique claro que a ultradireita tem uma longa lista de tiranos sanguinários, uma lista provavelmente maior* – e, como veremos logo à frente, uma história há muito infiltrada na democracia.

O que enoja não são os sistemas políticos em si, mas o fato de eles terem levado a ditaduras horrendas que extirparam o poder Judiciário, cooptaram o Legislativo, controlaram a mídia e destruíram as finanças do país, além de se perpetrarem no poder *ad infinitum*. Qualquer poder que permaneça nas mesmas mãos corrompe o sistema. A própria democracia padece desse mal, se não houver renovação –em muitos casos, não há.

7.5 O Fascismo e o Fim da Democracia

O fascismo, como nos disse Umberto Eco[149], se tornou eterno. Na década de 1930, espalhou-se pela Europa como um rastilho de pólvora. Envenenou não apenas Itália, Portugal, Espanha, Alemanha, mas vários países do Leste Europeu, como a Bulgária, Iugoslávia, Romênia, Grécia... tendo chegado à América do Sul, à Ruanda e à Uganda, na África. O Estado exaltava (e exalta) o nacionalismo de ultradireita, o imperialismo, a violência, a repressão, o exército e as milícias e discriminava (e discrimina) as universidades, os artistas e os intelectuais, pois as fontes de saber são um entrave à ultradireita. O Estado andava de mãos dadas com a Igreja, simulando uma decência que nunca teve. De imediato, o fascismo comprometeu o significado de moral e honra e honestidade e sensibilidade, coisas que, para a ultradireita, estavam (e estão) fora de moda, coisas de gente fraca. Tudo isso em nome de uma falsa ameaça comunista. Assim foi e é: sempre a falsa ameaça comunista; uma cartilha simplória, aborrecida e recorrente.

Primeiro, os fascistas colocam medo nas pessoas – fazem ameaças de que algo lhes será tirado – e depois começam a desagregar as instituições democráticas. Propina e corrupção são ferramentas corriqueiras, com as quais aproximam a polícia e os milicianos, atacam o sistema Judiciário, enfraquecem as universidades e o ensino elementar, descredibilizam a ciên-

---

[148] Apoiadores de Hugo Chaves e de seu sucessor menos carismático, Nicolás Maduro.
[149] Eco, U. (2018). *O fascismo eterno*. Rio de Janeiro: Record.

cia, desmantelam a saúde pública, se apoderam da mídia, se rejubilam com a indústria armamentista, eliminam seus opositores – assassinando-os –, mentem compulsivamente a todo momento, são ávidos pelo dinheiro ilícito e pelas atitudes ilícitas, são supremacistas, sectaristas, sexistas, misóginos e racistas. E assim vai... Valem-se de pessoas crédulas para arregimentar um exército de fanáticos.

Hoje, sem qualquer ameaça comunista, nem nas mais longínquas alucinações, o fascismo está retornando – a passos largos – e impondo sua ideologia totalitária. Como nos disse Humberto Eco, "se entendermos como totalitarista um regime que subordina qualquer ato individual ao Estado e sua ideologia, então o nazismo e o stalinismo eram regimes totalitários"[150]. Isso serve como uma luva (!) também para o fascismo contemporâneo vestido de democracia. E, para implantar essas ideias mesquinhas, *que jamais deram certo em tempo algum*, basta que os asseclas do ditador sejam pessoas truculentas e rancorosas, via de regra, incompetentes, pois o ditador não precisa de conselhos, a não ser dos seus tradicionais "lambe-botas". Aí está a mente que mente se retroalimentando.

É fácil reconhecer o fascismo e difícil digeri-lo, se você tiver boa cabeça e não estiver disposto a subordinar seus atos ao Estado. Mas se você for alguém que se curva por qualquer coisa, principalmente para obter vantagens, então o fascismo lhe servirá por algum tempo, até você ser descartado, pisoteado, eliminado, pois honra, honestidade e moral *não são* conceitos que o fascismo ou os fascistas compreendam.

***

A tirania é um ato do ego, e não foi por acaso que Mao também escreveu o "Livro Vermelho" para incutir a lógica (ou o seu "Eu") no povo chinês. Os famosos desfiles, nos quais cada soldado ou cada cidadão carregava uma foto de Mao em frete ao próprio rosto, mostram o culto à personalidade de Mao. Cada um que tire suas conclusões. Há quem prefira negar a história. Há quem prefira negar os fatos (é sempre mais cômodo, claro). Há quem negue os extermínios dos judeus, dos ciganos e dos ucranianos. Há quem prefira taxar tudo de subversivo ou invenção. Há que venere "gritos de guerra". Este é o *"modos operandi"* de quem apoia a tirania, o totalitarismo.

---
[150] Eco (2018).

Também há quem apoie a renovação saudável, quem avalie, pondere e aprofunde as informações que recebe, quem busque as fontes originais, quem pense antes de "vender um peixe" que não conhece... Conhecer, pensar, conversar sobre temas polêmicos, sem, contudo, tentar catequisar os demais, é um bom princípio para detectar ditaduras embrionárias, e elas nascem tanto da direita quanto da esquerda. Tem gente que não enxerga isso, o que é uma pena.

***

É comum e até imprescindível aos tiranos se cercarem de uma guarda pessoal com a qual iniciam a tarefa de controle da sociedade. Hitler mantinha sua tropa de proteção, a SS, e uma sórdida polícia secreta, a Gestapo[151]. Stalin se valeu da terrível NKVD[152], e Mussolini, da OVRA[153]. Franco (Espanha), Pol Pot (Camboja), Saddan Hussein (Iraque), Idi Amin (Uganda), Muhammad Siad Barre (Somália), Augusto Pinochet (Chile), Jorge Rafael Videla (Argentina) e Emílio Garrastazu Médice (Brasil) também mantinham polícias secretas. Assim, a ideia não é nova.

Pisístrato, o tirano grego que governou entre os anos de 546 e 527 a.C., se valeu de um embuste simples. Simulou ter sido espancando e conseguiu convencer a assembleia de que necessitava de uma guarda pessoal para circular por Atenas. Feito isso, iniciou o processo de coerção da sociedade que o levou à tirania. Nos tempos do Império Romano, essa guarda do imperador ganhou o nome de Pretoriana. Inicialmente, tinha uma função de escolta ou guarda do palácio, mas aos poucos serviu para fazer valer os desejos do imperador (qualquer desejo), o que incluía eliminar seus inimigos.

***

Apesar do carisma de muitos ditadores, essa não é uma condição necessária. Estados-Autoritários mantiveram no poder muitos ditadores sem qualquer carisma. Eles são apoiados por um sistema militar de cunho nacionalista. Ditadores militares sem carisma são numerosos e não menos

---

[151] *Geheime Staatspolizei*

[152] *Narodniy komissariat vnutrennikh diel*

[153] *Organizzazione per la Vigilanza e la Repressione dell'Antifascismo*

perigosos. Abundam nas Américas Central e do Sul, na África e na Ásia. Paranoia subversiva, falta de empatia pelo povo, massacres, estupros, culto à própria personalidade, eleições fraudulentas, controle da mídia e do Judiciário e violação de todos os Direitos Humanos abundam nessas ditaduras nacionalistas ou socialistas ou com quaisquer outros "istas" de direita, esquerda ou centro.

A maior parte desses ditadores usava (usa) uniformes militares, alguns espalhafatosos como Muammar Gaddafi (Líbia: 1969-2011). Outros preferem um visual civil, mas seus métodos são estritamente militares. E, como o protocolo militar é naturalmente rígido para que funcione em tempos de guerra, ele simplesmente não dá conta das exigências da sociedade civil em tempos de "paz" (se é que se pode falar em paz numa ditadura). A questão primária é que não pode haver contestação numa ditadura. Assim, os contestadores logo começam a ser presos ou a desaparecer misteriosamente.

Na Argentina, os "desaparecidos políticos" eram jogados vivos de aviões militares em mar aberto ou nos ermos da patagônia, uma das áreas de menor densidade demográfica do mundo. Esses eram os chamados "voos" da morte", um mecanismo corriqueiro de eliminação de problemas. No Chile, uma junta militar empossou o general Augusto Pinochet, que foi declarado "Chefe Supremo da nação", um título bastante parecido com o de Hitler. Pinochet também patrocinou "voos" da morte" e usou campos de futebol como campos de estupro e extermínio. Nesse tempo, as antigas desavenças de Chile e Bolívia ficaram em segundo plano, já que o ditador desse país, Hugo Banzer, tinha interesse em colaborar com o antigo desafeto nos planos de eliminação da guerrilha. Assim, os dois generais se tornaram aliados oportunistas.

No Brasil, os governos militares se sucederam por mais de 20 anos. Ditadores nada carismáticos utilizaram os mesmos métodos, como a dissolução do Congresso Nacional, assassinatos e supressão das liberdades civis. Propagandeou-se, insistentemente, de que se tratava de uma ditadura branda, o que se revelou uma falácia completa. Outro país com ditadura disfarçada é a Venezuela. Populistas como Chávez e Maduro vêm fraudando, abertamente, as eleições, controlando o Judiciário e o Legislativo, prendendo juízes e sumindo com seus opositores, e o país, que já foi rico, vem afundando numa completa desgraça com a fuga em massa do povo espoliado.

Em todos esses casos, os militares justificaram sua interferência em nome da segurança nacional e da recuperação econômica. Falaram em governos temporários, que se tornaram vitalícios e afundaram cada um dos países, devido ao isolamento nacionalista. Definitivamente, é fácil reconhecer uma ditadura já que ela sempre oferece o mesmo caminho simplório: ela oferece proteção em troca da subserviência, coisa que a Máfia sempre fez.

7.6   Existe Livre-Arbítrio?

Para muitos de nós, não há dúvidas sobre o livre-arbítrio. São as escolhas cotidianas que constroem nossas vidas. Somos o que comemos, somos o que pensamos. E, bem mais do que isso, podemos ser punidos por tais escolhas. Assim funciona nosso sistema Judiciário apoiado numa batelada de leis omissas. Assim também foi estruturada a moral moderna, a maneira pela qual uma pessoa pode ser considerada boa ou má. Pode optar por deus ou por satanás. Em outras palavras, o livre-arbítrio é o reino das vontades, do ego e dos efeitos sem causa[154]. Na sociedade moderna, vivemos uma epidemia de livre-arbítrio. Todo mundo quer fazer valer sua vontade o tempo todo.

Na outra ponta da discussão está o "destino" – *maktub*[155] – o que está escrito nas estrelas, num livro sagrado, na palavra ou nos desígnios de um deus, e assim por diante. Decidimos, mas isso não é levado em conta pelo destino. Faça o que fizer, tudo acabará como deveria ser. Essa visão faz parte de um número realmente grande de culturas, algumas muito antigas. Está fortemente enraizada nas tradições nórdicas, nas quais as três "Nornas" tecem os fios entrelaçados do seu destino. Enquanto isso, os deuses se divertem com as vontades humanas, com suas batalhas para impor um destino diferente.

O termo árabe "maktub" contém, evidentemente, uma visão fatalista sobre a vida humana. Num certo sentido, pode ser comparado ao "carma" do hinduísmo ou ao espiritismo, em que certas ocorrências seriam inevitáveis, e você teria de passar por elas.

As religiões se dilaceram entre si, fazem questão de suas diferenças mínimas, mas cedem a vontade de Deus, de Alá, a vontade das energias celestiais ou telúricas. *Eis que vim fazer a tua vontade, ó Deus*"[156]. Essa é uma maneira simples de se eximir do problema, já que você abandona o arbítrio em detrimento de uma vontade maior, mas é também uma posição a favor

---

[154]   Esta visão filosófica é chamada indeterminismo.
[155]   Do árabe: aquilo que estava escrito ou que tinha que acontecer.
[156]   Hebreus 10: 7,9.

do "determinismo teológico". O mesmo se pode dizer do "determinismo mecanicista", aquele amarrado às leis da física ou dos acontecimentos anteriores, ou seja, o passado.

As grandes religiões se valem muito bem das brechas entre esses estereótipos extremos. Quando desejam incutir a culpa, valem-se do livre-arbítrio. Você escolheu o "lado negro da força" e agora tem de pagar! Quando desejam oferecer proteção, exigem a submissão à vontade de Alá ou do Deus católico. É uma retórica simples: você tem um arbítrio, parcialmente livre, desde que não exagere ou se afaste do todo-poderoso. É, por assim dizer, uma liberdade vigiada com tornozeleira eletrônica.

***

Justo aí, nossa jornada se torna mais difícil. Fazemos escolhas, tomamos decisões o tempo todo e... erramos muito. Erramos porque levamos em conta um cenário limitado de possibilidades; erramos porque somos presas fáceis de ideias falsas; erramos porque a razão é prisioneira do ego ou porque as emoções são muito mais fortes; erramos porque nosso "cérebro mente o tempo todo" como nos disseram os neurocientistas Aamodt e Wang[157].

Para um animal racional, são erros demais. Mesmo assim, desejamos fazer valer nossa vontade e, para que ela se cumpra, esbravejamos, ludibriamos, persuadimos. Se assim for, somos escravos de nossos desejos e não seus senhores imparciais. Este é o ponto principal: imparcialidade. Não há imparcialidade no amor, na política, nas guerras, na justiça, nas religiões (em nenhuma delas), nas eleições, no esporte e não há na ciência.

O notável filósofo Paul Feyerabend, em seu provocativo livro *Contra o Método*, já dizia que "*a ciência não conhece fatos nus, pois os fatos de que tomamos conhecimento já são vistos sob certo ângulo*"[158]. Estamos presos a paradigmas, modismos, conceitos, e eles têm prazo de validade (todos eles). Quando mudarem, mudará o que vemos como verdade, mudarão nossas escolhas e vontades, assim como nosso arbítrio. Assim, o arbítrio deveria estar, no mínimo, sob judice. Livres para escolher entre diferentes cenários falsos? Que liberdade é essa?

---

[157] Aamodt e Wang (2009).
[158] Feyerabend, P. K. (1989). *Contra o método*. Rio de Janeiro: Francisco Alves.

Noutro importante livro, *A Falsa Medida do Homem*, o notório evolucionista Stephen Jay Gould segue uma linha equivalente. Lembra-nos de que "... *os dados quantitativos* [números] *encontram-se tão sujeitos ao condicionamento cultural, quanto qualquer outro aspecto da ciência, então eles não ostentam nenhum título especial que garanta a sua veracidade absoluta*"[159]. Escolhemos, pois, sempre debaixo de condicionamentos culturais, sejamos cientistas ou leigos.

Trata-se de um arbítrio no sentido de "vontade". Tudo *ok* quanto a isso, mas não é um arbítrio livre. No mais das vezes, também não é racional, como veremos logo à frente. E, o mais importante, você geralmente não agirá como árbitro no sentido da imparcialidade ou do juízo. Você agirá como um torcedor, isto é, influenciado pela torcida, pela propaganda, pela mídia, pela dialética de alguém. Decidirá pelo que a sociedade lhe apresentou previamente. Estará preso a uma teia de cenários ilusórios...

Os neurocientistas ainda vão além. Dizem que nossas escolhas, aquelas que parecem conscientes, são na verdade decisões automáticas do cérebro. Hoje podemos monitorar o cérebro em tempo real e verificar que as atividades cerebrais iniciam antes do pensamento consciente. Isto é, o cérebro já sabia o que fazer, antes mesmo de a mente formar um quadro de opções. Nesses testes, os cientistas conseguiram prever qual seria a decisão tomada pelos voluntários, vários segundos antes de eles tomarem consciência do que fariam[160]. Dizendo de outra maneira: você decide automaticamente antes, depois constrói as opções para se convencer disso!

Os neurocientistas também descobriram, nos últimos anos, que as mentes conservadoras e as mentes progressistas têm por trás de si arquiteturas diferentes comandadas por diferentes descargas de neurotransmissores. Esses dois modelos clássicos se dedicam a uma disputa cega e surda em defesa de seus princípios e nunca estão acessíveis a qualquer arbítrio que seja livre. A parcialidade é seu único juízo. Isso, é claro, traz um campo fértil para a credulidade humana. É nisso que se apoiam crenças messiânicas de toda sorte, sejam elas progressistas ou conservadoras. O mesmo se pode dizer de posturas libertinas ou pudicas, materialistas ou espiritualistas, desenvolvimentistas, ambientalistas, veganas, alopatas, homeopatas, capitalistas, socialistas... Claro, algumas dessas posturas tornam-se ideologias com o tempo, e isso é uma parte normal do processo da mente. Depois vêm as radicalizações galopantes.

---

[159] Gould, S. G. (1991). *A falsa medida do homem.* São Paulo: Martins Fontes. .

[160] Ver: Debiec, J. (2011). Who's in Charge? Free Will and the Science of the Brain. *Nature,* 478 (7369), 322-323.

Também, é claro, muitos de nós podem ser conservadores para certos temas e progressistas para outros, e estes estarão mais próximos de um juízo que seja coletivo e altruísta. Como nos diz o brilhante neurocientista Pier Vicenzo Piazza, estas pessoas têm uma visão de 360 graus, isto é, olham as coisas por diferentes ângulos e para isso usam os dois olhos[161]. Ele também nos diz que essas pessoas não são exceção, pelo contrário, são maioria, mas não se rotulam ou não se encontram em nenhum dos dois modelos clássicos. E, nessa esfera, determinismo e livre-arbítrio oscilam e confundem.

***

Tentativas de compatibilizar[162] o livre-arbítrio com o determinismo não são novas nem simplórias. Grandes filósofos já se debruçaram sobre o tema, e não seria o caso de estender o debate aqui de forma leviana. A questão principal talvez não esteja em se posicionar sobre o que pensam as mentes brilhantes, mas reconhecer as vulnerabilidades das posições mais exacerbadas.

O arbítrio sobre as pequenas coisas, aquele que não muda o destino de povos e nações, não vem ao caso neste livro. Já o arbítrio de homens poderosos dados a rompantes infantis pode fazer toda a diferença na trajetória do animal humano. O holocausto teria ocorrido sem Hitler? ... Talvez sim, mas ele foi um veio fecundo de arbítrios tenebrosos.

Assim, algumas coisas importantes precisam ser ponderadas por quem deseja fazer valer a própria vontade. Um juízo independente e imparcial foi aquele de Salomão ao se oferecer para cortar ao meio uma criança disputada por duas pretensas mães. Quem era a mãe verdadeira? Salomão logo descobriu, já que a mãe autêntica de pronto abriu mão da disputa para impedir o martírio. O juízo dele foi não fazer juízo. Decisões mediadas pela razão são raras. A maioria delas foi engolfada pelas emoções e paixões mundanas. Os gregos antigos procuraram resolver esse problema de maneira insólita. Transferiram o arbítrio para um panteão de deuses emocionais e completamente desequilibrados. Assim, fosse qual fosse o resultado, sempre haveria uma explicação. Aos homens cabia aceitar os desígnios desses deuses voluntariosos.

---

[161] Piazza, P. V. (2019). *Homo biologicus: comment la biologie explique la nature humaine.* Paris: Albin Michel. p. 191.

[162] Dentre os *compatibilistas* mais famosos, estão duas personalidades mais do que conhecidas: David Hume e Thomas Hobbes.

Spinoza, filósofo e racionalista convicto do século XVII, nos ensinou que as decisões da mente são apenas desejos e que não há na mente vontade livre ou absoluta, mas a mente é determinada a querer isto ou aquilo por uma causa que é determinada, por sua vez, por outra causa, e essa por outra. Assim, estamos falando de uma cadeia de consequências interligadas. Apenas aquele que conhece a longa e tortuosa trajetória de uma questão importante poderia opinar racionalmente. Coisa bem difícil, não? Sua vontade, por assim dizer, é uma consequência, e não um ponto de partida.

Aqueles que têm um passado...(ulalá!) podem até decidir sobre tudo e sobre todos, mas não livremente. Se o fizerem, estarão apenas agindo como marionetes. A liberdade já lhes foi negada, embora eles não saibam disso. Hitler foi apenas o que pretendia o Partido Nacional Socialista da antiga República de Weimar. Stalin foi um produto da curta trajetória de Lenin – embora não de sua vontade – e de uma guerra embrionária que viria a mutilar o mundo. Harry Truman, o vice que assumiu a presidência devido à morte de Roosevelt, acabaria "apertando duas vezes o botão" do lançamento das bombas atômicas construídas secretamente por seu antecessor. O passado que tinham ditou as ações do presente de cada um. Isso não os exime de nada, mas serviu de lastro para muitas de suas decisões.

Por fim, estar preso a uma teia de ilusões não é uma vergonha nem uma perdição sem fim. Alguém que se propõe a ser ponderado dedicar-se-ia a compreender as fragilidades do arbítrio. Poderia buscar o tal miserável conhecimento, como sentenciou Henry James (1843-1916). É assim que nossos olhos se abrem

> *As escolhas e os erros, é claro, continuarão, indefinidamente, mas o caminho, o caminho mais difícil, será feito de olhos abertos... Eis mais uma das lições do Antropoceno! Não há necessidade de um livro de autoajuda (ufa!).*

> *Esta é a nossa redenção ou, pelo menos, daqueles que estiverem dispostos. Estar disposto a reconhecer os próprios erros é um bom passo... um bom começo, talvez.*

Capítulo 8

Vidas Privadas e Coisas Públicas

Contrariamente à crença geral, a verdade não se impõe por si mesma. O erro que entra no domínio público permanece nele para sempre. As opiniões transmitem-se, hereditariamente, como as terras. Constrói-se nelas. As construções acabam por formar uma cidade - e ditar a história.

(Henri Bergson)

8.1 A Escravidão Velada (ou Efeito Pandora)

Durante o Paleolítico e no início do Neolítico, a igualdade entre os indivíduos estendia-se também aos sexos, mas então as mudanças sociais do mundo pastoril, agrícola e urbano acrescentaram desarmonia ao sistema. Como os indivíduos passaram a receber status diferente, assim também ocorreu com os sexos. Mulheres e homens podiam caçar juntos ou plantar juntos, e isso era absolutamente natural. Mas, em algum momento, durante o Neolítico, a coisa degringolou. As mulheres passaram a receber status distinto e cada vez mais inferior. E assim iniciou a longa história de submissão e dor que alcançou os nossos dias.

No entanto, é falsa a ideia de que existam argumentos biológicos que justifiquem a desigualdade sexual. Se os homens são mais fortes quanto ao físico (argumento corriqueiro ainda hoje), as mulheres são imunologicamente mais fortes e conseguem vencer mais facilmente as doenças. Além disso, vivem mais. Evidentemente, isso também é indicativo de força e tem papel fundamental na sobrevivência do grupo. As mulheres têm salvado a humanidade desde o princípio, mas, já durante o Neolítico, passaram a receber o peso injusto dos tabus sociais.

Os neurocientistas sabem que o cérebro de mulheres e homens difere minimamente apenas na vocação. Mulheres são fantásticas na percepção dos detalhes[163], enquanto os homens são uns verdadeiros patetas nesse que-

---

[163] Aamodt e Wang (2009).

sito. Já os homens possuem uma percepção de conjunto. Isso explica por que eles nunca encontram os óculos ou as chaves do carro (minha mulher diz que isso ocorre por pura preguiça). Eles avaliam os cenários como um todo; elas avaliam do que os cenários são feitos. Mas aqui o que se vê são diferenças de percepção, e jamais justificativas de desigualdade. Outras diferenças comumente aludidas são mera falácia.

***

Durante um bom tempo, utilizou-se o chimpanzé como marco para a evolução do homem. Se ele era nosso parente mais próximo, então o modelo machista estava correto, e a submissão das fêmeas era respaldada pela evolução. Então, os machistas finalmente tinham razão?...

Errado. Quando os zoólogos descobriram o bonobo, a outra espécie de chimpanzé, e passaram a estudá-lo na natureza, o argumento de ouro dos machistas caiu por terra. Nos babuínos e chimpanzés os machos dominam as fêmeas, reinando de forma suprema e frequentemente brutal – nos disse Frans De Waal – já os bonobos são pacifistas, igualitários e sua sociedade é centrada nas fêmeas[164]. Ora, se bonobos e chimpanzés são ambos nossos parentes mais próximos em pé de igualdade, então temos de rever muita coisa, principalmente nossos tabus e conveniências machistas.

***

Bem depois do início do Neolítico – tendo desenvolvido a escrita, as bibliotecas, a roda e construído motores a combustão para fazer o trabalho de centenas de pessoas, tendo viajado pelo ar e debaixo d'água, aprendido a estocar energia para usar nos dias seguintes ou falar com alguém, instantaneamente, do outro lado do mundo –esperar-se-ia uma sociedade muito diferente. Esperar-se-ia – talvez – uma sociedade mais igualitária, já que tudo que um sabe, todos poderiam saber. Tudo aquilo que um faz, todos poderiam fazer.

Mas, se você viajar até a Índia, a Bangladesh, a Arábia Saudita, o Irã, o Paquistão, o Marrocos ou o Sudão, justo agora pelo ar, encontrará um mundo

---

[164] de Waal, F. (2007). *Eu, primata: por que somos como somos*. São Paulo: Companhia das Letras.

onde as mulheres não têm direito a dirigir, estudar, ler ou levantar os olhos na presença de um homem. Não têm direito de andar sozinhas, mostrar o rosto e comer do mesmo alimento; não têm direito à propriedade nem a heranças; não têm direito a ir ao médico se este for um homem – e se esse médico for uma mulher, os homens não lhes darão qualquer atenção, pedirão ajuda a um curandeiro, a um vendedor de unguentos, mas nunca a uma mulher.

Ao viajar pelo ar até lá, você saberá que uma mulher não é considerada uma mulher, e sim uma propriedade, um objeto que foi comprado no casamento, um objeto que foi comprado para ser usado e descartado, se for o caso. E, em alguns desses lugares – não poucos –, ela levará surras violentas e diárias do marido, seu senhor e proprietário. E isso ocorrerá não apenas lá, mas também no Brasil e na Itália, nos Estados Unidos, na Turquia, na Austrália... e onde mais você procurar. E talvez não valha a pena procurar, pois acabará encontrando quiçá muito perto, mais perto do que deseja...

Como sentenciou, com formidável precisão, a escritora Palmira Heine[165]:

Nasça mulher e apanhe em público por usar calça comprida no Sudão;

Nasça mulher e seja espancada pelo marido na Arábia Saudita; ...

Nasça mulher e não terá o direito de dizer seu próprio nome no Afeganistão;

Nasça mulher e seja queimada viva na Nicarágua;

Nasça mulher e seja morta por se livrar de um relacionamento abusivo no Brasil...

Se você não quiser viajar para lugar nenhum, verá que aqui e agora as mulheres têm menos oportunidades educacionais (o que costuma levá-las a pensar que não têm outras opções), têm salários mais baixos que os homens, menos oportunidades de emprego, trabalhão muito mais horas e serão menos reconhecidas por tudo o que fizerem. E nisso, Brasil, Paquistão, Estados Unidos estão no mesmo patamar. É uma vergonha coletiva e silenciosa.

***

---

[165] Palmira Heine é escritora, poetiza, professora universitária e doutora em Letras pela Universidade Federal da Bahia. Disponível em: https://m.facebook.com/IleAseIyamiOmiTutu/photos/nas%C3%A7a-mulher-e-seja--motivo-de-luto-para-a-fam%C3%ADlia-na-%C3%ADndianas%C3%A7a-mulhere-tenha-se/3478958562147147/. Acesso em: 4 mar. 2024.

Desde as sociedades pastoris neolíticas, as mulheres passaram a ser comparadas, no sentido de valor, a um dado número de cabras e ovelhas para efeitos nupciais. Isso seguiu sem quaisquer modificações até recentemente nas sociedades pré-letradas da África, Ásia e das Américas e, surpreendentemente, ainda permanece nas sociedades contemporâneas do Norte da África e do Oriente Médio.

Qualquer turista homem que for visitar o Marrocos ou o Egito hoje poderá ser interpelado por um nativo que deseja fazer negócios que envolvam a amiga de viagem, filha ou esposa. Quantos dromedários cada uma dessas mulheres valerá? Para alguns de nós, será algo extremamente grosseiro ou chocante e, para outros, um simples e honesto negócio das arábias. Muitas culturas incorporaram essa ideia de que a mulher não passa de um bem material.

Pastores do Irã, da Turquia, de Marrocos e de outros países desenvolveram a noção de que, para ser bem-sucedido, era necessário criar ou adquirir ovelhas para conseguir uma esposa. O antropólogo William Irons relatou[166] que, entre os turcomanos do final da década de 1960, uma família média levava de dois a quatro anos para obter capital suficiente e alcançar as 100 ovelhas necessárias para a noiva do filho. E os valores para a segunda ou terceira esposa eram ainda maiores. Na mesma década, com a chegada dos ingleses ao Quênia, a noção de dinheiro foi incorporada ao negócio nupcial. Lá o casamento de um filho requeria seis vacas, seis cabras e 800 *shillings* quenianos. Seja lá o que fosse isso na época, o dinheiro entrava em cheio no negócio do casamento.

A partir desse cenário primevo – ainda que contemporâneo –, a coisa descambaria para os sultanatos e califados com milhares de concubinas. O status social desses caras e de sua linhagem não encontraria rival e, logicamente, explicaria o sucesso reprodutivo e adaptativo de determinados genes "super egoístas". Já os homens pobres, com uma única mulher, jamais teriam como alcançar tamanha eficiência. A mesma lógica também foi utilizada nos haréns imperiais chinês e mongol e com os mesmos fins de dominação genética, isto é, da formação de uma "rede de parentesco" de sucesso, que ajudaria a submeter os demais. E a mulher era a ferramenta de submissão.

***

---

[166] Irons, W. (1979). Political stratification among pastoral nomads. *Free radical biology, & medicine*, 361-374.

Voltando ao contrato nupcial e ao número de vacas que uma mulher vale ainda hoje (?), cabe demonstrar de outra maneira a visão mercadológica dos homens sobre as mulheres. Uma vez que as vacas e cabras fossem pagas, mas a nova esposa não satisfizesse seu proprietário (o marido), ela poderia ser devolvida. Fosse por seu gênio, esterilidade ou qualquer outra razão, o negócio era desfeito, e todos os recursos materiais ou monetários, devolvidos (assim como se espera de uma mercadoria estragada que você comprou pela internet). E esse não é um mundo de fantasia. Pelo contrário, é o mundo dos negócios aplicado a uma "mercadoria" dolorosamente humana, o mundo real e cotidiano. Pode não ser o seu, mas é o mundo de muita gente.

***

O casamento, diz Sêneca, consiste em uma troca de obrigações, desiguais, talvez, mas diferentes, sendo a da mulher obedecer[167]. Assim foi no Império Romano e antes dele na Grécia Antiga. Em parte, as mulheres eram vistas com sensualidade, muitas vezes cobertas apenas com um fino véu translúcido, mas, por traz desse ar de libertinagem, existia a visão da esposa obediente, subserviente. As "damas" eram forçadas a sair com as suas servas ou damas de companhia (*comites*). Desta palavra parece derivar a expressão francesa *petit comite*. Sabemos que, em grupos, não é possível guardar segredos, e isso garantia a conduta da dama. Isso fazia com que uma mãe de família vivesse numa "honrosa prisão", como disse o historiador Paul Veyne[168].

Pelo contrário, o homem desse tempo podia ter concubinas (no plural), e isso, no máximo, causava conflitos corriqueiros com eventuais desgastes no casamento. Ter favoritas (ou favoritos) constituía num pecado menor, quase elogiável, algo como ser um político corrupto entre os demais políticos hoje em dia. Essas amantes lhes davam credibilidade política e demonstravam capacidade de articulação, além de acesso a informações privilegiadas.

Já a mulher tinha desvantagens desde o nascimento. Por vezes, era renegada pelo pai e abandonada publicamente. Geralmente, esse bebê acabava incorporado aos tortuosos meandros do tráfico de escravos. E a culpa pela geração de meninas era atribuída, exclusivamente, às mães! Na concepção da época, os fetos eram "cozinhados" no útero materno, e o calor do cozimento é que gerava meninos ou meninas. Os que recebiam mais calor tornavam-se meninos, e os que recebiam menos nasciam meninas.

---

[167] Veyne (2011).
[168] Veyne (2011).

***

Quando os romanos invadiram a Gália e a Britânia, ficaram surpresos com a importância social das mulheres, e esse foi um dos atributos para dar a esses povos a alcunha de "bárbaros". Como era possível mulheres com tamanha projeção? Boadicéia, rainha celta que viveu pelos idos de 66 a.C., liderou as tribos contra as forças romanas invasoras e promoveu estragos consideráveis ao mais rico Império do mundo. Em Roma, algumas mulheres também tinham projeção, mas eram prostitutas de luxo da nobreza, e não "damas". Assim, se as mulheres da Gália e da Britânia tinham relativa autonomia e xingavam os seus guerreiros barbudos e truculentos, só podia ser porque viviam numa sociedade degenerada sob o ponto de vista romano.

Os saxões britânicos do ano mil também ficaram surpresos com as mulheres nórdicas que acompanhavam as hordas invasoras vikings. Se fosse necessário, elas pegavam um bom machado e partiam em defesa de seus maridos. Tinham personalidade, e isso deixou os saxões cristãos um pouco chateados.

Nesses dois casos, os povos invasores deixaram legados opostos e uma nova onda de conflitos sociais. E, embora raramente se fale nisso, as mulheres foram um "ingrediente" decisivo no molde das novas sociedades. Na Gália conquistada e na Britânia miscigenada com os nórdicos, a religião cristã encontraria argumentos para manter e ampliar a subserviência feminina. Mesmo assim, esses povos produziram algumas das mulheres mais importantes da história da humanidade.

As rainhas Elizabete I (1533-1603) e Vitória (1819-1901) mudariam a maneira dos anglo-saxões verem o mundo, patrocinariam as artes e a cultura, venceriam a guerra contra a riquíssima Espanha, promoveriam a revolução industrial, a expansão colonial e as mudanças mais drásticas de seu tempo na política e na economia. Na França, Joana D'Arq (1412-1431) venceria os ingleses e mudaria os rumos da Guerra dos Cem Anos; Catarina de Médici (1519-1589) seria a força política mais importante da Europa e a catalizadora de uma guerra religiosa entre católicos e huguenotes. Mais tarde, outras dezenas de mulheres maravilhosas mudariam o mundo para sempre. Uma delas, Madame Curie (1867-1934), ganharia, simplesmente, dois prêmios Nobel em menos de 10 anos.

Uma das mentes mais proeminentes do mundo antigo foi a de uma mulher. Ela teria estudado na academia de Alexandria e na escola neoplatônica de Atenas, dedicando-se à astronomia e às ciências exatas, poesia e filosofia. Lecionou no maior complexo cultural da Antiguidade, a biblioteca de Alexandria, onde atraía multidões de estudantes. Costuma ser considerada a primeira matemática do mundo, tendo escrito sobre álgebra, aritmética e geometria, além de ser uma inventora criativa e filósofa proeminente. Foi defensora incondicional do racionalismo científico, e tudo isso despertou o inconformismo conservador, que levou ao seu assassinato e esquartejamento. Seu nome – Hipátia – o patriarcado sistêmico tentou apagar da história.

Tudo isso foi maravilhoso, mas não foi suficiente. Princesas, rainhas, imperatrizes, primeiras-ministras, presidentes, políticas, escritoras, filósofas, jornalistas, religiosas, teólogas, missionárias, militares, matemáticas, físicas, químicas, antropólogas, biólogas, médicas, enfermeiras, aviadoras, feministas, cortesãs, ativistas dos Direitos Humanos, atrizes, pintoras, escultoras, escravas, analfabetas, guerreiras, piratas... fizeram, cada uma delas, muito mais que qualquer um de nós nem sequer sonhou, nem faria, mesmo que tivesse muitas vidas. Mas tudo isso não foi suficiente.

A ideia de igualdade nem sequer alcançaria os quatro cantos de um mundo redondo. A ideia de dignidade nem seria compreendida, tampouco o direito à voz. Khadija bint Khuwaylid, esposa de Maomé, o grande baluarte da religião islâmica, foi uma mulher de grande personalidade em seu tempo e talvez a primeira humanista da história, mas isso não bastaria. As mulheres muçulmanas do futuro seriam cobertas com véus e burcas e viveriam trancafiadas em pátios escuros a ver o mundo através das treliças dos muxarabiês. Sem dúvida, uma escravidão velada. E Malala Yousafzai precisaria levar um tiro na cabeça para que os outros cantos do mundo virassem os olhos cansados para o Paquistão, onde as meninas não podiam frequentar a escola no século XXI.

Mulheres cristãs seriam trancafiadas em conventos, afastadas dos prazeres mundanos, em nome de uma pureza duvidosa. Ou teriam que usar um cinto de castidade anti-higiênico, enquanto seus senhores fossem saquear, roubar e submeter as esposas dos outros. E nem Maria de Magdala[169], a 13ª apóstola de Cristo, uma mulher mil anos à frente de seu tempo, escaparia da insensatez da Igreja e dos seus e seria taxada de prostituta, porque naquela época uma mulher não tinha o direito de moldar uma sociedade e escrever a história. Não tinha, mas assim mesmo ela o fez. Não tinha, mas será que agora tem?

---

[169] Também conhecida como Maria Madalena.

Muitas mulheres seriam queimadas vivas por serem acusadas de adultério, independentemente das provas, queimadas vivas por receitarem ervas medicinais (as assim chamadas bruxas), seriam queimadas vivas por serem mais proeminentes que os homens, como foi Joana D'Arq. Subserviência, segregação, inferioridade, inutilidade foram palavras plantadas pelo patriarcado, mas não só palavras. Na Índia do século XVII, quando um marido de casta superior falecia, a viúva era queimada junto dele[170]. E se o marido fosse de uma casta inferior, então ela era enterrada viva! Sem o marido, ela deixaria de existir, deixaria de fazer sentido para a sociedade. Nem mesmo era uma cidadã de segunda classe, era apenas um pertence.

Na China medieval, lá pelo ano mil, as mulheres sofreriam uma tortura indizível, tendo seus pés enfaixados com os dedos dobrados para baixo desde a tenra idade. Mas isso não era tudo. Os dedos eram quebrados e quebrados novamente para que os pés permanecessem pequenos, e essa tortura não tinha fim. Para se casar, a mulher ideal tinha de ter os pés pequenos ou era desprezada pela família do noivo. A ideia vendida pelo patriarcado era de que os pés pequenos seriam eróticos, mas a verdade escondida por traz de tamanha maldade era outra: as mulheres com pés pequenos perdiam a desenvoltura, tornavam-se frágeis e dependentes. Esse absurdo se repetiu incessantemente por mil anos, alcançando os umbrais do século XX, quando então foi abolido. A ditadura moderna da beleza de corpos esbeltos e longilíneos geralmente desconhece a tortura milenar do estranho "erotismo dos pés quebrados".

No Japão medieval, a presença do sangue assumia uma noção de impureza, sujeira ou contaminação. Assim, as mulheres em período menstrual ou próximo ao momento do parto, eram consideradas impuras e não deveriam ser tocadas. Essa ideia persistiu até tempos razoavelmente recentes e ainda existe não oficialmente.

Durante o regime nazista, nos territórios ocupados da Polônia, se uma mulher alemã se envolvesse com um trabalhador polonês, deveria ser publicamente humilhada, ter a cabeça raspada e ser mandada para um campo de concentração, mas, se homens alemães tivessem relações com polonesas, isso não tinha importância[171].

***

---

[170] Bethencourt, F. (2019). *Racismos: das cruzadas ao século XX*. São Paulo: Cia da Letras. p. 171 e 174.
[171] Evans (2017), p. 407.

Mundo afora, as mulheres seriam sequestradas e vendidas, escravizadas ou usadas como simples mercadoria. Seriam mutiladas no rosto para que não pudessem mais sorrir. Seriam mutiladas nos órgãos genitais para que não sentissem mais prazer. E aqui cabe um alerta em carne viva, porque ninguém deve esquivar-se de saber!

A amputação do clitóris e a remoção dos pequenos e grandes lábios vaginais das meninas ou das mulheres maduras é prática comum, quase sempre a sangue frio. Não é, como se costuma pensar, prática de tribos recônditas e primitivas. É disseminada pela África saariana, pelo Oriente Próximo, pelo Leste Asiático e ocorre na América do Sul. O clitóris é amputado com tesouras, facas, giletes, raramente esterilizados. Alcança recordes absurdos na Somália, em Gâmbia, Guiné, Mali, Burkina Faso, Etiópia, Sudão e, pasmem, no Egito, um país suficientemente rico ou remediado. Também tem prevalência elevada em muitos outros países, mas aí a lista ficaria grande demais. Há também a chamada "infibulação", ou fechamento da vulva, deixando apenas uma pequena passagem para a urina e a menstruarão. Entendo que esse parágrafo seja brutal... horrendo, talvez, mas a ignorância é ainda maior.

Dessa prática resultam hemorragias fatais, gangrena, cistos, infecções urinárias, septicemia... transmissão de diferentes formas de hepatite, Aids e dor, muita dor para toda vida. Sim, são parágrafos brutais, mas – novamente – a ignorância é ainda pior. E há quem defenda isso para que não se alterem as "tradições", as culturas. Há quem defenda isso no século XXI, mas certamente é alguém que não foi mutilado, nem mesmo tem clitóris.

É fácil posicionar-se quando se vive num mundo paralelo, protegido por um véu intelectual. Falar é sempre muito fácil, principalmente falar da vida privada dos outros. É difícil romper com tradições, mas os astecas e maias cortavam cabeças em sacrifícios humanos em nome de seus deuses, e essa era uma tradição – aliás, impensável para os invasores espanhóis. Mas deformar as mulheres, lhes tirar o prazer sexual, costurar a vagina, destruir o útero com um galho e legar uma vida de dor é defendido agora, neste momento – por intelectuais, por religiosos e por pais de família, senhores de uma escravidão mais que velada. A história das decisões humanas contém essas passagens escabrosas, principalmente quando decidimos sobre os outros, e não sobre nós mesmos.

Antes de tudo isso, antes mesmo de abrir os olhos para o mundo, os bebês do sexo feminino eram assassinados por estrangulamento ou abandonados na floresta para serem devorados pelos lobos ou tinham o crânio partido. Tudo isso por não terem nascido homens. Assim foi em Esparta num passado distante e em Roma. Mas hoje, num presente sofrido e vergonhoso, ocorre o mesmo na Índia e na China ou em Moçambique.

***

Durante a Segunda Grande Guerra, na sangrenta frente de batalha do Leste, enquanto os exércitos alemães descansados trucidavam o precário exército de Stalin, emergiu outra escravidão. Os eslavos não eram considerados gente. Para os nazis, eles eram sub-humanos, sujos, pestilentos, e as mulheres estavam ainda um ou dois níveis abaixo. E as piores eram as mulheres judias. Mas isso não impedia os estupros coletivos, as torturas e os assassinatos.

Embora a moral germânica não permitisse miscigenação com os povos "atrasados do Leste", as mulheres polonesas, ucranianas, russas e, principalmente, as de origem judia eram escravizadas e levadas aos bordeis do exército nazista. Dissipar as tensões da guerra era motivo suficiente para quebrar a regra de ouro da pureza ariana. E foi assim que mulheres e meninas viveram os horrores que a história não gosta de contar. Muitas eram estupradas até a morte e substituídas de imediato pelo novo plantel de prisioneiras.

***

Em certas sociedades modernas, nas quais as mulheres têm o direito de escolher o parceiro, pode haver a preferência delas por determinados traços físicos do homem, condutas familiares ou comportamentais. Essa seria uma maneira de atração: a dominância masculina ou seu status social. O tipo *"bad boy"* agressivo com rompantes de autoafirmação poderia ser o eleito das meninas. Tais estratégias sexuais de escolha costumam levar em conta caracteres autoritários, o que acaba auxiliando a perpetuar o machismo.

Porém, esse estereótipo do homem bruto e implacável não é o único traço a ser considerado por elas. Quanto mais igualitária for a sociedade, as mulheres passam a levar em conta outros atributos: gentileza, ternura, honestidade e até a capacidade do homem de tratar as crianças ou estabelecer relacionamentos íntimos. Esses atributos de personalidade poderiam ajudar a virar o jogo, mas então entram em cena as reações patológicas do machista clássico descerebrado, que despeja críticas sobre a vilania das mulheres e a pretensa fraqueza dos homens sensíveis.

Ambas as afirmações são de uma tolice monumental. O machista clássico gosta da máxima de que "a mulher é o lobo do homem", de que ela é o pivô dos problemas familiares. Ele a chama de "dona encrenca, atacada, briguenta" para conseguir a simpatia de seus comparsas. O machista tem verdadeiro pavor dos homens gentis e honestos e costuma acusá-los de fracos. Diz, em alto e bom som, que eles deveriam tratar desses problemas psíquicos. Mas talvez devamos desculpá-los por esse ato de desespero infantil. Essa é, aliás, uma maneira fácil de reconhecer um machista enrustido.

Porém, existem machistas dissimulados que controlam as mulheres, limitando-as, privando-as da palavra, regulando suas roupas, seu modo de expressão, invadindo sua privacidade, suas escolhas e até sua sensualidade. O certo e o errado são primazia deles. A elas cabe concordar e ponto.

Esse patriarcado se infiltra em todo o canto e a todo momento e está enraizado nas sociedades mais 'civilizadas' do planeta. Essa posse descabida costuma ser o primeiro passo para a violência física e para o feminicídio, aquele homicídio orientado contra mulheres. Em 1991[172], a América Latina detinha o infeliz recorde de possuir quatro dos cinco países com mais assassinatos de mulheres (1º El Salvador, 2º Colômbia, 3º Guatemala, 4º Rússia e 5º Brasil), e, nos Estados Unidos um terço dos feminicídios foram praticados pelos próprios maridos ou companheiros – o clássico caso *the devil inside*. Passados 32 anos, El Salvador continua em primeiro lugar, mas outros países ascenderam nessa infeliz escala, dentre eles alguns caribenhos, centro e sul-americanos[173].

***

O importante é ponderar que nem todas as sociedades primevas contemporâneas consideram a mulher como uma cidadã de segunda classe. Em várias delas, a mulher tem grande importância e decide, com liberdade, sobre

---

[172] Dados das Nações Unidas (1991).
[173] Feminicide Rates by Contry 2023 (https:// wordpopulationreview.com/country-rankings/feminicide-rates-by-contry).

o seu casamento ou sobre não se casar. São elas que decidem ativamente dar fim ao casamento e devolver o homem à sua família original. São elas que constroem a casa e, por isso, têm o direito de devolver a mercadoria que não funciona bem. Isso deve ser salientado para que não se faça uma leitura leviana e reducionista daquelas ideias que garantem que o mundo sempre foi machista e que isso justifica tudo. Não, nem todas as sociedades originais foram machistas. Mesmo hoje, existem sociedades igualitárias chamadas matriarcais espalhadas pelo mundo e que ainda fazem frente ao patriarcado dominante. São pequenos nós de resistência em Gana, Nova Guiné, Sumatra, Indonésia, Tibet. Nelas, as mães são as pessoas mais importantes da sociedade. Por mais que as sociedades patriarcais tentem esconder isso, está claro que o machismo é apenas uma forma de domínio covarde, subversão e escravidão. É um ato deliberado, e não um destino inexorável.

Seja como for, considerando tudo de bom que as mulheres já fizeram ao mundo, nossa sociedade moderna continua a escondê-las. Prefere fazê-lo ao invés de expor os próprios defeitos. Pode parecer absurdo que as pessoas mais informadas do mundo também sejam propensas à mentira, mas essa fraqueza cultural, essa vergonha que é o machismo, continua como uma danação sem fim.

Não importa que Rosalind Franklin tivesse seus dados roubados e seus devidos créditos passados aos colegas homens, que acabaram por receber o prémio Nobel pela concepção da dupla hélice do DNA. Não importa que Mina Fleming tenha descoberto montes de novas estrelas e nebulosas, pois foi seu chefe, o Dr. Pickering, do Harvard College Observatory, que recebeu os créditos. Não importa que Henrietta Swan Leavitt tenha determinado a distância entre essas estrelas, pois quem ficou com os méritos foi o mesmo cientista. Não importa que Lisa Meitner seja uma das descobridoras da fissão nuclear, pois a descoberta também foi creditada a um homem.

Importa menos ainda que foram também as mulheres – diga-se as jovens escolares – que defenderam Stalingrado durante a brutal ofensiva nazista. A cidade inteira queimava, pavorosamente, após os bombardeios incendiários da Luftwaffe, e elas mantinham as baterias antiaéreas em funcionamento, lutando até o fim contra os tanques de guerra e os aviões que enxameavam num céu de cinzas[174]. Muitas delas se especializaram a pilotar antiquados biplanos russos e formaram um regimento de bombardeio noturno. Em voos rasantes, na escuridão total, elas atacavam com os motores desligados, produzindo um ruído assustador que mantinha os

---

[174] Ver: Beevor, A. (2012). *A segunda guerra mundial*. Rio de Janeiro: Record.

soldados alemães acordados. Também eram responsáveis por arrastar os feridos ou carregá-los nas costas(!), expondo-se a serem alvejadas pelos franco-atiradores alemães.

Sua valentia não tem paralelo. A coragem extrema dessas meninas deixaria os machistas de carteirinha desconsertados e com o rabo entre as pernas. Enquanto centenas de homens desertavam das trincheiras todos os dias, elas permaneceram. Mas, hoje em dia, os machistas ainda se gabam da covardia das mulheres e falam isso porque, vergonhosamente, esconderam (e continuarão a esconder) fatos assim. Falam isso por serem ignorantes e fracos e medrosos. (Não se sabe, no entanto, qual desses valores lhes cabe melhor). E, como Stalingrado não caiu, as "cidadãs de segunda classe" ajudaram a mudar o rumo da guerra (e da história do mundo). Fizeram-no, e não foram poucas. Somaram mais de 20 mil mulheres soldados. Mesmo assim, ninguém se importou.

A importância das mulheres na maior batalha de história do mundo (!) é ainda mais desconhecida. Na defesa de Moscou, elas subiram nos telhados para remover bombas incendiárias, operaram holofotes durante os bombardeios e cavaram, dia e noite, centenas de quilômetros de trincheiras na periferia de Moscou[175], e o fizeram num solo semicongelado. Elas também se engajaram em batalhões especiais de sabotagem por trás das forças inimigas, correndo riscos, às vezes, mais elevados do que dos próprios soldados homens.

A lista de façanhas das mulheres é grande demais, e a justiça, uma verdadeira pirraça. A contribuição feminina em todos os campos da atividade humana é imensurável e, de quebra, ainda são elas a amálgama da sociedade, o componente que impede a deterioração total. Aqueles que se importam com a justiça deveriam – e devem – ler o livro do espanhol **Sergio Erill**, *La Ciencia Oculta*, porque a ignorância e a injustiça andam juntas, e uma delas precisa de atenção para que a outra desapareça.

✱✱✱

Agora vamos a umas poucas palavras sobre o ponto de inflexão, o argumento enraizado fundo na cultura humana. Lembremos Henri Bergson e sua frase devastadora: "*o erro que entra no domínio público permanece nele para sempre*[176]".

---

[175] Ver: Nagorski, A. (2013). *A Batalha de Moscou*. São Paulo: Editora Contexto.

[176] Disponível em: https://www.pensador.com/frase/OTM2NzY1/#:~:text=O%20erro%20que%20entra%20no,cidade%20%2D%20e%20ditar%20a%20hist%C3%B3ria. Acesso em: 4 mar. 2024.

... Pandora era uma linda mulher e de inumeráveis qualidades. Esse é o significado do seu nome. Ela foi dada de presente por Zeus a um tal Epimeteu, irmão do famoso Prometeu. Zeus pretendia colocar em funcionamento o seu engodo, sua armadilha cruel. A ideia era punir Prometeu, que advogara a favor dos homens. O "presente" foi ardilosamente plantado no ninho familiar, funcionando como uma bomba-relógio. Há inúmeras controvérsias se Pandora trouxe consigo uma caixa ou um jarro que continha os males do mundo ou se essa caixa já estava de posse de Epimeteu....

O poeta grego Hesíodo, que viveu no século VIII a.C., foi quem deu asas à lenda[177], de início transmitida oralmente. Isso explica suas muitas interpretações e ambiguidades. Zeus, às vezes, aparece como justiceiro, outras vezes, um notório desavergonhado (para não usar um adjetivo mais forte). Hesíodo também é descrito assim, de modo que deve ter criado Zeus à sua imagem e semelhança.

...Certa vez, Pandora se deparou com a caixa e a abriu, liberando infortúnios e dores incalculáveis. Muito conveniente, *não? Dependendo da versão da lenda*, ela é a primeira mulher do mundo, segundo os gregos antigos e, de quebra, quem liberta os males. São eles: o trabalho (e nisso tenho de concordar), o sofrimento, as doenças, a tristeza, a velhice e a morte. Com isso, Zeus (ou Hesíodo mais provavelmente) seria eximido de qualquer culpa, tendo como bode expiatório, especificamente, a mulher, e não qualquer outro deus ou humano.

Agora vamos ao ponto de inflexão. Primeiro se trata de um mito, uma explicação conveniente para os fins da ocasião. Stalin forjou um mito em torno de si. Hitler forjou um mito em torno de si. Imperadores chineses, mongóis e persas fizeram o mesmo. Mitos são relatos fantásticos de tradição oral, que servem para legitimar e determinar permissões e proibições nos sistemas complexos das relações sociais. Esse mito encontra sua reencarnação em Eva nas religiões abraâmicas. (Eva, que São Jerônimo[178] – 347-420 d.C. – acusaria mais tarde de ser a porta de entrada do demônio, a patrona do mal, a presa inoculadora da serpente). Aliás, os gregos influenciaram não apenas o pensamento ocidental, mas também do Norte da África, o Oriente Próximo e mais além. Uma lenda se miscigenando à outra, trocando de personagens, mas não a mensagem enrustida – enraizada –, que legitima a submissão da mulher.

---

[177] Os trabalhos e os dias.

[178] Eusebius Sophronius Hieronymus, sacerdote católico, historiador e teólogo, venerado por católicos, anglicanos e ortodoxos.

Na mitologia grega, Zeus sempre fez o que quis, puniu quem quis e como quis. Nunca assumiu qualquer culpa, pelo contrário, sempre achou um bode expiatório para se eximir. Feriu e matou outros deuses e humanos e condenou-os ao sofrimento eterno. Mitologias à parte, o machista convicto e descerebrado age também assim, é um pateta sem culpa, com uma retórica pequena que se baseia em algo que lhe disseram, mas que ele não foi (e não é) capaz de conferir. Assim, fere, mata, condena e mostra-se surpreso quando é encarcerado. Ele simplesmente aceita – e se encarrega de reforçar – que o *erro [o engodo] entre no domínio público e permaneça nele para sempre*. Pobre Pandora, pobre Eva, pobre sociedade que segue a cabresto. Por isso, lembremos Henri Bergson...

8.2 SÍNDROME DE LILITH? (O QUE CONTAM OS LIVROS E POEMAS MAIS ANTIGOS)

Certo. Voltemos ao Gênesis novamente[179]. Primeiro capítulo: no quinto dia, Deus *"fez os animais selvagens segundo a sua espécie, os animais domésticos igualmente... E Deus viu que isso era bom..."*[180]. Só aqui já temos um probleminha já que os animais domésticos foram criados antes do homem que os domesticou (!). Mas vamos em frente... ainda no quinto dia, *"Deus criou o homem à sua imagem; criou-o à imagem de Deus, criou o homem e a mulher..."*[181]. Então vem o segundo capítulo. *"O Senhor Deus disse: 'Não é bom que o homem esteja só. Vou dar-lhe uma auxiliar que lhe seja adequada"*. [Vejam aqui a palavra 'auxiliar' claramente mencionada]. *"Então, o Senhor Deus mandou ao homem um profundo sono; e enquanto ele dormia, tomou-lhe uma costela e fechou com carne o seu lugar. E da costela que tinha tomado do homem, o Senhor Deus fez uma mulher, e levou-a para junto do homem"*[182]. Em outras palavras, Deus criou duas vezes a mulher, sendo a segunda 'adequada'. E, se a mulher da costela era Eva, então quem era a primeira?

No livro judaico do Torah, em suas primeiras traduções, existem detalhes sobre aquela primeira mulher criada junto a Adão e da mesma poeira. Era uma mulher que não estava disposta a se submeter às vontades do tal primeiro homem. Seu nome era Lilith ou Lilut e, na verdade, ela faz parte de uma mitologia ainda mais antiga, oriunda de um lugar no mundo onde o povo hebreu esteve exilado por um bom tempo: a Babilônia.

---

[179] http://www.bibliacatolica.com.br/01/1/1.php
[180] (Gn 1:24)
[181] Gn 1:27.
[182] Gn 2:18, 21, 22.

Assim, recuemos agora, pelo menos, 20 séculos para compreender a origem de Lilith. Estamos na Suméria, aquele 'lugar no mundo' onde surgiu a escrita, as cidades e outras invenções magistrais. A leste, estava o Golfo Pérsico, ao norte, o Mar Cáspio e, a oeste, o Mediterrâneo. A Suméria, ou parte dela, se tornou depois a Babilônia, a Pérsia e hoje o Irã, Iraque e Kuwait. E a quantidade de história desse 'lugar no mundo' é avassaladora...

Registrado em pequenas tabuletas de argila ainda úmida, na língua suméria-acadiana, marquinhas cuneiformes teciam um poema que talvez seja a obra mais antiga do mundo. O poema é de 2.100 a.C. e registra uma tradição oral que conta as aventuras do herói mítico Gilgamesh (ou Gilgamés). Há uma disputa se ele foi ou não um rei da primeira dinastia de Uruk, uma das primeiras cidades do mundo. O poema é mais conhecido por "Epopeia de Gilgamesh", mas há outro nome menos conhecido (e mais emblemático): "Aquele que viu o Abismo"[183], talvez uma referência à criação do mundo. Os fragmentos desse poema revelam vários outros temas cruciais, como o grande dilúvio (!), e falam de Lilith, aquela mulher associada a Adão no Torah. E já nesse tempo... a mulher é um demônio...

Aí estão as linhas cruzadas dos três livros antigos, que podem ou não ter assimilado histórias de mitos anteriores: a primeira mulher do Gênesis – antes de Eva –, aquela que não era 'adequada'; a Lilith insubordinada do Torah; e a Lilith de Gilgamesh na Idade do Bronze, quando as cidades recém tomavam forma e as primeiras muralhas as cercavam.

Aqui não se pretende tecer outros julgamentos sobre os três livros, que receberam diferentes traduções, feitas por diferentes pessoas, em diferentes momentos. Eles são mitos da criação e refletem um pensamento de seu tempo. A questão que se impõem é outra e trata da trajetória da mulher, pelo menos, a partir da Idade do Bronze, aquela mulher transformada em cidadã de segunda classe e mantida sob o incontestável jugo machista. Pandora, Eva, Lilith: uma síndrome social, a síndrome da desigualdade, o mito da desigualdade. E então? Estamos preparados para virar a página da Idade do Bronze?...

---

[183] Sin-leqi-unninni. (2017). *Ele que o abismo viu: Epopeia de Gilgámesh*. (Tradução de Jacynto Lins Brandão). Belo Horizonte: Autêntica.

8.3 *'Sex and the City'* – Nós, o Sexo e as Escolhas

Um bom ponto de partida seria admitir que nossa espécie é bastante eclética em tudo o que faz, e não há por que ser diferente com o sexo. Sim, estamos falando em escolhas humanas normais, todavia enredadas em condicionamentos culturais e tabus de todo o tipo. Para os mamíferos e as aves, são descritos vários sistemas de acasalamento, mas nós – que sempre nos pretendemos diferentes – achamos ter descoberto o grande segredo da vida (e do sexo).

Seja nas cidades modernas, seja nas sociedades humanas pré-letradas, nossa espécie já experimentou de tudo. Os mais puritanos prefeririam outra história mais romântica (e menos realista). Em parte, isso reflete nossa permanente confusão entre o público e o privado, entre aquilo que dizemos aos outros e o que praticamos em privado, secretamente ou quase. Nos tempos da Grécia Antiga e do Império Romano, o público e o privado eram mais bem definidos e praticados, mas isso se deteriorou com o tempo e, com a chegada das redes sociais, se perdeu completamente.

Além da monogamia estrita – do tipo até que a morte os separe –, há a monogamia serial, aquela em que se mantém um mesmo parceiro por um tempo, mas vários ao longo da vida, algo assim como diferentes namoros de verão. Há também a poliginia, em que várias fêmeas estão à disposição de um único macho dominante. Os antigos sultanatos persas, os haréns da China Imperial e inúmeros países do Oriente Próximo e da África tinham ou tem a poliginia como prática corriqueira. Até mesmo a poliandria, pouquíssimo conhecida, tem seus exemplos de "haréns" de machos em uns poucos países africanos – vários pais e uma única mãe. Podemos ainda considerar a poligamia plena[184] (ou poliginandria), que alguns chamam promiscuidade, termo que evitaremos por estar imbuído, irremediavelmente, de conotações negativas. Na poligamia, mulheres e homens têm seus diferentes parceiros ao logo da vida, considerando relacionamentos breves e oportunísticos, o que não tem, absolutamente, nada de raro. Numa expressão quase corriqueira, seria a tal "pegação geral".

***

---

[184] A poligamia (ou poliginandria), muitas vezes, abarca ambos os casos especiais de poliginia e poliandria.

Faz tempo, antropólogos, sociólogos, psicólogos e biólogos se engalfinham a tentar provar suas teorias sobre o sistema "original" de acasalamento em nossa espécie. A ideia de uma poligamia original largou na frente nessa disputa, mas perdeu força progressivamente. Temos tendência a imaginar um processo de organização progressiva que vai do caos e da selvageria ao ético e civilizado, ou, em outras palavras, da poliginia à monogamia estrita. Isso parece reconfortante, mas é pouco realista.

Hoje, o que começa a emergir das amarras do condicionamento cultural é que sempre utilizamos os vários sistemas de acasalamento conhecidos, dependendo das condições ambientais, da oferta de alimentos, do tamanho dos grupos, das proporções entre mulheres e homens dentro de um grupo e dos tabus religiosos e de fertilidade. Somos uma espécie para lá de oportunista, ou eclética, como dissemos no início.

Mas o que sabemos dos demais primatas, aqueles mais próximos de nossa linhagem ancestral? O que sabemos das sociedades humanas pré-letradas e até recentemente isoladas? Aquelas nas quais a mão de ferro das religiões modernas ainda não atacou e torceu a essência original?

***

O que sabemos dos primatas antropoides modernos?

Poucos são estritamente monogâmicos, como os gibões e siamangs das selvas da Indonésia, Sumatra e Borneo (Família Hylobatidae), em que os casais e seus filhotes vagam pela copa das árvores altas. Outros primatas monogâmicos estão, evolutivamente, muito distantes da linhagem humana.

Vários antropoides são claramente poligínicos, como os babuínos, mandris, orangotangos, gorilas, chimpanzés, bonobos (Famílias Cercopithecidea, Pongidae e Panidae). A poliginia nem sempre pressupõe dimorfismo sexual, isto é, uma notável diferença de tamanho ou forma entre machos e fêmeas. Muitas vezes, a poliginia se manifesta devido ao estabelecimento de classes de dominância. Gorilas machos se valem de seu tamanho avantajado, mas os chimpanzés, de suas alianças políticas. Nos primeiros, as diferenças físicas entre os sexos são grandes e, nos segundos, elas são um pouco menores.

Nos humanos, essas diferenças de tamanho estão na ordem de 5 a 12% apenas[185] e não servem de argumento isolado para respaldar a poliginia. Alguns cientistas renomados já se valeram do subterfúgio do dimorfismo sexual para argumentar a favor de uma poliginia original humana, mas isso evidencia apenas uma ideia reducionista, em que jogamos todas as fichas numa única evidência isolada. Existem outras questões a considerar, e a ciência do século XXI anda muito mais exigente.

A raridade maior está nos poucos primatas com tendências poliândricas, como os saguis e tamarins (Família Callitrichidae), em que uma fêmea de hierarquia superior acasala com vários machos, mas esses exemplos também são de uma linhagem muito distante da nossa.

Na categoria menos restritiva, a poligamia plena – na qual tanto machos quanto fêmeas são polígamos –, estão a maioria das espécies de primatas, como os macacos colobos, macacos-japoneses, macacos-barrigudos, micos-de-cheiro, macacos-prego, alguns lêmures, nenhum deles aparentados conosco. (Aí temos um mix de diferentes famílias dentro da ordem Primates). É muito importante relembrar que, dependendo do número de machos e de fêmeas num grupo, a dinâmica pode mudar entre os sistemas poligínicos e poligâmicos. É um balanço sutil e dependente da estrutura social.

Esse é, portanto, um caminho pouco esclarecedor. A poligamia parece ser o sistema de acasalamento mais antigo dentro da esfera dos primatas, mas a poliginia, a poliandria e a monogamia fizeram seus experimentos em diferentes momentos e diferentes grupos. Vamos, então, tentar outro caminho...

***

O que sabemos das sociedades humanas pré-letradas?

Felizmente, os antropólogos se lançaram numa verdadeira corrida do ouro, em busca das sociedades tribais com pouco ou nenhum contato com os humanos urbanoides. Eles se embrenharam nas selvas de Papua/Nova Guiné, no arquipélago de Tonga, no deserto do Kalahari, nos rincões da África e da Amazônia ou na desolada Sibéria. Aos poucos, essas tribos "pré-contato" foram perdendo a cultura original e, muitas vezes, a própria língua, mas alguma coisa os audaciosos antropólogos conseguiram cristalizar.

---

[185] Ver o notável trabalho: Hrdy, S. B. (1981). *The Woman that never evolved*. Cambridge: Harvard University Press.

Dentre essas, uma curiosidade para começar: a poliandria não era tão rara quanto estávamos dispostos a admitir. Além de algumas sociedades *Inuit* do ártico ou dos nômades do platô tibetano, várias outras culturas humanas mostraram tendências poliândricas de acasalamento, em que há uma *paternidade compartilhada*[186], que pode envolver o casamento de vários irmãos com uma mesma esposa. A poliandria aparece bem espalhada mundo afora, com casos nas Ilhas Marquesas do Pacífico, em Sri Lanka, no Uzbequistão, em tribos Yanomami, Suruís e Bari da Amazônia e em vários locais da África. São, pelo menos, 53 sociedades humanas que adotam ou adotaram o sistema poliândrico.

Já quando tratamos de poliginia e poligamia em humanos, vemos que são dois termos que se confundem, porque são vistos sob o prisma do machismo clássico. No mundo árabe, a *sharia* permite casamentos de um homem com até quatro mulheres, mas elas, evidentemente, não têm o mesmo direito reverso. Assim, estaríamos falando de poliginia em termos biológicos. Iêmen e Arábia Saudita aparecem na ponta dos países onde a poliginia tem maior aceitação, mas também é prática comum na Tanzânia, no Sudão e em países centro-africanos, onde a religião muçulmana tem predomínio.

Entre as antigas civilizações da Mesopotâmia, Egito, China, Índia e nos Impérios Asteca e Inca, a poliginia era, na prática, amplamente utilizada pela elite, mas não pela plebe. Aí residem, basicamente, aspectos econômicos. Tais aspectos econômicos podem ser transportados para um mundo primevo e lidos como 'disponibilidade de recursos'.

Em sociedades conflituosas, imersas em guerras e disputas territoriais, costuma ocorrer um desbalanço na proporção sexual (isto é, menos homens) e uma flutuação entre a poligamia e a poliginia. Esse desbalanço e a disponibilidade de recursos (ou a falta dele) moldam sociedades com diferentes arranjos de acasalamento. Não há, portanto, uma boa razão para prever que sociedades primitivas fossem desse ou daquele tipo.

Dentro dessa oscilação natural entre poligamia e poliginia, entra também a monogamia. Os bebês humanos são grandes e completamente dependentes dos adultos. Nem mesmo se seguram à mãe enquanto são carregados. Uma mãe solitária larga em desvantagem ao prover seu bebê, e, durante o período de amamentação, essa desvantagem é ainda maior. A associação com um macho "confiável" – que não vá pôr tudo a perder com o bebê – é recomendável nesse aspecto. E, já que os recursos costumam ser

---

[186] Ver: Starkweather, K. E. & Hames, R. (2012). A survey of non-classical polyandry. *Human Nature*, 23, 149-172.

sempre limitados para os grupos nômades de caçadores-coletores, esse trio composto por fêmea-bebê-macho funciona bastante bem. É, sem dúvida, um sistema de bom custo-benefício. Essa é a teoria por traz da monogamia, mas vejam: aqui ainda não há qualquer tabu sexual em voga! Não se fala em pertencimento, permanência da relação ao longo do tempo, respeito e outras questões morais tão importantes na sociedade moderna. Não se fala em traição ou relações extraconjugais.

Relações extraconjugais são absolutamente comuns, seja qual for o sistema em voga. Aqui podemos falar de chimpanzés ou humanos de quaisquer culturas em qualquer tempo. E se formos considerar que as relações extraconjugais sempre ocorreram e nunca foram raras, então somos reféns natos da poligamia plena (ou poliginandria).

Sim, nem tanto ao céu nem tanto à terra. Não se preocupe, pois você tem escolha. Não é um nômade errante e faminto. Nossa evolução, como um contínuo de espécies, é filha de arranjos temporários que vão da poliginia plena à monogamia e passam por outras combinações oportunistas. A chamada monogamia serial, aquela em que há um parceiro por um tempo e depois ele (ou ela) é substituído, é um arranjo para lá de comum. A monogamia serial é o que conhecemos por namoros curtos ou longos. E a aurora da espécie humana deve ter experimentado todos esses arranjos. Não faz sentido estalar os dedos e bater o martelo, apontando qual seria o sistema de acasalamento original da espécie humana. Fazer isso seria ignorar nossa natureza eclética.

As cidades modernas são o formidável resumo de tudo isso. As crendices religiosas, os preconceitos morais, a ética judicial, os contratos formais encobrem o 'homem-mulher' mundano que somos. O falso anonimato dá asas à pedofilia, à escravidão sexual, às perversões sádicas, e, mesmo assim, um número impressionante de humanos declara-se monogâmico, mas, na prática, não é. Sociedades reconhecidamente religiosas encobrem suas relações extraconjugais cotidianas com um véu transparente. Fazer que não existe é nossa regra de honra. A escritora Mary Batten[187], que garimpou minuciosamente a literatura das estratégias sexuais humanas, nos mostra que 80% dos humanos declaram-se viver em monogamia![188] Declara-se, mas, em verdade, é polígama. Mais uma vez repito: não se preocupe, pois você tem escolha. Esse é o lado bom.

---

[187] Batten, M. (1995). *Estratégias Sexuais: como as fêmeas escolhem seus parceiros*. Rio de Janeiro: Record.

[188] Imagina-se que essa cifra exclua os celibatários por opção, os doentes incapacitados, os prisioneiros(?), etc.

***

Às vezes, fazemos escolhas, e noutras elas foram feitas por alguém. O que importa mesmo é como as escolhas são feitas e quem as faz... Os machos humanos se gabam muito de suas escolhas sexuais (se gabam e as divulgam aos quatro ventos), mas os antropólogos e biólogos trouxeram à tona o viés (quase) secreto e estratégico das fêmeas e de como elas moldaram o mundo. Afora o dinheiro dos machos, o status social e a força física (ou suas armas), existem outros atributos em voga que as fêmeas conhecem bem. Os machos, pelo contrário, nem fazem ideia.

A escolha feminina é tema de estudos esclarecedores. Muitas vezes, são elas quem dão as cartas. Ter experiências sexuais é uma coisa, já escolher alguém para partilhar responsabilidades e sobrevivência é outra. A escolha de machos com status social elevado, ao estilo macho provedor, é apenas um dos atributos que elas levam em conta.

Mary Batten nos lembra que as mulheres escolhem também atributos de personalidade como a atitude em relação às crianças (personalidade paternal), educação, gentileza, ternura, carinho, honestidade, isto é, um homem confiável, e não apenas o líder dominante. Um famoso estudo com babuínos da savana africana já mostrava que as fêmeas buscavam a proteção de um "amigo" confiável desde a juventude. O tal 'amigo' confiável era, na verdade, a personalidade de que tratamos anteriormente. Aí, quem sabe, esteja pelo menos uma das raízes da monogamia nos primatas antropoides.

Para finalizar o tema das escolhas, são elas que mais iniciam os relacionamentos e dão fim a eles. São elas que mais facilmente recomeçam suas vidas após o fim de um relacionamento. A 'cidadã de segunda classe' está mais à frente do que pensam os homens.

8.4 Auri Sacra Fames

Numa tradução livre, a expressão significaria algo como "tudo por dinheiro". Ela sugere modernidade e acabou empunhando a bandeira do capitalismo atual, tipo Wall Street, mas foi proferida no século I a.C., ainda na Roma Antiga. Dinheiro, aliás, vem da palavra "*denarius*"[189], um sistema monetário romano, curiosamente cunhado em prata. Inicialmente, fabri-

---

[189] Vem de *denarius nummus*, moeda com peso de 10 asses (uma tradicional moeda de cobre).

cou-se no templo da deusa Juno Moneta, de onde também vem a palavra moeda. Mas o dinheiro em si não era novidade naquele tempo, nem a maldita fome de riqueza.

Muito antes de Roma, o pai precoce da democracia, Sólon (século VI a.C.), já havia sentenciado que "quanto a riqueza não há limite, pois aqueles que dispõem das maiores fortunas possuem também o dobro da voracidade". E continuou... "e quem poderá satisfazer a todos?" Evidentemente, não há como satisfazer a todos. E assim, em algum momento, quando certos objetos ganharam valor monetário ou quando as primeiras moedas foram cunhadas, nossa espécie fez suas apostas (e escolhas) nas sociedades futuras.

A simples troca de algumas peles na Sibéria ou de pérolas na África, ou de sal, cereais ou conchas, continha a conotação de "estoque e necessidade". Quem tinha trocava com quem não tinha. Porém, o acúmulo de moedas metálicas e seu valor cambiante levaram a especulação. Levaram à exploração de povos nos tempos de escassez. Necessidade leva, muitas vezes, à subserviência e à escravidão. Para submeter um povo, não é necessário iniciar uma guerra. Basta levá-lo à "bancarrota". O mesmo ocorreu (e ocorre) entre classes sociais. Esse é o dilema, nada moderno, do servo e do senhor, o dilema do mercado. E, se você não tiver qualquer necessidade hoje, então o mercado criará uma necessidade própria para o seu perfil. Com a internet, isso decolou abruptamente em tempos recentes.

Assim, essa insaciável fome de acúmulo guiou nossa espécie à desigualdade e nos afastou do paraíso. Numa tribo primitiva, todo mundo poderia ter o mesmo tipo de arco e flecha, desde que houvesse madeira. Vivíamos um momento de igualdade. Mas então a especulação e o acúmulo de riquezas torceram a mão do homem e o botaram de joelhos. Nós cunhávamos moedas de bronze há bem mais de 4 mil anos AP Depois vieram as moedas de prata e as ligas de prata e ouro. Quanto mais brilho e mais raridade, melhor. Assim, uma gargantilha de ouro marchetado no pescoço de uma rainha ou uma tiara real garantiriam status. Se contivessem uma safira ou um rubi engastado, tanto melhor.

Aqui não se faz uma apologia ao "bom selvagem", ao homem primitivo em equilíbrio com a natureza. Isto é balela. Pelo contrário, a *Auri Sacra Fames* sempre esteve em nossa conduta como espécie, mas o ouro, de fato, lhe deu asas. Como veremos mais à frente, algumas revoluções e contrarrevoluções tentaram colocar o dinheiro em cheque. O sanguinário ditador Pol Pot chegou a extingui-lo, mas a que preço? O apóstolo Paulo (século I d.C.) sentenciou que o "amor ao dinheiro é a raiz de todos os males", mas como podemos ter certeza disso, se os males (que são muitos) podem ser bem mais antigos que o dinheiro?

***

A Igreja Católica aproveitou para associar a riqueza à ideia de pecado, o que garantiria a submissão dos fiéis. Só tratou de fazer vistas grossas ao próprio acúmulo de ouro. São Jerônimo (século IV d.C.) disse que "toda riqueza provém do pecado..., ninguém pode ganhar sem que alguém perca".

A frase é brilhante nos dois sentidos! Ele antecipava a ganância de ouro da Igreja e os efeitos nefastos da desigualdade social (ele mesmo, um machista categórico como vimos imediatamente antes). A Igreja cresceria muito depois da vida do santo e se veria enredada num mar de escândalos e descalabros. Estaria relacionada a um sem-número de guerras e genocídios, êxodos e perseguições de minorias étnicas. Mataria os cátaros e muçulmanos, queimaria os hereges, os judeus, as bruxas, negociaria com a máfia siciliana, mas manteria seus relicários e cofres cheios e, tudo isso, muito depois do vaticínio de São Jerônimo.

***

Os impérios econômicos modernos se regozijam com o *auri sacra fames*. Estão "mais felizes que pinto no lixo". Quando Colombo chegou às Américas, ele escreveu uma carta para os reis de Espanha, em 1503, dizendo: "O ouro é uma coisa maravilhosa! Seu dono é senhor de tudo o que deseja. O ouro faz até mesmo as almas entrarem no paraíso". É um trecho no mínimo curioso, já que o rei de Espanha sabia muito bem sobre o ouro havia tempos. Todos os nobres sabiam. Seja como for, o ouro dos maias, astecas e das tribos colombianas foi drenado para a Europa em proporções astronômicas, dando à Espanha a primazia do continente europeu só mais tarde ultrapassada.

A hegemonia econômica de vários países foi obtida em parte pela escravidão, em parte pelas armas e, principalmente, pelo dinheiro que isso gerava. Inglaterra, França, Portugal e Espanha drenaram suas colônias na África, Ásia e nas Américas. Esse processo de colonização, forçado goela abaixo, usou argumentos científicos espúrios. Usou as ideias magistrais de

Charles Darwin, vestindo-as com uma roupagem falsa – a de que os europeus eram mais evoluídos e os africanos, asiáticos e americanos nativos eram inferiores. Darwin deve ter se revolvido na tumba, pois ele tinha dito justo o contrário. Tinha dito que éramos uma mesma espécie, com as mesmas limitações e qualidades. Essa mentira travestida de ciência chama-se de "darwinismo social", e ele serviu de argumento para finalidades terríveis, dentre as quais a escravidão e a espoliação dos outros povos.

Mas os povos colonialistas nunca tiveram adoração pela verdade. O que eles desejavam era subjugar e espezinhar os demais povos. Levavam sua religião e seus modos de vida, rompendo, definitivamente, com os modos de vida e religiões locais. Fizeram os nativos trabalharem para eles de graça, ou quase. Foram fazer dinheiro e cativos. Quando essas colônias se emanciparam, mesmo assim, as linhas comerciais permaneceram. Era uma relação paternalista, que incluía "dívidas culturais" (no mais das vezes imaginárias) – dívidas que ainda permanecem.

O tráfico brutal de escravos não é nada novo. Houve escravidão de povos vencidos na Grécia e Roma Antigas, no Egito, na China, no Oriente Médio, no Império Mongol, na Pérsia ou na Índia. O soerguimento de cidades maravilhosas, como Atenas, Roma e Paris, ou de obras extraordinárias, como a Muralha da China, as Pirâmides do Egito e as Pirâmides Maias e Astecas, devem-se à submissão forçada dos povos vencidos.

No entanto, a *Auri Sacra Fames* ganhou evidência maior nos impérios hegemônicos atuais. Os Estados Unidos da América do Norte, mesmo descompensado pela Guerra Civil, do Norte contra o Sul, ressuscitou devido à exploração extrema da escravidão, que lhe garantiu um crescimento agrícola e industrial. Depois veio a dominação econômica e de mercado.

Hoje o mundo inteiro é refém de Wall Street e de um conglomerado de bancos conhecido por FED (Federal Reserve Board, tecnicamente, é uma instituição privada dentro do governo). São eles que ditam as normas, emprestam o dinheiro, iniciam guerras, levam os países à bancarrota, depõem presidentes, impõem eleições convenientes, elegem presidentes fantoches e, assim por diante[190]. São os verdadeiros "*kingmakers*". Eles são os credores do mundo, inclusive dos políticos norte-americanos. A desordem mundial e a dominação total do mercado são hoje muito mais um efeito da subserviência econômica do que das "Armas, Germes e Aço", como preconizou Jarred Diamond.

---

[190] . Bandeira, L. A. M. (2016). *A desordem mundial: O espectro da dominação: guerras por procuração, terror, caos e catástrofes humanitárias*. Rio de Janeiro: José Olympio.

Evidentemente, J. Diamond tem plena razão quando evoca a importância das armas, germes e aço num sentido geral. A importância particular dos germes na conquista europeia das Américas é esclarecedora. Maias, Incas e tribos da Terra do Fogo padeceram de gripes e sarampo bem antes de conflitos armados. Os Inuit do Alasca ou do Norte do Canadá, há muito isolados do resto da Terra, sofreram dos mesmos males. Essa também foi a triste história dos nativos da Tasmânia, um genocídio geralmente esquecido ou encoberto, mas aqui estamos interessados em compreender os efeitos do dinheiro, que corrompe ou escraviza.

Tanto os Estados Unidos da América do Norte (EUA) quanto o Brasil são países enormes, historicamente escravagistas e de povos extremamente criativos. No entanto, um deles alcançou a hegemonia total, e o outro, a subserviência tecnológica, industrial e de manufaturas, científica e cultural em vários aspectos. Um deles é o credor, e o outro, o devedor. Um deles combate, quando convém, a corrupção (embora não esteja nem de perto livre dela), e o outro prefere blindá-la de qualquer incômodo. Um deles tem a justiça (mais ou menos) célere, e o outro, uma das justiças mais lerdas de todo o mundo civilizado. Um deles é avido pelo dinheiro irrestritamente, enquanto o outro só o é na esfera da corrupção a céu aberto. Para o resto, o dinheiro pouco serve, especialmente para o povo.

Dizendo de outra forma, a relação com o dinheiro mudou a face do mundo desde que as moedas foram cunhadas, mas a desordem social, a violência extrema e a relação entre os países deterioraram devido à sagrada fome de ouro. Hoje existe um ódio quase universal contra os EUA, e o povo criativo que inventou a lâmpada elétrica, as máquinas de escrever Remington, as canetas elétricas para duplicar textos, o ketchup Heinz e até as máquinas de fazer gelo – tudo isso há mais de 150 anos – é hoje refém do terrorismo e da violência interna.

A cultura norte-americana, de orgulho destemperado e desprezo pelos demais povos, começou a pagar um preço alto. Seu nacionalismo, quase infantil, tem motivado uma militância anti-imperialista apoiada em provas cabais, e essa militância vem tomando conotações religiosas. De fato, os bloqueios econômicos contra Rússia, Cuba, Ucrânia, Coréia do Norte, Venezuela, Líbia, Iraque e Irã, em momentos diferentes, não ajudaram em nada. Menos ainda ajudam as taxações comerciais absurdas aplicadas aos países ditos amigos, as dificuldades aduaneiras, o preconceito racial exacerbado, as ameaças de construção de muros fronteiriços, o péssimo trato com os imigrantes que toma conotações de campo de concentração, a truculência no campo das relações internacionais e até as ameaças à sede da ONU em Nova Iorque. Embora se apresente como uma democracia, a fome de ouro deste país turva, completamente, suas decisões de Estado e coloca seus cidadãos num campo minado.

8.5   O Meu, o Seu e Aquilo que é de Ninguém

O dinheiro conseguiu mudar, inclusive, a concepção fundamental do que é público e privado. Hoje há uma tendência de inverter, diametralmente, uma prática largamente estabelecida. O que por muitos anos foi de caráter evidentemente privado é hoje público. Suas roupas de baixo, suas preferências sexuais, a maneira como você prefere fazer sexo, sua idade, seu ódio irrefreável, seu desprezo pelos demais seres humanos e pelas opiniões dos outros tornaram-se públicos. E assim o são por seu próprio desejo, mas não só. Assim o são pelo desejo das grandes corporações que aliciam a sua mente, muito antes de você acordar pela manhã. E, ao você saber que agora tem mil novos "seguidores" ou mil novos "amigos virtuais", você se sentirá importante. E já que a importância das coisas e das pessoas é *sempre fugidia*, então você precisará das artimanhas das grandes corporações para escapar da depressão e do tédio. É assim que elas ganham dinheiro com você e comigo. É assim que se dão as decisões humanas, quase nunca conscientes dos novos rumos, quase sempre sem as faculdades da razão.

Fato é que aquilo que é meu, seu ou de todos nós tem valores práticos, úteis para viver em sociedade. Não estamos falando do que é certo ou errado, e sim do que é útil numa sociedade relaxada e saudável. Poderíamos estar falando do que é útil a uma sociedade violenta e onde impera a desconfiança. Esse tipo de sociedade, infelizmente, não precisa de exemplos.

Na história do mundo, o público e o privado sempre tiveram um balanço delicado. Durante a Pré-História, não havia os mesmos tabus sexuais de hoje, nem poderia haver. Uma criança crescia vendo seus pais fazerem sexo sem qualquer pudor. A própria ideia de família era outra, sem que a monogamia fosse o único sistema oficial em prática. Numa caverna, a privacidade era quase inexistente aos olhos e aos ouvidos. É plausível, mas difícil de arranjar provas convincentes, de que alguns indivíduos isolassem sua área familiar com cortinas de couro. Isso também ajudaria a manter o calor de sua lareira. Aliás, a palavra lareira explica bem a concepção de lar e privacidade.

Várias ruínas neolíticas posteriores deixam claras as delimitações do espaço de uma família. Era um espaço exíguo onde as pessoas dormiam, comiam, labutavam e deixavam seus poucos pertences. Tais ruínas permitem reconhecer uma única entrada que poderia ser vedada por uma cortina. Há poucas diferenças entre essas residências unifamiliares através dos tempos e das culturas. O espaço familiar nas ruínas celtas da Europa, nas ruínas incas da América do Sul ou nos povos Neolíticos da Anatólia é praticamente o mesmo.

Geralmente, tinham base redonda e um pilar central. Os alicerces costumavam ser de pedra, os telhados, de palha, e as paredes eram de adobe ou pedra, conforme o recurso estivesse disponível. O chão batido não tinha qualquer detalhe, nem havia qualquer móvel. Isso não é muito diferente do que vemos hoje numa aldeia paupérrima do Sudão ou do Niger, de Burkina Faso ou do Malawi. Nem é preciso ir tão longe. Mesmo em países remediados, muitos pobres habitam casas de uma só peça com chão batido e teto coberto por plástico esfarrapado. E você encontra essas moradas em países com o PIB do Brasil, do México ou da Índia!

Essas casas ou choças neolíticas, colocadas bem próximas, desembocavam num pátio pequeno com uma horta familiar, e, como isso ocorre em vários lugares do mundo, há de se supor que seja uma decisão prática e sustentável que moldou os agrupamentos humanos desde o princípio. Mas existem variantes. Algumas dessas alcovas eram escavadas no solo argiloso. Outras podiam ser retangulares como as casas de Chatal Huyuk na Anatólia. Outras ainda tanto retangulares quanto circulares, como a dos povos atacamenhos em Pucará del Quitor, no norte do Chile.

Havia, sim, ambientes públicos. Os celtas tinham ruelas calçadas e saunas a vapor antes dos romanos lá chegarem. Tinham construções maiores para as reuniões comunitárias do conselho ou para as práticas religiosas. Tinham muralhas de defesa como muitas outras vilas neolíticas. E tinham prestadores de serviços comunitários como os fabricantes de calçados, os tecelões, e assim por diante. Apenas algumas dezenas de pessoas viviam nessas aldeias, e os conflitos de propriedade privada resumiam-se a um local melhor para levantar uma casa de dois metros de diâmetro igual às demais. Dessa forma, o "meu e o seu" tinham a mesma dimensão e durabilidade, e aquilo que chamamos de "nosso" nascia do esforço conjunto.

***

Aristóteles foi provavelmente quem melhor definiu o público e o privado. O privado estava na família ou até num conjunto de famílias de uma mesma tribo. O público era um passo a mais, um salto na condição humana, um bem maior. Aquele que estivesse disposto a cooperar na construção desse bem, para que ele não fosse transitório ou particular, seria um homem público. Para Aristóteles, as cidades-Estado ou *polis* eram a própria expressão desse salto de qualidade e a condição em que homem poderia realizar-se e ser verdadeiramente humano.

Esse pensamento aristotélico era útil para as cidades emergentes, como Atenas do ano 200 a.C., mas, com o tempo, as coisas adquiriram novas nuances. Uma ideia original pode mudar, dependendo do uso que dela se faça. Como já foi dito pelo escritor norte-americano Wayne W. Dyer, mude o modo que você olha para as coisas, e as coisas que você olha mudarão. O fato é que as coisas mudaram...

É admissível que isso funcionasse bem para os assentamentos Neolíticos e para os povos nômades, mas, nas cidades grandes como Roma, o público e o privado se confundiram permanentemente. Para ter uma função pública importante ou para que o cidadão administrasse as finanças públicas, ele deveria possuir uma volumosa "bolsa privada". Não era a sua capacidade pessoal que estava em jogo, mas os seus recursos econômicos, as recomendações de seus amigos importantes e a sua capacidade de cooptação. A cooptação viraria sinônimo de política, um sinônimo já corrompido.

Até mesmo espaços públicos, como o próprio fórum, eram frequentados apenas pela elite de senadores e cônsules por eles eleitos. O povo só pisava lá em tempos de tumulto desenfreado. Assim, o que era público em Roma tinha não apenas raízes privadas, mas um profundo viés privado.

***

A cidade de Lutécia, que depois virou Paris, tinha várias estruturas públicas, como ruas calçadas, sistema de esgoto, banhos públicos e arenas para o lazer da sociedade, mas, quando o Império Romano ruiu, a organização pública foi a zero. A cidade virou um mar de sujeira e esgoto a céu aberto, o paraíso dos ladrões e dos atravessadores. Visto sob essa ótica, parece que o sistema romano organizado levou civilização ao mundo bárbaro, mas essa é apenas a ótica dos conquistadores. O sistema romano, os deuses romanos, as finanças romanas e a propina romana desvirtuaram o sistema celta de comércio, de organização social, de uso do espaço, de confiança no outro, de dignidade e dos valores privados e públicos. E foi quando os romanos se retiraram da Gália que ficou claro o estrago que tinham feito.

Quando os ingleses se retiraram da Índia ou quando os franceses abandonaram o Marrocos, também ficou claro o colapso social que deixaram para trás. Ficou claro que o sistema assistencialista dos povos colonizadores gerava danos irreparáveis, como quem tirasse um órgão vital e esperasse que o paciente sobrevivesse. Assim foi também com as colônias de Espanha e Portugal. Fundamentalmente, os povos colonizadores costumam arrancar e aniquilar o órgão vital de suas colônias: as tradições em que estavam calcadas e sua compreensão do público e do privado.

Aliás, essa compreensão mudou muito da Pré-História aos tempos de hoje. A cada nova invenção de um gume cortante na rocha, da roda, da escrita, da tigela, do espelho, do garfo... a mente do animal humano deu saltos de praticidade e eficiência. A mente de viés privado mostrou sua importância nas sociedades de cada uma dessas épocas de ouro. Mas a mente de viés público estava bem disseminada na sociedade. O que era de um também era do grupo.

O balanço delicado entre esses dois arranjos mentais estereotipados retroalimentou as sociedades e deu-lhes um formato próprio. Os serviços comunitários e os de bem-estar social, que eram naturalmente públicos, começaram a ser vistos como algo de segunda classe, e as vidas privadas e suas mentes privadas se autoinvestiram de uma nova importância. Até mesmo as pessoas com mente pública (ou comunitária) passaram a acreditar na hegemonia das mentes de cunho privado. Essa foi uma inversão completa da ideia original de Aristóteles, em que era o público que fornecia a verdadeira condição de realização humana.

***

Foi assim que, em nossa modernidade afoita, inventamos algo novo e que funciona como o terceiro pé das sociedades ocidentais. Além do público e do privado, agora temos também *"aquilo que é de ninguém"*. Aquilo que deveria ser público, mas é outra coisa; aquilo que não é mais nem meu, nem seu e – estranhamente – não é nosso; aquela lata de refrigerante que jogamos pela janela do carro, aquele esgoto clandestino tão comum, que lançamos diretamente num córrego, aquele lixo plástico que atulha os oceanos, aquela bagana de cigarro que esmagamos com nossas 'patas', aquela floresta na qual ateamos fogo para conseguir espaço para nossos propósitos privados...

Na verdade, as grandes corporações, que ganham dinheiro com você e comigo, ajudaram a criar uma cultura rasa de tédio e depressão, que dão asas para *aquilo que é de ninguém*. Uma espécie de cultura do abandono, da falta de valor prático. O mundo do tráfico de drogas e de pessoas, de armas e de fármacos, o mundo que lucra com a fome, com a escravidão e a pobreza, o mundo do agronegócio e da bolsa de valores, da especulação imobiliária e da corrupção é um mundo privado, mas que se traveste de algo que *parece ser de ninguém*. Apenas parece, mas é fácil saber o nome de quem lucra com o agronegócio ou com a bolsa de valores. E esse lucro é a contraparte da pobreza e da fome. Para que um cresça, o outro também crescerá...

***

Vamos sacudir o lixo na sacada, pois ele cairá além da nossa vista. Vamos produzir lixo indestrutível e abandoná-lo em algum lugar, preferencialmente que seja de ninguém, talvez num buraco negro. É uma boa crença, mas não passa de uma crença apartada da realidade. Mais do que uma crença, é uma paranoia, uma fuga da realidade. A perda de nossa noção do que é público é uma decisão perigosa e que empurra a tal sociedade "conectada" rapidamente para o colapso e a desconexão. Mais uma vez, o animal humano está prestes a colocar os pés pelas mãos (o que pode ser grave para um animal bípede).

Vivemos, no século XXI, a **"Era do Egoísmo"**. O que importa é o que faz sentido para nós. O que importa aos outros é desprezível. Os outros são desprezíveis, descartáveis. E as pessoas vivem como se isso não lhes causasse problemas. E dizem: – É natural; é assim que sempre foi! Mas estão erradas. Deveriam informar-se melhor. A visão egocêntrica é o princípio do fim, e já vem causando danos. Vem removendo a cola social e fragmentando as sociedades. O egocentrismo – o salve-se quem puder – é um passo irresponsável em direção ao abismo e uma doença fácil de diagnosticar. Ignorar essa doença não é uma decisão ponderada.

8.6 *Fake News* – O Tenebroso Tsunami de Mentiras

A quem interessa a mentira? A quem interessa essa cultura rasa de difamação? A quem interessa confundir o público com o privado? Você já tem a resposta. Você, que é um cidadão do século XXI, sabe que os interesses privados reinam supremos, e aquilo que pode ser compartilhado, o que é de todos, o suprassumo do 'bem comum' tão enaltecido por Aristóteles, foi hoje escravizado pela prática de "auri sacra *fames*". A maneira mais fácil de manter esse 'conto da carochinha' é mentir o tempo todo, esperando que as pessoas se confundam.

Não é de agora que as pessoas mentem, mas a mentira ganhou ares institucionais quando os grupos humanos se tornaram grandes. Se você perder a ideia original, acaba achando que ideias corrompidas são a norma. Antes os mentirosos eram escória, agora são vedetes. Antes as mentiras eram coisa da esfera privada, e hoje elas são públicas. Mentiras numa comunidade podem espalhar-se quando há má fé, mas isso não seria suficiente para proteger as grandes corporações, a bolsa de valores, a especulação bancária, a financeiras de valores...

Para confundir você, é necessário algo mais, algo como o quarto poder, os tais meios de comunicação de massa (ou a mídia, se preferir). A mídia pelos jornais e pelo rádio foi usada para confundir os cidadãos comuns durante a ascensão nazista e para manter a ilusão de vitória quando tudo já estava perdido. Estados autocráticos bancam a mídia para alcançar seus fins, porque, via de regra, vivem a cabresto dos homens do dinheiro. O salto moderno para o tsunami de mentiras nasceu com a ideia de propaganda, mas explodiu com o advento das mídias sociais e da internet.

Ainda assim, o quarto poder continua a dirigir o pensamento e as opiniões do cidadão com mentirinhas cotidianas, que ajudam a restringir-lhe os horizontes. Mentirinhas cotidianas são tão danosas quanto mentiras deslavadas... Joseph Pulitzer[191] foi um sujeito de visão que veio de baixo. Foi dele a verdadeira luta pela liberdade de imprensa e a percepção lúcida de que a república e a imprensa floresceriam juntas ou afundariam juntas. Pulitzer, que hoje é nome de prêmio literário e jornalístico, anteviu, corajosamente, que com o tempo, uma imprensa cínica, mercenária, demagógica e corrupta formaria um público tão vil como ela mesma.

---

[191] Joseph Pulitzer (1847-1911) nasceu na Hungria e, posteriormente, emigrou para os Estados Unidos. Foi o jornalista e editor que revolucionou o jornalismo e a liberdade de imprensa.

***

A palavra "estatística", que hoje expressa ares de matemática e seriedade, foi criada com o sentido de "assuntos de Estado", ou seja, para expressar os números que o Estado desejava vender aos cidadãos, mesmo que fossem aberrações completas e inverossímeis. Pois eis que a ideia moderna de Fake News não tem nada de moderna nem de seriedade.

As grandes financeiras atuam como uma metralhadora giratória despejando milhões de bobagens por metro quadrado, que os idiotas de plantão repassam para seus amigos idiotas. É um serviço gratuito idiotizado que empobrece a razão, obliterando qualquer esperança de salvação, e tudo isso de forma muito rápida, sem que você possa conferir.

Com isso, os homens do dinheiro elegem presidentes truculentos de mente vazia – mas com bom senso de oportunidade – para serem suas marionetes. Com isso, os homens do dinheiro difamam bons candidatos, enlameando sua reputação. Falsidade sobre falsidade, e você pensando ser bem informado. Dizem que, se você gastar mais, a economia melhorará, e a roda da fortuna agraciá-lo-á.

Fake News! Se alguém for agraciado, não será você. Quem gasta fica com menos, e quem tem menos continua com menos – ou você acha que a fome no mundo é apenas um *acaso cruel*. A fome é um *destino planejado e cruel*, não o acaso. E qual a grande sacada de tudo isso? Usar o espaço sinistro que não é público nem privado, aquele espaço *que é de ninguém* e, portanto, que ninguém confere nem se importa. Eis o veneno da mentira.

8.7 *"Dolce Far Niente"*

O ócio costuma ser criminalizado em muitas sociedades, e o 'produtivismo' atual jogou essa ideia verdadeiramente na lama. Relaxar, fazer nada, papear com amigos ou estranhos, deixar o tempo passar, perscrutar a forma das nuvens no céu azul virou sinônimo de inutilidade, de uma vida sem valor. Isso parece verdade para quem tem uma visão de mundo, exclusivamente, privada e já se esqueceu do valor das coisas públicas.

Pelo contrário, o ócio é fundamentalmente criativo. É uma fonte de novidades e descobertas, de arte, de amadurecimento e do anti-ego. É uma fonte de satisfação, bem-estar e saúde, de desapego, de inspiração. Os italianos cunharam o termo *"dolce far niente"*, mas o hábito está introjetado em nós, como espécie, há muito, muito mais tempo. É da nossa natureza praticar o ócio e beneficiar-se dele. (Fugir do ócio é um sintoma claro de ansiedade). Foi o ócio criativo que alavancou nossas melhores ideias. Foi por meio dele que pintamos imagens nas paredes das cavernas, nos dentes de mamute ou de morsa. Foi por meio dele que marcamos, com junco, a argila molhada e chegamos à escrita primariamente cuneiforme, à contabilidade, à matemática, à física... A observação ociosa da natureza é algo que deu asas à ecologia, ao estudo do comportamento das presas, das grandes migrações animais e nos levou a compreender o movimento dos astros. A biologia e a astronomia nasceram do ócio. Foi da experimentação livre e descomprometida que nasceu a medicina das ervas, as tinturas dos tecidos e os próprios tecidos extraídos do algodão ou das fibras das folhas de palmeiras. Foi perdido em pensamentos fugidios que um homem ou uma mulher lascou uma pedra e viu o gume de uma maravilhosa faca; viu, na espinha de um peixe, uma agulha ou, numa concha, um pingente; viu, nas fases da lua, o tempo a ser contabilizado e, no atrito entre duas pedras, uma faísca; viu, num tronco tombado, uma roda e, numa alavanca, a maneira de mover uma grande rocha.

O ócio criativo está na origem da ciência, na maçã de Newton e na gravitação universal. Claro, a ciência exigiria mais do que o simples ócio. Exigiria esforço, repetição, frustração, paciência e muita, muita resiliência, mas o *insight*, a sacada genial, o lampejo, são filhos fecundos do ócio. O ócio pode ser uma iniciativa privada, mas tem consequências públicas.

Outro italiano e filósofo genial, Nuccio Ordini, escreveria sobre a "Utilidade do Inútil" e nos mostraria, com precisão cirúrgica, tudo que o ócio lega-nos e legar-nos-á. Essa é sua qualidade inata. Uma inovação flui e permeia mundo afora e muda a tudo e a todos. Ela vira conhecimento público, e talvez por isso mesmo o inovador quase sempre será um herói anônimo.

As rodas se tornariam mais leves, as facas, mais afiadas e duráveis, as agulhas, mais finas e resistentes, os pingentes, mais elaborados, os tecidos, suaves ao toque e coloridos, e a medicina daria saltos acrobáticos, alongando a vida dos homens e das mulheres. A química explodiria em poções milagrosas, e a física floresceria na propulsão das flechas, lanças, fundas, alavancas...

Mais tarde, a sociedade produtivista e privada se daria conta (lentamente) do valor do ócio – e a psicologia, a neurociência, a psiquiatria recorreriam a ele em busca de uma panaceia, quiçá tardia. A biologia explicaria a depressão e a ansiedade, mas isso muito depois da aurora do homem. E o herói comum, o herói público, permaneceria esquecido porque o tempo medido em luas ou verões apaga os detalhes. Apaga a maioria deles, mas não todos.

Há quem os reconheça em meio ao entulho do tempo, porque o ócio é também a ocupação do caçador de fósseis, do paleontólogo, do arqueólogo. Os ossos, as ferramentas antigas e ruínas das primeiras cidades do mundo começaram a falar... falar do que era *público* e *comum* e *quase* totalmente esquecido.

Capítulo 9

A Morte Pede Carona

Que tantos consigam comer todos os dias é um milagre; que tantos não o consigam, uma canalhice.

(Martin Caparrós, A Fome)

9.1 Sobre a Miséria e a Fome

O fato é que você e eu nunca sentimos fome. E, porque não sentimos, não sabemos como lidar com ela. Aquela sensação de oco que vem da demora de servir um almoço não é fome, nem mais longinquamente algo que se pareça com ela. Nem a vontade de comer que vem da dieta é fome. Se você (como eu) tem peso a perder, então não conhece a fome. A fome habita um corpo magro que não tem o que comer e nunca teve. Habita um corpo que nem sequer sabe o que é saciedade, nem nesta nem noutra vida anterior, nem nesta nem noutra geração qualquer.

A face da fome tem a pele esticada e seca, as maçãs do rosto são angulosas, as bochechas encovadas, os olhos parecem grandes no conjunto murcho, mas são opacos, desprovidos de vida. Estão perdidos em um lugar que não existe. São letárgicos como os demais movimentos do corpo. A falta de energia é quase palpável. O corpo está anêmico. Os pés, as mãos, os joelhos também parecem grandes, já que a perda muscular é progressiva. As costelas, as clavículas e os ombros são ossudos. A vida se autoconsome. Não são pernas nem braços que se projetam do corpo, são varas. As unhas se tornam frágeis e quebram com facilidade. As feridas não cicatrizam, mesmo as pequenas. Então começam as náuseas, as tonturas, a dor horrível no estômago, a diarreia. A porta está aberta para todas as infecções.

A fome na infância retarda o desenvolvimento do cérebro e acaba com a concentração. O marasmo completo toma conta do corpo. O crescimento também fracassa. O abdômen incha a despeito da inanição. São os músculos do abdômen que não têm mais tônus. O cabelo muda de cor, esparsa e perde viço, parecendo palha. A pele escurece e ganha estrias. Suas dobras ficam cada vez mais finas. Aparecem edemas nos braços e nas pernas. Por fim, a alegria se vai e, nas crianças, costuma ser a última a partir. Costuma ser, mas, por fim, também se vai como tudo mais.

Mães subnutridas têm sucesso limitado na amamentação. E o momento crucial é justamente o desmame, quando o leite materno é substituído por uma farinha de milho ou outro cereal. O corpo combalido das crianças não resiste à transição. Elas reagem mais lentamente aos estímulos, crescem menos, choramingam mais, embora fraquinho. O intestino perde, rapidamente, a capacidade de absorver os alimentos. Depois começam as diarreias prolongadas, e, sem uma intervenção imediata, elas sucumbirão já nos primeiros meses de vida.

A desnutrição infantil leva a um ciclo maldito. Ela baixa a imunidade, que aumenta o risco de contrair doenças infecciosas, e estas reduzem o apetite e a absorção dos alimentos, mas o corpo precisa de mais calorias para combater a infecção. Conflitos armados, alterações climáticas, assistência de saúde insignificante, descaso dos países ricos levam a mais pobreza... Esta é a maldição da miséria. Ela transpassa gerações, viaja no tempo, escreve o destino de quem ainda não nasceu.

Miséria é um passo além da pobreza que conhecemos. Ela grassa nos confins da África e no entorno do Saara, atinge em cheio o Sudão do Sul e o Niger, a Gâmbia, Somália, República Centro Africana, Zâmbia, Eritreia, Libéria, Malawi. Fora da África, alcança Iêmen, Mianmar, Bangladesh, Laos. Mas tudo depende de como decidimos medir a pobreza, se pela fome, pela expectativa de vida, pelo PIB ou pela renda *per capta*. Cada governo tem sua forma de apresentar os resultados ruins. O Burundi tem a menor renda *per capta* do mundo. Uma pessoa lá vive com pouco mais de meio dólar por dia (!), mas esse número pouco representa a realidade, pois muitos bebês nem sequer são registrados. Ao morrerem, precocemente, são enterrados no solo pátrio sem que ninguém saiba ou se importe. Assim, é fácil entender que o problema seja ainda maior. No entanto, em algumas dessas estatísticas, o Burundi já saiu do mapa da fome. Difícil de acreditar, não é mesmo? De que Burundi estaríamos falando?

Noutras listas, quem aparece em último lugar é o Malawi. Burundi e Malawi se revezam nesse recorde ruim. Outras vezes, é o Sudão do Sul ou a Somália, todos eles com mais ou menos a mesma renda *per capta*. O fundo

Monetário Internacional e o Banco Mundial ranqueiam os países, cada um a seu modo. A ONU faz o mesmo, e assim os números se confundem. A confusão é uma vantagem para muitos.

Os governos amam esse estado de coisas, pois podem manipular – a vontade – seus números esdrúxulos, suas estatísticas. Assim é com nações ricas ou remediadas, mas, onde a miséria é a norma, o descalabro vai além. Nesses países, a miséria é tanta que a sorte de sua gente já está selada bem antes, nesta e nas gerações futuras, gerações e mais gerações que jamais conheceram a sensação de saciedade, que jamais tiveram água corrente, uma latrina ou eletricidade. Vilas remotas que jamais viram atendimento hospitalar ou ambulatorial. Não tem acesso a vacinas, remédios, programas de saúde pública ou aconselhamento familiar. Elas não têm acesso a isso e nunca terão. Não podem nem mesmo imaginar como seria viver com esses "requintes". A imaginação lhes foi roubada pela miséria muito antes.

Alguns desses países pobres nasceram às margens do comprido Lago Tanganica. São eles: Burundi, Zâmbia e Congo, os quais têm muito em comum. Não apenas a miséria que lhes é patente, não apenas a fome, mas foi aí que nossa linhagem humana surgiu. Foi nesse entroncamento do mundo que passamos a lutar pela sobrevivência. Isso soa como um grande paradoxo. De fato é. Naquele tempo, não havia o amanhã, somente o hoje. Hoje sabemos que nessas mesmas paragens também não haverá o amanhã.

Os países se dissolvem em guerras sangrentas, intestinas. A miséria é um alto negócio para muitos. Os traficantes de armas que o digam. Os traficantes de drogas que o digam. Os traficantes de pedras preciosas também. Os países ricos lucram muito com a corrupção, com as armas, com o narcotráfico. Alguém tem de comprar armas e morrer. Alguém comprará os "diamantes de sangue".

O Fundo Monetário Internacional sabe disso e sabe, como ninguém mais, extorquir o dinheiro mirrado dos países pobres. Algumas das grandes empresas internacionais de material esportivo e da moda também sabem extorquir dos pobres. Fazem-lhes trabalhar 12, 14 horas por dia por um salário de fome. É claro elas pagam menos impostos por lá e têm mais lucro. As pessoas são mera ferramenta para seus fins, e os muito pobres são obrigados a se sujeitar a essa escravidão moderna.

Todos nós, que comemos todos os dias, nem nos damos conta de que parte do que comemos vem do que as nações ricas conseguem extorquir das nações pobres. Isso porque, nas nações pobres ou remediadas, o

Estado também vai extorquir do extremo mais pobre de sua população. E vai fazê-lo com o trabalho escravo ou "semiescravo" (aliás, um termo idiota, pois o que é um semiescravo se não um escravo que nem sabe que é). E muitos desses semiescravos do século XXI são crianças de todas as idades. Crianças que aram a terra, que carregam fardos, que cortam cana, que catam lixo e comem lixo, que vendem e se vendem, que roubam, que traficam. Crianças que estão a serviço de alguém e são usadas por alguém nas favelas do mundo, nos becos do mundo.

Para alguns, é uma grande vantagem que a República Centro-Africana e o Congo se dissolvam, assim como Biafra se dissolveu um dia. Biafra, que já foi o símbolo da miséria maior do mundo, não existe mais – a mesma Biafra, que foi engolida pela Nigéria, que hoje é engolida pela fome, esta que a todos engole, enquanto os famintos mastigam suas roupas e as engolem também, quando as têm. E, por fim, serão famintos nus, mas famintos mesmo assim.

A Índia, o país dos extremos, é um caso em si. Tem um Produto Interno Bruto de país remediado ou rico, mas uma pobreza de dar nojo. Não é o nojo da pobreza, mas dos que se valem dela. E são muitos! Aí vive o maior número de subnutridos e desnutridos do mundo! Mas não é apenas a cultura da magreza cadavérica, dos corpos miúdos, das castas inferiores que não têm direito a sonhar e a mudar de vida. Não é apenas a cultura da cultura mais antiga do mundo. É a cultura de roubar da pobreza que dá nojo, de desviar fundos e de enriquecer com a dor dos outros, de enriquecer com aqueles que não comem todos os dias. E os dias em que *não comem* confundem-se uns com os outros, já que são muitos.

A renda *per capta* da Índia sobe a cada ano (e de forma impressionante nos últimos 10 anos), mas isso não reflete qualquer melhoria na pobreza. São números, apenas. E são enganosos. Dois terços da população da Índia vivem com pouco mais de meio dólar por dia, e muitos – muitíssimos – vivem com ainda menos. Essa é a marca do Burundi e do Malawi! É a mesma marca dos países onde a fome é extrema. O Estado é rico, e o povo é pobre, simples assim. E, pior de tudo, continuará assim, porque lhes é dito que sempre foi assim e que é assim que deve ser. O Estado diz, e o povo não têm como ver diferente. Para quem come às vezes, e somente às vezes, a vida tem outra dimensão.

A dimensão de futuro foi eclipsada pela absurda dose do presente, do presente esmagador, do presente asfixiante, do presente miserável. O presente esmagador e asfixiante não é aqui figura de linguagem, não é uma ideia piegas ou emocional, até porque a miséria não é uma ideia. Alguns gostariam que fosse, porque se sentiriam constrangidos ao ser confrontados com ela. A miséria é real e, na maioria das vezes, está logo ali no quarteirão seguinte.

O historiador argentino Martín Caparrós, que pintou a *Fome*[192] em suas cores mais vivas e cruas – num estilo simplesmente extraordinário –, nos lembra que a miséria produziu dois milhões de desnutridos e que eles são quase um terço das pessoas do mundo. E sentencia:

> ... a fome desesperadora daqueles que não podem mitigá-la,... tem sido, desde sempre, a razão de mudanças sociais, progressos técnicos, revoluções, contrarrevoluções. Nada teve mais influência na história da humanidade, nenhuma doença, nenhuma guerra matou mais gente...nenhuma praga é tão letal e, ao mesmo tempo, tão evitável como a fome...[193]

Essa mesma fome tem muitas origens, e uma delas é a própria guerra, em que a escassez de alimentos e a hiperinflação contribuem para a morte de milhões. Quando o Japão invadiu a Birmânia na Segunda Guerra, os grãos não chegaram à Índia. A Inglaterra, preocupada consigo mesma, assistiu de camarote ao morticínio em sua colônia. Foram quase 3 milhões de mortos pela fome e pelas epidemias que grassaram devido à imunidade baixa e à falta de atendimento.

A fome imposta nos cercos às fortalezas medievais ou às grandes cidades como Leningrado, na Segunda Guerra, foi a própria materialização do caos. As pessoas morriam nas ruas, nas filas, nas escadarias dos próprios condomínios, no trabalho. Caiam e eram deixadas onde estavam. Ninguém tinha forças para carregá-las. Ali ficavam como esqueletos que eram. Os vizinhos simplesmente evitavam os corpos como se não estivessem ali, como se fossem poças d'água no caminho. E os que estavam (ou pareciam) vivos envelheciam a olhos vistos e tornavam-se irreconhecíveis, mesmo as crianças. Os homens se tornavam estéreis, e as mulheres deixavam de menstruar, os olhos opacos vagavam num mundo aparte, e muitos se deitavam para uma noite sem sonhos e não mais acordavam. Nos mais de 900 dias de cerco à Leningrado, a fome fez as pessoas (ou o que restou delas) comerem papeis de parede, a grama dos parques, as acículas amargas dos

---

[192] Caparrós, M. (2018). *Fome*. Rio de Janeiro: Bertrand Brasil.
[193] Caparrós (2018), p. 11.

pinheiros, as folhas e a casca das árvores, todos os pombos, passarinhos, ratos, gatos e cães, todos eles. E até crianças eram roubadas e mortas para servir de alimento na insanidade da fome atroz.

Hitler não queria gastar sua preciosa munição nos cidadãos de Leningrado, por isso decidiu matá-los de fome. Stalin nunca deu a mínima para os civis, mas não queria entregar a cidade aos alemães nem tampouco armar os cidadãos condenados. A comida era para os soldados, não para os tais "bocas inúteis", como eram chamados. Ele preferia defender Moscou. Assim, Leningrado ficou no limbo, como se não existisse, submetida a uma morte penosa. Essa fome levou à cegueira, surdez e loucura, e então as pessoas passaram a comer a terra dos terrenos baldios e dos depósitos de alimentos incendiados na esperança de que a cinza e a madeira calcinados contivessem algo, qualquer coisa.

A fome que foi imposta aos povos conquistados pelos nazistas e nos guetos e nos campos de concentração. A fome, que foi política de Estado e uma forma muito econômica de extermínio na Alemanha nazista. E mesmo depois de os cercos serem rompidos e depois da guerra, ela permaneceu como um fantasma, já que os corpos não tinham mais como extrair energia de alimentos racionados. Comia-se, compulsivamente, sem ganhar peso. Tremia-se, compulsivamente, de frio mesmo no verão. Era a danação permanente da fome.

***

Gêngis-Khan, Maomé, Mao Tse-Tung, Napoleão Bonaparte, Adolf Hitler, Josef Stalin, Benito Mussolini, Pol Pot, Slobodan Milošević, Augusto Pinochet, Harry S. Truman, George W. Buch, Kim Jong-il, Kim Jong-un, Donald Trump não foram ou não são homens capazes de olhar para traz e reavaliar sua conduta. Seu ego e o isolamento da realidade obscureceram-lhes a visão e o bom senso. Eles arrastaram povos inteiros com seus ideais (ou fetiches) e construíram uma história de exploração e opressão, de guerras – algumas veladas – e de fome, uma fome que, na maior parte das vezes, é a fome dos outros.

9.2 Canibalismo

A fome que destroçou a Ucrânia no início da década de 1930, no que pode ter sido a maior mortandade concentrada de todos os tempos, também foi decisão de Estado. Stalin confiscou os grãos dos plantios da Ucrânia para botar em ação seu plano de "coletivização" da produção. Estava em jogo também a subserviência da região, mas o golpe foi forte demais, e o país desmoronou. E foi nesse desespero supremo, nesse desatino, que as pessoas começaram a comer seus mortos. Foram pelo menos dois anos de um desatino total. E o canibalismo retornou anos depois com o fim da Segunda Grande Guerra, dois momentos horrendos separados apenas por 15 anos.

A Segunda Grande Guerra empilhou casos de canibalismo nos cercos de Leningrado e Stalingrado, onde a população já havia comido todos os gatos, cães e ratos, mas há (muitos) outros episódios dramáticos nessa guerra. Prisioneiros soviéticos, mantidos em campos de concentração nazistas, devoravam os companheiros que não acordavam no dia seguinte, e esse era seu único alimento por meses.

As tropas japonesas isoladas nas pequenas ilhas do Pacífico, na Nova Guiné e nas Filipinas não tinham como receber suprimentos, pois a Marinha Imperial carecia de navios cargueiros, e havia o bloqueio dos submarinos norte-americanos. Assim, esses soldados passaram a matar e esquartejar os moradores de pequenas vilas, os prisioneiros australianos e norte-americanos e, posteriormente, seus próprios camaradas de outras unidades.

Depois se descobriu que o canibalismo era recorrente no exército japonês – mais do que isso –, era uma estratégia militar sistemática![194] Prisioneiros americanos, australianos, indianos e papuas eram estocados para servirem de alimento... Tais descobertas foram tão constrangedoras que não constaram dos Tribunais de Guerra e não chegaram aos ouvidos delicados do Ocidente. A queda de tabus havia despencado ao marco zero.

Assim foi também na China durante o regime de Mao (que nem em guerra estava). Ele teve o que lhe pareceu uma "ideia brilhante". Fazer os camponeses, que eram muitos, se deslocarem para as cidades e trabalhar nas indústrias. Mao queria demonstrar aos capitalistas ocidentais uma fórmula de sucesso por vias diferentes. Mas, então, a China naufragou... Os campos colapsaram, os grãos se foram e o partido confiscou o resto. E então, na fome extrema, desesperadora, a mente das pessoas também entrou em

---
[194] Beevor (2012).

colapso junto dos campos incultos. As meninas não recebiam alimentos e, ao morrem, eram trocadas pelas filhas dos vizinhos para servirem de comida. Esse foi outro contundente exemplo de canibalismo moderno e a confirmação – recorrente – de que a história do homem é a história das decisões de uns poucos líderes.

Tempos depois, a China daria uma guinada drástica e faria uma ampla reforma agrária. Depois seguiria a rota de um capitalismo declarado e se tornaria um dos países mais ricos do mundo, mas não conseguiria livrar-se da pecha dos tempos de Mao, quando a fome e o canibalismo marcaram passo.

***

Ao olhar para o passado, para as pilhas de ossos humanos quebrados, há sempre o risco de fantasiar explicações. A ciência deveria estar, mas não está isenta de crenças. O esquartejamento de um corpo, ou de muitos, pode falar de tortura, guerra, rituais funerários, magia e de sacrifícios aos deuses, que algumas vezes podem envolver canibalismo.

Uma das maneiras de rotular qualquer cultura como primitiva é atestar o canibalismo. Foi assim com os papuas, os maoris, os astecas, os tupinambás... Assim, a busca de evidências de canibalismo na Pré-História deve transitar por um caminho seguro. É necessário ser um legista experimentado para intuir além das marcas de corte nos ossos, além dos crânios partidos. Hoje é possível extrair evidências bioquímicas dos potes de cozimento. E antes disso(?), antes do uso da cerâmica?

Um tipo específico de dano causado pela queima dos ossos, a extração da gordura e a retirada do tutano somam provas confiáveis de canibalismo nos sapiens, nos neandertais, no *erectus* e até em um de nossos duvidosos ancestrais conhecido por *Homo antecessor,* que viveu há 800 mil anos. É um caminho longo, e não uma aberração recente.

Nossa espécie e nossos ancestrais não comeram apenas os líderes inimigos para "absorver sua força e suas qualidades". Devoramos a nós mesmos porque somos filhos da fome. A liberação dos demônios da Caixa de Pandora não é coisa apenas do Antropoceno, é uma marca nossa bem antiga, muito antes de plantarmos e guiar nossos rebanhos.

9.3 Da Doença e das Epidemias

A fome nem sempre foi um descalabro exclusivamente africano. (É sempre bom lembrar que Egito e Sudão já foram países proeminentes e ricos). A partir do ano mil, a fome destroçou a Europa medieval, de ponta a ponta, e abriu as portas para a devastadora peste negra. Naquele início de milênio, a fome era tal que os mortos eram desenterrados e devorados. O canibalismo grassou Europa adentro numa repentina queda de tabus. Foi um momento estranho no universo das decisões humanas, mas, por incrível que pareça, não foi um fato isolado.

Assim, corpos enfraquecidos e higiene precária estavam à frente da mais devastadora epidemia da história do mundo. A peste invadiu a Europa, talvez vinda do Sul, talvez vinda do Leste devido às navegações. Diz-se que chegou primeiro à Sicília, à Calábria e à Constantinopla. De uma maneira ou de outra, encontrou uma Europa enfraquecida e primitiva em termos de medicina.

Chegou empilhando mortos pelo caminho de uma maneira nunca antes vista. As igrejas e os cemitérios extrapolaram sua capacidade de receber mortos, que passaram a ser enterrados em valas comuns ou incinerados. Acumularam-se nas ruas ou foram levados de carreta e jogados fora da cidade. A cada mês, uma nova cidade italiana era infectada. Homens e mulheres, ricos e pobres sucumbiam em menos de uma semana. O espalhamento da peste seguiu num ritmo alucinante como se fosse um tsunami, atingindo França e Península Ibérica ao mesmo tempo e, na sequência, a Inglaterra e a Alemanha. A costa do Mediterrâneo foi envolvida pela peste em apenas um ano! Depois, ela se alastrou pela Escandinávia e a Rússia. Estávamos em meados dos anos 1300 (1347-1351 d.C.), e ninguém sabia o que fazer.

Algumas cidades se fecharam em quarentena, mas a maioria nem tentou lidar com o problema. Sangue escorrendo do nariz era um presságio ruim. Febres altíssimas, alucinações horrendas, manchas de cor negra, expectorações sanguinolentas e, por fim, caroços do tamanho de um ovo formavam-se nas axilas e virilhas. Esses caroços eram chamados de bubões, por isso o nome alternativo de Peste Bubônica.

O caos se instalou, a ordem social sucumbiu, e pipocaram guerras civis. As próprias famílias se desfizeram. Pais e filhos se evitavam já que os mecanismos de contaminação eram desconhecidos. Pelo menos um terço dos europeus morreram nesse redemoinho sanitário da Europa medieval, até que restassem os estranhamente imunes. Algumas cifras falam em 200 milhões de mortos, o que corresponderia, na época, a 51% da população[195].

Depois, bem depois, se viria a compreender que os ratos[196] de esgoto vindos da Ásia e suas pulgas transmitiam uma bactéria letal que ficou conhecida como *Yersinia pestis*, mas na época tudo isso era um mistério. Os médicos que não pereceram buscavam lancetar os bubões numa tentativa de supurar o seu conteúdo, e só muito depois emergiu a compreensão de que as questões sanitárias estavam na ponta do problema.

Depois disso, a epidemia retornou à Europa muitas vezes. Também invadiu o Oriente Próximo, a África e a Ásia. Fez muitos mortos em cada um desses rincões e ainda faz. Entre 1629 e 1631, matou um milhão de pessoas na Itália e, em 1665, mais 100 mil em Londres. Depois visitou a China e a Índia, em 1885, matando 12 milhões de pessoas, onde foi chamada de a "Terceira Praga". Em todos esses casos, a miséria vem de mãos dadas com a desordem sanitária, que também está de mãos dadas com a desinformação. Esse é o redemoinho de que falamos a pouco. A desinformação é um veio fértil, e a doença, um fim provável.

Há uma discussão acirrada se a peste teria ou não visitado a Europa bem antes, no que foi chamado de "a Praga de Justiniano' (541-542 a.C.). Coincidência ou não, ela parece ter preparado o caminho para o fim do Império Bizantino e um longo período de obscurantismo.

***

A desinformação é uma bênção para a indústria farmacêutica, já que ela pode testar suas drogas em cobaias humanas sem anuência prévia. Na verdade, não pode testar, mas o faz. Na verdade o faz na frente de todos. Durante o regime do *apartheid,* na África do Sul, esses testes foram comuns nas inúmeras favelas da Cidade do Cabo, onde a dignidade humana não era levada em conta. Imagine então o que acontece onde a guerra civil já roubou qualquer esperança de salvação. Imagine o que acontece onde vilas paupérrimas são massacradas por milícias rivais, uma após a outra, onde o governo regular é apenas um nome cujo sentido se perdeu há tempos. Imagine o que acontece na República Centro-Africana, onde a carnificina é a única regra.

---

[195] www.visualcapitalist.com por Nicolas LePan
[196] O rato cinzento, *Ratus rattus*.

Nessas paragens incertas, as cobaias humanas estão disponíveis, e o terror permanente as silencia. É um campo de provas e de martírios, de tráfico e de experimentos diabólicos. Nem Josef Mengele, médico e antropólogo nazista, foi tão longe – ele, que experimentou pesticidas à base de cianeto nos prisioneiros de Auschwitz; ele, que injetou toxinas de todos os tipos nos cativos em seu "poético estudo de mudança da cor dos olhos". A indústria farmacêutica moderna não fez diferente no coração da África. Nós é que preferimos manter-nos alheios; nós, com nossos olhos de diferentes cores é que não vemos.

De uma cripta na Igreja de Vilna, na Lituânia, tem emergido algumas descobertas desconcertantes. A cripta abrigava 20 múmias, que portavam indícios de tuberculose, arteriosclerose e varíola. Sobre essa última doença, pairam as maiores dúvidas e, talvez, uma grande revolução na história da medicina. A varíola teria surgido durante a domesticação do gado (hoje uma hipótese improvável) ou dos dromedários ou dos roedores gerbídeos e, inclusive, matado o faraó Ramsés V, há mais de 3 mil anos. Assim, o vírus da varíola teria feito estragos, com sua letalidade extrema[197], desde os primórdios da civilização. É isso que nos conta a história.

Mas a múmia de um menino de Vilna conta outra versão. Estudos sobre o DNA antigo apontam que ele teria morrido em 1654, infectado pelo vírus da varíola, e esse vírus estaria bem próximo do que poderíamos chamar de *a mãe de todas as varíolas*[198]. As taxas de mutação viral indicam que o surgimento dessa doença recuaria, no máximo, 70 anos antes do caso do menino de Vilna, isto é, teria surgido lá por 1580.

Se assim foi, então a catastrófica epidemia relatada por Tucídides, que matou um terço da população de Atenas no ano 430 a.C., foi outra coisa. Se assim foi, então a praga dos Hititas de 1346 a.C. também teve outra origem. Se assim foi, então Ramsés V não morreu de varíola, e sim de outro mal. A varíola de Ramsés seria fruto de uma identificação errônea das cicatrizes encontradas na múmia? Estaria errado o cálculo das taxas de mutação da varíola do menino da cripta de Vilna?

Mais ainda, o vírus humano talvez não tenha relação de parentesco com o vírus da varíola dos bovídeos, dos dromedários ou dos gerbídeos e, se assim for, então a doença não teve origem no Egito ou no Oriente

---

[197] Sua letalidade chegou a alcançar entre 14 e 18% nas populações virgens ou intocadas.

[198] O termo varíola vem do latim (*varius* = mancha ou *varus* = pústula). Seus sintomas iniciais são febres, mal-estar, vômitos violentos. Depois surgem pústulas primeiro na boca, depois nos membros e por fim generalizadas.

Próximo, como se cogitava. Talvez ela tenha surgido na própria Europa ou na Sibéria, ou ainda na Índia. Assim, a múmia de Vilna deu uma grande rasteira na história da medicina. E, novamente, teremos que achar outros culpados. Sempre procuramos culpados nos animais, não em humanos. Seja na gripe aviária, seja nos porcos, seja nos bois, nos gatos, seja nos morcegos ou chimpanzés. Para onde apontará agora nosso dedo acusador?

Fato é que os humanos também podem desenvolver a varíola bovina (*cowpox*), independentemente de seus parentescos tortos com a varíola humana. Assim, se Ramsés V teve pústulas que lhe deixaram cicatrizes, nada impede que tenha contraído algo similar. Todos os patologistas sabem que diferentes agentes etiológicos podem manifestar-se de maneira muito similar. Isso nos permitiria desculpar Hipócrates que tinha algo como 30 anos durante a Praga de Atenas. Seja como for, ele se preocupava com sintomas e com a cura, e não com parentescos entre diferentes agentes etiológicos.

Enquanto isso, as dúvidas sobre a varíola se assomam em vez de diminuírem. Ela teria chegado às Américas bem no início de 1500, na esteira de Colombo e dos colonos espanhóis infectados. Com alguma ponderação, talvez pudéssemos esticar a origem da *mãe de todas as varíolas* um pouco mais, recuando pelo menos 80 anos os cálculos das taxas de mutação. Isso nos levaria para o início do século XVI. Vinte e poucos anos depois (1520-1524), ela já devastava os astecas, os incas e os indígenas brasileiros. Talvez 56 milhões de pessoas tenham morrido só no Novo Mundo[199].

Levaria ainda cinco séculos para que ela fosse finalmente erradicada, mas não sem muita crendice e especulação. Não sem muito dinheiro jogado fora. Não sem experimentos em prisioneiros e órfãos. Não sem que a ameaça de seu retorno esteja sempre presente numa guerra biológica. Já usamos isso antes contra os astecas e os incas. Já usamos contra os índios Iroqueses do Canadá.

***

Outra doença que marcou o Antropoceno, desde muito cedo, foi a tuberculose. Existem indícios confiáveis de sua presença em múmias egípcias atacando os ossos e outros tecidos de maneira característica. A doença está lá bem antes da construção das pirâmides, no entanto ela permaneceu enigmática

---

[199] www.visualcapitalist.com por Nicolas LePan

até o século XIX, quando finalmente foi descrita[200]. Dois diferentes bacilos, o do homem e o do gado, causaram mortes e se espalharam pelo mundo, chegando a moldar a sociedade e as manifestações culturais. Foi chamada posteriormente de "mal do século", ditando um estilo literário e mesmo um estilo de vida algo depressivo. A tosse compulsiva e o escarro com sangue foram evidências nefastas e um presságio de morte durante muito tempo.

A doença seguiu sem grande controle até a descoberta do método de pasteurização e da estreptomicina, o primeiro antibiótico específico para o tratamento da doença. Sua disseminação no Antigo Egito e no Oriente Médio é comumente relacionada à domesticação do gado no início do Holoceno, mas até esse conhecimento, aparentemente bem estabelecido, foi posto à prova recentemente. O sequenciamento de DNA dessas bactérias e o estudo de suas mutações indicam que o bacilo humano não veio do bacilo bovino. Assim, os bois merecem ser perdoados ainda que tardiamente. Aparentemente, a tuberculose do homem vem da tuberculose de seus ancestrais, há cerca de 3 milhões de anos. É um legado da linhagem humana muito antiga.

***

A guerra e a doença são como irmãs que gostam de andar juntas. E quando elas andam juntas... então os padrões sanitários desabam para níveis muito baixos. Defecando e comendo na mesma trincheira, bebendo de água contaminada, as doenças se alastram. O cerco de Siracusa pelos cartagineses em 397 a.C. fornece um exemplo clássico. Superiores em número, por terra e por mar, os cartagineses fizeram um bloqueio perfeito. Começaram a montar suas máquinas de assalto, enquanto matavam de fome os defensores, mas, então, o exército cartaginês se defrontou com um novo inimigo. Diarreia, vômitos, cólicas intestinais fortíssimas e fraqueza se espalharam entre os sitiantes. A água contaminada parece ter funcionado como gatilho para um surto de amebíase, cólera, febre tifoide ou hepatite, e isso desmontou as forças de Himilco.

A cólera é uma infecção bacteriana[201] particularmente agressiva, podendo matar em poucas horas. A desidratação e a consequente perda de

---

[200] A tuberculose foi descrita pelo médico patologista alemão Robert Koch (1882), um dos fundadores da microbiologia. Agentes etiológicos: *Mycobacterium tuberculosis* (tuberculose humana) e o *Mycobacterium bovis* (tuberculose bovina), ambas podendo infectar o homem.

[201] Bactéria do tipo Bacilo: *Vibrio cholerae*

potássio e outros minerais interfere diretamente na atividade nervosa e cardíaca. Se levar à insuficiência renal, então o corpo se intoxica rapidamente.

Já as amebíases são menos devastadoras, mas costumam apresentar sintomas semelhantes, como vômitos e fortes cólicas abdominais. Zonas com influência tropical, como a Sicília, são propícias a essa doença, e os seus sintomas aparecem já entre duas e quatro semanas após a infecção parasitária[202]. O mesmo poderia ser dito da febre tifoide[203]. Todas elas estão entre os potenciais inimigos do exército cartaginês.

***

Agora voltemos ao ano de 430 a.C. Voltemos ao cerco de Atenas durante a Guerra do Peloponeso, quando as piras funerárias de cremação permaneciam acesas dia e noite, lançando rolos de fumaça e odor de carne queimada. Febre, vômitos, tosse com sangue, diarreia grassavam pela cidade. Atenas sucumbia ao cerco e a uma misteriosa epidemia. A mortandade era enorme. Mais de 700 soldados de infantaria e cavalaria pereceram também. Até o famoso Péricles sucumbiu à peste de Atenas. Mas qual teria sido essa doença? Depois de 2,4 mil anos, restaria alguma pista intocada? Difícil, não é mesmo? Bem difícil. Ossos e mais ossos revirados, e nada. Túmulos e mais túmulos exumados. Não fosse a polpa de um dente, de um entre tantos dentes, ainda reinaria o mistério. Mas, então, essa polpa dentária mostrou a presença do DNA de uma bactéria[204]. Não uma bactéria qualquer, mas a da febre tifoide, ali adormecida todo esse tempo. Eis o mistério revelado, o mistério da peste de Atenas!

***

Há uma doença cuja história sempre teve forte relação com os exércitos. Não há como falar de trincheiras, cercos e soldados sem falar sobre ela. Chama-se hepatite, mas já foi conhecida por "doença de campanha ou de soldado". Também causa vômitos, dores abdominais, mal-estar. Os olhos e

---

[202] Protista: *Entamoeba histolytica*
[203] Bactéria da família Enterobacteriaceae: *Salmonella enterica typhi*
[204] Papagrigorakis, M. J., Yapijakis, C., Synodinos, P. N., & Baziotopoulou-Valavani, E. (2006). DNA examination of ancient dental pulp incriminates typhoid fever as a probable cause of the Plague of Athens. *International Journal of Infectious Diseases*, 10 (3), 206-214.

a pele tomam uma coloração estranha entre amarelo e verde, e esse sintoma é bem conhecido desde os tempos babilônicos[205]. Já no passado distante (e ainda hoje), ganhou a alcunha de icterícia devido a essa coloração, embora suas causas fossem desconhecidas na época.

A hepatite foi potencializada nas guerras modernas não só pelas questões sanitárias de praxe, mas também devido às transfusões sanguíneas, injeções de insulina e vacinas – aplicadas sem o devido cuidado –, às drogas fortíssimas (lícitas ou ilícitas) e ao alcoolismo. De maneira geral, é uma doença viral, mas diferentes variantes e estirpes lhes dão diferentes codinomes[206].

Na Primeira e Segunda Grandes Guerras, fez estragos terríveis, espalhando-se entre soldados e civis. A luta para contê-la foi estranhamente cruel e passou por cima de quaisquer limites éticos. A pressa no desenvolvimento de vacinas levou a experimentos hediondos, justo em orfanatos para crianças com problemas mentais e depois em homossexuais. Lá estavam as vítimas habituais de nossos preconceitos nada velados. E nossa sociedade civilizada mais uma vez preferiu fechar os olhos.

***

As armas biológicas e químicas de Saddam Hussein talvez tenham sido hipervalorizadas pela 'mídia comprada', mas nunca estiveram longe do coração dos militares sanguinários e dos déspotas. Serviços de inteligência modernos são fãs incondicionais de venenos letais e os usam para eliminar testemunhas e mesmo personalidades eminentes. O que muito menos gente sabe é que o exército japonês, na Segunda Guerra, tinha uma unidade especializada em guerra biológica. Testando primeiro em prisioneiros chineses na Manchúria, eles contaminaram as águas dos rios com tifo e cólera e espalharam a peste negra em cascas de algodão e arroz contaminadas. Injetaram diferentes patógenos nos prisioneiros e chegaram a desenvolver experimentos com a malária. Após a rendição japonesa, o exército norte-americano ficou interessado nos experimentos e encobriu as investigações, fornecendo imunidade (!) aos envolvidos...

---

[205] Toledo, J. (2006). *Pragas e Epidemias – Histórias de doenças infeciosas.* Belo Horizonte: Folium Editora.

[206] Hepatite A, B, C, E, Delta, F, TT etc., cada uma pertencente a diferentes famílias virais cujas relações entre elas não são plenamente conhecidas.

***

Em 1812, Napoleão partiu de Paris ainda na primavera com um pensamento em mente – derrubar o Czar Alexandre I. Sob o ponto de vista logístico e estratégico, era tempo suficiente para que ele chegasse a Moscou, mas não foi o que aconteceu. Diz a história oficial que o "general Inverno" enfraqueceu Napoleão durante o percurso, mas ao contrário do que geralmente se pensa (e diz): "os mortos falam". E, recentemente, eles andam tagarelas.

Ultimamente, os cientistas vêm demonstrando uma interessante obsessão em revirar túmulos e valas comuns. E, ao que parece, vêm fazendo os mortos abrirem a boca de uma vez por todas. Curioso é o fato de que a Lituânia parece um lugar propício para isso. De certa forma, é um desses entroncamentos da história do homem. Foi *também* lá, numa vala comum um tanto incomum, que eles recolheram ossos de soldados franceses mortos na marcha para Leste. Napoleão nem olhou para traz quando eles tombaram, mas deveria ter olhado. Era o prenúncio de algo ruim. O frio faria suas vítimas, mas quais vítimas?

Uma doença infectocontagiosa, de cunho epidêmico, estava em curso. Fadiga, dores articulares, febre, calafrios, tosse, fortes dores de cabeça passaram a acometer os soldados de Napoleão. Sem dúvida, poderíamos estar frente a uma gripe bastante agressiva, mas então surgiram exantemas no tórax. Alguns pareciam confusos e desorientados e tinham delírios, alguns afundavam num completo estupor, e Napoleão continuava a não olhar para traz. Foi assim que ele arrastou um exército doente para longe de casa.

A doença em questão chamava-se tifo e era comum no Leste Europeu, especialmente na Rússia. Causada por uma minúscula bactéria, ela iniciava com a inflamação dos vasos sanguíneos e depois levava a uma febre alta e a manchas vermelhas (exantemas). O tifo não tratado alcança comumente uma letalidade de 20% dos infectados, mas em muitos casos chegou a bem mais. Era transmitido pelo piolho humano, que encontra nos exércitos em marcha e nas prisões uma maravilhosa condição de disseminação. E foi assim que Napoleão saiu de Paris com 600 mil soldados treinados e retornou com pouco mais de 40 mil maltrapilhos e estropiados.

Hitler e seus generais conheciam bem o fracasso de Napoleão. Stalin e seus generais conheciam melhor ainda. Mas, no embate brutal da frente russa em 1941, o tifo e o frio incapacitaram milhões... e imobilizaram exércitos. E o fato de estarmos hoje no século XXI não é de grande valia, pois a guerra embrutece e apaga a razão.

***

A guerra nas selvas húmidas da Birmânia e do Laos, da Nova Guiné ou de Saipan, durante a Segunda Guerra Mundial, em que japoneses, ingleses, norte-americanos e chineses empilhavam corpos, foi um horroroso experimento de dor e epidemias. A desinteira entre os soldados era tal que eles cortavam o fundilho das calças para não ter de parar de lutar. Eram acometidos de meningite e pneumonia, e nas feridas não curadas abundavam larvas de moscas que comiam os soldados por dentro. A fome, a desidratação, os corpos exauridos e a paranoia da guerra desmancharam divisões inteiras, praticamente ditando o destino das batalhas.

***

Poderia ser um conto de horror, um filme digno de Oscar. Poderia ser, mas não foi. De uma hora para outra, as pessoas se tornavam moribundas, abatidas por uma febre hemorrágica. Suas fezes eram negras. Havia vômitos, dores musculares, dores no peito, dificuldade para respirar, prostração e estupor. Havia gemidos, nos barracos das vilas isoladas, e um cheiro nauseante irrespirável. As pequenas clínicas foram ao colapso, quase de imediato, e nenhum tratamento surtia efeito.

As pessoas começaram a entrar em pânico, o pessoal de enfermagem e os médicos também. A maioria fugiu, porque a misteriosa doença matava rápido, não mais de duas semanas e, às vezes, pouco mais que três dias. Chegava e matava 90% dos infectados[207]. Sua velocidade e sua letalidade eram muito maiores do que qualquer outra febre hemorrágica africana. Depois de um tempo, os pacientes manifestavam hemorragia interna e externa, o que conferia uma dramaticidade ainda maior ao quadro desastroso. Eram sangramentos de nariz, boca, orelhas, ânus. Todas as mucosas entravam em colapso.

Logo a epidemia se espalhou pelas aldeias próximas e atravessou as fronteiras do antigo Zaire. Havia pouco o que fazer a não ser o isolamento de todas aquelas pobres almas abandonadas. Essa foi a primeira epidemia

---

[207] Dependendo da variante do ebola, a letalidade variou de 50 a 90%.

do ebola[208], na década de 1970, e outras voltariam com virulência ao Sudão, à Libéria, à Serra Leoa, à Costa do Marfim, à Uganda, à Guiné, ao Gabão, à Nigéria, mas cada uma das cepas teria letalidade diferente, e até hoje é um mistério seus reservatórios selvagens. Já culpamos todo mundo: morcegos, gorilas, chimpanzés e o resto da fauna, mas ainda andamos em círculos. E o ebola voltará enquanto as vacinas não forem liberadas. A burocracia segue aos trancos, talvez na próxima epidemia, talvez não. Sobre algumas coisas, decidimos devagar, noutras, somos afoitos, impulsivos. E somos menos afoitos ao tratar da dor dos outros.

***

Se há algo que parece certo é que a pobreza abre as portas para as epidemias. Ou falta dinheiro ou falta uma cadeia de comando e iniciativa dos governos, ou falta pessoal especializado, ou faltam remédios ou informação ao povo, ou falta comunicação com os demais países, ou falta tudo isso ao mesmo tempo. Assim, quando os Impérios colonialistas tiraram o pé de suas colônias africanas e asiáticas, lá pelos idos da década de 1960, e pararam de ditar as normas (sem auxiliar uma transição saudável), vários países chegaram ao fundo do poço. Tudo havia sido roubado deles, desde as tradições até a dignidade.

Hoje os refugiados do Mali, Níger, Guiné, República Centro-Africana, Mauritânia, e outros tantos, afluem para o Sul da França, a mãe de seu antigo Império, em desespero. E lá encontram uma cordilheira de dificuldades. Agora as tais pessoas não parecem mais necessárias. Os refugiados da Nigéria, de Serra Leoa, do Sudão, do Paquistão, da Índia, e assim por diante, também são barrados na Ilhas Britânicas. E o que dizer do que acontece na Itália e na Turquia?

Todos se tornaram desnecessários. Essa foi a marca do século XX, o mesmo em que chegamos à Lua, o mesmo em que controlamos a fissão nuclear. O século XXI não está melhor nem ficará: o século da globalização, das redes sociais, dos leitores digitais, das filmadoras em cada esquina, dos veículos que dirigem sozinhos, da inteligência artificial... e dos novos muros antirrefugiados e das epidemias que grassam os países dos pobres. A pobreza e a educação deficitária trabalham juntas nos trópicos. E as pessoas – as tais desnecessárias – são suas principais vítimas.

---

[208] Vírus: gênero *Ebolavirus*.

A leishmaniose, a malária e a esquistossomose, que nos acompanham desde a Pré-História, a doença do sono e a doença de Chagas, a febre Marburg, o cólera, a chikungunya, a febre amarela, a dengue (que renasce com força total) e as meningites vêm destroçando essa gente em ondas ininterruptas. Outra variável nessa fórmula devastadora das doenças chama-se isolamento. Sarampo, gripes, hepatite, varíola minariam a resistência dos astecas e maias, incas e povos da Terra do Fogo. Aliás, o sarampo é uma das viroses mais contagiosas que se conhece, em que uma única pessoa pode infectar até 18 outras! (Varíola e rubéola vêm bem atrás, com menos da metade da capacidade de contágio). Em populações isoladas como a dos inuíte do ártico ou dos povos americanos originais, o sarampo foi uma verdadeira devastação.

***

Então, uma nova doença misteriosa entrou em cena. Não se tratava de um cenário de isolamento, nem de trópicos, nem de pobreza. Os pacientes de qualquer idade eram derrubados por doenças secundárias só capazes de matar idosos ou recém-nascidos. Neles, as pneumonias levavam ao óbito. Então, a medicina moderna do final do século XX voltava a se defrontar com os tabus. Os tabus da febre Kuru, relacionadas ao canibalismo e aos rituais fúnebres de tribos da Nova Guiné, haviam dificultado a compreensão daquela doença, mas agora havia um novo (e antigo) tabu: o sexo.

Logo ficou claro que os primeiros pacientes da misteriosa doença eram homossexuais masculinos. Nas décadas de 1950 e 1960 – ou antes disso –, o homossexualismo masculino era tratado como uma doença em si, um grave desvio de conduta. O homossexualismo feminino nem mesmo era cogitado. Doenças sexualmente transmissíveis, como a sífilis, eram na época bastante relacionadas à prostituição, e isso já abalava a visão cristã da monogamia humana, mas agora a nova doença era "coisa de homossexuais". Depois ficaria claro que ela se disseminava também nas relações heterossexuais, transfusões sanguíneas, transplante de órgãos, drogas injetáveis e mesmo durante a gravidez. Era uma doença complexa, e o responsável era o vírus da imunodeficiência humana. Era essa imunodeficiência quem abria espaço para a pneumonia e outras mazelas.

Hoje a chamamos de Aids/HIV[209], que ainda continua existindo à sombra da desinformação e do preconceito. A criminalização dos homossexuais foi parte dos problemas que retardaram a compreensão da Aids; o outro foi a disputa de egos, típica de nossa ciência contemporânea. Mas havia ainda uma atitude por demais negativa e típica de nossa espécie: buscar culpados, e não soluções.

Os primeiros culpados foram os homossexuais, depois os haitianos, mais tarde os homossexuais que haviam passado pelo Haiti (uma dupla conveniência para lá de malévola). E toda essa propaganda era feita na cara dura, já que o epicentro da moléstia jazia na Califórnia nesse tempo. Os europeus também trataram de culpar os norte-americanos, os haitianos e os africanos. E, enquanto isso, os laboratórios norte-americanos e franceses escondiam o jogo, um do outro, na corrida pelas descobertas.

Ainda hoje, a Aids continua sem uma cura definitiva, a despeito de seu aparecimento em 1930. Mais de 25 milhões de pessoas pereceram de Aids, talvez 35 milhões[210]. É a quinta doença que mais matou no mundo! Como os chimpanzés do Gabão, Guiné-Bissau e Congo possuem uma estirpe ancestral do vírus humano, é bem possível que aí esteja a conexão dramática dessa história. Tanto tempo andando nas sombras, e a doença ainda se arrasta, mas os tratamentos antirretrovirais têm ficado mais efetivos, prolongando a qualidade de vida dos pacientes. Todavia, menos de 50% dos infectados têm acesso a esses tratamentos. Nisso a pobreza continua tendo grande influência, seja nos trópicos, seja fora deles. Além disso, muitos infectados pelo vírus consideram que a sociedade os abandonou a uma danação eterna (o que não é de todo inverdade) e promovem uma retaliação consciente (ou não), transmitindo o vírus no submundo da prostituição e das drogas injetáveis. Mais uma vez apontaremos culpados? Ou estender-lhes-emos a mão? Enquanto for a dor dos outros, os países ricos não se mostrarão abalados (e a parte rica de cada sociedade remediada também não). É uma forma de escrever a história, uma forma, aliás, pouco honrosa. Uma forma com a qual compactuamos.

***

---

[209] *Acquired Immunodeficiency Syndrome / Human Immunodeficiency Virus (HIV)*
[210] www.visualcapitalist.com por Nicolas LePan

Inúmeras outras epidemias modernas causaram estragos e continuarão a causar. Os vírus mudam e se reinventam. Sempre foi assim. Então atacaram como influenza, matando e causando preconceito em 1918. Essa virose também foi apelidada de gripe espanhola, mas o nome foi uma mentira ardilosa, ou *fake news,* como apelidamos hoje. A estratégia sempre foi culpar os outros e tirar o foco de si mesmo. Na Espanha, era chamada de "gripe francesa", e assim por diante. É provável, no entanto, que tenha surgido nos Estados Unidos[211] e se espalhado por intermédio dos soldados norte-americanos e britânicos na Primeira Guerra Mundial.

O número de mortos, após três ondas devastadoras, é extremamente variável[212] e quase sempre contestável, mas foi uma epidemia de alta letalidade. Em 2009, ela reapareceu como uma nova estirpe (gripe A H1N1) e foi logo apelidada de "gripe mexicana" pelos norte-americanos, reeditando antigas *fake news.* Porcos, patos e gansos aparecem como vilões prováveis dessa gripe, mas o fato é que os vírus sofrem mutações, se recombinam e se misturam, são versáteis e imprevisíveis.

SARS e MERS[213] também são siglas malignas (entre 770 e 850 mil mortos, respectivamente), que evocam vírus de espalhamento rápido e que levam a síndromes respiratórias. Em ambas, os morcegos aparecem como origem oficial, mas não obrigatoriamente real. Seu espalhamento, num mundo globalizado, levou a pandemias perigosas. O número de pessoas infectadas – simultaneamente –, e numa esfera global, trouxe novidades que expuseram nossas fraquezas.

Foi então que o SARS-CoV-2, a estirpe mais perigosa e mais pandêmica do grupo dos coronavírus[214], entrou em cena e botou o mundo moderno de joelhos. Os sistemas de saúde quebraram, os leitos em UTIs foram insuficientes, assim como os equipamentos de ventilação e de segurança, os médicos e enfermeiros adoeceram e muitos morreram, não havia medicamentos apropriados nem vacinas.

Países ricos entraram num processo infantil de negação e acusações mútuas. Vários líderes mundiais demostraram sua estupidez e letargia à flor da pele, mentiras foram divulgadas numa proporção vertiginosa e nunca

---

[211] Worobey, M., Cox, J., & Gill, D. (2019). The origins of the great pandemic. *Evolution, Medicine, and Public Health*, 1, 18-25.

[212] Entre 17 e 100 milhões de pessoas com uma mediana de 50 milhões de mortos.

[213] Síndrome respiratória aguda grave (SARS) e síndrome respiratória do Médio Oriente (MERS).

[214] Apelidada de Covid-19.

vista, grupos antivacina atrapalharam (e continuam atrapalhando) o controle da doença, pessoas beberam desinfetantes e usaram medicamentos perigosos e contraindicados, apoiadas por fofocas de esquina (leia-se, redes sociais). E o mundo entrou em recessão com o fechamento do comércio, das fábricas, dos transportes, o colapso das funerárias...

Mesmo quando dezenas de vacinas foram desenvolvidas e aplicadas com sucesso, um número exorbitante de pessoas negou-se a recebê-las por medo de virarem jacarés ou chimpanzés, ou por considerarem teorias da conspiração. Os tais movimentos antivacina não são novos e beneficiam-se da subserviência de seus "fiéis". São movimentos de origem religiosa combinados a políticas ultraconservadoras. Basicamente, atacam instituições sérias, como a Organização Mundial da Saúde, são contra quarentenas, direitos de gênero, direitos das minorias, acesso igualitário de saúde, e a favor de falsos remédios e da interferência da Igreja sobre o Estado.

Muitos médicos (pasmem!!!) se enfileiraram aos movimentos antivacina e a favor de soluções não científicas e recomendaram o uso de poções milagrosas e falsos medicamentos. Há nisso tudo certa histeria, muita credulidade tola e alguma má-fé. A indústria de medicamentos não comprovados para o coronavírus beneficiou-se claramente, dentre elas a da cloroquina.

Durante a epidemia de coronavírus, mortos voltaram a ser deixados nas ruas, como ocorreu com a peste negra na Idade Média. Corpos apodreceram em caminhões frigoríficos em plena Nova Iorque do século XXI. Hoje já é a sétima epidemia que mais matou e continua firme graças aos negacionistas (5,4 milhões de mortos e em curso). O desemprego transbordou, assim como a fome e as crendices. Os morcegos foram novamente culpados. *Fake news* e teorias da conspiração ganharam seu experimento mais notório e mórbido e encontraram espaço nas mentes vazias e crédulas. **Mentes vazias são um repositório ilimitado de bobagens e um paraíso para os ditadores e os fundamentalistas religiosos**.

Viroses epidêmicas deixam evidente a realidade nauseante do "*Auri Sacra Fames*" (discutido no capítulo 7). Quando a primeira SARS foi controlada, estava em curso o desenvolvimento de uma vacina, mas os donos do dinheiro jogaram fora a oportunidade e cancelaram os financiamentos, porque não poderiam mais auferir lucros. Quando o SARS-CoV-2 apareceu e começou a quebrar a bolsa de valores, veio à tona o conhecimento de que o mundo não precisaria estar passando por isso, se tivesse gastado seu precioso ouro quando teve a chance.

A avareza, no entanto, é a regra das decisões humanas, e tivemos de começar tudo de novo, na luta desesperada por uma vacina. Tivemos de começar do zero. E, de uma forma ou de outra, novamente as epidemias moldaram o destino do mundo. Assim tem sido não por falta de conhecimento ou razão, mas por oportunismo e avareza, para que o dinheiro continue a fluir aos cofres de entidades messiânicas e para que seja lavado por governos antidemocráticos.

***

A multidão de doenças que acometem o corpo humano, de fato, narra a história e a Pré-História de nossa espécie, vence guerras, muda as fronteiras, suprime países e interfere na riqueza. Mais fantástico ainda, por meio das doenças de hoje, podemos chegar às doenças de ontem e até reconstruir, meticulosamente, a evolução dos grupos animais. Fragmentos de vírus do herpes, Aids, HPV podem ser encontrados em outras espécies próximas, e a compreensão de suas mutações esclarece, com admirável precisão, a evolução dos primatas. A confirmação desses fragmentos de origem antiga, encontrados em animais modernos, torna-os "fósseis vivos" descobertos dentro das células.

O interessante é que os ancestrais humanos nômades, que se deslocavam em grupos esparsos e pequenos, tenderiam a carregar vírus de baixa mortalidade, como herpes e catapora. Isso faz sentido como estratégia de sobrevivência num mundo de baixíssima densidade populacional. Vírus muito letais consumiriam rapidamente sua única geração de hospedeiros, mas isso mudou quando passamos a nos congregar em grupos maiores. O médico e escritor Stefan Ujvari[215] mostra, em seu fascinante livro, como nossos ancestrais lidariam com essas infecções, algumas delas capazes de se manter dormentes e despertar num momento de fragilidade.

A passagem de infecções entre espécies não aparentadas é outra história ainda mais espetacular e, por vezes, dramática. Como o vírus da Aids de um chimpanzé chegou a um traficante de fauna no Gabão? Como o vírus da varíola passou dos dromedários ou do gado aos humanos e desses aos "deuses", como o faraó Ramsés V? Foi mesmo o vírus da varíola? Que relação têm morcegos e humanos nas epidemias de SARS? E onde entram

---

[215] Ujvari (2015).

os porcos, os ratos, as aves em tudo isso? Aí está nossa danação originada da domesticação animal e das tradições milenares de comer animais crus, que não mais encontram argumento num mundo altamente populoso. Vírus capazes de atravessar a mucosa de parceiros necessários... parceiros de diferentes espécies que acabaram por se tornar interdependentes.

Quando o vírus de uma espécie encontra um novo hospedeiro indefeso e que vive numa comunidade gregária e superpopulosa como a nossa, chegamos a um entroncamento perigoso. O primeiro entroncamento veio do comércio a longas distâncias através de caravanas, depois na formação das primeiras cidades da Mesopotâmia e agora na mega rede aeroviária do mundo globalizado. Não apenas a letalidade deve ser ponderada, mas também a sua capacidade de transmissão e o tempo de incubação. Esse é um campo fascinante e rastreável por meio do DNA e do RNA moderno e antigo. Quem contaminou quem? E quando?

Capítulo 10

Feridas Abertas

Aprenda com o sofrimento. A ferida é o lugar por onde a luz entra em você.

(Jalal al-Din Rumi, poeta e teólogo sufi – Pérsia)

10.1 Drogas, Álcool e Dependência

Já na Pré-História iniciou nossa longa experiência com os estados alterados de consciência. Psicotrópicos naturais estão presentes em muitas plantas e passaram a ser preparados como remédios ou utilizados em cerimônias rituais e festas. Podiam ser ingeridos para produzir visões, interpretar presságios, falar com os espíritos ou, simplesmente, para produzir um estado de entorpecimento. Alguns tranquilizam o sono e inibem a dor física e espiritual, e isso foi o suficiente para que o homem se dedicasse a conhecê-los melhor. Seu uso mediado pelos xamãs ou curandeiros manteve os efeitos, razoavelmente, controlados nos pequenos grupos nômades, mas isso mudaria com o advento das cidades e depois com as guerras e a indústria farmacêutica.

Várias espécies de cogumelos contêm alcaloides alucinógenos, capazes de interferir na ação dos neurotransmissores, isto é, na passagem dos sinais elétricos disparados pelos neurônios. Tais cogumelos podiam ser colhidos nos bosques de carvalho e junto as coníferas de toda Eurásia e devem ter entrado bem cedo para o rol das substâncias psicoativas utilizadas pelo homem. O vistoso cogumelo vermelho, *Amanita muscaria*, é um dos mais de 70 cogumelos alucinógenos. Seus sintomas são imprevisíveis e dependem da quantidade ingerida, da forma de preparo e do local em que foi coletado. Distorções auditivas e visuais, euforia, alucinações, confusão, convulsões e coma são apenas parte da experiência que pode durar vários dias. Alguns autores o associam ao Soma, a bebida sagrada descrita nos textos Vedas[216].

---

[216] Wasson, R. Gordon (1968). *Soma: Divine Mushroom of Immortality*.

A iboga[217] é um arbusto do Oeste africano, que esteve à disposição do homem desde o início dos tempos. De sua casca e suas raízes, extraem-se alcaloides que podem criar uma experiência de quase morte, e assim passou a ser usada em iniciações espirituais. Em doses elevadas, pode ser extremamente tóxica, como a de alguns cogumelos. Ainda hoje é utilizada em cerimoniais no Gabão, Camarões e nas Repúblicas do Congo e Centro-Africana.

Outra droga muito antiga é o ópio, o suco resinoso tirado da papoula. Seu uso já estava bem estabelecido e disseminado nas civilizações que antecederam a Grécia Antiga e pode ter relação com experimentos de uma agricultura primordial. Aliás, a própria deusa Demeter está vinculada, intrinsicamente, à papoula e à agricultura. Homero fala de seus efeitos no poema "Odisseia" e foi igualmente utilizada pelos sumérios, romanos, egípcios e árabes. Seus efeitos soníferos e analgésicos têm origem em diferentes alcaloides, como a morfina e a codeína.

O cânhamo ou *Cannabis* também tem seu lugar na história. Era queimado nas saunas já no ano de 450 a.C. para promover o relaxamento dos usuários, é o que nos conta o historiador (e provável usuário) Heródoto. Seu nome e, portanto, o uso estava disseminado também na antiga Trácia, ao Norte da Grécia, e por vastas regiões da Eurásia, onde hoje estão Rússia, China e Mongólia. Fumada, ingerida ou bebida na forma de decocção, a cannabis recebeu diferentes nomes, dependendo do teor das substâncias psicoativas (THC), da parte da planta da qual foi extraída ou dos cruzamentos entre espécies. Maconha, marijuana, haxixe são alguns de seus nomes mais famosos.

Os indígenas americanos utilizaram o peiote ou mescalina, a ayahuasca e a coca. Esta última tem uma longa história de parceria com os povos do altiplano andino e do Atacama. Essa parceria pode ter iniciado já no início da agricultura, há cerca de 8 mil anos nessa parte do mundo. Seus efeitos levemente estimulantes, suas qualidades digestivas e a mitigação dos efeitos causados pelas grandes altitudes ajudaram a moldar essas sociedades desde os tempos incaicos ou antes. A extração de seu famoso alcaloide, conhecido como cocaína, por meio de um complexo processo químico, mudaria os rumos das sociedades civilizadas, abrindo novas chagas de difícil cura.

O peiote é uma das mais de 50 espécies de cactos alucinógenos utilizados em rituais pelos povos da América Central, do México e do Novo México (EUA), uma experiência que remonta mais de 3 mil anos. Acabou

---

[217] *Tabernanthe iboga*

hiperpropagandeado pelo escritor Carlos Castañeda, em sua "A Erva do Diabo", em que ele descreve estados alterados de consciência e suas iniciações com o índio Don Juan. Como outros alucinógenos, a mescalina leva a mudanças na percepção do tempo, a alucinações de olhos abertos e a uma curiosa combinação dos sentidos, como de cheirar uma cor.

A ayahuasca é o chá feito de um cipó amazônico[218] combinado a outros arbustos. Na língua quéchua, diz-se que significa "vinho dos espíritos", mas os jesuítas preferiram a alcunha de "poção diabólica". Sua função ritualística de "abrir a mente" e "criar visões místicas" é semelhante à de vários outros rituais a partir de alucinógenos naturais, que levam as pessoas a ter visões relacionadas aos seus próprios problemas, isto é, aos seus sentimentos, medos e experiências. Ela funcionaria como um mecanismo de limpeza, já que costuma causar náuseas e vomitórios.

De certa forma, essa visão de cura espiritual se enquadra, perfeitamente, ao belíssimo axioma de Jalal al-Din Rumi (1207-1273): *"A ferida é o lugar por onde a luz entra em você"*. Sim, nesses experimentos tradicionais, há uma busca plena de cura e crescimento individual, uma busca de clareza, purificação e soluções para as aflições do espírito, da alma ou daquilo que não podemos ver nem mensurar. Assim é e continua sendo para muitos indivíduos, que se lançam nessa descoberta pessoal e fascinante, mas aquilo que é massificado é também corrompido. E as drogas seriam corrompidas de muitas maneiras, fosse com o seu uso nas guerras (como veremos mais à frente), na indústria farmacêutica e como um mecanismo de poder, aproveitando-se da dependência química.

***

O LSD[219] liberaria inibições, potencializaria intuições e marcaria gerações de cientistas, artistas, escritores, psiquiatras e pensadores. Diz-se que teria permitido ao Prêmio Nobel, Francis Crick, visualizar a dupla hélice de DNA pela primeira vez. E vejam, até hoje a dupla hélice ainda parece uma "grande viagem" para os não cientistas. O LSD marcaria o movimento hippie nos anos 1960, um contraponto ao capitalismo selvagem, o símbolo da não violência e do repúdio a Guerra do Vietnam, mas, como outras dro-

---

[218] Cipó mariri (*Banisteriopsis caapi*)

[219] Produzido por reações metabólicas do fungo *Claviceps purpúrea*.

gas, entraria para a clandestinidade devido às pressões de uma sociedade moralista e altamente armamentista.

Outras drogas sintéticas viriam na esteira do LSD e se espalhariam de maneira epidêmica e sem qualquer xamã ou mediador para lhes colocar freios. Ecstasy, anfetaminas (bolinhas ou arrebites), nexus, quetaminas e anabolizantes injetariam muito dinheiro e alavancariam *o tráfico de drogas, reforçando o poder dos cartéis,* já bem estabelecidos com a cocaína, o crack e a heroína.

Sociedades moralistas rapidamente as colocariam na ilegalidade, mas fariam vistas grossas ao seu uso na clandestinidade. A elite econômica nunca teve padrões éticos elevados e foi a mentora da *"auri sacra fames"*, como vimos. O país mais rico do mundo é o maior comprador de drogas ilegais e, a despeito disso, enche o peito para criticar e punir os países produtores. A torrente de dinheiro do tráfico vale-se de dois ou três pontos de apoio simples e bem planejados. Um deles é a dependência química, os dois outros são a desigualdade e a depressão.

A dependência química é uma garantia de clientela, de mão de obra barata para a distribuição e venda, assim como para os serviços sujos, mas também para o trabalho escravo e infantil contemporâneo. Tráfico de drogas, de crianças e mulheres, armas, influências, compõem um vórtice sinistro que trancafia as sociedades modernas. O curioso é que algumas drogas perigosas permanecem na legalidade e são estimuladas socialmente, como o álcool e o tabagismo. Alcoólatras não perdem neurônios como se divulga, mas perdem volume cerebral. Axônios e dendritos, que compõem as ligações entre neurônios, se retraem, desfazendo as redes neurais. Se isso não é prejuízo, o que mais o seria? Um alcoólatra é uma marionete do sistema e um contrapeso para os programas de saúde pública, e, mesmo assim, as propagandas de bebidas são as mais eficientes e com mais apelo. O álcool tem uma característica silenciosa e enganadora, que muitas outras drogas não têm: o aumento à tolerância, isto é, a necessidade de doses maiores para atingir o mesmo efeito. Mais do que isso, é das poucas drogas a conseguirem um feito devastador: o de destruir completa e irreversivelmente culturas inteiras. Essa foi a sina dos muitos povos Inuit do Canadá, dos EUA, da Sibéria, Mongólia ou das tribos indígenas americanas.

O tabagismo é de longe o maior mal moderno. Mata mais do que todos os acidentes de trânsito e do que a soma das mortes por cocaína, heroína, Aids e suicídios motivados pela depressão – e olha que este último item impressiona. Dizer que 5 milhões de pessoas morrem anualmente por conta do fumo não significa nada, porque números grandes não contêm nenhum significado para o intelecto humano. No entanto, as sociedades moralistas valorizam o tabagismo e nele veem charme, elegância, status, realização. Dinheiro, beleza, moda, fumo e álcool se alimentam continuamente um do outro, todas "drogas" lícitas. A nicotina é a droga mais viciante do mundo – muito à frente da cocaína, da heroína e do álcool[220] –, a que causa maior dependência química e mais estragos (incluindo câncer de pulmão e garganta e problemas cardíacos e vasculares), mas, como já se disse, charme é tudo...

Qual droga é a marca do Antropoceno? O cigarro? A maconha? O álcool? O ecstasy, o LSD? Com qual delas você se preocuparia mais? Qual delas são lícitas? Quais causam doenças irreversíveis? São tantas as feridas abertas e tão pouca luz.

***

Pequeno esclarecimento: essas drogas – cada uma delas – agem sobre o nosso cérebro e outras partes do organismo, ocupando o espaço dos *neurotransmissores naturais*[221]. No entanto, ao fazerem isso, enviam mensagens distintas ou contraditórias. Algumas aumentam os efeitos dos neurotransmissores, outras os substituem. Algumas afetam as capacidades cognitivas, o julgamento, a motricidade, a exposição a riscos, ou ainda produzem sintomas psiquiátricos – alucinações, paranoia e ansiedade. A combinação delas acrescenta complexidade ao quadro, e é bastante comum que elas sejam combinadas no uso. O uso de drogas não é um comportamento anormal, pelo contrário, elas sempre estiveram em nossas vidas, mesmo que num único brinde de ano novo. A maneira como são usadas é que pode fazer a diferença e, de fato, o faz. Depressão e uso de drogas são vias de mão dupla. Numa ou noutra direção, existem armadilhas. Já desigualdade e depressão caminham no mesmo rumo, uma estrada longa onde os retornos são poucos...

10.2 Da Desigualdade e da Depressão

Aliás, compactuamos com males demais. E foi assim que as sociedades começaram a ruir, se desintegrar, perder por completo a coesão. O próprio conceito de sociedade ficou mais nebuloso. Passou a fazer sentido

---
[220] Piazza (2019), p. 282.
[221] Dentre os mais famosos estão: serotonina, dopamina, encefalina, noradrenalina, GABA, acetilcolina, entre tantos outros neurotransmissores.

só para alguns: os que não foram abandonados. Para os demais, tornou-se um discurso vazio ou uma danação.

Quando passamos de caçadores nômades a pastores e de nômades a agricultores, desenvolveu-se a noção de sociedade privada, mas a desigualdade era um tema sem importância nesse tempo. Ter um bode ou três ou cinco mudava pouco. Depois vieram as castas, a apropriação da propriedade privada, das terras aráveis, da água, do dinheiro e dos direitos (todos eles). Foi assim que a desigualdade alargou seus horizontes.

Aos poucos, ficou claro que a prosperidade e a desigualdade tinham uma relação ambígua. Os Estados ricos (e os muito ricos) faziam de conta que a desigualdade era simplesmente um efeito colateral do crescimento, algo natural e inevitável. De certa forma, aceitou-se isso, já que era (e é) conveniente para as elites dominantes. Até hoje os governos dizem que, para sair de uma crise, o país tem de crescer, tem de aumentar o consumo, e, então, a roda da fortuna acalentará a todos. É uma afirmação bonita, mas simplista demais. Será mesmo verdade ou mais uma notícia plantada na mente do cidadão comum?

A desigualdade é como uma imensa âncora a ser arrastada, uma âncora que se engancha em cada obstáculo no caminho. Assim, as sociedades ricas são forçadas a amargar derrotas que não desejavam admitir, derrotas que as sociedades pobres já conheciam. Onde houver desigualdade, haverá os piores serviços públicos, os piores hospitais, os piores políticos e os mais populistas. E esse arrasto, inevitável, arregimentará outros problemas que crescerão como um tumor maligno no seio da sociedade.

***

Faz tempo que se pensava que algumas sociedades eram mais inteligentes e capazes de progresso e outras estavam fadadas ao fracasso por seu primitivismo. Mas essa ideia se mostrou completamente enganosa. Se uma criança crescer numa família que tem livros e os usar em seu cotidiano, ela se alfabetizará geralmente sozinha. Na outra sociedade, as crianças amargarão uma tremenda desvantagem, e isso não estará relacionado à sua inteligência. É uma desvantagem de partida.

Essa desvantagem dificilmente consegue ser revertida pela escola, nem é do interesse das classes abastadas que isso aconteça. Assim, temos sociedades ancoradas em outras, seja num comparativo entre nações ricas e pobres, seja entre ricos e pobres de uma mesma nação. A desigualdade pode ser controlada por meio das oportunidades, da escola, do dinheiro. No entanto, preferimos pensar que se trata de uma fatalidade. É um pensamento simplório e bastante comum. Um pensamento conveniente, mas que pode levar os países ricos e suas elites abastadas para a mesma vala das classes paupérrimas.

***

A escalada da violência e da criminalidade é outro tumor maligno. Ela encontra um veio fértil nas sociedades desiguais. Para os abandonados, os desiludidos, os desesperados, os exasperados, os caminhos são bem poucos ou – no mais das vezes – nenhum. Se, em toda a sua vida, você nunca tiver acesso às oportunidades e se a cada ano elas se tornarem ainda mais distantes, você começará a caminhar nas sombras e pouco se importará com o que a vida lhe reservar. Aliás, não se importará. É isso o que acontece com quem se veste do lixo dos ricos, com quem come do lixo dos ricos.

Caracas, Tijuana, Acapulco, Rio de Janeiro, Zamora, Johanesburgo, Kingston e Salvador são cidades onde os assaltos, assassinatos, sequestros, espancamentos e torturas são fenômenos cotidianos. Todos os dias, uma bala perdida mata uma criança indo para a escola, alguém é esfaqueado por não entregar o celular ou mesmo após entregá-lo. A violência urbana é uma das consequências da desigualdade. Também há a violência no campo, a violência nos campos de futebol, a violência no trânsito, a violência contra os homossexuais ou contra os índios ou contra os negros, a violência contra a mulher, a violência nas escolas, a violência no lar contra crianças e até contra os bebês, a violência contra os animais domésticos e a violência contra o próprio corpo ou contra a mente como aquela que gera a obesidade, a bulimia, o diabetes, a depressão, a dependência de drogas.

Honduras, Venezuela, Belize, El Salvador, Guatemala, Jamaica, Porto Rico, Brasil, África do Sul e Ruanda são países que oficialmente não estão em guerra, mas cujo histórico de violência não lhes serve de abono. De todos esses, apenas Ruanda poderia ser considerado um país muito pobre. Os demais são fundamentalmente desiguais nos quesitos sociais. A desigualdade, como vimos, gera desesperança, apatia ou ansiedade, reduz a longevidade, enfraquece o sistema imunológico e abre as portas para a violência, para as falcatruas e enganações.

***

A depressão, o mal do século XXI, também se aproveita das sociedades desiguais. Ela afeta 300 milhões de pessoas em todo mundo e afeta países ricos e emergentes, onde a desigualdade é escondida pelos governos. França e Estados Unidos estão em primeiro e segundo lugares no quesito desesperança e depressão. Em terceiro, vem o Brasil, que é recordista mundial em transtornos de ansiedade[222]. E o que esses países teriam em comum? São países que cresceram com mão de obra de imigrantes relegados ao segundo plano, gente que deu tudo de si e recolheu tão pouco.

A França hoje renega os árabes, os romenos e até quem veio de suas colônias, como os argelinos e tunisianos. Renega quem veio do Mali, do Niger, dos Camarões, do Senegal, da Guiné... Estados Unidos e Brasil foram países erguidos com mão de obra escrava, talvez a pior escravidão da história do mundo. São países grandes e afortunados em reservas naturais e onde a concentração de renda vem gerando violência e depressão em níveis alarmantes. Vem gerando obesidade – uma epidemia de obesidade – e as frustrações do *"ter e do ser"*.

Essas veleidades nasceram de uma moda, relativamente nova, chamada individualismo e da ideia, improvável, de que todo mundo deva ser feliz e realizado o tempo todo. E, para "ser feliz o tempo todo" (supondo-se que isso fosse possível), o indivíduo deveria preencher-se com algumas inutilidades. Assim, a depressão nasce desse ciclo vicioso de preenchimento, de incompletude, e a depressão coletiva vem quebrando a espinha dorsal dos planos de saúde e aposentadoria, e, o mais triste, o índice galopante de suicídios entre jovens é único na história do mundo.

Desesperança e suicídio se retroalimentam numa espiral incontrolável. E os jovens se tornam obesos, tristes, solitários, ansiosos, deprimidos, achando que devem receber um *"like"* a cada dois minutos para ser felizes. As redes sociais fazem um serviço às avessas. Separam as pessoas, jogando-as na solidão, evitando que elas conversem pessoalmente, evitando que elas

---

[222] Segundo a OMS, o Brasil é recordista mundial em prevalência de transtornos de ansiedade: 9,3% da população. São, ao todo, 18,6 milhões de pessoas.

compartilhem sentimentos "*in natura*". Elas podem compartilhar imagens e opiniões – mas: e os sentimentos...(?), o toque da pele, a sutileza do olhar, os silêncios sempre tão preciosos?

Austrália e Ucrânia também têm elevados níveis de depressão. O caso da Ucrânia é particularmente emblemático. No passado, o país foi invadido pelo império polonês, pela Rússia (o que se repete hoje), pela Alemanha nazista e viveu guerras separatistas e perseguições. Tantos os russos quanto os nazistas caçaram os judeus ucranianos numa escala absurda, e esse genocídio é quase ignorado pela história. Seu povo passou, talvez, os mais brutais reveses da guerra – da fome extrema ao canibalismo –, no início da década de 1930. Portanto, não é possível imaginar que esteja livre de máculas.

A guerra, aliás, é uma eficiente fábrica de depressivos. Mesmo personalidades de ferro caíram em depressão. O general Erwin Rommel, conhecido como a raposa do deserto, aquele que deu um trabalho enorme aos ingleses na Segunda Guerra Mundial, ao Norte da África, não suportou a pressão. Friedrich Paulus, o principal comandante alemão no cerco a Stalingrado, também não. Diz-se que era um homem ponderado e capaz de pensamentos notórios, como: "Se alguém diz, isto é bom ou mau. Pergunte-lhe em voz baixa: para quem?" No entanto, ao capitular, Paulus era uma remota sombra de si mesmo. Havia sofrido um colapso nervoso com a perspectiva da rendição.

Sejam generais, sejam soldados comuns, a maldição da guerra acaba deixando sequelas permanentes. A comissão dos veteranos da Guerra do Vietnam reconheceu, com grande contrariedade, que cerca de 25% dos veteranos que chegam aos hospitais têm um diagnóstico primário de doença mental[223]. E essa é só a ponta do *iceberg*.

Fato é que a depressão é uma doença séria e negligenciada, no mais das vezes nem mesmo diagnosticada ou tratada. É o "Demônio do Meio Dia", como nos apresentou Andrew Solomon, e não melancolia barata ou passageira, como pensam alguns. Biólogos e neurocientistas sabem hoje que há relação clara entre depressão e alterações na estrutura cerebral. Pessoas com depressão sofrem atrofia sináptica, isto é, têm uma comunicação reduzida entre os neurônios. Enquanto isso, a luta para a cura da depressão ainda resvala em incertezas.

---

[223] Solomon, A. (2014). *O demônio do meio-dia: uma anatomia da depressão*. (2.ed). Rio de Janeiro: Companhia das Letras.

***

Por sua parte, a Índia, um país de desigualdade catastrófica, têm índices moderados de depressão, talvez por conta de seus 300 milhões de deuses ou simplesmente pela crença neles. A crença é parte da solução dos males (pelo menos do "ter"), mas não resolve a fome, nem as montanhas de lixo, nem as doenças que nascem do lixo da desigualdade. Também não resolve a violência patente entre as classes sociais, muito menos a escravidão disfarçada a céu aberto.

***

Quanto aos problemas de saúde mental de líderes mundiais? Que males podem vir atrelados ao abrirmos tal Caixa de Pandora? Estamos levantando um tema desprezível ou uma condição que marcou várias vezes a história do animal humano?

Há uma lista de líderes mundiais claramente desequilibrados. Vários deles com transtorno bipolar, como o próprio Alexandre, o Grande, da Macedônia. Os presidentes norte-americanos Theodore Roosevelt e John Adams também entravam nessa categoria. Joseff Stalin caiu em depressão quando a Alemanha nazista invadiu a União Soviética. Woodrow Wilson, James Madison, Calvin Coolidge, John Quincy Adams e Franklin Pierce, todos, sofriam de depressão enquanto governavam a nação mais rica do mundo. Provavelmente, Abraham Lincoln também. Lincoln e Hitler tinham tendências suicidas, e esse último era um psicopata consumado.

O fato de todos esses personagens serem ou estarem doentes numa época em que tais problemas não eram reconhecidos é uma questão menor, mas suas decisões não. Hoje, no entanto, se conhece em detalhes a maioria desses transtornos e é assustador conviver com mentes perturbadas muito conhecidas. Donald Trump é um exemplo de maníaco clássico com narcisismo incontido que já pilotou a maior economia do mundo. E já que os Estados Unidos detêm a segunda colocação nos quesitos de depressão, o mundo contemporâneo está montado numa bomba relógio.

Mas por que e com que frequência elegemos (ou permitimos ascender ao poder) líderes perturbados? Simplesmente porque são títeres, marionetes de alguém cujo dinheiro tudo compra. Líderes perturbados chamam atenção

para si e escondem, muitas vezes sem saber, as verdadeiras razões de sua
aparição improvável. Eles são um verdadeiro maná para a desigualdade.

***

...E a desigualdade é evitável? Existe pouca desigualdade nos países
paupérrimos, mas não menos violência. Existe muita desigualdade nos países
ricos e emergentes (aqueles que chamávamos "em desenvolvimento", mas
que nunca se desenvolveram). E existem países ricos com pouca desigualdade. (É bem verdade que são poucos). A depressão e o suicídio crescem
no mundo de forma alarmante. Os transtornos de ansiedade crescem no
mundo de forma alarmante. Os jovens estão entre os mais propensos ao
suicídio. Os países com muita desigualdade têm menos empregos (e mais
jovens). Os países com muita desigualdade têm menos moradias. Os países
paupérrimos não têm moradias, nem emprego, nem como preencher sua
incompletude. A desesperança é um gatilho para a depressão. A depressão
põe fim à qualidade de vida. E a desigualdade? Sim, ela é evitável...

Sim, a desigualdade é uma decisão de Estado. Na Suécia, a desigualdade é mínima. Na Índia, a desigualdade é absurda, mas é também um dos
países que mais cresceram. E o crescimento da Índia não a salvou da crise de
fome, nem da miséria absoluta. É uma falácia que o crescimento econômico
melhore as condições de vida. Afinal, da vida de quem estamos falando?
Os pobres são um bom negócio para os ricos, e, na Índia, estão os maiores
magnatas. Na Índia, a desigualdade é (muito) conveniente aos ricos. Lá ou
aqui, essa é uma verdade dura.

A desigualdade é filha de uma decisão humana nada moderna, mas
que se exacerbou cada vez mais com a "religião do dinheiro". É filha de
um pensamento chamado "liberal", em que o indivíduo e suas liberdades
vêm sempre em primeiro lugar. Esse pensamento parece bonito, porque
envolve a palavra liberdade, mas o liberalismo tem outros objetivos bem
mais sombrios. Ele incentiva a competição e as diferenças entre as pessoas.
Ele valida o capitalismo selvagem, valida a ideia de que os ricos são ricos
porque são mais eficientes e que os pobres são pobres porque são menos
eficientes.

Assim, não é por acaso que estamos afundando todos juntos. Não
é por acaso que vivemos a era do egoísmo, do eu primeiro... E por que

vemos o mundo assim hoje?... Porque vivenciamos essa paranoia messiânica das diferenças e dos direitos individuais irrestritos. Se eu puder ter cada vez mais, tudo bem..., mas de onde está saindo o que eu tenho mais do que os outros? E por que os outros têm cada vez menos? Ah, isso não cabe perguntar! Essa é a proposta de partida dos mentores do liberalismo. Para eles, matemática só envolve o sinal de soma ou multiplicação; divisão é uma conta que não lhes pertence.

Reza a crença capitalista que, se a riqueza do mundo aumenta, também aumentam as fatias dessa riqueza para todos. Dizendo de outra forma: se existe mais dinheiro circulando, cada um de nós tem um pouquinho mais. É nisso que acreditamos ou é nisso que os donos da fatia grande desejam que acreditemos. Em teoria, é isso mesmo, mas, na realidade, não.

De fato, existe mais dinheiro circulando hoje do que no passado, no entanto a fatia gorda continua nas mesmas mãos e está cada vez mais gorda. Já as fatias magras estão cada vez mais magras. Cada vez somos mais numerosos e temos direito a menos. Essa é a matemática que nos é escondida. É uma jogada perversa *repetida todos os dias* pelos financistas. A repetição a faz parecer verdadeira, mas só parecer. O lucro privado continua privado. A riqueza do mundo é privada, e o coletivo é privado dessa riqueza.

Quanto mais uns possuem, menos os outros têm – essa é a regra. Por isso, desigualdade, fome e outras mazelas são decisão de Estado. E, claro, o Estado Liberal se beneficia da desigualdade mais do que qualquer um. Esse é um mecanismo simples que você aceita sem se perguntar. Aceita e não se dá conta que contribui para os "sacerdotes" do dinheiro. É uma religião que você pratica e endossa, mas raramente se beneficia. Sim, a desigualdade é evitável! Ou seria, se o lucro fosse coletivo...

***

Como disse Sólon, "a igualdade não gera guerras". De praxe, os países ricos desestabilizam outros países e geram crises planejadas, forjam crises, se preferirem. Os Estados Unidos e a Rússia são notórios geradores de crises planejadas. Induzem as guerras civis e desestabilizam os países nos quais têm interesse. Promover desigualdade e violência e depois guerras: esse é o protocolo de ação desses países. Síria e Líbia são exemplos didáticos de como agem os geradores de desigualdade e desintegração planejada.

Mas até quando? A sociedade está se desmantelando a passos largos, e quem se importa? Já começamos a recorrer ao "salve-se quem puder", ao "eu primeiro", mas quanto falta para que a sociedade humana perca a coesão? Desmorone? Cada vez mais, os filmes futuristas, com aquelas hordas de bandidos saqueadores pelas ruas, servem de espelho para a sociedade moderna. A quem recorrer, então?

Como é possível que alguém, que tenha virtualmente nada, sobreviva a ideia de que o outros tenham comida quente, coisa que ele nem sabe o gosto (embora possa achar no lixo em sua versão fria), vistam o que ele não pode comprar, desfile com um carro novo ou uma beldade (mulher ou homem) que ele/ela nunca terá? O que é para um sem-teto um banho de espuma, uma cama macia, um banquete, uma piscina aquecida...? A isso poderíamos chamar de afronta, se desejássemos usar uma palavra leve. Mas talvez não seja afronta, e sim brutalidade. E se estamos empurrando a sociedade para o abismo da brutalidade, seria ingênuo de nossa parte lamentar quando isso finalmente acontecer. Nosso individualismo, nosso egocentrismo, nossos arroubos de frustração e violência são os sintomas mais que palpáveis.

Como dizia o dito romano: "temos tantos inimigos, quanto escravos". A escravidão tem vários nomes, e um deles chama-se miséria ou pobreza extrema, como queiram. É concebível, portanto, que os inimigos da sociedade sejam muitos e que o momento para reverter esse estado de coisas esteja se esgotando... Apenas para lembrar: a desigualdade é uma decisão de Estado, o qual sempre subsidia os ricos, leia-se, os bancos, as grandes mineradoras, o petróleo, o agronegócio, os latifundiários (o capital a ser reinvestido de maneira privada). Ao trabalhador, cabe um aceno de mão e algum assistencialismo barato.

O capitalismo selvagem é a ponta de lança da desigualdade. Uma simples variação na bolsa de valores do Wall Street quebra o preço da soja na Argentina ou do arroz em Bangladesh, porque tudo no mundo está interconectado. Porque os donos do dinheiro assim decidiram e planejaram – longamente – (lembre-se do pensamento liberal) e hoje têm as demais nações na palma da mão.

Mas, então, como a desigualdade poderia ser evitável? ... Primeiro, é importante não confundir nação e Estado. No primeiro caso, o povo é levado em consideração, já no segundo, não, embora devesse. E, como o Estado não costuma levar em consideração as pessoas, então aceita que as megacorporações internacionais ganhem tudo de mão beijada – isenções, facilidades trabalhistas etc. É disso que se nutre a desigualdade. Ela cresce quando o Estado permite, e ele permite porque é corrupto – imoral – e porque as pessoas não lhe importam.

Estados fracos, arruinados econômica ou politicamente, são um "maná dos deuses" para as grandes corporações internacionais. Elas aproveitam esses países para estabelecer seus negócios. Pagam pouco aos funcionários locais, fazendo-os trabalhar muito mais horas por dia como semiescravos. Compram as melhores terras ou ganham-nas, gratuitamente, de governos ineptos, geralmente ditatoriais. Pagam pouquíssimos impostos (ou nem pagam) e levam toda a produção para casa no além-mar.

As pessoas locais ficam sem as terras, sem a possibilidade de produzir por conta própria e sem poder comprar os próprios produtos da empresa em que trabalham, já que os preços são ditados pelo mercado internacional. Essas são as famosas *offshore*. Com isso, a miséria se alastra, a desigualdade se aprofunda, a dignidade se vai...

O Estado se omite ou se vale da propina despejada a rodo. E a propina corre solta não só nos rincões da África, do Oriente próximo e do extremo Oriente, mas também em países "com pompa" como Brasil, Itália, Rússia, China ou Japão. Esse é o *modus operandi* da desigualdade, sempre o mesmo.

Numa das pontas, está a destroçada Somália, o Sudão do Sul, a Síria; na outra, o paraíso nórdico e a Nova Zelândia. E as grandes corporações agradecem e ajudam a eleger presidentes fantoches de mente medíocre, ditadores com ou sem farda, porque a miséria é um alto negócio... (e os neoliberais agradecem!). E a bolsa de valores é uma farsa institucionalizada.

O ódio está à flor da pele nas sociedades modernas. O ódio racial, a violência crescente contra as mulheres, o ódio contra transexuais, bissexuais e homossexuais, o ódio comum entre as torcidas de futebol ou o ódio no trânsito, o ódio contra pedestres, contra motoristas, contra motoqueiros ou contra ciclistas, o ódio entre vizinhos de condomínio, o ódio contra os drogados, o ódio político-partidário e a violência instigada por candidatos a cargos de governo, o ódio instigado contra diferentes categorias de trabalhadores, o racismo, a elite, intelectuais, os pobres ou contra quaisquer etnias, nações e religiões, ou contra os ateus... e vai saber contra quem mais. É muito ódio para ser drenado e compreendido, e a desigualdade em nada ajuda. Dizer que a sociedade está clinicamente doente também não ajuda, mas ajudaria tranquilizar o coração das pessoas e agir com parcimônia.

É claro que, se você fizer isso, será acusado de ser "sensível demais" por qualquer um que esteja transbordando de ódio. Este será um momento de sabedoria ou de perdição, mas o tempo está correndo... e a desigualdade é evitável... mais do que isso, é uma escolha. Mas quem escolhe é o Estado, e não a nação, não as pessoas.

Há quem pense que isso tem relação com a eterna disputa entre capitalismo e comunismo. Bobagem. Nem num caso nem noutro, as pessoas entram como variável importante. Já entraram no passado, mas foram perdendo a primazia. Nos dois casos, quem se beneficia é o Estado e o sagrado poder do dinheiro. Nos dois casos, há alguma forma de escravidão (ou muitas). Nos dois casos, há dissimulação da verdade e benefício de poucos.

As pessoas são apenas massa de manobra. São os meios, mas não os fins. Capitalismo e comunismo estão cada vez mais parecidos. Suas propostas originais se perderam. Seus líderes também estão cada vez mais parecidos – a beber champagne com caviar –, e é fácil entender por quê. Todavia, há uma distinção de partida entre a ultradireita e a esquerda. De um lado, você tem um estado pró-armamentista, colonialista, sempre disposto a usar da força e da violência, a invadir os vizinhos, a quebrar sua independência e a perseguir as minorias, os diferentes. Do outro lado, você tem as preocupações humanistas, com a liberdade de opiniões, com os desvalidos, com o igualitarismo, e busca incorporar as minorias como parte importante da nação. Um dos lados exacerba as diferenças entre o "nós e eles", enquanto o outro trata de eliminar essas diferenças.

É certo que existem muitas máscaras disfarçando os estereótipos. Países que se dizem de esquerda, mas que perseguem minorias, invadem seus vizinhos, investem pesado na indústria de armamentos e costumam envolver-se em guerras de maneira permanente. Esses países têm um discurso diferente de suas ações nada comunitárias. Mentirinhas e mentiras planetárias são comuns a ditadores com ou sem farda. Para discernir quem é quem, basta um pouco de atenção e independência de pensamento. Ideologias que levam o povo a cabresto são sempre um péssimo negócio.

10.3 Da Escravidão

Então a vida desmoronou, perdeu o sentido. Os pés sangrando da marcha forçada. A família desfeita, sequestrada. Corpos imundos despojados de suas roupas. Nomes que ninguém conhece. Correntes que ligam pés de diferentes corpos, que agora não são mais pessoas..., que esperam na fila para a escuridão dos navios tumbeiros. E depois são imersos e amontoados às centenas numa atmosfera sufocante de mau cheiro, de suor azedo, de fezes, de hálito, de doenças. E há crianças que choram sem as mães e mães de filhos extraviados que também choram. E cada vez mais gente se empilha no escuro e se pisoteia e é empurrada para baixo, para o porão de suas vidas que findaram.

Essa gente que tinha uma vida dura de trabalho numa aldeia do interior do Sudão, da Nigéria e de outros lugares que nem mesmo tinham os nomes de hoje, foi sequestrada e arrastada e chicoteada até o litoral por caçadores de homens, traficantes, oportunistas desalmados. Essa gente chegou estropiada, desnorteada, subjugada depois de meses de caminhada forçada. Diferentes dialetos acorrentados ao mesmo destino, entrando nos porões imundos, nauseantes das naus de bojo redondo dos portugueses. Essa carga humana servia de lastro para os navios e de mercadoria traficada para o além-mar.

Quando esses navios alcançavam o mar-aberto, atulhados de corpos humanos – mais de 400, talvez 600 deles –, começava o interminável balanço nauseante. E ali onde estavam, no porão escuro e fétido, eles dormiam, comiam e passavam o dia sem se mover, deitados sobre a própria urina, deitados sobre a urina de outros e sobre as fezes e sobre o vômito que dominava a todos.

Uma vez por dia, debaixo de muita vigilância nervosa, a tampa do porão era aberta, e a comida, jogada lá para dentro como para um bando de porcos. Logo depois a escuridão retornava adensando o cheiro de morte que pairava no ar. O enjoo marítimo é um martírio difícil de lidar. Você deixa de comer, deixa de se mover, deixa de se hidratar e afunda num torpor estranho. Quem morria de alguma febre violenta ficava ali entre os vivos ou semivivos, como lastro para os navios. Raramente era lançado ao mar, sem quaisquer palavras ou rituais, porque aqueles negros sequestrados de suas vilas não eram considerados gente. E assim se passava mês e meio ou mesmo dois antes que arribassem a algum porto das Américas.

Os que chegavam haviam vencido febres e inanição e os maiores horrores a que alguém pode ser submetido. Estavam magros, infestados de piolhos e pulgas e com chagas pelo corpo. Os joelhos inchados mal permitiam a tentativa de esticar as pernas. Tinham a cabeça raspada e passavam por uma quarentena para depois serem vendidos em lotes ou individualmente como gado.

Partiam, ainda acorrentados, para os canaviais ou para as minas de ouro e prata, no plantio do cacau ou ainda para derreter o óleo rançoso das baleias mortas na colônia do Brasil. Alguns iam ainda mais longe e chegavam ao Caribe e à América do Norte para arar a terra com as mãos e trabalhar duro na colheita do algodão e do tabaco.

A marca do novo dono era gravada com ferro em brasa, juntando-se à marca anterior do traficante, e, se o pobre escravo trocasse de dono, outra marca se somava às demais. E havia a marca dos escravos fugitivos e a marca de uma cruz queimada no centro do peito pela conversão ao catolicismo. Eram gado, não mais do que isso. Assim foi no Brasil, no Caribe e nos Estados Unidos. Gado humano, sem direitos nem tradições nem dignidade. Não só diferentes dialetos, mas diferentes etnias e tribos, inclusive as visceralmente inimigas misturadas nos porões dos navios tumbeiros e nas plantações de cacau e nos canaviais. Foi um experimento hediondo, que rivalizaria com o dos campos de concentração e morte do século XX.

...E, quando em tempos idos, os escravos rarearam no Oeste da África, seus captores foram buscá-los em Angola e Moçambique, colônias portuguesas, ou onde mais fosse necessário. Talvez 12 milhões de corpos desumanizados tenham sido arrancados da África e pelo menos um terço deles seguiram para o Brasil. Essa foi mais uma hecatombe africana, mas viriam outras, ...as hecatombes da miséria e da fome e das epidemias sem nome.

Por uma razão qualquer, mais tola que fosse ou mesmo sem razão alguma, eram amarrados a um poste e açoitados nus até que virassem farrapos sangrentos. E assim foi em cada fazenda, em cada mina, em cada indústria baleeira, em cada plantação de algodão. Assim foi também com as novas gerações de escravos, que já nasciam escravos sem se perguntar por quê. Assim foi e continua sendo mesmo depois da abolição da escravatura, porque o racismo é uma doença de difícil cura, mas disso o Estado não se ocupa (e até nega), assim como não se ocupa da desigualdade.

O último país a legitimar a escravidão foi o Marrocos, porém – legítima ou não – ela permanece na Índia, na China e no Paquistão, na Indonésia, na República do Congo ou na Nigéria... na Eritréia e no Burundi, no Sudão do Sul, no Camboja, na Coréia do Norte e no Irã. Não é necessário procurar para encontrar. Ela faz parte do cotidiano do Haiti, da Mauritânia e até de Barbados, e a maioria é de mulheres... e o Brasil encabeça a lista na América-Latina.

***

A guerra e a escravidão são como irmãs que gostam de andar juntas. (Você leu uma frase parecida alguns parágrafos atrás). Aliás, são como trigêmeas, já que a tortura é sua contraparte inseparável. A escravidão dos povos vencidos é mais uma das nuances sinistras da guerra. Assírios e hititas fizeram escravos, babilônios, egípcios, gregos, macedônios, romanos, turcomanos, árabes, chineses, mongóis, japoneses, indianos, astecas, maias, incas, espanhóis, franceses, ingleses, holandeses... todos tiveram escravos em algum momento. Isso sem falar na longa escravidão negra perpetrada pelos norte-americanos e brasileiros. O tráfico português de escravos negros, o tráfico de indígenas americanos e polinésios e...

Pouca gente sabe – e as escolas dão de ombros para o fato –, mas Cristóvão Colombo, o "descobridor" das Américas, foi também o primeiro traficante de indígenas americanos[224]. No final do século XV, ele enviou para Sevilha um carregamento de 500 escravos caribenhos. Outro nome famoso, Américo Vespúcio, levou uma segunda carga para a Espanha no início dos anos 1500. Em verdade, os povos ameríndios nunca deixaram de ser escravizados. Durante o período em que o Brasil foi colônia de Portugal, a escravização dos ditos "índios" (ou "negros da terra") era uma "opção" ao massacre e ao banho de sangue. Ou era morte ou escravidão nas mais diversas formas. O trabalho forçado nos engenhos de cana de açúcar, na abertura de estradas, na construção de fortalezas, na extração de madeira ou na utilidade como "bucha de canhão" na luta contra os povos insubmissos. E sabemos que escravidão é também uma forma de genocídio. Essa é a história escondida dentro da própria história que nos é ensinada. E continuamos ainda hoje com essa falsificação permanente. Até quando?

***

A história da escravidão é também uma hedionda história de maus tratos e torturas nem sempre tão antigas. A tortura moderna perpetrada pelos

---

[224] Bethencourt (2019), p. 150, 152.

nazistas sobre as minorias, leia-se, todos aqueles que não fossem nazistas ou simpatizantes. Ciganos, eslavos, negros, homossexuais e, principalmente, judeus foram tratados como algo asqueroso, doentio, miserável, subumano. Foram culpados de tudo sem direito à misericórdia nem compaixão.

Foram escravizados em pleno século XX em números que alcançam os da escravidão negra transatlântica[225]. Trabalharam em minas de sal ou como mulas de carga e quebradores de pedra. Cavaram trincheiras, obraram na lavoura e na indústria de armamentos e foram torturados das mais diferentes formas. Foram roubados, chicoteados, subnutridos, espancados, eviscerados, enforcados, incinerados, envenenados, massacrados, despidos, humilhados. Foram tratados como cobaias em experiências macabras. Cavaram as próprias covas coletivas para depois preenchê-las com seus corpos cadavéricos. Foram obrigados a assistir à tortura de seus entes queridos e a tudo com os mais improváveis requintes de crueldade.

A mente humana nunca esteve tão envenenada. O sadismo foi além de quaisquer absurdos concebíveis em nome de um fascismo messiânico, que alguns juram nunca ter existido. Resta saber em qual mundo paralelo vivem essas mentes "desabitadas" (para não dizer algo que desagrade o leitor; aliás, existem, pelo menos, 47 sinônimos para "vazias", de forma que cada um pode escolher o seu preferido). Ou seriam mentes *vazias* e *malévolas* – ou uma ou outra –, ambas fruto de crenças messiânicas sempre tão presentes, não é mesmo?

10.4   Um Racismo Eterno?

Existem duas palavras que se mantêm no olho do furacão, retroalimentando a intolerância, são elas: preconceito e ações discriminatórias. Ao contrário do senso comum, não existe um racimo, e sim muitos racismos. Reconhecer isso é um primeiro e tímido passo em direção a um mundo melhor.

Os romanos se mostraram avessos aos povos vindos do Leste e os rotularam de broncos, hostis, selvagens. É evidente que os godos, visigodos e suevos não falavam latim, não usavam cabelos e barba aparados, não conheciam os modos romanos. De imediato foram chamados de bárbaros e bestializados. A palavra "vândalos" carrega consigo, até hoje, o significado de "destruição", mas era, nada mais nada menos, que o nome original de

---

[225]   Bethencourt (2019).

uma tribo. Esse é um tipo de racismo cultural, aquele em que quem não é igual deve ser discriminado, separado.

Inimigos reais ou potenciais também costumam ser bestializados sem dó nem piedade. A Igreja Católica bestializou os muçulmanos durante e depois das Cruzadas. Colocou-os como a escória do mundo, como sórdidos e malévolos. Jorge da Capadócia, um soldado romano de Diocleciano, simbolizou esse combate do bem contra o mal. E foi, então, que, quase mil anos depois, a Igreja Católica e a Ortodoxa o usaram como símbolo de vingança e poder. Agora, chamado de São Jorge, ele matava o dragão do islã com sua lança, e seu cavalo os pisoteava e esmagava. Guerras, como veremos mais à frente, são um caldo pegajoso de preconceitos e ações discriminatórias. Os vencidos poderiam ser considerados escravos naturais, e isso poupava os vencedores de quaisquer constrangimentos. Uma visão oportunista e baixa, mas uma visão comum às guerras...

As religiões tiveram seu papel discriminatório também por meio da conversão em massa dos bárbaros, com o patrocínio do Império Romano ou dos nativos americanos durante as grandes navegações ou dos cristãos-novos em Portugal e Espanha, durante a inquisição ou contra qualquer doutrina diferente, leia-se, heresia. E, para tanto, foram utilizados métodos brutais. O renomado historiador Francisco Bethencourt nos faz revelações duras sobre esse racismo religioso[226]. Na Península Ibérica do ano 1100, já se condenava os muçulmanos a viver em bairros separados, num *avant premiere* do que viriam a ser os guetos nazistas quase mil anos depois. Também aí, judeus e muçulmanos foram obrigados a usar emblemas e roupas distintivas e estavam excluídos do sistema judicial. Surpreende que Adolf Hitler não tenha sido o mentor dessas ideias, embora as tenha aplicado num contexto diferente. O racismo religioso é parte de um movimento viciado e repetitivo, que brota de tempos em tempos e faz estragos a perder de vista. E, claro, ele depende da credulidade subserviente dos fiéis.

Há também o racismo que nasce da ideia de sangue puro em oposição à mestiçagem. Nessa visão, quaisquer mestiços seriam inferiores, deteriorados, quando comparados aos "puros-sangues". Novamente Adolf Hitler não foi o mentor dessa ideia, apenas a aplicou com maestria e crueldade nunca vistas. Ele conseguiu o prodígio de mesclar o racismo religioso aos conceitos de eugenia. Ciganos, eslavos e homossexuais teriam sangue inferior ao sangue ariano que ele defendia. Aí ele incluía também os judeus na

---

[226] Bethencourt (2019), p. 96.

busca de um culpado emblemático. O sangue dos judeus seria corrompido e o principal responsável pela banca rota da República de Weimar, mas o sangue judeu, por razões religiosas, era pouco misturado, coisa que Hitler preferiu ignorar. Hitler, a princípio, pensou em deportá-los, mas, por fim, decidiu varrê-los do planeta.

Para muitos, o racismo é tão somente consequência de uma hierarquia das raças e dos efeitos ambientais sobre elas. Dizendo de outra maneira, o calor dos trópicos geraria a degradação. Os negros africanos, os índios americanos, os nativos de Papua-Nova Guiné, da Australia etc., seriam inferiores e incapazes de elitização. Assim, a Europa ficaria numa condição confortável em relação aos seus vizinhos, mas teria de ignorar – ou esconder deliberadamente – que os persas, os árabes e os indianos haviam alcançado muito mais sofisticação e elitização nas artes e joalheria, nas ciências da vida e na matemática, na astronomia, na administração pública, na saúde-pública, na filosofia, tendo deixado para trás a Europa durante toda a Idade Média e mesmo depois. Boa parte das ideias deletérias dos "supremacistas brancos" vem da falsa suposição da hierarquia de raças e da inveja europeia por seus vizinhos mais avançados. E isso já estava em voga, pelo menos, desde o apogeu da Idade Média.

Numa visão muito conveniente ao colonialismo, o chamado racismo de classes ganhou peso e começou a se alastrar rapidamente com as grandes navegações. Se você era mais pobre é porque era mais incompetente e inferior. Você poderia comer da mão do seu senhor e viver na dependência dele, mas esse era o único caminho. Ser de uma casta inferior era ser dependente, e aí fechava-se o ciclo vicioso da pobreza. Ingleses, franceses, portugueses, espanhóis, holandeses e norte-americanos amealharam colônias nos confins do mundo, e todos se valeram desse racismo de classes. Ao estabelecerem suas colônias, fosse onde fosse, os invasores agregavam a força múltiplas etnias sob as mesmas fronteiras e mesmas leis. Povos que nem falavam a mesma língua tinham um mesmo senhor que os extorquia. E esse senhor dava preferência a algumas etnias em detrimento de outras, ou seja, praticava a discriminação e a estimulava.

Assim, para compor um quadro mais definitivo, que desse vantagem aos países colonialistas, a visão racista estendeu o preconceito a toda e qualquer diferença física, fosse nos cabelos crespos, na pele escura, nos olhos puxados, na forma do nariz, na maneira de se vestir, no tipo de religião ou no status econômico. Toda e qualquer diferença seria discriminada e criminalizada. E, como se toda essa estupidez não fosse suficiente, havia ainda o preconceito contra as mulheres. Aí estava um estranho racismo de gênero. Estava e continua estando...

***

É chegado o momento de reconhecer outra afronta. A ciência do século XIX estava em franca expansão. Ela abria caminho para o entendimento da evolução das espécies, demolindo o criacionismo. A história da Terra ganhava bilhões de anos, além do que o Gênesis apregoava. Fósseis cada vez mais antigos eram escavados e descritos. A paleontologia, a biogeografia e a biodiversidade mostravam seu florescimento, mas uma ambiguidade amarga manchava essa "era de luz". Uma estirpe de cientistas, em sua maioria elitistas, tecia amarras grosseiras e endossava o racismo. Robert Knox, Josiah C. Nott, Samuel G. Morton, George Cuvier, Louiz Agassiz... apregoavam a superioridade dos brancos e a incapacidade civilizatória dos negros, nativos americanos, australianos ou indus. Apregoavam que a miscigenação deteriorava a moral e a inteligência e que os trópicos tinham um efeito deletério nas raças. Esses cientistas, alguns até mesmo brilhantes, eram reféns de seus preconceitos. Knox chegou a dizer que as raças africana e americana não poderiam ser civilizadas[227].

O efeito disso foi devastador. A própria Ku Klux Klan é filha desse tempo e dessas convicções. Até hoje tem gente que se refere a "raça amarela" ou "raça negra", mesmo depois de essa ideia ter se revelado completa falácia. A isso chamamos de racismo científico. Em parte, era uma reação das elites aos progressos em direção à democracia contemporânea e ao igualitarismo. Era uma forma de narcisismo cultural anglo-saxônico, mas foi uma passagem vergonhosa da ciência e que merece ser revelada. Desnudar a realidade é um caminho revelador.

***

O racismo moderno é uma forma oculta de escravidão. Pessoas que, por terem uma cor diferente do branco esquálido, são tratadas de maneira distinta, são tratadas com desconfiança, medo, aversão. Não têm acesso aos mesmos direitos, embora os tenham no papel – a execrável farsa do papel!

---

[227] Ver: Bethencourt (2019), p. 378.

Não têm acesso à mesma instrução nem às mesmas condições de tratamento médico. E ainda estão expostas à insegurança financeira e à violência social desmedida. Faz bastante tempo que a genética explicou que *não existem raças humanas*, mas as pessoas ainda estão apegadas às versões antiquadas do assunto, como às que Hitler usou para justificar seus atos de genocídio. A discriminação é uma ideia plantada pelos escravocratas! Plantada por aqueles que levam vantagem com a escravidão. Essas são as mentes doentes que precisam ser tratadas, as que ainda hoje admiram Hitler e seus trejeitos.

Eles veem os pobres, os negros, os índios, os hispânicos, os mestiços (quaisquer que sejam), os asiáticos, os eslavos... como pessoas de segunda categoria e assim não veem problema em que elas trabalhem mais horas por dia e por muito menos. A escravidão nunca findou. Mesmo que a mídia milionária não divulgue, existem ainda hoje entre 20 e 27 milhões de pessoas escravizadas no mundo[228]. Pessoas aliciadas, sequestradas, traficadas, chantageadas, exploradas sexualmente, mal alimentadas, sem assistência médica e sofrendo constante violência física e psicológica.

Elas se encontram subjugadas nas plantações de cana, no desmatamento ilegal, na extração de carvão e minérios, na pesca embarcada, em plantações e fábricas clandestinas de drogas e mesmo nas grandes cidades, como escravas sexuais sem passaportes nem documentos de qualquer tipo nem dinheiro. Isso sem falar nas crianças obrigadas a mendigar pelas ruas sem quase nada obter em troca. Esses são apenas alguns efeitos do racismo. Existe muito mais...

***

Sabemos que, na Índia, há uma distinção em castas acompanhada de preconceitos chocantes e que persistem, quase sem modificações, desde muito tempo. Há uma noção de pureza versus impureza, que varre a sociedade de ponta a ponta. Numa das pontas, estão aqueles que não devem ser "oficialmente" tocados (intocáveis). Aí estão incluídas inúmeras categorias diferentes que vão de pedintes e prostitutas, a viúvas, pessoas que se ocupam do abate de animais, serviços mortuários, e assim por diante. Essas castas de "intocáveis" também estiveram (ou estão) presentes no Japão, no Tibete e na Coréia e incluem vendedores itinerantes, adivinhos, pequenos crimi-

---

[228] Dados da Organização Internacional do Trabalho (OIT) e da ONG *Free the Slaves;*

nosos... Geralmente, elas são minoria, mas não na Índia, onde representam impressionantes 15% da população![229]

***

Mas, afinal, essa é uma marca nossa, uma marca de Cain à qual estamos intrinsecamente ligados? Os preconceitos de racismo sempre existiram desde a origem dos tempos? Estamos falando de um racismo eterno ou de um efeito colateral indesejado e evitável?

Sabemos agora que não existem raças, apenas diferenças superficiais originárias do isolamento de tribos e etnias. Essas diferenças originais são mínimas e se referem a umas pequenas vantagens imunológicas, nada além disso. Algumas etnias lidam melhor com a digestão do leite, outras são mais resistentes ao câncer de pele, e algumas são mais longevas. Com o advento das cidades e as caravanas de comerciantes mundo afora, essas etnias entraram em contato e se miscigenaram pouco a pouco. Como as grandes navegações renascentistas, elas se miscigenaram ainda mais, todavia se exacerbaram as ações discriminatórias dos colonizadores. Era vantajoso aos colonizadores aliar-se às classes dominantes e escorraçar os mais pobres ou aliar-se às tribos simpatizantes e perseguir as demais.

O que pode parecer uma pergunta difícil tem na verdade uma resposta fácil e objetiva. O racismo não é uma condição intrínseca de nossa espécie. Não é necessário procurar muito para saber que os povos Inuit do extremo Norte, aqueles que chamamos pejorativamente de esquimós, têm interesse natural em miscigenar seu sangue com o dos viajantes vindos de outros pagos. Eles conhecem biologia sem terem ido à escola. Sabem, intuitivamente, que a consanguinidade pode trazer problemas. Eles sabem disso, mas as linhagens reais de França e Inglaterra cometeram esse engano, repetitivamente.

Quando Colombo chegou ao Novo Mundo, ele foi recebido com imensa gentileza pelos nativos da América Central. A conduta cultural dos *Tainos* era diametralmente oposta à dos viajantes do Velho Mundo. Preconceito com os diferentes era algo inconcebível, e aquele contato primoroso colocara, frente a frente, um verdadeiro abismo de diferenças. Mesmo assim, os *Tainos* fizeram de tudo o que estava a seu alcance para agradar

---

[229] Ver: Bethencourt (2019), p. 489-492 e 495.

aqueles viajantes, que os aniquilaram tempos depois. Vejam, a questão aqui não está na inocência de uns e na culpabilidade de outros, mas na ausência completa de preconceitos dos povos americanos.

Povos nômades do Paleolítico tardio e do Neolítico, assim como pastores e agricultores, costumavam promover encontros intertribais em grandes festas anuais, e isso os protegia dos problemas de consanguinidade. Essa sabedoria intuitiva viajou no tempo e os miscigenou pouco a pouco, mas, então, as primeiras cidades desenvolveram uma noção de pertencimento e posse que poderia ou não descambar para o preconceito. Poderia, mas não descambou na maioria dos casos. E mesmo com a desconfiança corriqueira que temos dos estrangeiros, ela não descamba obrigatoriamente para a discriminação. Pelo contrário, a diferença gera aprendizado e progresso.

Mas está claro que o nacionalismo e a visão de posse da terra fizeram um trabalho contrário, estimulando a xenofobia. O nacionalismo é ponto de partida para guerras, genocídios, deportações em massa e racismo e, é claro, bloqueia o aprendizado e o progresso e gera isolamento e dor. O nacionalismo é uma escolha, e não uma marca nossa.

O Leste Europeu abriga hoje uma boa dose de racismo, talvez pelos danos provocados pela Segunda Grande Guerra, talvez pelo isolamento durante a Guerra Fria. Hungria, Letônia e Polônia ainda estão recém aprendendo a lidar com o racismo, mas mesmo a Ásia também expressa preconceitos com relação à cor da pele. Índia, Tailândia e Filipinas associam peles mais claras à beleza e à riqueza, e tanto mulheres quanto homens usam produtos cosméticos branqueadores em grande escala. Nesses casos, ficam mais evidentes os danos causados pelo colonialismo britânico, espanhol e estadunidense, embora a Tailândia permaneça algo isenta de influências coloniais, o que nos leva a considerar que o racismo é multifatorial e, seguramente, cultural.

10.5 Hecatombes

Estávamos no ano de 1755, Dia de Todos os Santos, mas nem todos eles juntos foram capazes de mudar o destino das coisas, naquela que talvez tenha sido a mais estranha sequência de catástrofes. As igrejas estavam apinhadas de gente e mais e mais pessoas afluíam de todo o canto. Os feriados são quase sempre assim, capazes de fazer as pessoas renascerem em suas rotinas empobrecidas, e, naquele sábado, muitas delas de fato renasceram.

Lisboa fervia de religiosidade, mas, então, os fiéis – apinhados – ouviram um rangido estranho que vinha de algum lugar debaixo do mundo. Ouviram e arrepiaram-se. De súbito, um estalo lhes atravessou o corpo (e talvez a alma) e depois outro ainda mais forte. E logo as pessoas, os bancos e tudo mais foram lançados ao ar como poeira sacudida num tapete. E bateram no chão com força e foram lançados de novo. E as paredes vergaram como haste de capim e se partiram ou caíram inteiras, e o teto da nave ruiu, num estrondo, lançando uma chuva de pedras, madeira, telhas e vidros, e gritos, poeira e dor.

As ruas se abriram. O chão oscilou como se fosse uma onda no mar, e os sobrados de três andares inclinaram-se, perigosamente, encostando-se um no outro, ou simplesmente implodiram, descendo a encosta da Alfama numa cachoeira de entulhos. Era uma onda de pedras e estuque que engolia as carroças, as pessoas e as casas ladeira abaixo, ganhando cada vez mais força. Tudo estava em movimento, e mesmo pedras grandes, de várias toneladas, saltavam como se estivessem vivas. Eram arremessadas como balas de canhão atravessando paredes e aumentando o pesadelo de morte.

A nuvem impenetrável de pó encobria outro sinistro inimigo. O fogo das velas de cera de abelha e dos candelabros espalhava-se sorrateiro, ganhando força com a palha dos tetos, com a palha do estuque partido e com o óleo de baleia da colônia do além-mar. Logo a fumaça negra e densa juntou-se à nuvem de pó branco em redemoinhos sufocantes.

Quem conseguia sair das igrejas ou das casas era golpeado pela cascata de pedras, mas muita gente se agrupou nos largos da cidade atônita e perdida de seus entes queridos. E outros se agruparam nos mercados de rua ou no cais de Lisboa, em frente ao Paço Real, cujas cortinas já pegavam fogo sem que ninguém acudisse, pois a família real estava na casa de campo em Belém.

Quando aquele povo todo se juntou no cais, viu as águas do Tejo recuarem como se fossem sugadas por um monstro marinho. Milhares de redemoinhos agitaram a água escura, e logo os barcos grandes e pequenos estavam encalhados de lado em grandes bancos de areia. As pessoas estavam boquiabertas, chocadas com a hecatombe. Algumas carregavam feridos e os deitavam no cais. Algumas choravam e gritavam à procura de alguém. Era a primeira trégua depois do terremoto avassalador. Então, um ruído surdo e constante ganhou força, e as pessoas se viraram para a foz do Tejo, atraídas por outro pesadelo.

A princípio, foi difícil entender, mas o pânico se alastrou pela multidão. Uma parede colossal de água aproximava-se, a toda velocidade, engolindo os barcos de pesca como se fossem as folhas do fim de outono. O maremoto rugia com selvageria invadindo o cais e o Paço Real, arrancando móveis, livros e os poucos empregados petrificados. As águas subiram a colina, alcançando a escadaria da Igreja da Sé, e depois recuaram, arrastando entulho e gente.

Imersa em caos, Lisboa se rendeu. Mas o fim ainda estaria longe. Em meio à cidade esfumaçada, bandos de ladrões saquearam as casas ainda de pé, e só quando a noite chegou foi que as pessoas perceberam que a cidade inteira queimava. O Paço Real queimava. O bairro da Baixa queimava por inteiro. O hospital queimava. E não havia como fugir, porque não havia mais ruas, nem estradas, nem barcos... E a cidade continuou queimando por três dias e três noites inteiras. E os tremores subsequentes soterraram os socorristas civis, que lutavam sem trégua em busca de sobreviventes. E as prisões destruídas liberaram uma corja vingativa de assassinos.

Enquanto isso, a família real portuguesa se trancava em casa, amedrontada com a fuga dos animais selvagens de seu zoológico particular. Leopardos e leões se espalharam por Belém. Enquanto isso, o maremoto alcançava o Marrocos e a Espanha e cruzava o Atlântico até o Caribe e as Guianas. Na época, não se poderia saber, mas esse foi um dos terremotos mais violentos da história. Teria alcançado, de acordo com estimativas modernas, entre 8,5 e 9 graus na escala Richter. Teria destruído, talvez, 90% da cidade de Lisboa. Teria matado, quem sabe, 90 mil pessoas, e nem todos os santos, daquele dia santo, puderam deter a tragédia. A cidade virou cinzas, pó e pedra calcinada.

***

A história das hecatombes não é um tema leve. Alguns países foram repetidamente atingidos por terremotos, como Japão, China, Indonésia, Irã, Chile, Turquia. Vários tiveram tsunamis associados, pois seus epicentros foram no mar, e algumas cidades vêm sendo projetadas para suportar parte dessa força destruidora, mas só parte. Prédios que balançam, mas não caem, diques antitsunamis, materiais que não entram em combustão. A inventividade é nossa marca maior como espécie, mas, mesmo com todos os protocolos, com todo o treinamento feito, desde a infância, somos e seremos vítimas da imprevisibilidade. O pânico paralisante, a demora em retomar a ação, certa curiosidade mórbida pelas catástrofes, o apego aos nossos bens materiais, a falta de um plano de emergência em tantos países são todos pontos fracos e geradores de muitas mortes.

Os incêndios florestais recentes em Portugal e na Grécia demonstraram que muitíssimos motoristas foram pegos de surpresa em suas rotas de fuga engarrafadas. Há uma tendência geral dos governos na demora em assumir a gravidade do problema com o argumento de evitar o pânico. A demora na reação é tanto das pessoas, individualmente, quanto dos governos. Há também a negação governamental reiterada (e repulsiva) dos incêndios na Amazônia e no Pantanal em pleno século XX e debaixo dos olhos frios dos satélites. E, lógico, não é apenas o fogo que mata, e sim a onda de calor que vem à frente do fogo.

Na clássica erupção do Vesúvio, que destruiu as prósperas cidades de Herculano e Pompéia no ano de 79 d.C., foi a onda piroclástica que matou todos os que ousaram retardar a fuga. Foi uma massa absurda de calor que precedeu a chuva de pedras e cinza incandescentes. As pessoas tiveram os seus pulmões queimados talvez antes mesmo da pele. Depois veio a enxurrada de piroclastos a mais de 160 quilômetros por hora, fragmentos de rocha incandescentes solidificados em pleno ar. Por fim, uma imensa quantidade de cinzas e lama que o vulcão lançou ao ar e depois cobriu tudo. Sabe-se que as pessoas tiveram tempo de fugir, mas ficaram aturdidas ao deixar seus bens nas mãos dos ladrões.

Essa é a história de muitas histórias, e mesmo agora no século XXI as pessoas tiveram de ser tiradas à força de suas casas, enquanto os rios de lava do Kilauea derretiam as estradas e os condomínios de luxo em seu caminho. A curiosidade fora de propósito, levou os transeuntes na Guatemala a fazerem imagens de celular dos grandes rolos de fumaça negra do vulcão em erupção, e esse fetiche, de estar nas redes sociais, foi que condenou muitos atingidos por rochas.

Afora a irresponsabilidade infantil de muitíssima gente, há coisas que não temos como evitar. Não temos como evitar as chuvas torrenciais dos furacões e suas inundações quase instantâneas. Não temos como amainar a violência do vento. O Gilbert cruzou todo o Atlântico com seus quase mil quilômetros de diâmetro, encobriu toda a Ilha da Jamaica e destruiu 80% das casas! Depois engoliu as ilhas Cayman, o México e o Texas, causando várias centenas de mortes. O Katrina fez com que 80% de New Orleans ficasse debaixo d'água. Quase 2 mil vidas foram perdidas, e o governo norte-americano foi estranhamente moroso em tomar providências, talvez porque a população atingida fosse negra e pobre.

A lista dos furacões e seus estragos é enorme. Também é enorme a lista dos tornados que sugam casas, caminhões e pontes no meio Oeste americano.

A força dos ventos de um tornado e sua capacidade de sucção, além de uma trajetória errática, compõem um problema difícil de lidar. Em alguns, o vento chega a 500 quilômetros por hora, outros podem aspirar o fogo, formando sinistras colunas incendiárias, outros ainda criam paredes giratórias de água (trombas d'água). E, de todas essas formas, a morte pede carona.

Países pobres como o Haiti receberam essa carga destrutiva em séries quase contínuas. Terremotos, incêndios, deslizamentos de terra, vendavais e inundações arrasaram cidades sem planos de emergência, nem preparo prévio. E depois vieram os saques, em que os ladrões roubavam dos pobres e desabrigados, sugando até a última gota. Na Indonésia e em Bangladesh, viu-se praticamente o mesmo, só restando a essas pessoas mendigar e clamar pela ajuda de alguém. A religiosidade delas não deveria surpreender.

Assim como os moradores de rua dos países ricos, que sobrevivem da mendicância e dos programas sociais, os países pobres também dependem das ações humanitárias que provêm das migalhas dos ricos. São países mendicantes. É um curioso (e nada surpreendente) círculo vicioso. Mas, nesses países pobres, os moradores de rua não sabem o que são programas sociais, não têm bens a reconstruir, nem seguros a receber, não são prioridade dos governos, não recebem proteção policial, nem treinamento ou informações, nem estão incluídos em qualquer plano de emergência. Mais do que isso: são, muitas vezes, a maioria das pessoas.

Para eles, as hecatombes são igualmente tristes... elas esfacelam famílias, mutilam e causam dor, mas há uma diferença constrangedora: eles (os miseráveis) serão os últimos a serem resgatados, quando forem, se forem... A não ser que alguém incomum interfira, alguém que seja um herói comum, geralmente, um herói anônimo.

10.6 Antropoceno e Superpopulação

Então o quadro se fecha. Desigualdade, depressão, suicídios, violência desmedida, homicídios em escala exponencial, ódio à flor da pele, corrupção cotidiana, egoísmo patológico, escravidão sistêmica, racismos, pobreza aviltante, todas coisas de uma sociedade doente e que se desagrega a olhos vistos..., mas onde está o nó que nos ata a essa desgraça? Somos predestinados a esse descalabro? Onde foi que acionamos esse estranho mecanismo autofágico? É da nossa natureza a decrepitude social?

Somos uma espécie pouco fértil quando comparada a tantos outros animais, ou mesmo quando comparada somente aos mamíferos. No entanto, chegamos a essa condição de extravagante superpopulação e que nos tem legado tantos males, males que agem em sinergia e destroem as pontes para a nossa salvação. Então, onde foi que erramos?

É sabido que uma vida nômade impõe restrições e leva à formação de sociedades de tamanho controlado, sociedades onde os males acima estão nem sequer dormentes. Mas foi, então – em mais de um momento de nossa história recente –, que as coisas escaparam do controle. Alguns dos nossos saltos tecnológicos permitiram que as regras evolutivas, que atuam sobre todas as espécies, se tornassem ineficientes para nós.

O advento da agricultura não só permitiu, como também exigiu, grupos humanos maiores; as cidades foram um facilitador na sobrevivência contra predadores e tribos rivais, e, no Antropoceno tardio (quiçá tecnoceno), o desenvolvimento do sanitarismo e da medicina preventiva ajudar-nos-iam a reduzir a mortalidade infantil. Levar-nos-iam também a ampliar a longevidade e a interromper doenças letais com novos medicamentos. Mais ainda, romperiam com boa parte dos riscos do parto, mediante cuidados pré-natais e neonatais.

Tais avanços tecnológicos – aqueles que não estão debaixo da asa da biologia evolutiva – empurrariam nossa espécie para a superpopulação. Em outras palavras, continuaríamos a ter de seis a oito filhos, como nos tempos de vida nômade, antes do período Neolítico. Naquele tempo, isso se mostrava necessário para que dois deles alcançassem a idade adulta. Mas agora, pelo contrário, quase todos podem chegar à idade adulta. É um comportamento atávico, sem dúvida, e, para os mais pobres, um tipo de "previdência social" às avessas. No entanto, a regra básica da ecologia de populações estava quebrada. Demandar mais recursos do que o ecossistema é capaz de fornecer leva a uma falência em cascata, leva à degradação do ambiente, e assim por diante.

Em plena Revolução Industrial, éramos apenas UM BILHÃO! Hoje somos quase OITO BILHÕES de pessoas sem nenhuma iniciativa consistente para rever isso[230]. Em pouco mais de 200 anos, chegamos a esses números alarmantes. E continuamos a exaurir os recursos do planeta esperando por um milagre que não acontecerá. Enquanto isso, religiões, mundo afora,

---

[230] Há uma queda sutil na taxa de crescimento da população mundial, mas, mesmo assim, ultrapassaremos os 9 bilhões antes de 2050.

fazem o trabalho do demônio ao incentivar a procriação irrefreada. É o tal "crescei e multiplicai-vos" completamente fora de contexto. Até gente instruída segue debaixo do cabresto das ramificações religiosas messiânicas. É uma credulidade quase(?) criminosa. E pasmem, os cidadãos abastados de tantos países valem-se da desigualdade social, ganham dinheiro com a desigualdade social, ganham dinheiro com a fome no mundo. Nessa afirmação, não há qualquer exagero. A fome é um alto negócio, e todos precisamos ter ciência disso.

Voltando às perguntas: é da nossa natureza a decrepitude social? Somos predestinados a esse descalabro? Evidentemente não. Se conseguimos usar a tecnologia ao nosso favor para nos curar de doenças graves, para enviar uma mensagem instantânea para o outro lado do mundo, também podemos usá-la para controlar a procriação. Tecnologia e educação são a nossa salvação, e educação é dever do estado. Educar mentes retrógradas e irresponsáveis também é dever do Estado. Numa sociedade onde a educação falha, o Estado falha.

Se alguém se vangloriar para você dos valores da família, tome a liberdade de elogiar, mas o lembre de que os valores humanitários vêm ainda antes, são mais basais, mais urgentes, desesperadamente urgentes. São centenas de milhões de famintos. É muita irresponsabilidade estimular a procriação.

Capítulo 11

Um Mundo Sem Alma, Nossa Barbárie

Os refugiados correm como criaturas do mundo subterrâneo... mulheres, crianças e velhos despertados do sono, alguns semivestidos. Nos seus rostos há desespero e um medo terrível. As crianças choram agarradas às mãos das mães e fitam em choque a destruição do mundo.

(Antony Beevor, A Segunda Guerra Mundial)

... e por todos os lados havia corpos estendidos. Nada estava de pé. As casas tinham virado ruinas. Havia carros retorcidos e abandonados, alguns deles ainda queimando. O choque mais terrível eram os mortos. Eles estavam amontoados em pilhas, em um estranho quadro vivo, com seus rifles e panzerfäustes caídos ao lado de seus corpos. Era uma visão do outro mundo. E então percebemos que estávamos sozinhos.

(Cornelius Ryan, A Última Batalha)

Nós deveremos ser lembrados na história como a mais cruel, e, portanto, menos sábia, geração de homens que jamais agitou a Terra: a mais cruel em proporção a sua sensibilidade, a menos sábia em proporção a sua ciência. Nenhum povo, entendendo a dor, tanto a infligiu; nenhum povo entendendo os fatos, tão pouco agiu com base neles.

(John Ruskin, 1872)

11.1 As Sementes da Guerra

Nossa trajetória pelas guerras é longa e tortuosa, e nossa compulsão por elas também. Sabemos que são marca de nossa espécie e, geralmente, a vemos como uma degeneração, uma doença social. Mas de onde vem as sementes da guerra? Onde tudo isso começou? Quem começou? E por que a guerra sempre encontra um veio fértil para se espalhar e agigantar?

Evolutivamente, o exemplo mais antigo de 'luta coletiva' de uma comunidade contra outra está nos ratos[231]. São verdadeiras tragédias sanguinárias. Os oponentes se dilaceram à base de dentadas e patadas e emitem um feroz grito de guerra como nós. Os ratos de uma mesma comunidade reconhecem-se apenas pelo cheiro, coisa de que não somos capazes. As comunidades maiores, isto é, com maior sucesso, vão eliminando, uma a uma, as comunidades menores, até que as pequenas tribos desapareçam. Há um que de "deja vú" nisso, não é mesmo? Mas voltemos à nossa linhagem e procuremos esses mesmos elementos nos parentes mais próximos.

Louis Leakey foi um antropólogo soberbo e responsável por grandes saltos na compreensão de nossos ancestrais. Errou e acertou como todos os bons cientistas e não se acomodou com a mesmice. Em sua "mina de fósseis", no Nordeste da África, ele vislumbrou um possível confronto entre espécies que chamou de "duelo em Oldvai", uma remota garganta longa e estreita na savana da Tanzânia. Para ele, os *Australophitecus* e *Parantrophus* que viviam em áreas próximas deveriam ter topado um com o outro, iniciando pequenos conflitos. Eram conflitos com paus e pedras, mas teriam sido responsáveis pela derrocada do *Parantrophus*.

A ideia naufragou por falta de provas robustas. Os dois grupos humanos eram muito diferentes, e suas dietas, quase opostas. O *Parantrophus* realmente se extinguiu, mas as razões foram provavelmente outras. Um vegetariano convicto, num mundo de seca galopante, estava condenado.

Seja como for, Leakey apontou o dedo para um problema real. Espécies similares poderiam mesmo competir por recursos, como preconizam a maioria dos ecólogos. E, nessa mesma época, cerca de 2 milhões de anos atrás, *Homo habilis* e *H. rudolphensis* eram espécies similares ou, no jargão biológico, tinham o mesmo nicho. Desse modo, é possível que tenham disputado áreas de caça, água, locais de descanso e presas abatidas por carnívoros especialistas como leões e hienas. O mundo poderia ser grande, mas, se os recursos fossem limitados, emergiriam conflitos.

Será que nossos ancestrais tinham as sementes da guerra em seu sangue? Poderíamos especular sobre isso? Não, não estamos falando de um "planeta dos macacos", e sim de um macaco, em especial, em nosso planeta. Nosso velho conhecido e nunca bem ponderado chimpanzé. Como já dissemos, ele foi uma linhagem divergente, que tem um ancestral comum com a nossa linhagem antiga. E esse ancestral tinha as sementes da guerra.

---

[231] Lorenz, K. (1979). *A agressão. Uma história natural do mal.* Lisboa: Editora Moraes.

Jane Goodall, sempre ela, nos mostrou o caminho em seu notável estudo de campo na mesma Tanzânia. Seu grupo de estudo, os chimpanzés de Gombe, sofreu uma espécie de "cisma chimpanzé". Um pequeno grupo resolveu apartar-se do grupo maior (Kasaquela) e viver por sua própria conta. Nos primeiros tempos, nada de especial aconteceu, mas então veio o choque!

Um a um, os chimpanzés do grupo menor chamado de Kahama foram emboscados e brutalmente espancados. Eram cercados por vários machos e rendiam-se instantaneamente, mas os ataques não paravam. Nacos de pele eram arrancados a mordidas, membros eram torcidos e destroncados, e golpes violentos eram desferidos contra as vítimas prostradas. Jane ficou chocada. Estava presenciando uma violência sem precedentes, uma luta de gangues que ela chamou apropriadamente de guerra. Esses combates não eram meramente punitivos, e sim genocídio planejado. Todos os membros da comunidade menor foram mortos num curto período de tempo!

Os chimpanzés patrulham naturalmente os limites de sua área de vida. Às vezes, encontram fêmeas isoladas da comunidade vizinha e atacam-nas com grande violência. Deixam as vítimas bastante machucadas e depois partem com brados de vitória, como se fossem um grupo de arruaceiros. Essas patrulhas agem premeditadamente, caminhando em silêncio e atentas aos cheiros e sons estranhos. Quando localizam a vítima, cercam-na com cautela e astúcia, punindo-a com severidade. Se encontrarem grupos maiores, apenas exibem todo o rol de comportamentos agressivos, lançando pedras e paus, mas tudo não passa de blefe. Ambos os grupos apenas bradam, estridentemente, a uma centena de metros um do outro. Mais do que isso: os chimpanzés estabelecem observadores avançados[232] (olheiros) em pontos elevados do terreno para monitorar os grupos rivais, uma tática de guerra que nós, humanos, usamos ao longo de toda a nossa história. Assim, a guerra de extermínio narrada em Gombe parece um caso especial, que foi além da punição, talvez por se tratar de dissidência e, seguramente, porque a área original tinha sido reduzida com a cisma. Vejam como a dissidência tem punições antigas...

Os babuínos da savana, que se reúnem em bandos gigantes com centenas de animais, também se dedicam à guerra. Dedicam-se a deslocar à força os grupos rivais. Ao contrário dos chimpanzés, eles se entregam a uma

---

[232] Lemoine, S. R., Samuni, L., Crockford, C., & Wittig, R. M. (2023). Chimpanzees make tactical use of high elevation in territorial contexts. *Plos Biology*, 21(11), e3002350.

batalha corpo a corpo. A tropa vai concentrando-se e acelerando o passo até se lançar ao ataque. A horda furiosa parte para mordida aos gritos, e o combate começa. Ambos os lados concentram centenas de animais, e logo a savana vira um campo de dor, gritos, pele arrancada e caninos perfurando. Sim, o risco e a violência se justificam por conta de um território melhor. Mas essas verdadeiras guerras são razoavelmente rápidas, e, logo, o que se vê são animais que se afastam mancando e ensanguentados. O que tinha de ser feito foi feito. Chegou a hora de lamber as feridas.

Os biólogos tendem a buscar uma explicação adaptativa para esses combates violentos, dentro de uma mesma espécie. Eles avaliam os custos e benefícios da competição. Não só da capacidade de competir, mas das razões para isso. Essas razões incluem os recursos para a sobrevivência do bando. Babuínos são numerosos e onívoros, assim, além da água, dependem de grandes colônias de cupins, fauna de pequeno porte, abundância de cascas de árvore ou capim. A fome e a sede orbitam, desde sempre, as esferas da guerra.

É bem possível que aí estejam as sementes da guerra, mas urge salientar que os chimpanzés não têm qualquer culpa no legado dessa semente. Eles não são nossos ancestrais. Eles também receberam o legado da guerra do nosso ancestral comum. E isso já devia ter ocorrido antes, pois a guerra também permeia o comportamento dos babuínos. Se até hoje não achamos provas da guerra em nossa linhagem direta é porque não encontramos a "agulha no palheiro", mas ela está lá, esperando para nos espetar.

11.2 O Primeiro Sangue: Raízes do Terror

A guerra não é coisa da civilização, como se divulga de forma leviana. Ela está em nossa espécie faz tempo. As primeiras tribos a se tornarem sedentárias, lá pelos 18 e 14 mil anos AP e, portanto, antes da origem da agricultura e do pastoreio, deixaram indícios temerosos[233]. Deixaram vestígios de ossos partidos e oriundos de esquartejamento. Humanos que serviram de comida para outros humanos. Crânios humanos partidos ao modo de uma taça... Troféus de guerra? Vingança? Simples canibalismo?...

Esses vestígios aparecem espalhados pela Inglaterra e França, mas foi no Egito que surgiram as provas mais intimidadoras de mortes violentas, onde pontas de lanças confeccionadas em pedra estavam cravadas nos ossos de quase metade dos cadáveres antigos. Os demais ossos tinham marcas de

---

[233] Ver detalhamento em: Condemi e Savatier (2019).

corte, e alguns já estavam cicatrizados quando a vítima foi morta, indicando que os conflitos eram crônicos[234]. Assim, a guerra é algo virtualmente antigo, que pode ter surgido já nas primeiras tribos que praticavam o armazenamento de grãos e carne. Foi assim que surgiu o predador ardiloso de que trata este livro, o homem matando o homem. Poderíamos (deveríamos?) ser chamados de *Homo bellator*[235], nome que nossa sociedade dissimulada não está disposta a assumir, mas que nos define tão bem ou melhor do que *sapiens*...

***

Indígenas americanos, bantos, papuas, maoris, vivendo com pouco ou nenhum contato com a civilização, praticavam guerras de extermínio até recentemente. Astecas, yanomamis, papuas e maoris da Nova Zelândia matavam seus rivais tribais, fosse para obter escravos, fosse para se apoderar de suas terras, das mulheres ou dos recursos alimentares e hídricos... Esses são exemplos históricos ou até mesmo modernos de matanças programadas de povos vivendo em relativo primitivismo. Mas onde isso inicia na história do homem? Onde estão esses primeiros indícios?

***

Todas as grandes cidades antigas da Mesopotâmia e da Palestina tinham muralhas. Povoados Neolíticos menores também tinham muralhas, que não estavam ali para deter os leões. Havia disputas constantes entre as cidades dos Acadianos e Sumérios, e, volta e meia, elas trocavam de mãos. Portanto, as guerras estavam em curso, na Mesopotâmia, há pelo menos 4 mil anos a.C.

A presença de muralhas serve como a primeira prova desses grandes conflitos armados. A segunda prova vem da descoberta de armamentos nas tumbas reais de Ur, e a terceira – uma prova contundente –, dos selos reais encontrados em Susa e Uruk. Esses selos[236] mostravam cenas de combate e prisioneiros amarrados e nus sob a contenção de soldados. Sugerem também a tortura dos prisioneiros.

---

[234] Condemi e Savatier (2019).
[235] O homem guerreiro, do latim.
[236] Eram selos cilíndricos feitos de pedras, como calcita ou lápis-lazúli, marfim ou metais com cenas ou inscrições gravadas em alto relevo. Tais selos eram aplicados sobre tabuletas de argila e funcionavam como carimbos.

Os primeiros indícios de militarização das cidades-Estado da Mesopotâmia pertencem aos sumérios e acadianos. Assim, eles não foram apenas os responsáveis pelo surgimento da agricultura, da escrita, dos códigos judiciais e da roda, mas também da guerra como instituição da civilização. A escritora e literata Karen Armstrong[237] garimpa, minuciosamente, relatos dessas primeiras guerras expansionistas já no terceiro milênio a.C. Defende a hipótese de que o gatilho para as guerras nasceu de ataques-relâmpago às vilas e cidades desprotegidas, perpetrados por nômades esfomeados. As cidades haviam se transformado em oásis artificiais e funcionariam como ímãs para a solução imediata da fome.

Esses nômades das estepes foram, de fato, os primeiros a domesticar e usar cavalos para deslocamentos rápidos e podem ter levado vantagem nos saques, que funcionavam mais como um arrastão. Nômades *citas* formaram, provavelmente, a primeira cavalaria com a finalidade bélica e, de quebra, inventaram as celas. De acordo com o historiador grego Heródoto, deveríamos incluir também as *amazonas,* que aparecem representadas por toda a arte grega e, aparentemente, lutaram na Guerra de Troia. Outros povos nômades da Anatólia, Cáucaso e Mongólia foram cavaleiros hábeis – veja-se os hititas e os próprios mongóis –, porém não costumavam interessar-se pela escrita, o que torna seus registros algo fragmentados.

Dessas invasões relâmpago, podem ter derivado as muralhas que passaram a cercar as cidades. Não há provas cabais disso, mas a ideia é interessante. Fato é que cidades militarizadas precisavam fazer uso dos soldados arregimentados e, quando não estavam defendendo seus muros, dedicavam-se a saquear e conquistar outras cidades. Assim, elas trocavam de mãos enquanto o sangue, abundante, encharcava a terra, e a guerra se espalhava como uma epidemia sem controle. Cidades, estoque de alimentos, muros, soldados, um coquetel perigoso da idade do bronze.

O acadiano Sargão teria montado um exército permanente de 5.400 homens, algo notável para a época, e expandido seus domínios do Irã ao Líbano e à Síria. Para muitos, esse é o primeiro Império do mundo no sentido da submissão de povos estrangeiros, assim iniciando o longo caminho de "dívidas e opressão" entre vassalos e seus senhores.

Dos povos da Mesopotâmia, os assírios foram os mais expansionistas. No princípio, os armamentos eram os mesmos usados na caça e se restringiam a lanças, adagas, arcos e flechas. Mas, com o advento da roda,

---

[237] Armstrong (2016).

os assírios incluíram carros de combate puxados por asnos selvagens. As rodas ainda eram maciças, e as carretas, pesadas, mas portavam lanceiros com o apoio da infantaria. Só mais tarde passaram a usar bigas com rodas mais leves compostas por aros. Elas portavam um condutor e um arqueiro, aumentando o poder de fogo contra inimigos desprotegidos. Inventaram também a cavalaria de um modo diferente. Uma parelha de cavalos, amarrados um ao outro, levava um condutor, que guiava ambos os cavalos, deixando o arqueiro livre para disparar saraivadas de flechas.

Esculturas assírias, em alto relevo, mostram que ainda não se usavam selas, nem estribos, apenas rédeas e bridões para conduzir os animais. Todos soldados combatiam de pés descalços, fossem de infantaria, fossem de cavalaria.

Os primeiros conflitos armados, entre exércitos no campo de batalha, pouco afetavam a população civil de imediato. Rei morto, rei posto e tudo seguia em frente com as mesmas limitações de antes. Mas, então, fortes ressentimentos acumulados de uma derrota anterior materializaram-se, e muitas cidades foram incendiadas ou desmanteladas, pedra por pedra, não restando qualquer registro.

O rancor é sempre provocado por uma experiência vivida e, como emoção que é, não pode ser removido facilmente. Como dissemos antes (ver capítulo 1), somos uma espécie primariamente emocional, a despeito dessa denominação peculiar de *sapiens*. Assim, o rancor provocou estragos irreparáveis e deu às guerras os contornos que têm hoje.

A história dos conflitos armados poucas vezes respeitou regras de conduta. Torturas de prisioneiros, estupros coletivos e assassinato de civis são vistos como extensões da própria guerra, mas há um passo, muitas vezes intangível, entre o conflito em si e o terror. O terror é algo que está além do medo convencional e até mesmo além do risco real. Surge quando o medo extremo se apodera da mente e avança pelo imaginário, bloqueando completamente a ponderação e o raciocínio. O terror é uma emoção devastadora. Na guerra, o terror é, muitas vezes, o primeiro desafio imposto pelo inimigo e o mais complexo a enfrentar.

A decapitação dos governantes inimigos foi praticada por todos os povos da Mesopotâmia. Enfiar a cabeça do infeliz na ponta de um estandarte foi prática generalizada e servia de prova, para os demais, sobre a vitória completa, mas, no frenesi das batalhas – o êxtase –, ocorriam decapitações em massa, empalamentos e torturas horrendas. Alguns comandantes, simplesmente, davam de ombros e deixavam a turba de soldados fazer sua 'justiça' imediata. Karen Armstrong[238], referindo-se a uma batalha entre as cidades de Lagash e Umma, chama atenção para o assassinato de 3 mil soldados dessa última, que já haviam se rendido e pediam por clemência. Esse frenesi de sangue reflete bem o nascimento do terror, mas não as suas derivações posteriores.

Os hititas, povo que viveu na região correspondente à Turquia, lutaram contra os egípcios, assírios e babilônios e tinham métodos algo 'particulares'. Depois da vitória militar, assassinavam toda a população, roubavam os espólios e queimavam a cidade, numa demonstração de loucura sanguinária. O terror precedia a sua chegada e interferia no balanço das guerras.

Os hititas eram originários dos belicosos nômades da planície do Cáucaso, que também invadiram o Irã, a Índia e boa parte do Ocidente. Os olhos claros, que aparecem em muitas pessoas no Irã, Afeganistão e Iraque, são herança desses nômades. A língua falada por eles, o indo-europeu, foi a matriz de quase todas as línguas do Ocidente e Oriente próximo, salvo dos bascos espanhóis e franceses. Por ser nômade, essa etnia espalhou, rapidamente, sua língua, seus costumes e genes por uma ampla região. Eles são geralmente conhecidos por 'arianos', nome que daria muito o que falar no futuro.

Teria a belicosidade dos arianos influenciado o imperialismo de seus herdeiros de fato e de direito? O expansionismo dos rajás indianos, dos persas e dos árabes seria a herança maldita dos arianos? O expansionismo dos hititas e dos gregos, dos romanos e celtas, dos germânicos e escandinavos, todos povos arianos[239], seria uma questão de sangue e de cultura?

Sabemos que as guerras, as invasões e mesmo os Impérios foram o *modus operandi* de todos eles. Sabemos que persas, romanos, gregos e árabes amealharam os maiores Impérios da terra. Sabemos que os escandinavos foram invasores vorazes, ao modo viking, e deixaram suas marcas na Grã-Bretanha, Irlanda, Constantinopla e até na Sicília. E sabemos que Adolf Hitler quis vender a ideia de uma 'raça ariana' da qual ele seria o representante máximo.

Mas a história do terror viajou o mundo todo, com assombrosos requintes de crueldade. Mais ou menos em 219 a.C., o primeiro imperador chinês Qin venceu o último obstáculo na unificação do país, quando o rei Zhou depôs as armas, para evitar um banho de sangue. Qin mandou

---

[238] Armstrong. (2016).
[239] Existe um debate intenso sobre os limites desta etnia, seu tronco linguístico e sua influência fora da Ásia.

queimar vivos os 400 mil soldados de Zhou que esperavam submissos. Foi, provavelmente, a maior e mais horrenda fogueira da história. A "Santa Inquisição" em nada inovaria nessa atrocidade, quase 1,5 mil anos depois.

***

Muhammad ibn Ablullah foi um personagem decisivo na história do mundo. Quase todos o conhecem, mas não por esse nome. E não poderíamos esquecê-lo ao discutirmos as raízes do terror. Ele foi muito mais valorizado por suas habilidades como negociador, mentor de uma nova religião e homem sábio – e tudo isso é justo. Mesmo assim, também meteu os pés pelas mãos. Lá pelo ano 620 d.C., Maomé, como ficou conhecido, sufocou a rebelião de um grupo separatista. Ele não queria uma cisão naquele momento, quando o *Islam* dava seus primeiros passos. Assim, num rompante e seguindo regras consideradas válidas, Maomé mandou assassinar todos os homens da tribo dissidente (cerca de 700) e escravizou e vendeu todas as mulheres e crianças[240], eliminando assim suas tribulações de uma só vez.

Num comparativo direto com o conhecido caso do grupo dissidente dos chimpanzés em Gombe, na Tanzânia (ver item 11.1, nesse capítulo), que foi exterminado pelo grupo maior, teríamos em mãos um surpreendente paralelo. O nó górdio foi desatado: o assassinato de todos os machos dissidentes dá um xeque-mate na questão das origens do terror e do assassinato no mundo dos antropoides sociais, um mundo ao qual estamos, indissociavelmente, atrelados.

A dissidência e o afastamento de renegados geralmente sugerem uma solução inteligente para conflitos crescentes. Realmente, viver em sociedades populosas e corroídas depõe contra a qualidade de vida. No entanto, frequentemente, toda e qualquer dissidência é malvista pelo *status quo*. Foi assim na Antiguidade, como é hoje. Foi assim na Igreja Católica ou no *Islam*. E tem sido assim em nossos partidos políticos, onde se começa por assassinar reputações e se termina assassinando pessoas. O assassinato é um só. Ele é um meio e o fim. Meio e fim são a mesma coisa, como nos disse, certa vez, o pensador indiano Jiddu Krishnamurti (1895-1986).

Frequentemente, usa-se palavras fortes para os dissidentes – herege, covarde, traiçoeiro –, mas a fraqueza está em quem as profere. Os dissiden-

---

[240] Armstrong (2016).

tes são transformados em monstros cruéis, diabólicos, injustos e cretinos, tudo isso para colorir ou adoçar a justificativa espúria do assassinato e do terror em qualquer de suas hediondas faces. A dissidência, às vezes, embora nem sempre, é um ato de paz, e temos dificuldades em compreender a paz.

11.3 O Vil Metal e a Supremacia Militar na Antiguidade

Embora vistoso, o cobre era um metal macio, ideal para moldar uma máscara mortuária, as contas de um colar e talvez um bracelete ou uma tiara. Já em 8000 a.C., ele era extraído das montanhas ao Norte do Iraque e comercializado pelo Oriente Médio, na Mesopotâmia e no Egito. Seu brilho amarelo chamava atenção, e ele podia ser cravejado com pedras preciosas ou semipreciosas. Artesãos habilidosos ganharam importância nas cidades mais ricas, dando início à arte da metalurgia. Nesse momento, a vaidade masculina e feminina era a única coisa em jogo, mas logo a mesma vaidade ganharia asas, e mentes ardilosas veriam um caminho diferente.

A fundição de ligas metálicas aparece um pouco mais tarde, lá pelos 4 ou 3 mil anos. Ligado ao estanho, o cobre ganhava dureza, resistência mecânica e uma coloração mais escura, nascendo, assim, o bronze, que mudaria o mundo para sempre. A metalurgia deixaria de ser a arte do supérfluo e ganharia um sentido bélico.

Punhais de bronze substituiriam as pontas de madeira endurecidas ao fogo, as lascas de sílex ou as pontas de marfim. Espadas curtas, com cabos de madeira, dariam um poder destrutivo, sem precedente aos exércitos, e até as flechas e lanças penetrariam mais fundo se suas pontas fossem de bronze. A indústria bélica foi, provavelmente, a primeira indústria generalizada. Os fornos de cozer cerâmica foram adaptados para forjas de fusão, e a metalurgia deu seu salto quântico.

Um exército precisava de muitas armas, assim o comércio de cobre e estanho esparramou-se como um maremoto, para fora do Oriente Médio. Outros descendentes dos nômades arianos tiveram acesso aos armamentos destrutivos, incorporando-os ao seu arsenal. Os povos mesopotâmios usavam o bronze como armas de ataque, mas pouco investiam em equipamentos de proteção. Os primeiros capacetes e caneleiras de bronze foram confeccionados por lá, mas quase nada além disso.

Nesse mesmo tempo, os exércitos do Mediterrâneo ferviam. Cintas de bronze protegiam o tórax, e escudos redondos blindavam os soldados.

Gregos, troianos, fenícios e cretenses viviam a dualidade do comércio e das guerras, um círculo vicioso *ad eternum*. E foi então que se deu a mais longas das guerras e o maior morticínio da época.

***

Homero era um bom contador de histórias e, para que elas viajassem por centenas, talvez milhares, de anos, ele as revestiu com uma camada de 'açúcar'. Conferiu uma aura de heroísmo a certos personagens, tendo-os colocado bem perto dos deuses. E como a Grécia tinha um interminável panteão deles, não haveria problema em incluir alguns mais.

As razões para a guerra de Troia são, de fato, pouco verossímeis, mas três aspectos merecem atenção. A capacidade política, extraordinária, de reunir as cidades-Estado gregas (mais propriamente dos aqueus) numa operação conjunta; a logística complicadíssima de mover a maior frota da época através do Mar Egeu, chegando às praias de Troia, quase simultaneamente, e, por fim, a duração surpreendente do conflito.

Parece certo que Micenas liderou o grande exército, e, exceto pela participação de Creta e de Esparta, as demais tribos eram pequenas. As escaramuças e os grandes choques entre os exércitos arrastaram-se por 10 intermináveis anos! Portanto, pode-se imaginar a penúria completa de ambos os exércitos. Mesmo que as cidades costeiras da Turquia fossem saqueadas continuamente, seria difícil manter um sítio tão prolongado. Assim, a guerra de Troia foi, antes de tudo, um prodígio de planejamento.

O conflito teve lá suas regras. Depois de cada carnificina, depois de o chão se tornar vermelho-escuro e escorregadio de sangue, fezes e vômito e depois do estrondo de escudos, de madeira e bronze, do choque das espadas, depois do zunido ensurdecedor de milhares de flechas riscando o ar, havia uma estranha trégua para recolher os feridos irremediáveis e as armas espalhadas. Para que a guerra recomeçasse, era necessário marcar um compasso de espera. Cabia erguer piras de madeira e queimar os mortos ao estilo dos gregos. Era necessário fazer sacrifício aos deuses e derramar mais sangue de outros inocentes. Esse foi um ritual curioso das guerras antigas.

Homero vendeu bem uma ideia de traição e paixão como estopim da guerra e colocou a culpa numa mulher e em sua beleza estonteante (ora, vejam). Isso conferiu força emocional ao conflito e justificou a truculência masculina. No entanto, o ciúme deve ter tido outras razões. Troia estava no entroncamento entre a Ásia e a Europa e era uma cultura refinada e rica. O comércio tinha essa grande cidade como ponto de referência, o que limitava os aqueus.

Os confrontos entre "nós" e "eles" têm razões geralmente evidentes, mas se vende ideias dissimuladas sobre o inimigo. Ele é sempre quem acoberta a verdade, ele nunca é confiável, ele é sempre volúvel, indigno, traidor. Essa foi a ideia vendida sobre Troia, exatamente como fazem hoje nossos políticos. O outro partido (não importa qual) é sempre quem mente, engana e trai. Nosso partido é aquele que faz a justiça, aquele que contém os heróis e salvadores. (Doce inocência infantil). Assim, deveríamos aprender a ver as falas dos políticos pelo avesso, se quiséssemos – minimamente – ter uma aproximação da verdade. Mas agimos como torpes, como ovelhas que dependem de um pastor.

Se a guerra de Troia ocorreu lá pelos idos de 1.200 a.C., quando a escrita mal nascia na Grécia continental, então somamos mais de 3 mil anos de torpeza e inconsequência. Nossa visão de mundo ainda está na Idade do Bronze, embora nossas sombras vaguem pelo século XXI. Na vitória final, Troia foi desmontada, pedra por pedra, as pessoas que não conseguiram fugir foram assassinadas na porta de casa ou violentadas ou escravizadas. A cidade foi queimada, e a cultura, extirpada numa hecatombe medonha.

***

Em 480 a.C., Xerxes estava possuído de rancor. Os generais de seu pai haviam desembarcado em Maratona 10 anos antes, um lugarejo sem importância e sem defesas. Haviam postado talvez 100 mil soldados nessa praia. Dentre eles estavam os venerados imortais, a elite persa. Os atenienses não tinham um exército regular expressivo naquele tempo e podem ter juntado 10 mil homens junto a um pequeno contingente da cidade de Plateia. Ambos os números são imprecisos, e deveríamos pensar em menos persas e mais atenienses. Seja como for, havia uma desproporção brutal.

Os atenienses atacaram valorizando a surpresa. Os hoplitas, a infantaria pesada grega, tinha armamentos melhores: elmos celados, que só deixavam antever os olhos, lanças mais longas e mais pesadas, escudos muito mais fortes. O primeiro choque foi a favor dos atenienses, que golpearam com fúria os escudos de vime dos persas, desintegrando-os, mas logo os números reverteram a situação, e a linha grega começou a se desmantelar.

Os persas tinham uma cavalaria treinada e uma quantidade enorme de arqueiros que pretendiam pregar os gregos no chão, mas esses últimos não puderam ser usados devido à surpresa. Milcíades, o general que estava no comando dos gregos, afinou as fileiras do centro da linha, numa tentativa desesperada, e usou essa reserva para atingir o flanco dos persas. A princípio, isso pareceu suicídio, mas os gregos, incandescidos, abriram uma cunha de sangue no corpo principal do exército persa. O flanco esquerdo bateu em retirada, e o direito ficou preso numa zona pantanosa. Logo havia caos, gritos e morte e uma vitória improvável.

Por isso, Xerxes queria vingança e, 10 anos depois de Maratona, voltou com o maior exército da terra. Ninguém sabe quantos homens eram. Fala-se em 1 milhão, mas é pouco provável. Ele mudou a geografia da Grécia (Hélade naquele tempo), cavando canais nos istmos para proteger sua esquadra em águas rasas. Atravessou o mar de Mármara com seu exército, formando uma ponte de navios e, quando a primeira tentativa falhou, mandou decapitar seus engenheiros. Também mandou chicotear o mar, que não havia se comportado bem. Xerxes não queria apenas que os outros o vissem como um deus, ele realmente se achava um deus.

Depois de uma batalha épica contra os espartanos de Leônidas, no famoso estreito das Termópilas, ele imaginava não encontrar mais resistência. Os espartanos eram recrutados ainda crianças e transformados em soldados destemidos. Era uma criação absurdamente severa, e foi a primeira experiência de eugenia[241] que se conhece. Ao chegar à vida adulta, o soldado espartano ignorava o medo e a dor e tinha o corpo de uma máquina de guerra. Assim, vencido Leônidas, Atenas cairia. E de fato caiu. Com duas semanas de cerco, Xerxes entrou na Acrópole e a incendiou. Matou todos os defensores e preparou-se para o *"gran finale"*. Armou sua tenda gigantesca para assistir a uma batalha naval do estreito de Salamina. Para ele, não passava de entretenimento ou um *"reality show"*.

Então, mais uma vez, as coisas não ocorreram como o deus desejava. Havia correnteza e soldados demais nos barcos persas, e eles entraram como tartarugas em fila pelo estreito. A frota da liga helênica caiu sobre eles, usando barcos mais rápidos e mais fortes e todo o conhecimento naval do

---

[241] O termo foi criado pelo antropólogo e estatístico Francis Galton (1822-1911), significando "bem nascido". A ideia de Galton era gerar um controle social para "melhorar" as futuras gerações física ou mentalmente.

estreito. Diz-se que o estreito de Salamina foi tingido de vermelho e salpicado de corpos. O poeta Ésquilo, que participou das batalhas de Maratona e Salamina como soldado, descreveu a batalha do próprio punho e, como grego, deve ter acrescentado algumas pitadas a mais de sal amargo.

***

Alexandre da Macedônia foi tão irascível, quanto Xerxes. Foi também igualmente culto. Seu pai contratara o melhor professor da época para mentor do filho, o venerado Aristóteles. Nessa época, já era comum o ensino particular para os mais ricos. Os helênicos consideravam Alexandre um bárbaro do Norte e não estavam dispostos a se submeter, então, Alexandre os submeteu a força. Destruiu Tebas e matou seus cidadãos, todos os que não conseguiram fugir. Literalmente, tirou-a do mapa depois de uma batalha furiosa de porta em porta.

Ao entrar em Atenas, após a vitória de Tebas, ficou sabendo de um filósofo extraordinário, que vivia como um mendigo seminu. O homem era mordaz, quase intratável, de raciocínio límpido e rápido. Estava sentado a um degrau, absorto em pensamentos, quando Alexandre se postou diante dele. O mendigo seminu mal lhe prestou atenção. Então o conquistador lhe ofereceu qualquer coisa que desejasse, qualquer coisa que conseguisse imaginar. E Diógenes lhe disse, despretensiosamente: "então saia da frente do sol".

Provavelmente, ninguém se arriscou tanto diante de Alexandre, o Grande, quanto Diógenes. Mas a resposta foi tão inesperada, que Diógenes continuou com seu humor afiadíssimo. Acabou tornando-se o maior representante do cinismo, uma mistura de seriedade moral e brincadeira espirituosa que tão bem representou esse "formato de pensamento".

Alexandre costumava ser cortês com as mulheres, mas irascível com os inimigos. Já havia penetrado fundo na Pérsia, quando Dario III resolveu, finalmente, enfrentá-lo. Juntou o maior exército de todos os tempos. Arregimentou cavaleiros medas, que eram os melhores do mundo, preparou carros de batalha com lâminas afiadas nas rodas, um número absurdo de soldados de infantaria, lanceiros e arqueiros e postou-se numa planície poeirenta próximo de Gaugamela.

Frente a frente, os dois exércitos pareciam uma piada. Dario III o esmagaria. Mandou os cavaleiros levantarem nuvens de poeira e, então, despachou seus carros de guerra. Não era possível imaginar onde surgiriam os carros de batalha. Eles abriram avenidas de sangue nas formações macedônias, ceifando pernas e braços na passagem. Os arqueiros lançaram nuvens de flechas tão densas, que escureceram o céu. Depois veio a infantaria persa. A coisa estava definitivamente ficando complicada.

Os disciplinados macedônios se abrigavam dos dardos sibilantes com seus escudos, mas aos poucos iam sendo trespassados e pregados no chão. Eles tinham as mais longas e pesadas lanças do mundo e iam resistindo como podiam à cavalaria e à infantaria persa. As bocas estavam secas, e os corpos, cobertos de sangue. Então, aprenderam a lidar com os carros de combate persas, abrindo a formação e deixando-os passar para então trucidar os condutores. Mas não havia muito mais o que fazer.

O veterano general Parmênio anteviu uma catástrofe. Lançou todas as suas reservas ao combate, mas os persas continuaram a pressionar, e a parede de escudos começou a oscilar e retroceder. A pressão de um exército muito maior fazia diferença a despeito da disciplina e da coragem extremas.

Então, Alexandre viu o que ninguém viu. Partiu com sua cavalaria como se fosse tentar atacar o flanco do inimigo. Os persas não acreditavam no que viam. Ele desguarneceria seu flanco e entregaria a batalha, mas Alexandre tinha outros planos e guinou como um louco, partindo feito um dardo em direção ao coração do inimigo. Lançou-se em direção a Dario III, um herdeiro menos brilhante de Dario I. A manobra foi tão inusitada, que Dario ficou sem ação. Conta-se que Alexandre cavalgava como um raio e foi rasgando as formações inimigas, até chegar a um arremesso de lança. O grande dardo oscilante passou perto de Dario, que se retirou do "front". Incrédulo, o exército persa perdeu a cabeça e se desorganizou, dando espaço à carnificina. Quando um exército dá as costas, ele é trucidado.

11.4 A Ferro e Fogo: Um Novo Salto Tecnológico

Então, a lâmina das espadas e dos punhais mudaria uma vez mais. Ganharia dureza, maleabilidade e tremenda resistência ao choque. Os processos de forja, em altas temperaturas num leito de carvão vegetal, permitiam trabalhar o ferro até alcançar um determinado teor de carbono. Essas lâminas brilhantes, cinzentas ou levemente azuladas, eram muito mais fortes. Chegava-se, dessa forma, a um metal de transição ou uma liga metálica, que foi chamada, na época, de "ferro duro" e, mais tarde, de aço.

O uso do ferro, em si, não era novidade. Os hititas da Anatólia já produziam artefatos de ferro em grande quantidade há mais de 1.500 anos a.C. Suas origens são incertas, fosse na Ásia, fosse no Oriente Médio ou África, ninguém ainda conseguiu desatar o fio da meada. Extraído diretamente de jazidas ou proveniente de meteoritos, o ferro era usado em objetos cerimoniais e peças pequenas sem substituir o bronze, mas, como a cultura humana é cumulativa, uma descoberta sempre leva a outra.

Foi assim que espadas de ferro, muito pesadas e friáveis, foram aprimoradas em processos de forja e resfriamento em água ou óleo, até se alcançar o ponto ideal de dureza, leveza e resistência. Esses ferreiros mudaram, instantaneamente, o rumo das guerras ao produzir o aço. Quando Caio Júlio César ainda era um jovem general nos confins da Península Ibérica, ele teria entrado em contato com essa nova tecnologia. É difícil saber se ela era um produto legítimo celta[242] ou se a técnica migrou via África e chegou à Europa pelo Estreito de Gibraltar. Fato é que Júlio César aproveitou a oportunidade e equipou seu exército treinado.

Daí para diante, as disciplinadas falanges romanas enfrentariam as temíveis hordas nômades e as tribos gaulesas e teutônicas há muito estabelecidas. Não havia medo nesses guerreiros do Norte. Eles se arremessavam com selvageria contra os quadrados romanos, usando enormes machados e espadas longas. Assim, como haviam feito os assírios e hititas no passado, os povos da Gália bebiam "poções", que estimulavam a loucura da batalha.

Porém, já nos primeiros embates, eles se deram conta de que os novos invasores empregavam táticas diferentes e tinham armamentos superiores. Os romanos se utilizavam de arcos-escorpiões, transportados em carretas, que disparavam dardos enormes e pesados, rasgando as fileiras inimigas. Um único disparo trespassava cavalos e homens em quantidade, deixando um rastro sangrento no campo de batalha. Catapultas arremessavam bolas de piche incendiário, e as espadas romanas eram superiores e partiam ou dobravam as espadas dos helvécios e suevos. Os escudos retangulares sobrepostos formavam paredes nas filas da frente, e os de trás levantavam os próprios escudos, criando "tartarugas-blindadas" ou testudos, que protegiam as centúrias das chuvas de flechas.

A palavra grega "estratégia" (*stratēgia*) tem múltiplos significados, mas pode ser resumida como aquilo que "vai além da mera proteção" (*extra* do latim = fora, além de). E Júlio César foi mestre nessa arte. Movia suas legiões

---

[242] Em latim *Celtae*, em grego Κελτοί, *Keltoí*.

em campo de batalhas como se fossem peças num tabuleiro. Fazia-as girar sobre si mesmas sem perder a formação, dividia-as ou juntava-as como as garras de um caranguejo gigante, e isso confundiu seus adversários. Usava a cavalaria com a mesma disciplina e sincronia.

Poupava os que se rendiam e trucidava os que ofereciam resistência. E assim chegou ao mar e invadiu a Britânia. Lá enfrentou hordas ainda mais ensandecidas, que, além de guerreiros, também continham matilhas de cães sanguinários que partiam como raios sobre as falanges romanas.

As paredes de escudos sempre foram um pesadelo. O peso esmagador da massa enlouquecida e dos escudos, machados rachando crânios, marretas enormes, lâminas talhando, olhos de medo e dor e raiva, dentes quebrados, gritos, gemidos, tripas esparramadas, sangue espirrado, fezes, vômito, bocas secas, dor lancinante...e agora... rosnados e mandíbulas de cães e corpos pitados de azul... A Britânia era o fim da terra, e César havia chegado até lá, levando seu aço e suas máquinas aniquiladoras.

11.5 Histórias Cruzadas: Êxodo e Genocídio

Alguns homens são definitivamente maiores que outros. Esse foi o caso de Yusuf ibn Ayyub, mas voltemos cerca de mil anos para compreender as razões dessa afirmação. Definitivamente, alguns muçulmanos não se mostraram preparados para a primeira horda de Cruzados que chegou à Terra Santa em 1097 d.C., com a finalidade de 'libertar' Jerusalém dos infiéis. A cavalaria-pesada dos francos destroçou as tropas turcas do sultão Kilij Arslan num primeiro embate direto. Essa falha de avaliação é compreensível no que se refere aos turcos, mas os muçulmanos árabes conheciam, detalhadamente, os europeus. Haviam construído o maior Império de todos os tempos, que ia do Himalaia aos Pirineus espanhóis. Já os haviam enfrentado por mais de meio século e conheciam suas qualidades e fraquezas.

Os cruzados seguiram em frente, libertando Nicéia, Edessa e Antióquia, mas não sem um custo enorme em vidas. Epidemias, fome, calor abrasador e morte em batalha reduziram o contingente cruzado em dois terços, e os três anos de campanha foram desmantelando a moral da tropa.

Quando chegaram a Jerusalém, havia desespero e indecisão. O cerco prolongado era uma impossibilidade devido ao tamanho do exército sitiante, e Jerusalém estava bem abastecida. Assim, lançaram-se a um ataque desatinado, utilizando torres de assalto construídas no próprio local. O assalto às muralhas era o *modus operandi* dos europeus. E depois de uma primeira investida frustrada, as tropas combinadas de francos, normandos, germânicos e soldados de flandres conseguiu empurrar os defensores, derramando-se como um maremoto cidade adentro. E aí a coisa perdeu o controle....

Todas as pessoas encontradas pela frente eram mortas e esquartejadas num frenesi alucinante. Os cruzados mataram e mataram e mataram até tombarem de exaustão. Não importava se os defensores das muralhas haviam se rendido, não importava se eram velhos, doentes, mulheres ou crianças, o aço frio as retalhava sem parar. Os animais também eram mortos e até os não muçulmanos eram mortos. Os judeus foram queimados em seu templo, e mesmo cristãos orientais foram mortos. Os corpos ou as partes decepadas deles amontoavam-se pelas ruas, e muitas áreas da cidade ficaram intransponíveis. *"As pessoas andavam... sobre homens e cavalos mortos"* – disse Raimundo de Aguilers –, *e na via de acesso ao Santo Sepulcro "enfiavam-se os pés até os tornozelos em sangue fresco e coagulado"*[243]. Os soldados cruzados vagavam como zumbis procurando algo que se movesse. Estavam encharcados de sangue da cintura para baixo.

Depois que tudo acabou, depois do genocídio apocalíptico, os corpos continuaram amontoados por dias sem que lhes pudesse dar um destino. Eram jogados fora da cidade em valas ou largados nos campos e assim ficaram. A cidade e seus arredores não eram apenas um campo de morte. A putrefação foi sentida a distância por meses a fio. De 30 a 40 mil pessoas foram massacradas naquele dia negro de verão: 15 de julho de 1099.

Agora avancemos quase 100 anos. Jerusalém permanecera sob o domínio cristão esse tempo todo, mas uma grande ofensiva muçulmana estava desarticulando, um a um, os enclaves cruzados. Acre, Beirute, Sídon haviam caído, e Ascalão também. Yusuf ibn Ayyub era um líder competente e de grande carisma. Foi conhecido no Ocidente por seu título imponente "a Honra da Fé" ou Salah ad-Din, que, por uma corruptela natural, se transformou em Saladino.

Saladino destroçou o exército cruzado numa memorável batalha, valendo-se de uma estratégia simples: atrair o inimigo para um cenário favorável, onde a aridez extrema jogaria a favor dos árabes. E foi o que aconteceu. Sem um exército para se proteger, Jerusalém foi sitiada. Saladino a castigou violentamente com suas catapultas até abrir uma fenda nas muralhas. Combate após combate, Jerusalém foi enfraquecendo até capi-

---

[243] Read, P. P. (2001). *Os Templários*. Rio de Janeiro: Imago. p. 93.

tular. Finalmente, com a vingança nas mãos, poderia trucidar os cristãos como eles haviam feito antes. Poderia, mas não o fez. Fechou um acordo com salvo-conduto para os cristãos e protegeu-os até chegarem à cidade fortificada de Tiro. Foi um verdadeiro tapa com luva de pelica na selvageria cristã e um exemplo de *fair play* histórico.

***

Ricardo acabara de reconquistar a cidade de Acre na Palestina e, ato contínuo, mandara matar seus 2,7 mil prisioneiros, que incluíam mulheres e crianças. Era o ano de 1192, e a terceira cruzada estava em curso. Mais uma vez, os cruzados, com apoio irrestrito do papa, praticavam seu plano genocida

Do outro lado estava, novamente, Saladino. Quando um deles tomava uma cidade, outra era retomada pelo inimigo. Nesse vaivém, eles se confrontaram em Jafa. E quando o cavalo de Ricardo Coração de Leão foi morto, no furor da batalha, Saladino lhe enviou dois belos garanhões de presente para que o rei inglês pudesse continuar no comando de suas tropas. Esse fato veio de encontro à cortesia medieval e à valorização da honra, tantas vezes demonstrada por Saladino. Já seu oponente era impetuoso e belicista. Embora corajoso e um estrategista brilhante, morreu cedo e pouco fez pelo próprio povo.

11.6   Trilha das Lágrimas

As vertentes do genocídio são como rios caudalosos de águas rápidas. Quando menos se espera, a todos envolve. Os povos indígenas mesoamericanos e sul-americanos sempre combateram uns aos outros, imolaram suas vítimas, fizeram escravos e praticaram o canibalismo, mas, aparentemente, não estavam preparados para o engodo e a enganação dos europeus.

Os espanhóis Hernan Cortes e Francisco Pizarro foram mestres insuperáveis na arte da falsidade. Quando Cortes decidiu saquear o ouro asteca, ele partiu de uma premissa numérica. Embora seus homens portassem arcabuzes – o pau de fogo –, eram poucos em número para dobrar a nação asteca. Como os outros povos centro-americanos, os astecas não haviam concebido o uso de metais nas armas. Usavam apenas bordunas, adagas com lâmina de sílex, flechas e lanças. Entre Cortês e os astecas, havia um abismo tecnológico e uma experiência bélica díspar. Os espanhóis haviam combatido turcos e árabes, portugueses, ingleses e venezianos. Quando invadiram a América Central, convidavam os chefes tribais e os melhores guerreiros para um encontro amistoso e, quando todos estavam presentes, simplesmente os assassinavam. E assim foram de tribo em tribo sem se preocupar com os códigos de honra da Idade Média. De uma hora para outra, as tribos se tornaram acéfalas e desmoralizadas.

Pizarro fez o mesmo com o Inca, em pessoa, no Peru. A corte de Ataualpa desceu o altiplano para parlamentar e, quando todos estavam reunidos na praça central da pequena vila de Cajamarca no Peru, iniciou o fogo cruzado. Sem saber como proceder, a guarda de Ataualpa agrupou-se em torno do Inca e foi abatida, enquanto Ataualpa virava refém. Isso conferiu dupla vantagem a Pizarro. De uma só vez, ele aniquilava o comando central e tinha o poder da vida e da morte sobre a suprema divindade inca. Pizarro negociou montanhas de ouro em troca do refém, mas nunca o devolveu. Por fim, simplesmente o assassinou.

O mesmo sucedeu com os maias no México e com os chibchas e os monsú na Colômbia. E, dessa forma, rios de ouro fluíram para a Europa gananciosa. Sarampo, varíola, coqueluche e gripes fizeram a parte principal, dizimando tribos inteiras, mas o aço e os canhões completaram o estrago. Mais de 15 milhões de nativos foram mortos em pouco mais de 40 anos. Culturas inteiras foram ceifadas, cidades apagadas do mapa. Quem sobrava era torturado, escravizado e convertido ao catolicismo espanhol e depois virava a escória do mundo.

O Frei Bartolomé de Las Casas[244] narrou, do próprio punho, atrocidades escabrosas que talvez você nem queira saber. O assassinato pelo "fio da espada", como disse Las Casas, era a regra, mas houve um sem-número de decapitações, corpos humanos assados em grelhas (!), vítimas dilaceradas por cães criados para esse fim e tudo mais que as mentes degeneradas pudessem conceber. Havia um frenesi e um desatino. Como castigo, cortava-se fora o nariz, as orelhas e os lábios... E assim, de ilha em ilha e depois pelo continente todo, os espanhóis reuniam as tribos para parlamentar, encarceravam os chefes, os extorquiam e depois assassinavam todos.

Assim, os povos que domesticaram o milho e o cacau, a abóbora, o abacate e os perus, que desenvolveram a escultura em pedra e estuque ou entalhes em madeira, elaborada pintura policromática, arte plumária e decorativa, máscaras de jade, tecelagem e esmerada ourivesaria, os povos

---

[244] Las Casas, B. D. (2001). *O paraíso destruído: brevíssima relação da destruição das Índias*. Porto Alegre: L & PM.

construtores de pirâmides, de uma complexa escrita simbólica e contábil e que fez avanços importantes na astronomia e na construção de calendários por caminhos diferentes, perderam – de uma só vez – língua, deuses, rituais e tradições e, por fim, a dignidade, esfacelando-se como torrões de terra seca num tempo recorde. Eram povos que valorizavam não só a escrita, mas aqueles capacitados a escrever. Diz-se que um quarto dos maias sabia escrever, o que é muito mais do que ocorria na Europa nessa mesma época. E foi assim que os bárbaros incultos europeus destroçaram um povo dedicado a compreender os fenômenos astronômicos e naturais.

***

Avancemos agora ao século XIX. Os ingleses e franceses haviam colonizado as porções mais ao Norte das Américas. Um novo país nascia em meio ao caos. Uma guerra fraticida feria gravemente o povo miscigenado norte-americano. Norte rico e Sul pobre se massacravam mutuamente. Escravos negros eram promovidos a soldados, defensores dos senhores brancos, mas, então, a Guerra Civil chegou ao fim...

Agora havia armamentos e soldados desgarrados por todo o país e cabia ao novo governo dar sentido ao banho de sangue. E nada como um novo banho de sangue para sepultar o anterior. As grandes pastagens do Oeste eram o lar de diferentes tribos indígenas, que viviam da caça e de pequenas plantações e pomares. Um verdadeiro oceano de bisões movia-se em busca de pasto novo, seguindo o regime das chuvas, e por ali passariam as novas ferrovias em construção. Por ali seriam despejados colonos e mineradores em busca de ouro e terras. A famosa "corrida do ouro" estava em curso, e a cobiça por terras espalhou-se com um tsunami em direção ao Oeste norte-americano. Colonos e mineradores derrubaram florestas, se apossaram dos rios, abateram a caça dos povos nativos, enxameando por todos os lados.

Evidentemente, ocorreram conflitos e retaliações. Algumas tribos eram mais belicosas, mas a maioria tomava o cuidado de evitar o homem branco sempre arrogante. A maioria tentava respeitar os tratados propostos pelo homem branco e por eles mesmos aviltados. Aos poucos, foram sendo empurrados cada vez mais para longe e depois perseguidos, sequestrados, caçados e trucidados.

Foi assim que o governo enviou o exército ocioso para "controlar" os nativos que reagiam ao avanço inexorável do tal homem branco. O 7º Regimento de Cavalaria, liderado pelo famoso herói de guerra, o oficial George Armstrong Custer, foi um dos braços armados do governo. Sua missão era (ou parecia) razoavelmente simples: matar o maior número possível de selvagens seminus que encontrasse. Custer não foi o único. Pelo contrário, o extermínio indígena era política de Estado. "Índio bom é índio morto", teria dito o general Philip Sheridan, em 1868. Essa foi a ideia que perdurou como lema nacional.

Para justificar o genocídio em curso, vendeu-se a ideia de que os índios eram criaturas ferozes, sem intelecto e pouco confiáveis, primitivas e de pele vermelha. Custer começou sua missão de extermínio, abatendo em massa os bisões das pradarias do Oeste, muitas vezes do próprio trem que transportava suas tropas. E os bisões apodreciam nas pradarias sem qualquer aproveitamento. Os índios ficaram horrorizados com a carnificina. Para eles, o espírito de um animal morto era reverenciado. O caçador pedia desculpas à presa abatida e fazia uma oração para que aquele espírito buscasse, com segurança, um novo caminho, mas aqueles bisões mortos pelo homem branco estavam sendo desperdiçados de maneira monstruosa. Custer, no entanto, havia planejado o massacre. Sem suas presas, os índios seriam forçados a se retirar. A ideia era empurrá-los cada vez mais para Oeste, até que lhes sobrasse apenas o deserto. E foi apenas isso que lhes sobrou.

Algumas tribos reagiram usando adagas, lanças e flechas, e violentos combates estouraram por todo o país. Do outro lado, estava a indústria de armamentos liderada pela carabina Winchester[245], um rifle de repetição capaz de recarregar rapidamente pelo acionamento de uma alavanca. Os soldados também portavam pistolas com cilindro rotativo contendo seis balas, e ainda havia canhões, metralhas e morteiros. Nem toda a lendária coragem dos índios apaches, siouxs, cheyenes, comanches e muitos outros foi capaz de parar o avanço dos brancos apoiados pela indústria armamentista em franco desenvolvimento. Os destacamentos do exército atacavam acampamentos indígenas, matando igualmente mulheres, crianças e idosos e incendiando tudo o que viam pela frente. Queimavam suas tendas, roupas de inverno e toda a comida. Derrubavam seus pomares e arrasavam suas plantações. Matavam suas cabras e seus animais de estimação. Havia, inclusive, pagamento pelo número de índios mortos ou escravizados, o que despertou ainda mais a cobiça dos colonos!

---

[245] Outros fabricantes de armas também faziam face ao mercado da época, como a Remington and Sons.

Com os bisões mortos, os índios conhecidos por "pés-negros" acabaram desagregando-se, mas havia outro ingrediente, ainda mais sinistro, na chamada "conquista do Oeste", que os filmes de Hollywood amam encobrir. O governo promoveu uma campanha "assistencialista", enviando lençóis e roupas contaminadas com varíola para os índios pacificados. Isso demonstra o quanto as grandiosas batalhas contra os índios no velho Oeste encobriam uma farsa vergonhosa, o genocídio planejado das populações originais – uma verdadeira limpeza étnica. E o próprio congresso norte-americano fazia vistas grossas a tudo isso. Não havia aprovado o envio do exército para o extermínio dos índios, mas estava consciente disso. O próprio presidente dos EUA, Ulysses Simpson Grant[246], demonstrava uma postura ambígua, ora acalentando os nativos, ora autorizando o uso da força contra eles. E, quanto mais eles eram empurrados para o deserto, tanto mais morriam de fome e doenças. A malária foi uma das doenças que contribuiu para o fim dos nativos.

Algumas tribos lutaram até o fim, sendo completamente exterminadas. Outras arcaram com os acordos de paz propostos e jamais cumpridos pelo homem branco. Muitos caíram no alcoolismo, na prostituição e se miscigenaram até desaparecer. Tantos outros viraram prisioneiros em verdadeiros guetos imundos que o homem branco chamava de "reservas indígenas". O local para as tais reservas foi escolhido a dedo de forma que o solo fosse improdutivo e as águas, salobras. Isso garantiria o enfraquecimento e a subnutrição, a proliferação de doenças e a subserviência. Era uma maneira barata de extermínio que Hitler usaria em seus campos de concentração muito tempo depois, assim como Stalin em seus Gulags. Nem Hitler nem Stalin inovaram com seus campos de morte. A ideia já estava pronta para aplicar.

Muitos chefes foram assassinados. Os lendários Cavalo Doido e Touro Sentado foram assassinados pelas costas ao se entregar. Outros foram levados a um êxodo por caminhos pavorosos... no que foi chamando, mais tarde, de "Trilha das Lágrimas". Uma marcha forçada por milhares de quilômetros, instigada constantemente pelos militares, removeu de suas terras os Navajos, os Cherokee, os Seminole, os Sioux, os Creek, os Utes... até que tombassem pelo caminho ou morressem afogados em pântanos da Louisiana. E um terço deles morreu mesmo na travessia. Quase **23 milhões de nativos** pereceram durante as "guerras indígenas" e 2 mil idiomas desapareceram...

---

[246] 18º presidente dos Estados Unidos.

O governador do Estado do Colorado por dois mandatos (1879-1883) – o político, advogado e empresário Frederick W. Pitkin –, que havia enriquecido extraindo prata em terras índias, encampou a ideia de que as tribos utes fossem removidas de seu estado ou que esses índios fossem necessariamente exterminados. Seus asseclas convocaram os cidadãos brancos a formarem milícias por todo o estado para esse fim, institucionalizando o morticínio.

A tragédia da "Trilha das Lágrimas", por sua parte, foi um ato governamental oficial com força da Lei de 1830, o "Indian Removal Act", encampado, enfaticamente, pelo então presidente Andrew Jackson. Ele dizia tratar-se de um ato de caridade e benevolência, com objetivo de proteger os indígenas, mas, evidentemente, não passou de um plano governamental de remoção e limpeza étnica, com claros objetivos de pilhagem e espoliação. E durante as longas marchas, mulheres e crianças eram sequestradas e vendidas como escravos ou prostituídas. O 'Capitalismo Selvagem' mostrava suas garras e era ainda mais selvagem do que os nativos ou mesmo do que o Exército. A limpeza étnica tinha raízes meramente monetárias e de extrativismo.

Esse foi um genocídio brutal travestido de aventura e coragem nos filmes *western*, um discurso falso e cretino ainda hoje mantido. O que sobrou das tribos foram nomes que hoje coroam distritos ou estados norte-americanos e canadenses: dakotas, maiames, ottawas... Sem dúvida, um genocídio oculto.

Os mexicanos também destruíram a cultura dos índios tratando de convertê-los, escravizá-los, comercializá-los e prostituí-los. Não havia para onde correr, pois a ideia era a mesma: roubar-lhes as terras, derrubar as florestas, acabar com a caça e... destruir-lhes a vontade de viver. Aliás, a depressão roubou a combatividade de muitos dos líderes tribais.

Os índios e o meio ambiente eram, já naquela época, vistos como um empecilho ao progresso, discurso esse que envolvia a falsidade numa névoa de aparente verdade. (Vejam como nada mudou!). Era o "progresso burro" em curso, e o mesmo discurso permaneceria até hoje. Políticos falastrões, energúmenos, usariam os mesmos termos para explicar o inexplicável. Chegaríamos ao século XXI com a mesma lógica doente, ignorando possibilidades reais (e econômicas) de um progresso inteligente. Fica óbvio, no entanto, que um progresso inteligente depende de pessoas bem-informadas e que foram educadas num ambiente de bom senso. Contudo, a política não é, via de regra, um ambiente de bom senso.

11.7   Os Genocídios Ocultos e o Genocídio Cultuado

Há muitas trilhas de lágrimas, mas nem todas conhecemos. Algumas simplesmente evaporam, somem da história. São banidas, varridas para debaixo do tapete. São limpezas étnicas de que o mundo se envergonha e trata de manter no limbo. Uma delas é a dos povos nativos norte-americanos, outra é a dos povos centro-americanos.

Os espanhóis iniciaram o processo extirpando pequenas tribos e grandes civilizações centro-americanas. Depois vieram os ingleses, holandeses, franceses e, por fim, os norte-americanos. Os donos da terra foram escravizados, deslocados ou mortos. Para muitos historiadores, esse é o **maior genocídio da humanidade!**

Na América do Sul não foi diferente. Pequenas tribos e mesmo o grande Império Inca seguiram o mesmo destino. O Brasil também teve (e tem) sua limpeza étnica indígena, mas faz de conta que não. Desde o início, nos tempos do Brasil Colônia, os índios eram desqualificados e considerados imprestáveis. Eram taxados de preguiçosos e, se nem escravos podiam ser, não tinham qualquer valia. Foi quando os colonos contrataram os matadores de índios.

As tribos das florestas formavam pequenos bandos que podiam ser eliminados um a um. Os tais matadores[247] eram grupos armados como as milícias modernas e costumavam trazer cabeças decepadas ou orelhas como provas do serviço feito. Geralmente, atacavam ao amanhecer e matavam todos da tribo para evitar vinganças. Assim, os nativos brasileiros foram deslocados cada vez mais para o interior a partir da costa. Presentes, promessas de paz e boa convivência, traição, assassinatos, descaso... nosso *modus operandi* de sempre, e tudo isso acobertado pela grande mídia.

Depois de meio século da "descoberta" do Brasil, os nativos começaram a se dar conta de que os europeus não queriam apenas negociar madeira em troca de ferramentas de ferro. Eles queriam mais. Queriam as terras e queriam escravos. Foi assim que iniciaram os primeiros conflitos.

Os vários povos indígenas que viviam junto à costa presenciaram uma invasão em larga escala, a princípio silenciosa. Tupinambás e tupiniquins estavam amplamente espalhados ao longo do litoral. Ao norte da costa da Bahia, havia os caetés e potiguaras e, ao sul, os aimorés, goitacazes, carijós

---

[247] No Sul do Brasil, foram apelidados de *bugreiros* e eram contratados tanto pelos colonos como pelos governos imperiais. O termo bugre é uma referência pejorativa aos índios do Sul do Brasil.

(guaranis) e charruas. Muitos outros povos compunham um quadro complexo. Boa parte desses grupos tinha um tronco linguístico comum, o tupi, mas não formava uma unidade[248]. Isso facilitou a invasão dos europeus, e ela se tornou cada vez mais violenta e opressiva.

Os novos colonos e suas milícias armadas com arcabuzes, espadas de aço e canhões, enfrentaram flechas com pontas de osso e lascas de bambu. Logo o governo geral da colônia trouxe soldados profissionais, erigiu fortalezas e passou a massacrar os que não se rendiam e a escravizar os que se rendiam. O ciclo da cana-de-açúcar fomentou a escravidão indígena e abriu espaço para a interiorização dos colonos em busca de ouro, diamantes e cassiterita ou na extração de borracha e madeira.

Alguns desses povos nativos lutaram bravamente, mas não estavam preparados para a devastação das 'Armas, Germes e Aço', como diria Jared Diamond[249]. Até usavam táticas de combate elaboradas, como a fumaça de pimenta durante os cercos às aldeias dos brancos[250], disparavam flecha com precisão impressionante e com uma repetição assombrosamente rápida. Assim, algumas escaramuças e mesmo batalhas diretas pipocaram por todo canto. Aliás, pipoca é tida como uma palavra tupi. De início, os tupinambás levaram certa vantagem, matando nobres portugueses e devorando-os em seus rituais de antropofagia, mas, então, os portugueses passaram a queimar aldeia após aldeia. Os nativos não estavam preparados para enfrentar táticas militares de um exército regular. Também não estavam preparados para a guerra biológica. Padres jesuítas, interessados em "salvar a alma" dos selvagens, acabaram por introduzir a varíola e a rubéola justo nas tribos amistosas e que haviam aceitado a submissão e a destruição de suas tradições milenares.

A história oficial plantada pelos vencedores e corrente nos livros escolares modernos encobre os repetidos massacres perpetrados pelos colonizadores. Um dos mais famosos governadores gerais da colônia – Men de Sá – é vendido como um pacificador, mas, como denunciam os historiadores Felipe Milanez e Fabrício L. Santos em seu excelente livro *Guerras da Conquista*, "foi o maior genocida da conquista. Foi para o Brasil o mesmo que Hernán Cortez foi para o México e Francisco Pizzaro para o

---

[248] Somente depois os Tamoios formaram uma confederação para o enfrentamento do invasor.
[249] Diamond, J. (2017). *Armas, germes e aço: os destinos das sociedades humanas.* Rio de Janeiro: Record.
[250] Milanez, F. & Santos, F. L. (2021). *Guerras da Conquista: da invasão dos portugueses até os dias de hoje.* Rio de Janeiro: Harlequin.

Peru e Equador"[251]. Ele exterminou os tupinambás e os tupiniquins e depois se voltou contra os caetés e tamoios. E como ele mesmo disse: *"destruí... matei todos... vim queimando e destruindo"*[252].

Depois a invasão seguiu para o Nordeste do Brasil, alcançando os bravos potiguaras numa longa e sangrenta guerra de extermínio e, por fim, enveredou pelo rio Amazonas ou direto para o interior, onde atingiu outros povos de outras línguas e destruiu outras culturas. Como na América do Norte, os nomes desses povos desvaneceram-se quase completamente. Hoje dão nome a umas poucas cidades, como Guarulhos[253] e Manaus. A primeira é relativa aos guarus[254], hoje completamente extintos, e a segunda aos manaos, que habitavam o entroncamento dos Rios Negro e Amazonas. Manipulados por holandeses, franceses e portugueses, eram usados como "bucha de canhão", lutando por causas que desconheciam em conflitos nascidos noutro mundo. Milhares e milhares foram mortos em nome de outros.

No século XX – PASMEM (!) –, distribuiu-se aos índios brasileiros alimentos contaminados com arsênico, espalhou-se, propositalmente, a gripe e a varíola e, até mesmo, bombardeou-se tribos com dinamite.

Um caso aterrador de genocídio foi o Massacre do Paralelo 11, ocorrido em 1963, um ano antes do golpe militar que levaria a uma ditadura de longa duração no Brasil. A etnia conhecida por cintas-larga vinha sofrendo a perseguição de garimpeiros e mineradores, e então o empresário do ramo da borracha, Antônio Mascarenhas Junqueira, resolveu remover os cintas-largas de seu caminho para sempre. Ele os considerava "parasitas, vergonhosos e vagabundos", o mesmo discurso fascista de sempre. Contratou um pequeno exército de matadores que primeiro bombardeou a aldeia a partir de um avião Cesna e depois a atacou por terra, matando quase todos com fuzilaria de metralhadoras. Embora alguns poucos tenham fugido, uma pobre índia que amamentava o seu bebê não teve a mesma sorte. Ela foi capturada, seu bebê, assassinado, e a mulher, dependurada de ponta cabeça e partida ao meio, esquartejada ainda viva... (E, infelizmente, não há exagero algum aqui).

O extermínio de indígenas no Brasil quase sempre foi uma política de Estado, o que pode surpreender os que ainda veem o Brasil como um país

---

[251] Milanez e Santos (2021), p. 110.
[252] Milanez e Santos (2021), p.108.
[253] Onde hoje está o Aeroporto Internacional de Guarulhos, perto de São Paulo.
[254] Uma das tribos Goitacazes.

sem preconceitos. Madeireiros e mineradores ilegais, em pleno século XXI, atuam às claras para deslocar indígenas de suas terras ancestrais. Envenenam seus rios com MERCÚRIO (!), destroem as florestas e assassinam chefes tribais e conservacionistas, que buscam denunciar o massacre. Introduzem doenças e álcool, tudo com a conivência do governo federal e de parlamentares que ignoram (ou abafam) repetidos pedidos de socorro. Sim, há uma política de Estado, uma política preconceituosa e despida de humanismo, uma política com ingredientes claros (claríssimos) de uma ultradireita fascista – *leia-se genocida* –, que volta a emergir aqui e acolá.

Os Yanomami, povo que habita as florestas do extremo Norte do Brasil, vem sendo perseguidos por mais de 30 anos, mas esses últimos quatro (2019-2022) foram verdadeiramente dramáticos. Subnutridos e sem atendimento médico e sanitário, eles vêm morrendo às centenas. Medicamentos e dinheiro para o aprimoramento dos postos avançados de saúde são desviados para os mineradores ilegais, para os madeireiros e para as missões religiosas que se autoincumbiram de evangelizar tais povos. Trata-se de um genocídio e um etnocídio[255] simultâneos, e tudo isso passa quase esquecido pela grande mídia.

Nomes de chefes tribais que foram personalidades marcantes na luta anticolonial foram riscados dos livros escolares. Quem conhece hoje os nomes de Cunhambebe, Pindobuçu, Zorobabé, Pirajibe, Ajuricaba? Talvez alguns conheçam Arariboia, quiçá Sepé Tiaraju e Tibiriçá[256], mas, em verdade quase, todos foram riscados fora. Queima de arquivo? Talvez. Vejam uma importante reparação em "Gerras da Conquista"[257].

***

O século XX teve o seu famoso genocídio, quando dois terços dos judeus da Europa pereceram. Talvez tenham sido 6 milhões de pessoas, 1 milhão de crianças! Hitler foi o catalizador desse mórbido fato histórico, mas o antissemitismo já fazia parte da Alemanha antes dele. O mesmo se pode dizer da Áustria, França, Inglaterra, Polônia, Romênia e Rússia.

---

[255] Etnocídio é o termo usado para se referir à destruição da cultura de uma etnia.
[256] Os três últimos lutaram, em algum momento, em favor dos portugueses e, por isso mesmo, são lembrados aqui e acolá.
[257] Milanez e Santos (2021).

No cômputo dessa mortandade, estão embaralhados tantos outros – os comunistas de sempre, os homossexuais de sempre, os ciganos de sempre, os negros de sempre, os prisioneiros de guerra, os deficientes físicos e mentais. No raciocínio bestial do "nós e eles" (raciocínio tipicamente fascista), incluiu-se todos eles, quaisquer que sejam, desde que sejam "eles". Os *nazis* torturaram, mataram e arrancaram a dignidade "deles", mas há quem diga que tal genocídio não ocorreu. Que as fotografias foram forjadas, que os depoimentos dos sobreviventes foram forjados, que os campos de extermínio foram forjados, e as montanhas de corpos... Tudo negado, simples assim. Negação infantil ou patológica?... O fanatismo é uma atitude infantil ou patológica?

Isso nos leva a uma parábola *judaica* (vejam só que coincidência) para lá de instigadora: a famosa parábola sobre a mentira e a verdade.

"A Mentira, dirigindo-se à Verdade, disse-lhe: – "Bom dia, dona Verdade!"

Zelosa de seu caráter, a Verdade, ouvindo tal saudação, foi conferir se realmente era um bom dia. Olhou para o alto, sem nuvens de chuva. Os pássaros cantavam. Não havia cheiro de fumaça na mata. Tudo parecia perfeito. Tendo se assegurado de que realmente era um bom dia, respondeu:– "Bom dia dona Mentira!"

Está muito calor hoje, não é mesmo?" – disse a Mentira. Realmente o dia estava quente. Deste modo, vendo que a Mentira era sincera, começou a relaxar... Por qual razão haveria de desconfiar, se ela parecia tão cordial e "verdadeira"? Diante do calor insuportável, a Mentira, num gesto de amizade convidou a Verdade para juntas banharem-se... Como não havia mais ninguém por perto, despiu-se de suas vestes, pulou na água e insistiu: – "Venha dona Verdade, a água está uma delícia! O convite parecia irrecusável. Assim sendo, a Verdade, sem duvidar da Mentira, despiu-se de suas vestes, pulou na água e deu um bom mergulho.

Ao ver que a Verdade havia entrado na água, a Mentira saiu, vestiu-se com as roupas da Verdade que estavam à margem e afastou-se. Tendo suas roubas furtadas, a Verdade saiu da água ciosa de sua reputação, recusou-se a vestir-se com as roupas da Mentira, deixadas para trás. Certa de sua pureza e inocência, nada tendo do que se envergonhar, saiu nua. Desde então, aos olhos das pessoas, ficou mais fácil aceitar a Mentira vestida com as roupas da Verdade, do que aceitar a Verdade nua."

Esse é o caso do holocausto judaico. Nossa fraqueza coletiva e nossa negação não têm limites. A verdade nua é devastadora. Mas não só a mentira interessa. O esquecimento também interessa, outra forma de mentira. Em 1939, quando os nazistas invadiram a Polônia, logo nos primeiros dias da Segunda Grande Guerra, passaram a perseguir os judeus que ali se concentravam mais do que em qualquer outra nação europeia[258]. Espoliaram todos os seus bens, submeteram-nos a trabalhos forçados, isolaram-nos em guetos, fuzilaram-nos em massa e, na pressa, estenderam o morticínio também aos intelectuais e juízes de qualquer etnia, aos católicos e aos poloneses não judeus. Depois estenderam a matança a todos os países do Leste Europeu, sem exceção. No entanto, o primeiro experimento genocida de Hitler foi orientado aos doentes mentais e depois às pessoas com qualquer deficiência, por menor que fosse. Essa era uma maneira de esvaziar os hospícios e acabar com o que ele chamava de "bocas inúteis". Stalin também usaria este termo um pouco depois.

A questão era extirpar a Polônia da face da terra. A covardia não era perpetrada apenas pelos *nazis*, mas também por seus mais improváveis aliados, os soviéticos! Hitler e Stalin tinham ideologias distintas, mas um ou dois pontos em comum: odiavam os poloneses que os haviam vencido na Primeira Grande Guerra e odiavam os judeus. Temporariamente aliados, Hitler e Stalin atacaram a Polônia em duas frentes[259], numa covardia histórica.

Sabemos que onde se empilham corpos também se empilha o ressentimento. Assim que iniciou a invasão, Stalin mandou assassinar todos os prisioneiros de guerra, mesmo os soldados poloneses que se entregavam pacificamente. Um pouco mais tarde, o povo da União Soviética provaria do veneno de Stalin, mas por hora o ditador também estava convencido da limpeza ética.

Hitler mudava as regras do jogo conforme a conveniência e, como se sabe, invadiria a União Soviética sem maiores constrangimentos – aliás, esse era seu sonho antigo. As consequências dessa invasão também vivem no esquecimento. Também aí houve um verdadeiro holocausto. Nos países do Leste Europeu, os primeiros a serem alcançados pelas tropas invasoras, ocorreram bombardeios orientados contra civis em fuga, fuzilamentos, esquartejamentos e enforcamentos em massa e o incêndio total de qualquer vila alcançada. Mas isso está encoberto pelas heroicas batalhas de Stalingrado e Moscou. Encobrir, mentir e esquecer – tudo porque a verdade nua é devastadora.

A cada novo país alcançado pelos *nazis,* durante a progressão para Leste, a população local acabava deixando transbordar seu antissemitismo. Entregava os judeus ou os assassinava na rua num frenesi absurdo, na tentativa de ganhar a simpatia dos conquistadores. Isso aconteceu em Kaunas

---

[258] Evans (2017).
[259] Beevor (2012).

na Lituânia, em Lvov (Liviv), na Ucrânia e na Romênia[260]. Além disso, comandos especiais da tropa de elite nazista, conhecida por SS, agiam logo atrás do "front", caçando colaboradores e judeus, estes últimos quase sempre associados propositadamente ao bolchevismo[261]. Chegou-se ao um ponto em que todos caçavam os judeus.

Stalin, por sua conta, tinha um desprezo mórbido pelos civis. Seus esforços de resistência em Leningrado, Moscou e Stalingrado deviam-se meramente às questões estratégicas ou do partido e não incluíam os civis. Eles eram as tais "bocas inúteis" e, portanto, Stalin não se ocupou de planos de evacuação. A mortandade pela fome extrema e por doenças várias em Leningrado tiveram por traz uma conveniência do Estado e do partido. Existem muitas formas de genocídio, uma delas está em virar as costas para a nação, em escolher quem deve morrer e quem deve viver. Afora os soldados e os operários, todos os outros eram descartáveis para Stalin.

De acordo com os historiadores da Segunda Grande Guerra, as batalhas de Moscou e Stalingrado foram talvez o maior 'caldeirão do inferno' na história do mundo. Todas as coisas hediondas possíveis foram ali praticadas. Um gigantesco redemoinho de atrocidades. Nesse entroncamento vergonhoso da história do mundo, houve o genocídio de judeus e comunistas. Houve assassinato de pessoas comuns e desarmadas nas pequenas vilas conquistadas. Houve o genocídio vingativo do Exército Vermelho sobre as tropas alemãs que se rendiam. Houve o extermínio em massa de prisioneiros de ambos os lados. Houve o assassinato dos soldados soviéticos que queriam recuar, um assassinato promovido pelos próprios soviéticos. Houve batalhões inteiros cercados e exterminados até o último homem. Enormes montanhas de corpos congelados jaziam na neve, nas valas, nas trincheiras do terrível inverno de 1943. Parar de se mover era morrer. Havia soldados congelados de pé ou sentados ao lado de seus tanques. Caminhava-se sobre corpos congelados... um número simplesmente incontável.

No lado oposto, a invasão nazista atropelou a França como se fosse um brinquedo de criança, e muitos soldados franceses e ingleses foram assassinados depois de terem deposto as armas. Mas o que ficou no anonimato foi outro assassinato hediondo. A França tinha o que chamava de forças coloniais, isto é, batalhões de soldados senegaleses, que lutaram talvez

---

[260] Rees (2018).
[261] Essa era uma das fixações de Hitler, a de que os judeus eram agitadores e apoiadores das doutrinas bolchevistas, isto é, do marxismo revolucionário.

melhor que os próprios franceses. Fato é que os soldados nazistas, imbuídos da propaganda de Goebbels[262], fuzilaram todo e qualquer senegalês aprisionado (foram mais de 3 mil, segundo Antony Beevor[263]), simplesmente porque eram negros. E isso a sociedade branca elitizada tem vergonha de mostrar em seus filmes e reportagens, sejam elas de direita ou esquerda. A elite costuma preservar a si mesma.

Assim, dentro do famoso holocausto, foram perpetrados muitos genocídios. Prisioneiros de guerra, soldados que se rendiam, eslavos, judeus, comunistas, católicos, intelectuais, negros, ciganos, guerrilheiros partizans, suspeitos de colaborar com o inimigo e colaboradores assumidos, parentes dos suspeitos, amigos dos suspeitos, pessoas sem carteira de identificação, famintos carregando um pouco de farinha no meio da noite, homossexuais, pobres, mulheres (muitas delas), desertores do exército (muitos deles), doentes mentais, crianças com dificuldades de aprendizado, adolescentes que conseguissem carregar uma arma... todo e qualquer um que não cumprisse as esdrúxulas exigências de raça, partido, ideologia, religião, moral...

A tentativa de assassinato de Hitler, em meados de 1944, gerou um frenesi descontrolado de desconfiança. Como nos lembra o escritor Cornelius Ryan[264], que cobriu os conflitos da Segunda Guerra pela agência Reuters, quase 5 mil foram executados, fossem culpados, fossem inocentes. Famílias inteiras exterminadas... qualquer um que tivesse o mais vago envolvimento com os conspiradores havia sido preso... e sumariamente executado".

No final do Segunda Grande Guerra, o desespero era tamanho que o fuzilamento de soldados que se rendiam tornou-se regra, fosse na frente russa, fosse na frente ocidental. Em Malmedy, Bélgica – na famosa batalha das Ardenas –, 84 prisioneiros de guerra norte-americanos foram assassinados por tropas alemãs. E na frente russa havia o assassinato dos soldados russos por suas próprias tropas como punição para a deserção como dissemos acima.

Um pouco antes de capitular, enquanto os aliados se aproximavam de Berlim por todos os lados, Hitler decidiu que não haveria evacuação da capital. Ele achava que o povo alemão havia falhado, havia sido fraco e incompetente e não mereceria continuidade. A cultura alemã não mereceria continuidade. Então decretou que, antes de qualquer rendição, toda

---

[262] Paul Joseph Goebbels (1897-1945).
[263] Beevor (2012).
[264] Ryan (2010).

e qualquer estrutura fosse destruída, como pontes, estradas, linhas férreas, portos e canais, indústrias, usinas de energia elétrica, linhas de transmissão, gasodutos, postos de abastecimento[265]. Em outras palavras, era o fim do povo alemão e da Alemanha que se avizinhava. Hitler continuava irascível como sempre, mas agora havia loucura no ar, um frenesi de sangue, um desatino total. Não fosse a desarticulação da cadeia de comando e das comunicações um pouco antes do golpe final, a mortandade seria apocalíptica.

Apocalíptica ou não, morreram mais de 70 milhões de pessoas durante a Segunda Grande Guerra, numa estimativa bastante frágil. E isso não considera os que morreram de fome, de doenças ou por suicídio. Foram, no mínimo, 20 milhões de soldados, metade deles russos.

***

Mas o século XX tem vergonha de outros genocídios, de outros holocaustos, mas desses nunca se fala. É como se não existissem. Eles passam incógnitos pela história, aliás, convenientemente incógnitos.

Primeiro foram os intelectuais armênios, no que foi chamado de "o Domingo Vermelho"[266]. Depois toda e qualquer pessoa, aliás, 1,5 milhão delas. Novamente um partido nacionalista, o dos "Jovens Turcos", se incumbia do que era mentira e verdade, do que fazia parte "do nós e do eles". O Império turco otomano vacilava durante a Primeira Grande Guerra e usava a guerra como um argumento espúrio.

Forçou, deserto adentro, colunas intermináveis de homens, mulheres e crianças, sem comida, nem roupa, nem sapatos, nem água, nem atendimento médico. Eram as "marchas da morte", assim como haviam sido as trilhas de lágrimas dos índios norte-americanos. Esqueletos catatônicos tombavam em meio às areias escaldantes da Síria. Matá-los de fome e desidratação era uma forma de culpar a guerra, mas também havia estupros, açoitamentos, torturas e todo tipo de profanação.

Decapitações públicas, crucificações, empalamentos em pleno século XX! Nem Hitler foi tão longe com sua caixinha de maldades (ou foi?). Vilas eram cercadas e incendiadas com todos os seus habitantes. O Mar Negro

---

[265] Ryan (2010).
[266] 24 de abril de 1915, data em que entre 250 e 600 intelectuais, religiosos e políticos armênios foram assassinados. Essa foi a primeira parte do plano do governo otomano.

se encheu de corpos de afogados. A febre tifoide foi inoculada entre os deportados, e eles tombavam, aniquilados pela sede, pela fome, pelo tifo, pelo cólera e pela disenteria. As câmaras de gás funcionaram a todo vapor, e as pilhas de corpos cresceram, cresceram e viraram pirâmides de corpos à margem da estrada. E havia corpos que balançavam sem cabeça nas árvores ou eram devorados pelos cães. A ideia, pura e simples, era de aniquilação total, quase **10 anos** de aniquilação e de fuga desesperada. Hitler aprendeu muito com os turco-otomanos e se valeu de métodos similares.

Contudo, para os turcos, esse massacre jamais ocorreu. Tudo não passa de um delírio do Ocidente, de propaganda para denegrir a imagem turca. Todas as abominações foram forjadas. O Comitê para a União e o Progresso (CUP), nascido de uma sociedade secreta composta de estudantes de medicina (!), ganhou poder político e se encarregou do extermínio dos armênios. Escondeu tão bem os fatos chocantes, que eles mal aparecem nas aulas de História Contemporânea (ou não aparecem). O massacre foi apagado ou, como se diz hoje, deletado.

As fotografias de esqueletos vivos, os relatórios dos oficiais do exército em campo, as valas comuns e os depoimentos foram todos forjados, diz o governo turco. A verdade nua sufoca. Trata-se de um genocídio oculto ou de um culto ao genocídio? Nossa espécie é previsível quando trata de aberrações, radicalismos, ocultação.

***

Mil novecentos e noventa e quatro foi um ano ruim para a pobre Ruanda, onde havia uma propaganda de ódio crescente fruto de condicionantes históricas. De repente, listas de nomes correram abertamente, de boca em boca, ou pelo rádio[267]. Famílias inteiras estavam marcadas, e então começou a matança. Chegara a hora de "eliminar as baratas". Vizinhos mataram vizinhos, maridos mataram esposas, milícias montaram bloqueios nas estradas, e os *tutsis* foram mortos a facão... um verdadeiro horror em pleno século XX.

Numa sociedade em que as etnias estavam expressas nas carteiras de identidade, a condenação era sumária. O frenesi de sangue espalhou-se como um rastilho de pólvora, e mesmo os que tentaram refugiar-se nas igrejas foram massacrados pela massa. A ira que recaía sobre a minoria *tutsi*

---

[267] *Radio Télévision Libre de Mille Collines* (RTLM), dirigida pelas facções hutus.

era incontrolável. As mulheres que escapavam da morte eram estupradas e levadas como escravas sexuais, como se estivéssemos falando de uma disputa entre hititas e egípcios nos tempos faraônicos. Cinco mil crianças nascidas dos estupros foram posteriormente assassinadas.

Em pouco mais de três meses, 800 mil *tutsis* foram esquartejados por seus algozes da etnia *hutu*. *Tutis* e *hutus* eram diferentes na aparência, embora compartilhassem costumes e língua. Isso facilitou o reconhecimento e a execução sumária dos *tutsis*. Eles haviam convivido por séculos nas mesmas áreas com alguns conflitos, no entanto a dominação colonial belga havia criado um sectarismo artificial. Os *tutsis* eram mais altos e mais claros e foram considerados pelos belgas como superiores. Logicamente, isso desenvolveu um rancor e uma rivalidade desproposital, que estava latente no coração dos *hutus*.

Quando o pandemônio começou, os belgas e a própria força da ONU estacionada em Ruanda ficaram paralisados. Aparentemente, a ideia de genocídio vinha ganhado forças dentro de certas áreas do próprio governo, e até mesmo recursos de programas internacionais de ajuda humanitária (leia-se, Banco Mundial e FMI) foram usados na limpeza "racial". Em outras palavras, houve um planejamento antecipado do genocídio.

Em 1994, quando a coisa perdeu o controle, os fugitivos invadiram Congo, Burundi e Uganda, espalhando o conflito e tornando-o mais difícil de conter. Isso gerou represálias dos países vizinhos, que tentaram repatriar, a força, os 200 mil fugitivos. Também gerou bolsões de resistência e organizações que foram taxadas de terroristas pelos donos do dinheiro e da mídia ocidental.

***

Cenários como esses são tristes, mas estão longe de ser uma exceção. Existem muitos genocídios ocultos..., alguns causados pelas armas, outros pela fome, todos pela ganância, preconceito e dominação. Os belgas, em nome do seu rei Leopoldo II, massacraram a população do Congo, submetendo-a à escravidão[268]. Os alemães fizeram o mesmo com a Namibia[269]. Stalin matou de fome a população do Cazaquistão e da Ucrânia[270] e, um

---
[268] 1835-1909.
[269] 1904-1907, genocídio dos Hereros e Namaquas.
[270] 1932-1933, também chamado Holodomor.

pouco mais tarde, no fim da Segunda Guerra, baniu – a pé e sem comida – os chechenos e os tártaros que viviam no Leste Europeu. Da Crimeia, foram deportados, literalmente, todos os tártaros[271], cerca de 200 mil, e 45% deles morreu durante a deportação. No Camboja, Pol Pot[272] exterminou 20% da população do país focando, principalmente, os intelectuais – em especial, professores, jornalistas, pessoas que usassem óculos, estrangeiros...

Deveriam ainda ser listados, pelo menos, o genocídio curdo no Iraque, o genocídio bósnio e o sérvio, o dos *rohingyas*, o da Guatemala, o tibetano, o filipino e o próprio apartheid na África do Sul.

Todos os genocídios têm coisas em comum, como a polarização entre "nós" e "eles", a desumanização do outro lado (o assim chamado lixo étnico ou social), o aparelhamento de milícias armadas, execuções e, por fim, um estado de negação, em que os governos submergem, se atolam e perdem o controle.

Somos aficionados pela 'mentira vestida de inocência' ou por qualquer mentira plantada no imaginário popular[273]. Somos crédulos, e isso torna tudo mais fácil. Somos aficionados pela negação pura e simples, pela negação da humanidade. Negamos quase tudo que não nos convêm. Negamos os êxodos modernos da Síria (6,5 milhões de expatriados!), da Líbia, do Afeganistão, do Sudão do Sul e do Sudão, do Iraque, da Somália, da Republica Democrática do Congo, da Eritreia, dos rohingyas...

Negamos tudo como crianças inocentes que já não somos. Somos uma espécie racional? Parece que não... É o que nos diz a história. Nós podemos dizer o que quisermos sobre nós mesmos, podemos mentir a valer, porque as mentiras sempre encontram ouvidos ávidos e mentes medíocres também.

11.8 A Humanidade Negada: Rohingyas

Ainda era madrugada quando as milícias cercaram a vila, e o pesadelo foi tomando contornos brutais. As pessoas eram arrancadas de dentro de suas humildes choças aos pontapés. Eram arrastadas pelos cabelos ou pelos pés e amontoadas como gado. Algumas estavam em chamas dentro de suas próprias casas. Ninguém podia entender o que era aquilo.

Gente vomitava em pânico enquanto era espancada e amarrada em estacas e árvores. Havia estupro coletivo, inclusive de crianças pequenas.

---

[271] 1944, deportação conhecida como *Sürgünlik*.
[272] 1975-1979.
[273] Hoje travestidas pelo nome da moda – *fake news*.

Algumas eram arrastadas até as casas em chamas e jogadas no fogo, como se fossem meros galhos secos. Havia o cheiro da carne queimada e do sangue de quem se negava a cumprir as exigências hediondas, mas a maioria se deixava arrebanhar sem reação de tão aterrorizada que estava.

Quem conseguiu escapar, encoberto pelas sombras, teve de assistir, em choque, o que veio a seguir. Seus amigos e parentes foram esquartejados vivos a golpes de facão, e formaram-se pilhas de membros e retalhos irreconhecíveis. Outras vilas próximas foram atacadas da mesma maneira e com a mesma selvageria...

Dias depois, quando as primeiras notícias vasaram para o resto do mundo, esse massacre foi descrito, simplesmente, como uma vingança. Alguns membros da minoria muçulmana *rohingya* haviam assassinado policiais, e isso teria desencadeado o massacre. No entanto, como se veria mais tarde, as justificativas encobriam algo muito pior. O que estava em voga era uma "limpeza étnica" feroz e perpetrada por milícias 'budistas'! Nada mais parecia fazer sentido, e os ataques sequenciais eram apoiados pelas forças legais birmanesas.

Atônitos, os paupérrimos *rohingya* de Myanmar lançaram-se numa fuga desabalada em direção ao país vizinho. Carregando os filhos pequenos no colo, eles afundaram nos pântanos ou foram dilacerados por minas terrestres abandonadas nos anos de guerras fronteiriças.

O resto do mundo assistiu surpreso – e neutro – a tudo isso. Assistiu às forças legais de Myanmar afundarem as barcaças de refugiados, que atravessavam o rio em desatino, como se eles tivessem roubado algo que nunca possuíram. E aqueles que conseguiram atravessar fugiram em direção à miséria avassaladora de Bangladesh e ainda estão lá, vivendo sobre o lixo ou dentro dele. É isso que nossa espécie reserva às minorias? É isso que tem feito ao longo de toda a história? A resposta poderia ser outra (deveria ser outra), mas a verdade crua, aquela que não queremos ver, nem mesmo nos piores pesadelos, diz que... SIM...

11.9   Tortura

Punições são bastante comuns em muitas sociedades animais. Quando os babuínos-gelada se juntam para a batalha contra um grupo rival, a frente de combate move-se e engalfinha-se num acesso de mordidas e golpes dolorosos. Quando eles se afastam, os feridos saem mancando ou tombam pelo caminho, e então entra em cena um comportamento curioso, que pensamos ser exclusivamente humano. Os líderes se aproximam de determinados membros covardes, que evitaram deliberadamente o combate, e, literalmente "baixam o cacete neles". Não adianta o cara se fazer de rogado, vai apanhar por ser indolente.

Isso é seguramente punição, mas não obrigatoriamente tortura. Tortura também não é exclusivamente algo físico. Humilhação e xingamentos podem ser enquadrados no que chamamos de tortura. Assim, tanto o dano físico quanto mental, quando aplicados deliberadamente, serão parte da tortura.

Despir os prisioneiros, colocá-los de joelhos e fazê-los desfilar nus perante o público têm sido um ato corriqueiro de tortura ao longo da história. O tráfico de escravos sempre se valeu desse subterfúgio. Acorrentados e nus, aqueles homens e mulheres perderiam sua humanidade. Felizmente, nem todos perderam. Spartacus, o gladiador, mostrou ao mundo o quanto a humilhação pode converter-se em ódio e revanche. Seja como for, a humilhação nunca leva a uma coisa boa.

O apedrejamento, a crucificação, a fogueira e o açoitamento são punições antigas e largamente utilizadas. As três primeiras eram, via de regra, um decreto de morte. Já o açoitamento aparece como uma dura punição, fosse para os prisioneiros, fosse para escravos ou para meramente um soldado indisciplinado. Muitas vezes, a vítima ficava nua e amarrada a um tronco perante seus pares. Cinquenta, 100, 200 chibatadas reduziam a vítima a um mar de sangue e lágrimas. Chicotes com cravos nas pontas eram dilacerantes. Evidentemente, nesses casos, os danos físicos podiam ser irreparáveis.

A Idade Média já foi nomeada como a Era de Ouro da Tortura. A lista de aparelhos e métodos escabrosos é imensa como a imaginação humana[274]. Talvez não caiba detalhá-los aqui, mas suas funestas consequências foram muito além da Idade Média. Caminhar sobre brasas vivas, empalamentos, tornos para esmagar cabeças ou membros, garrotes... Confessava-se tudo e qualquer coisa, e muitas vezes não havia qualquer interesse pela verdade. A Santa Inquisição foi seu auge dramático. A tortura era utilizada como um mecanismo de terror. Uma sociedade aterrorizada "comia na mão" da Igreja

---

[274] Museus sobre a tortura medieval e a Santa Inquisição, assim como exposições itinerantes, estão sediados em várias partes do mundo. Sugere-se o Musée de l'Inquisicion em Carcassone (França) e o Museo de la Tortura em San Giminiano (Itália).

e lhe era subserviente. Uma pessoa era decretada herege por qualquer coisa que fosse de interesse da Igreja. Se ela fosse rotulada de bruxa ou subversiva, seus dias estariam contados. A própria Joana D'Arc, que prestou um enorme serviço à França durante a Guerra dos 100 anos, foi queimada viva em seu próprio país, em nome do terror da Inquisição. Já naquela época, os judeus também eram queimados em praça pública e pelos motivos mais variados (e, é claro, seus bens eram confiscados pelo monarca de plantão).

Governos modernos, travestidos de democracia, têm a pecha de aterrorizar a sociedade com ameaças de corte de salários, aposentadorias e perda de outros direitos civis, sempre que querem forçar mudanças – goela abaixo – que dissimulem a incapacidade administrativa. Essa também é uma forma de tortura apoiada pela propaganda.

Dissidentes, prisioneiros de guerra, ativistas, ladrões, bruxas, bodes-expiatórios... foram torturados pelos mais diferentes métodos, cujos objetivos eram a obtenção de informações privilegiadas ou simplesmente causar dor como uma forma de vingança. A dor progressiva, a repetição e o tempo são os aliados da tortura. Esse era o trunfo da chamada "tortura chinesa", em que um gotejamento constante sobre a testa, dias a fio, levava a dores lancinantes e à insanidade. A China medieval foi fértil em torturas, e algumas chegaram até recentemente.

Na Segunda Grande Guerra, o exército japonês fazia "treinamentos" de cravar baionetas nos prisioneiros chineses que tinham os pés e mãos atados. As baionetas eram cravadas em zonas não vitais, enquanto os demais prisioneiros assistiam àquele show de horrores interminável. Havia também as sessões de estupros coletivos, nas pequenas vilas conquistadas, até que a vítima morresse de hemorragia. Tudo isso em nome do terror ou, em outras palavras: da "arte da guerra".

Nessa mesma guerra, nazistas e stalinistas extrapolaram a imaginação humana sobre a dor, a humilhação e as privações. Sabe-se que prisioneiros russos, na batalha de Stalingrado, foram emparedados e expostos à fome devastadora[275]. De quando em vez, recebiam carne podre de cavalo como alimento ou eram levados ao canibalismo. E a loucura coletiva era tanta, que os soldados alemães se divertiam dando-lhes água salgada para "matar a sede".

Em verdade, os nazistas iniciaram uma era de tortura médica e farmacológica. Os prisioneiros de guerra e os desafetos de sempre dos nazistas – judeus, ciganos e outras minorias – serviram como cobaias humanas para

---
[275] Ver: Beevor (2012).

as mais desumanas experiências. Os nazistas tinham pressa para reverter a situação que eles mesmos criaram e, para tanto, testaram de tudo nas pobres criaturas. Dentre muitas drogas, havia a obsessão em criar um soro da verdade, obsessão que continuou ao longo da Guerra Fria. Os prisioneiros dos campos de concentração ingeriram coquetéis destrutivos de todos os tipos, cujo objetivo era anular o livre arbítrio, e foi na mescalina, um potente alucinógeno, que eles "encontraram" esse caminho[276]. O curioso é que os exércitos aliados, pretensos libertadores da Europa, usaram esse mesmo terrorismo químico, adotado diretamente dos nazistas, contra seus futuros rivais de outras guerras. Como se costuma dizer: as moscas mudam, mas a "M" é a mesma...

Nas guerras da Coreia e do Vietnam, prisioneiros eram imersos em valas de fezes humanas, atulhadas de moscas, até enlouquecer ou prestar as informações militares pretendidas. As torturas de guerra foram além de qualquer compreensão e só encontram rivais na Santa Inquisição.

Agências modernas de espionagem (ou inteligência, como queiram) trataram de usar métodos que não deixassem marcas. Nossa sociedade moderna tem horror a provas materiais. Assim, os choques elétricos nos genitais e os espancamentos foram substituídos em alguns casos. Simulações repetidas de afogamento, com um pano molhado no rosto[277], substituíram o método de enfiar a cabeça do sujeito num tanque d'água.

Durante e após a invasão do Iraque pelos norte-americanos, a privação de sono por mais de uma semana, o confinamento em caixões escuros e apertados, a longa permanência em celas brancas e iluminadas, a privação sensorial chamada de *white noise*, a exposição a músicas repetitivas e num volume altíssimo durante mais de oito horas seguidas (bombardeio sensorial), a simulação de fuzilamentos, o uso de cães para amedrontar os prisioneiros, a submersão do prisioneiro em uma tina com gelo e reidratações retais levavam as vítimas a crises de histeria, vômitos, convulsões e à perda de identidade. Alguns prisioneiros eram forçados a presenciar os outros sendo torturados, e tudo isso estava detalhado, minuciosamente, nos manuais do governo norte-americano durante a era Bush[278].

Os prisioneiros iraquianos eram mantidos nus e encapuzados, sem direito a banhos, e seus algozes urinavam ou defecavam sobre eles, enquanto

---

[276] Ohler, N. (2017). *High Hitler*. São Paulo: Editora Planeta. Originalmente publicado em 2015.
[277] Uma a cada três ou quatros respirações.
[278] A senadora Dianne Feinstein apresentou ao Senado um documento detalhado de mais de 500 páginas sobre as torturas executadas pela CIA.

os ofendiam e martirizavam. Isso não foi diferente do que fizeram os nazistas com os ciganos e judeus. E Guantánamo também não é diferente do que foi Auschwitz. São ou foram abomináveis campos de concentração. A ideia era desumanizar os prisioneiros, os subversivos. Era tratá-los como inferiores, como esgoto humano. Muitos dizem que a história se repete em ciclos. Talvez sim, mas a criatividade humana para infringir a dor e a vilania é ilimitada.

11.10 A Besta da Guerra: Tríade da Devastação

Então o mundo mudou... A guerra não seria mais operada em paredes de escudos. Não dependeria exclusivamente de cavalos velozes ou nuvens de dardos mortais. Os músculos capazes de dobrar um arco de freixo cederiam espaço para um simples dedo que flexiona um gatilho. O braço capaz de bloquear com o escudo o golpe de um enorme machado de guerra também. A coragem feroz até seria necessária, mas não a coragem dos comandantes, apenas a dos comandados. Leônidas, Temístocles, Alexandre e Júlio César engalfinharam-se com seus inimigos na frente de batalha. Foram feridos, gravemente, e mantiveram-se ali. Por isso, eram respeitados, até mesmo idolatrados, mas isso mudou...

A primeira grande mudança foi a da mecanização das armas. Armas de cerco, que arremessavam pedras contra as muralhas são um advento antigo. Esse era o único meio de abrir uma brecha nas fortalezas. Então, a pólvora ganhou finalidades bélicas, e surgiram os primeiros canhões. Eram uma novidade perigosa, que volta e meia explodia na origem. No coração da Idade Média, durante a Guerra dos Cem Anos, artilheiros venezianos foram contratados pelos franceses para apontar aquelas engenhocas contra os castelos ocupados pelos ingleses. Bolas de ferro partiam em desatino e, quando acertavam o alvo, provocavam um estrago tremendo. A pontaria era ruim, demorava-se muito para limpar e carregar, e a coisa, vez por outra, falhava.

No fim do século XIX, durante as guerras napoleônicas, a artilharia tinha ganhado precisão, podia ser transportada com rapidez e não era usada apenas contra muralhas. As balas de ferro rasgavam os batalhões de infantaria, desintegrando dezenas de soldados num único tiro. Em Waterloo, fala-se que os batalhões de infantaria atingidos eram transformados em nuvens de sangue e retalhos humanos. As balas de ferro resvalavam no capim, amputando tudo que estivesse pela frente. Waterloo foi apenas uma batalha avaliada por diferentes ângulos, o que lhe conferiu notoriedade, mas todas as batalhas da época eram assim, e naquele tempo a guerra se alastrava por toda a Europa, pelo Egito e pela Índia. Falava-se que o juízo final estava próximo, mas nem o juízo nem o final deram as caras.

As munições também mudaram, aumentando a sua capacidade destrutiva. Metralhas[279] de vários canos destroçavam a linha de frente com grande eficiência. Morteiros lançavam obuses explosivos, minas de solo e granadas foram inventadas e aperfeiçoadas. O general inglês de artilharia Henry Shrapnel teve a ideia diabólica de conceber uma granada lançada por morteiros, que explodia no ar. Essa granada era recheada com pregos, farpas de aço, vidro e tudo mais que se pudesse encontrar. Quando detonada, causava uma tremenda devastação com mutilações em larga escala.

Outra mudança concomitante foi a da distância que se podia matar nas guerras napoleônicas. Os mosquetes de cano liso, ou Brown Bess, tinham relativa precisão até cerca de 50 metros, mas os inovadores fuzis Baker ingleses ainda eram letais a 300 metros. Essa precisão máxima foi ampliando-se ainda mais com os fuzis Minié, que alcançavam 1,3 mil metros. Em todos esses casos, estamos falando das Guerras Napoleônicas. Os canhões de grande calibre podiam alvejar alvos cada vez mais distantes, assim, quem apertava o gatilho ou acendia o estopim não presenciava os efeitos devastadores e não se via como responsável pelo assassinato que cometia. Como somos uma espécie essencialmente emocional, estava pavimentado o caminho para a ampliação ilimitada dos efeitos da guerra. Matar a distância poupava a todos de presenciar os descalabros.

É certo que um arco de guerra ou uma besta também matavam a distância, mas o efeito final era bem diferente. As mutilações em larga escala, causadas pelas armas e munições modernas, catalisaram o problema número 1 dos exércitos, seus feridos e aleijados: a sua tropa de inválidos. A logística para os estropiados teve de acompanhar o poder destrutivo das armas.

A Primeira e Segunda Guerras Mundiais foram um experimento inacreditável de morticínio[280], não só pelo número de mortos e mutilados, mas pelo dano psicológico que atingiu nações inteiras. Esses danos moldaram o *modus operandi* de seus cidadãos e, portanto, suas escolhas futuras durante inúmeras gerações. Foi uma era dos arames farpados e trincheiras, de maltrapilhos e famintos, de perseguidos, sequestrados e exterminados.

---

[279] Metralhas eram latas contendo balas e lascas de ferro que se estilhaçavam espalhando a morte.
[280] Estima-se que a Segunda Guerra Mundial produziu mais de 45 milhões de mortos entre soldados e civis.

Os bombardeios de Londres ou Berlim foram tão devastadores que as pessoas mudaram sua visão de mundo. Tinham de sair no meio da noite, abaixo de sirenes estridentes e procurar os abrigos antiaéreos, onde passavam horas na escuridão e no frio. As bombas incendiavam vilas e cidades e eram lançadas, logicamente, a distância e geralmente à noite. Famílias, residências, mercados, hospitais, asilos, enfermarias de campanha, escolas, orfanatos, creches, tudo foi aniquilado. Os bombardeios tinham conotação de guerra, mas eram, de fato, atentados terroristas contra inocentes.

Os bombardeios norte-americanos sobre as cidades alemãs de Colônia, Wuppertal e Hamburgo, ao estilo "arrasa quarteirão", foram desmedidamente assassinos e desumanos. Não visavam a alvos militares, e sim à destruição completa. Visavam aos civis.

A massa de bombas incendiárias... acelerou a fusão dos incêndios individuais em uma fornalha gigantesca. Isto criou uma chaminé ou um vulcão de calor que se lançou ao céu e sugou os ventos no nível do solo com a força de um furacão.... A 17 mil pés, as tripulações dos bombardeiros aliados eram capazes de sentir o fedor de carne carbonizada. No solo, a explosão de ar quente arrancava roupas, desnudava as pessoas e queimava os seus cabelos. A pele ressecava e se enrugava... o asfalto fervia e as pessoas grudavam nele como insetos no papel mata-moscas[281].

Nenhum filme de guerra jamais se atreveu a mostrar isso. Seriam cenas tão horrendas que removeriam o brilhantismo heroico construído de maneira esmerada pelos vencedores. Mas as bombas e os incêndios foram além, mataram por asfixia um número bem maior de pessoas que se escondiam nos subsolos improvisados. Os norte-americanos fazem filmes sobre o genocídio dos judeus, mas se esquecem de suas próprias mãos permanentemente sujas.

A morte a distância é mais do que conveniente, é uma covardia. Navios de passageiros foram afundados por submarinos, e as pessoas morreram de hipotermia nas águas do Atlântico Norte ou morreram devoradas por tubarões no mar da China. Navios hospitais também foram torpedeados, assim como os barcos que saiam em seu socorro. Os submarinos não estavam apenas a uma boa distância, mas incógnitos, e não eram diferentes dos bombardeiros encobertos pela noite. A Segunda Grande Guerra tem um sem-número de exemplos infelizes.

---

[281] Beevor (2012), p. 510.

Como na estória de Peter Pan, crianças perdidas, com uma infância perdida, uniam-se em bandos sobreviventes que praticavam o latrocínio e outros crimes; crimes que se dissolviam e se misturavam ao holocausto infinitamente maior; crimes que nem poderiam ser punidos em meio a todas aquelas punições hediondas. Esses estranhos bandos de crianças famintas vagavam como mendigos pelas florestas nevadas em diferentes locais da Europa e eram temidos nas pequenas vilas do campo. Era uma completa inversão de valores, por muito tempo irreparável.

Por trás de tudo isso, emergia – luminoso – o mercado de armas, de munições e de drogas, que marcaria o nosso mundo de hoje, a nossa desordem social, a nossa incompetência coletiva, a nossa subserviência e irritante passividade!

Após a Revolução Industrial, o 'Mercado' se transformou numa eminência parda de poder irrestrito. Não apenas no mundo capitalista, como se costuma dizer, mas em todo lugar o Mercado passou a ditar as regras e conveniências. Não importava mais a religião em pauta, nem um messias lunático. O Mercado servia a todos e a ambos os lados do conflito. Talvez fosse (ou seja) uma nova religião, mas este não é o ponto aqui. Mais tarde foi chamado de 'O Sistema', e o tal sistema exigia isso ou aquilo, permitia isso ou aquilo e não permitia nada que fosse contra o Mercado (ou contra o Sistema). Qualquer um que denunciasse abusos do Mercado seria difamado e desacreditado. Nesse aspecto, há fortes ingredientes messiânicos.

Também se passou a usar outros nomes para dissimular as reais intenções das eminências pardas. Progresso e Ordem são dois desses nomes (ditos em qualquer ordenamento), assim como Civilização, embora com um sentido deturpado. As guerras agora eram reféns do Mercado e, bem..., elas ganharam outros interessados (ou empreendedores).

***

O mercado de armas ancorou seus experimentos maquiavélicos em tribos primitivas e nos países pobres do terceiro mundo. As primeiras metralhadoras foram testadas contra tribos africanas que viviam ainda na era das lanças e dos escudos de vime. A escritora Karen Armstrong[282] relata como dois soldados alemães mataram, em 1890, mil nativos das tri-

---

[282] Armstrong (2016), p. 312.

bos Hehe, na África Oriental, com apenas duas metralhadoras. O mesmo ocorreu com carabina Winchester, testada contra os apaches e outras tribos da América do Norte. O exército inglês testou seus fuzis Baker contra os indianos armados de sabres curvos, e o exército de Napoleão testou seus morteiros e obuses contra os egípcios. Os russos testaram seus helicópteros lançadores de mísseis contra afegãos a cavalo, e os norte-americanos lançaram as primeiras bombas atômicas contra um país que mal saíra da época medieval.

Se a Segunda Guerra Mundial inovou, barbaramente, em fuzis de precisão, ogivas de capacidade cada vez maior, aviões de combate como os assustadores Messerschmitt Bf 109 alemães ou os Spitfires britânicos, lança-chamas e tanques de guerra, completamente blindados, a Guerra do Vietnam inovou em crueldade. O napalm foi uma arma inventada ainda durante a Segunda Guerra Mundial, que consistia numa espécie de "gasolina gelatinosa"[283]. A ideia era aumentar a eficiência dos lança-chamas, mas logo foi transformada em bomba incendiária.

No final da Segunda Guerra, o napalm foi usado contra o Japão, mas foi na década de 1960 que essa arma literalmente explodiu. Seu uso nas guerras da Coréia, de Indochina, Vietnam e Camboja ultrapassou qualquer regramento internacional. Não só os exércitos vietnamitas eram alvejados, mas também os civis, já que as tropas norte-americanas não sabiam discernir entre soldados e agricultores maltrapilhos (e não foi a primeira vez que sofreram dessa miopia). Tudo era queimado em colossais bolas de fogo, e não havia como apagar os incêndios. A pele continuava queimando mesmo depois de apagado o fogo. Uma vez detonadas, essas bombas também causavam asfixia, devido à produção instantânea de monóxido de carbono em enormes quantidades.

Numa premiada fotografia de 1972[284], cinco crianças, aos prantos, fogem dos horrores do napalm no Vietnam. No centro, está uma menina de 9 anos, correndo nua de braços abertos. Ela gritava com as costas e os braços ainda queimando. A foto e a menina se tornaram ícones das vítimas da arma malévola. Ela é Kim Puch, que hoje vive no Canadá e ainda luta contra dores horríveis e a limitação de movimentos.

O napalm continuou a ser usado, inclusive secretamente, contra grupos dissidentes ou guerrilheiros no México, no Laos, no paupérrimo

---

[283] Hoje o Napalm evoluiu para um composto de benzeno e poliestireno.
[284] Fotografia de Nick Ut, Prêmio Pulitzer, tirada em Tang Bang, Vietnam.

Moçambique e mesmo no Brasil. A ideia era eliminar tudo que estivesse vivo no local. (Posteriormente, tentou eliminar-se as provas do uso do napalm).

O Vietnam também foi o palco insólito de outro descalabro: o agente laranja. Com o objetivo de ser usado como um desfolhante para localizar exércitos e armas escondidas, esse complexo de herbicidas foi lançado nas florestas tropicais. O longo nome do complexo de substâncias químicas – dioxina tetraclorodibenzodioxina – escondia consequências desconhecidas na época: de produzir síndromes neurológicas irreversíveis, malformações congênitas e câncer. Essa arma expôs quase 5 milhões de pessoas de ambos os sexos e todas as faixas etárias, inclusive os soldados norte-americanos. Estávamos vivendo a era das armas químicas, e o 'Mercado' lucrava, astronomicamente, com o cruel herbicida, tanto na guerra, quanto na agricultura.

***

Eram 8:45 da manhã do dia 6 de agosto de 1945, quando a primeira bomba atômica explodiu a cerca de 600 metros do chão em Hiroshima. A princípio, no hipocentro da explosão, houve um clarão silencioso, e a bola de fogo vaporizou corpos, prédios e carros, sem deixar vestígios. Depois, o estrondo ensurdecedor se fez ouvir, e a onda de choque e calor incendiário varreu a cidade com uma chuva de destroços, pedras, concreto e vidro, destruindo tudo que estivesse de pé, derreteu barras de ferro e calcinou as estruturas restantes. A alguns quilômetros, prédios, pontes, postes e árvores se curvaram primeiro a favor da onda de choque e depois ao revés, sendo arrancados do chão. Pessoas tiveram a pele, órbitas derretidas, e o pulmão, instantaneamente, queimado. A mais de 10 quilômetros de distância, pessoas foram arremessadas no ar e tiveram cegueira temporária.

A radiação e a poeira tóxica perseguiram os demais, matando-os horas ou dias depois. Náuseas secas, convulsões e sangramentos tomaram conta dos sobreviventes e uma chuva negra despencou no céu de Hiroshima junto da radiação e das cinzas. As pessoas, desidratadas e desesperadas, beberam aquela água mortal, dando asas à devastação.

E isso era só o começo da barbárie. Os Estados Unidos lançariam uma segunda bomba atômica sobre o Japão apenas três dias depois. Ninguém ainda tinha contabilizado os estragos da primeira, quando a segunda – 1,5 vezes mais potente[285] – arrasou Nagasaki. Em ambas as cidades, os mortos eram, em sua imensa maioria, civis, e quase 100 mil deles morreram no primeiro dia, mas as futuras gerações teriam um herança maldita de malformações congênitas, câncer e outras doenças oriundas da intoxicação.

Dias depois do ataque, o cabelo dos sobreviventes começou a cair em tufos, as feridas não coagulavam mais, apareceram manchas roxas na pele, as pessoas vomitavam sem parar, e nuvens de moscas abateram-se sobre as pilhas de mortos nas cidades arrasadas...

A justificativa para tudo isso foi insólita! Os norte-americanos falaram em poupar vidas, evitando uma invasão por terra, mas o que estava por trás era o desenvolvimento tecnológico – leia-se, um teste em cobaias humanas – e, logicamente, o mercado de armamentos. O Japão capitulou dias depois e acabou sendo placo do maior atentado terrorista da história. Ninguém mais conseguiu vencer os norte-americanos no quesito terrorismo. Aquilo pode ter posto fim à Segunda Grande Guerra, mas foi o início de uma dramática era de terrorismo internacional.

***

O Nacionalismo exacerbado e uma boa propaganda são também ingredientes indigestos das guerras modernas. Napoleão Bonaparte fez isso com maestria, assim como Adolf Hitler. Ambos se valeram do teatro, jornais e folhetins, mas Hitler apostou também no cinema, no rádio e nos materiais escolares. Lyndon Johnson fez o mesmo nos EUA, durante a Guerra do Vietnam. É sabido que a propaganda atinge os jovens com maior facilidade, e todos os líderes totalitários sabem disso. Todos agiram da mesma maneira...

O cônsul e depois imperador Napoleão fez uso da propaganda com habilidade de manobrar nações. Utilizou-se de panfletagem, jornais regulares, pinturas, poesias e teatro para colorir as vitórias a seu gosto ou para encobrir os fracassos. Catapultou sua imagem como ninguém antes dele. Cunhou medalhas e moedas comemorativas com seus feitos e comparou-se às glórias do antigo Império Romano[286]. Ele também censurou a imprensa e confiscou obras de arte que não representassem a realidade 'pretendida'. Além

---

[285] A primeira bomba lançada era de urânio (Little Boy), e a segunda, de plutônio (Fat Man).
[286] O imperador Júlio César também cunhou moedas com sua esfinge e foi um propagandista exemplar.

do mais, era dono de um estilo literário elogiável e narrava suas batalhas de próprio punho, transformando enganos e derrotas em certezas e vitórias.

Sua ideia, por sinal simples, era amedrontar os inimigos e enaltecer os jovens a morrerem pela nação. Foi vitorioso em ambas as ações. Ao invadir a Itália, teve contato com o mundo artístico de primeira linha e passou a utilizar a arte para fins políticos. Era retratado como um herói corajoso em seu corcel branco e como um administrador incansável. Em outras palavras, foi o grande "marqueteiro de sua época". Presidentes e presidenciáveis modernos usam seus mesmos subterfúgios até hoje. Seu maior inimigo, o general inglês Wellington, era um sujeito intratável e carrancudo, avesso a aparições públicas e ao enaltecimento da própria imagem. E foi justamente essa antítese personificada que acabou por deter o imperador.

Hitler, assim como Napoleão, também se dedicou a roubar obras de arte dos países conquistados. Era uma forma de se apoderar da cultura e dos povos. Assim como o imperador, também se autoproclamou defensor da cultura ocidental e propôs ao povo uma nova ordem.

Em sua propaganda, dedicada à ascensão do partido nacional-socialista, ele foi ainda mais longe que Napoleão, utilizando-se também da música e do cinema, das estações de rádio e dos livros e, principalmente, dos jornais e dos materiais escolares. (A manipulação de materiais escolares é uma deprimente manobra iniciada pelos fascistas). Quando chegou ao poder, criou o Ministério para o Esclarecimento Popular e Propaganda. Esse ato político permitiu pavimentar o caminho do antissemitismo, antibolchevismo e do racismo em geral. O 'esclarecimento popular', para Hitler, era claramente um ato de adestramento do povo, criando condições de passividade e aceitação de atos violentos.

Os nazistas foram mestres na difamação de seus opositores, dentro e fora da Alemanha, e com isso obtiveram grandes vitórias já num período pré-guerra. Além de difamar os judeus, essa propaganda foi bastante efetiva na mobilização da população alemã a favor da guerra. Assim como hoje, a subserviência dos meios de comunicação é geralmente suficiente para que o grosso da população seja manipulado. Com isso, as invasões da Polônia, Checoslováquia e, posteriormente, da França e Rússia tinham o caminho aberto e a anuência da população alemã.

Hitler e Napoleão tinham muito em comum: ambos subverteram jovens repúblicas, transformando-as em regimes ditatoriais; ambos tinham complexo de inferioridade; ambos vieram de baixo e enalteceram sua imagem, elevando-a aos píncaros da glória; ambos se valeram de propaganda falaciosa e levaram suas nações a uma guerra intercontinental e à pobreza; ambos encontraram nos ingleses uma grande pedra no sapato; ambos usaram o afã nacionalista como bandeira incondicional, convencendo o povo de sua loucura particular.

Ambos eram brilhantes estrategistas e inovaram na guerra, mas Hitler fez coisas mais escabrosas no quesito propaganda e controle social. Criou uma Polícia Racial e usou uma nova forma de propaganda, tendo como alvo as crianças, inclusive de jardins de infância. O material escolar vinha contaminado de ideias antissemitas. Apresentava os judeus como um mau social. Comparava-os a uma doença infeciosa que ameaçava destruir a "raça ariana", e tudo isso era incutido na sociedade desde a tenra idade. Isso fez com que a escalada da Segunda Guerra Mundial fosse mais brutal nas ações de extermínio e perseguição organizada das minorias.

**

A religião não era mais o único (ou principal) motivador da guerra e da opressão. Agora havia, claramente, intenções político-partidárias nacionalistas, que estavam debaixo de uma égide mercantil. Adolf Hitler não se fez sozinho. Não construiu um mega exército do nada. Ele precisaria de muito dinheiro para isso. E as grandes corporações norte-americanas ofereceram a solução. Fazer negócios com Hitler era uma forma de amedrontar os comunistas. Assim, famosas empresas, que conhecemos muito bem até hoje, bancaram os nazistas antes e mesmo depois do início da Segunda Grande Guerra.

Você desejaria saber quais? Então leia o contundente livro do historiador e cientista-político Luiz Alberto Moniz Bandeira[287]. Sem querer roubar-lhe a prerrogativa de uma extensa e séria pesquisa, veja alguns nomes que podem ser familiares – Dow Chemical, General Motors, General Electric, Standard Oil, Ford Motors, Firestone Tires, e "N" outras, assim como uma grande rede de bancos e financeiras. E tudo em nome de um medo patológico dos comunistas. E isso permanece mesmo que o comunismo já não exista, conforme foi proposto por seus mentores. O que existe hoje é outra coisa, que de comunismo tem quase nada.

---

[287] Bandeira (2016).

É bem verdade que o mercado de armas era parte da equação capitalista norte-americana, mas não o único a ditar as regras. O mercado farmacêutico, fossem drogas lícitas ou ilícitas, também já havia mostrado a cara, e não era uma cara nada boa...

***

Foi então que a guerra mudou de novo... Estávamos frente a uma estranha e perigosa opção. A morfina, um derivado do ópio, surgiu como um milagre farmacológico capaz de neutralizar a dor brutal dos ferimentos graves. Isso ocorreu ainda durante a Guerra da Secessão nos EUA e na Primeira Guerra Mundial. Sem dúvida, a medicina dava um importante passo e recolocava em ação soldados destroçados num tempo recorde. Mas a morfina foi mais longe e serviu para criar um distanciamento da realidade. De soldados a generais, muitos usaram morfina para gerar uma atmosfera de prazer e confiança. Era mais fácil ordenar um bombardeio devastador contra civis sob o efeito da morfina.

A cocaína também foi largamente usada na Primeira Grande Guerra. Depois de aspirar o pó branco, havia euforia e aparente vigor físico, que servia aos pilotos daqueles estranhos aviões coloridos de asas duplas. Na Primeira Grande Guerra, ainda era importante ser visto. Lá estava um grande piloto no campo aéreo de batalha a abater seus adversários. Era um misto de orgulho e propaganda que impunha medo aos adversários, mas logo a guerra entrou anonimato adentro, e ninguém mais queria expor-se. Os generais não estariam mais na linha de frente como nos velhos tempos. Bem, nem todos...

Havia outros fármacos em ação, fármacos até então lícitos e dos quais nada se sabia. Na Segunda Grande Guerra, a Alemanha nazista invadiu a Polônia, a Bélgica e metade da França em cerca de 20 dias! A Tchecoslováquia já havia capitulado, os soldados ingleses foram empurrados para dentro do mar em Dunquerque, e ninguém mais sabia o que fazer. Foi a invenção do que se chamaria de guerra-relâmpago (*blitzkrieg*). Uns poucos historiadores da medicina atentaram para as razões desse feito, mas pouca gente na época deu a devida atenção. A "superioridade germânica" fluía por caminhos tortuosos, só mais tarde explicados.

O jornalista alemão Norman Ohler, munido de grande quantidade de documentos, mostrou quando e como a Alemanha nazista se tornou dependente de narcóticos potentes[288]. Ele mostrou por que o exército alemão (a Wehrmacht) e a sua força aérea (a Luftwaffe) levaram vantagem no início da guerra. Oficiais de todos os escalões e soldados estavam fartamente abastecidos de metanfetaminas[289], que lhes permitiam progredir dia e noite sem dormir. Aliás, chegaram a ficar 17 dias sem dormir, enquanto os aliados corriam em círculos como bobos da corte. O distanciamento da realidade, a coragem, a euforia, o estado de alerta e a superação da fadiga eram produto desse e de outros entorpecentes, como a benzedrina. Inclusive famosos generais como Rommel dispararam na frente, em frenesi, sob o efeito de narcóticos. A propaganda nacional-socialista era de superioridade ariana, mas escondia a subserviência às drogas.

Os efeitos colaterais das metanfetaminas, se conhecidos na época, foram encobertos, mas estavam longe de ser inexistentes, e essa escolha teve consequências. Soldados passaram a ter alucinações, estafa, apatia, enfartos e depressão, além, obviamente, de dependência química. Reviravoltas estavam por acontecer e, de fato, aconteceram nos anos seguintes da guerra.

Nessa mesma e deprimente guerra, os pilotos suicidas japoneses, chamados kamikazes, também usaram drogas[290] para "criar a coragem necessária" e se lançar com seus pequenos aviões contra os navios norte-americanos. Visto sob esse ângulo, a coragem e o heroísmo tomam outra roupagem.

A Segunda Grande Guerra teve corajosos, mas não são exatamente os mesmos que pensávamos conhecer. Há muito de fantasia e maquiagem para encobrir o estímulo ao uso de entorpecentes, apoiado e estimulado – incondicionalmente – pelo alto comando dos exércitos em combate. Aqui não estamos falando, exclusivamente, das forças do Eixo. Pelo contrário, vários países e generais encontraram refúgio num mundo paralelo de dependência química. E quanto mais se destapa a fumegante sopa da guerra, tanto mais emergem vapores que desconhecemos.

A heroína também foi usada na Segunda Grande Guerra, mas foi na Guerra do Vietnam que ela se tornou famosa e se alastrou pela sociedade ocidental. Agora, o "senhor das armas" era também o "senhor das drogas" ou, dizendo de outra forma, "o primeiro exército do narcotráfico": um sistema

---

[288] Ohler (2017). Originalmente publicado em 2015.
[289] Na época, personificadas pelo nome comercial de Pervitin.
[290] A metanfetamina chamada de Hiropon.

financiava o outro, e, no entremeio, estavam os soldados. Houve momentos em que a heroína incapacitou o bem armado exército norte-americano e interferiu nos rumos dessa guerra cruel. Dois terços do exército usavam algum tipo de entorpecente nessa época! Esses soldados voltariam, mais tarde, ao convívio social, e muitos se tornariam desajustados ou psicopatas. E, novamente, um sistema financiaria o outro, num círculo vicioso e contínuo.

A violência extrema e a fuga da realidade entrelaçavam-se e atingiam uma simbiose nunca antes sonhada. Cocaína, heroína, dexedrina, opioides como a morfina e, a mais comum de todas, a maconha conferiam esse distanciamento. Muitas vezes eram (e são) combinadas em verdadeiras *speedballs,* arrancando os usuários da realidade para sempre. Apatia, submissão e dependência são ingredientes desejáveis em sistemas hierárquicos ditatoriais, nos quais os cidadãos são ovelhas (um exército de ovelhas).

No entanto, aos poucos, esses cidadãos se tornam inoperantes e descartáveis. Primeiro perdem a criatividade e ficam incapazes de decidir. Ocorre aumento da confusão mental, diminuição dos reflexos, tremores e muitos passam a sofrer de náuseas, dores físicas, diarreia. Algumas drogas levam a desidratação, aumento da sonolência ou insônia, dificuldades motoras, espasmos incontroláveis, delírios, mania de perseguição, alterações auditivas e visuais, alteração de cores, acessos de fúria, ampliação dos limites da violência, deterioração do fígado, enfarto e problemas neurológicos mais graves, como a morte de células do mesencéfalo responsáveis pela dopamina, arregimentando soldados para um exército de incapazes. Logicamente, a guerra não é o único vilão no "espalhamento" da dependência química, e sim uma alavanca eficaz. E as sociedades modernas não têm a menor ideia de como lidar com isso.

As sociedades antigas também usavam entorpecentes para fins bélicos, mas não havia consequências diretas para a sociedade civil. Se as tropas de Alexandre, o Grande, se embebedavam com vinho e ópio antes das batalhas, isso não significava uma sociedade de alcoólatras. Os guerreiros pictos da Escócia, que engoliram as legiões romanas, bebendo suas poções de cogumelos vermelhos[291] antes das batalhas, eram, em boa parte, pastores e pequenos agricultores. A poção mágica do nosso querido Asterix, o Gaulês, é um exemplo didático do uso de drogas na Antiguidade, mas cabia ao druida da tribo uma severa restrição no seu uso, para que a sociedade não deteriorasse.

---

[291] Os famosos cogumelos das florestas europeias, dentre eles o famoso *Amanita muscaria*.

Nossa sociedade moderna, literalmente, perdeu a mão no controle das drogas. Não temos um sábio druida em quem confiar. Confiança, aliás, é palavra cada vez mais fora do baralho. A sociedade acabou vitimada pela violência extravasada pela ingestão desses narcóticos; vitimada pela falsa propaganda de liberdade e êxtase que eles promovem e pelo mercado-negro que embolsa milhões em nome dessa falsa liberdade.

***

Aí está a tríade da devastação: mercado de drogas, propaganda (sempre recheada de notícias falsas que ninguém confere[292]) e armas. O poder, quase sempre travestido de terno e gravata (e muitas vezes de uniforme militar), é a cola que mantém essa tríade funcionando. E, da mesma forma que os três mosqueteiros eram, na prática, quatro, aqui também a tríade deveria incluir o petróleo e o gás natural. Suas reservas entram no cálculo da guerra em quase todos os locais. O "ouro negro" e pegajoso é fonte de oportunismo e discórdia numa proporção assombrosa.

O objetivo do poder, hipoteticamente, deveria ser o bem-estar social, mas ele simpatiza mais com o dinheiro. Poder e riqueza sempre estiveram de mãos dadas – para não dizer atadas. O mercado de escravos, de metais – como ouro ou ferro –, de petróleo, a posse de terras aráveis, da água e de quaisquer outros bens materiais, lícitos ou ilícitos, sempre se valeram da tríade da devastação.

11.11 A Arte da Guerra: o Soldado Universal

Na Jihad moderna, a guerra saiu dos campos de batalha e migrou para o coração da sociedade. A guerra entraria em cada feira de rua, mesquita, casa de shows ou restaurante. Fá-lo-ia a qualquer hora e não pouparia inocentes. Usaria homens-bomba, pacotes-bomba, gases letais, facas, granadas, metralhadoras ou caminhões para atropelar crianças. Decapitaria seus reféns em público, como nos velhos tempos. Travestir-se-ia de religião para cooptar mentes e soldados. Valer-se-ia do negócio das armas e das drogas para angariar fundos. E usaria drogas sintéticas poderosas para simular coragem e abnegação a causa.

---

[292] Hoje conhecidas como "*fake news*", uma palavra da moda que não tem nada de engraçadinha.

O captagon – "a droga da Jihad" – liberaria os *jihadistas* da inibição e roubaria seu discernimento. Levá-los-ia à euforia, à violência e a um complexo de superioridade e legitimidade. Levaria a guerra não apenas para as ruas de cada cidade, mas para o interior de cada lar. Pais e filhos não mais conheceriam os sonhos um do outro. A própria ideia de lar seria destruída. Isso também foi chamado de terrorismo, mas era apenas mais um tipo de guerra.

Os *drones* deram o toque tecnológico que faltava. Cada vez menores e imperceptíveis, eles trouxeram sofisticação aos campos de morte. Agora, um oficial sentado em sua poltrona giratória, a milhares e milhares de quilômetros da zona de guerra, poderia dar uma ordem, quase impessoal, e um míssil atingiria uma casa de adobe no Afeganistão ou na Somália. Transformaria tudo numa bola de fogo que calcinaria as provas do massacre.

O sucesso da missão e os efeitos da destruição seriam avaliados a partir de uma tela de cristal líquido, como se fosse um mero jogo digital para adultos. Assim, o coração do homem ou da mulher da poltrona giratória, um oficial de alta patente, não arderia de remorso. Pelo contrário, tornar-se-ia opaco e sem emoções.

Matar outro ser humano não é algo corriqueiro. Nossas emoções herdadas e nossas tradições culturais impõem certos freios... Não é nada fácil estar coberto de sangue em meio a corpos dilacerados. O retrato de uma chacina é abominável. Assim, os exércitos regulares, que, como vimos, são bem antigos, tiveram de lidar com isso, elaborando, progressivamente, a ideia de um "soldado universal". Essa ideia incluía alguém que pudesse lidar com a morte como algo natural, alguém tão embrutecido que pudesse cruzar o vale de sangue e morte das guerras. Esse soldado não poderia ser um homem comum, ele teria que ser "fabricado"; teria que ser e foi...

A construção de um exército e a própria arte da guerra exigem que os indivíduos comuns sejam arrancados da sociedade (ou de sua vida normal) e colocados à margem, numa espécie de limbo. A construção e a marginalização desse soldado passam por várias etapas típicas de um ricto de passagem. Há uma espécie de adeus ao mundo normal.

Seus nomes são substituídos por apelidos depreciativos ou números, sua individualidade é substituída por um padrão e uma rotina, via de regra, pobre em alternativas. O recruta é ridicularizado, xingado, oprimido, punido e taxado de incompetente. Isso inclui também castigos e agressões físicas, detenções, isolamento, menosprezo... Ele se veste igual aos demais, se porta igual aos demais, come igual aos demais e pensa igual aos demais. As únicas respostas ou atitudes permitidas – a toda e qualquer ordem – são aceitação, silêncio, humildade e obediência totais. Não importa se as ordens forem absurdas, constrangedoras e repugnantes, a resposta será sempre a mesma. Essa é a primeira etapa – a limpeza de latrina dos recrutas –, em que se busca destruir a personalidade e moldar o soldado ideal.

Mas, nessa etapa, ele ainda não é um soldado. É apenas a mais rasteira das criaturas. Depois de ser apartado da sociedade, desconstruído e marginalizado, ele precisa de uma nova postura, um novo molde. Precisa de nova disposição e novas habilidades. Precisa transformar-se num matador, e não num questionador. Essa é a etapa de iniciação e apego as normas. É, tipicamente, um adestramento como num circo. A ideia é a de transformá-lo numa arma, num instrumento de morte que anseia pela morte. A morte será o clímax! O banho de sangue será a sua redenção. A guerra será o seu desejo maior.

Essa é uma etapa em que o aprendiz a matador adota uma nova persona, um molde pré-fabricado. O princípio é o mesmo de qualquer seita fanática: você se torna o mensageiro de um novo deus, seu porta-voz. O que você fizer será a vontade desse deus. É, como diríamos numa versão *007*, uma licença para matar. Pelo menos no início, os soldados acreditam em sua nova identidade e na nobreza de sua causa. Depois começarão a questioná-la, mas só depois. Por enquanto, sentem-se fortes e vocacionados e até mesmo invencíveis. Passam a acreditar em idiotices como a de que seu rifle automático é a sua namorada, e inclusive lhes dão nomes femininos. Tudo o que não estiver a serviço da guerra é taxado de covardia. O famoso etologista holandês Nycolaas Timbergen (1907-1988) já tinha nos prevenido sobre esse estratagema dos governos belicosos – considerar a paz como uma covardia.

Nesse estado messiânico, quando corpos e "almas" são remodelados, inicia a etapa final antes dos confrontos de verdade. Os inimigos passam a ser desqualificados e despidos dos atributos de humanidade. São estigmatizados de porcos, vermes, sujos, asquerosos, filhos da puta, bichas, comedores de crianças... Há uma longa lista, dependendo do tempo e da cultura em que foram forjados. Dependendo também da mente doentia de quem dava as cartas na época.

O problema é que esses apelidos depreciativos perduram muito depois das guerras, e o povo não apercebe que foi vítima de uma armação. Até hoje os norte-americanos chamam os chineses de amarelos e comunistas, mesmo o capitalismo grassando solto por lá. Até hoje os ingleses chamam os franceses de *frogs,* ou os franceses chamam os alemães de *boches.* Tudo isso foi inventado em tempos de guerra, mas é utilizado em tempos de paz.

Depois vêm os confrontos e a guerra aberta, o sangue, os corpos estraçalhados, os filhos perdidos, a dor, e o soldado universal é posto à prova. Alguns realmente se regozijam por matar tantos infiéis como se dizia no tempo das Cruzadas. Outros fazem o serviço sujo, planejado por seus governos, mas vão deixando, progressivamente, de crer nisso. Outros se tornam irreversivelmente drogados, como vimos (e não são poucos). Outros, ainda, simplesmente enlouquecem... E, ao voltar para o mundo dos *normais,* resolvem puni-los, promovendo assassinatos coletivos.

Soldados regulares e *Jihadistas* são ambos simplesmente soldados. Se há diferença entre eles, é bem pouca... Ambos tiveram como fim a matança de um inimigo previamente estigmatizado. Ambos tiveram treinamento para isso e sofreram algum nível de lavagem cerebral. Essa reprogramação da mente contém elementos messiânicos de cunho religioso ou nacionalista, o que, em muitos casos, dá absolutamente no mesmo. Ambos portam armas e estão livres das regras sociais. Ambos se apoiam na ideia mestra de causar o medo com a sua presença. E ambos acreditam, piamente, na justiça de sua causa.

Assim, cabe dizer que aqueles países que se ressentem hoje com o terrorismo são os mesmos países imperialistas, que levaram as guerras a todos os cantos do mundo. Seria isso coincidência? Claro que não. Como nos disse o pensador indiano Jiddu Krishnamurti (1895-1986), "os meios e os fins são a mesma coisa". Assim também são a guerra e o terrorismo.

***

O pesadelo do soldado universal e as consequências da guerra ficaram evidentes nas trincheiras imundas da Primeira Guerra Mundial. O confronto intermitente, o ruido ensurdecedor das bombas, várias noites sem dormir, feridos graves por todo lado, corpos empilhados e mutilados começaram a provocar uma doença desconhecida nos combatentes. Os soldados iam se desintegrando mentalmente, tornavam-se letárgicos, tinham alucinações, vômitos, tremores, ficavam catatônicos e com o olhar desfocado. Distanciavam-se do mundo real e caíam em depressão. Isso foi chamado, na época, de "o olhar de mil jardas", numa acepção ao "olhar perdido". Como disse um documentário certa vez, "eles já estavam mortos e não se davam conta disso".

Também foi chamado de "choque de bomba" ou "estresse de combate", mas a psiquiatria ainda não conhecia as dimensões disso. Falava-se em falha de caráter e covardia. Dizia-se que certas raças, etnias ou culturas tinham essa fraqueza inata. Vários soldados foram levados à Corte Marcial e até ao fuzilamento antes que se descrevesse o famoso Transtorno de Estresse Pós-traumático (TEPT). Muitos se suicidaram, e outros tantos foram mandados de volta para a linha de frente, ainda incapazes de priorizar suas ações. Todos os exércitos em confronto padeceram disso, e a maioria nem sequer admitiu. O soldado universal mostrou que não era uma máquina.

***

É certo que a sociedade civil confere poder aos exércitos e, indiretamente, faz um pacto de dor com a história do mundo. O problema é que hoje quase todos os países mantêm forças armadas e gastam montes de dinheiro com elas. O belicismo é coletivo, ao contrário do que ocorria nos primórdios da humanidade.

No entanto, nossas decisões, como espécie, sempre pisaram nesse terreno perigoso e, o mais provável, é que nunca tenham sido decisões racionais. O tal *Homo sapiens* é refém de suas emoções mais fortes e intempestivas, raramente escolhendo com parcimônia e razão... Embora *sapiens* continue uma alcunha desejável, nossa espécie é refém de múltiplas fraquezas que quase nunca admite. Decide com base no ódio e no rancor, mas forja explicações "lógicas" e quer que todos acreditem. Tem sempre um dedo acusador apontando o outro (embora os demais dedos apontem para si mesmo – este é de fato um clichê, mas fazer o quê, se ele nos define tão bem?). É uma retórica previsível e infantil, mas que se perpetua ao longo da história. É como se não tivéssemos crescido esse tempo todo.

Se a violência e a agressão encontram explicações biológicas calcadas na competição, poderíamos, então, generalizar que a guerra é adaptativa sob o prisma evolutivo. Essa, no entanto, é uma conclusão leviana. De qual guerra estamos falando? Dos combates violentos, mas limitados no tempo, como o dos babuínos e chimpanzés, ou dos nossos extermínios longevos, como a Guerra do Vietnam, que durou quase 20 anos? Outras guerras duraram mais. Nas Guerras Púnicas, Roma e Cartago se digladiaram por 43 anos, mas o cúmulo das guerras humanas foi a Guerra dos Cem Anos[293] entre Inglaterra e França (1337-1453).

Há também outro ponto a considerar. Uma guerra atômica mundial não geraria humanos mais saudáveis, e essa é uma experiência que dispensa novos testes. Hiroshima, Nagasaki e Chernobyl são prova cabal. Assim, as sementes da guerra até podem ser adaptativas, mas nós inventamos outro tipo de guerra... aquela do ódio e do rancor, cuja razão e parcimônia passam longe. Se somos uma espécie emocional, por que tamanha dificuldade em perdoar? Nossas culturas humanas sempre valorizaram tão pouco o perdão? Não existe um freio comportamental em nossos genes, que ponha fim as guerras?

11.12 Crianças-Soldado – a Maldição Moderna

Todas as guerras são muitas guerras. Quem as vê de fora não tem noção de quem é quem, não pode compreender quem são os rebeldes insurgentes ou as forças regulares, não reconhece dissidências e facções. Assim é com as guerras civis no Sudão e na República Centro-Africana, no Iêmen, na Somália, em Serra Leoa ou no Mali. Assim é na Síria, na Líbia ou na Palestina.

Nem mesmo quem está por dentro e enredado até o pescoço nessas guerras intestinas reconhece quem são os inimigos. Milícias ensandecidas invadem vilas e as queimam inteiras e massacram seus moradores, que não têm para onde correr. Por vezes, aliciam crianças em pânico, que foi o que restou do que ali havia. Destroem sua infância, escravizam-nas, sodomizam-nas, drogam-nas e transformam-nas em "bestas de lugar nenhum", como escreveu Uzodinma Iweala[294]. Transformam-nas em meninos-soldado, como foi um tal Ishmael Beah[295], que viveu esses horrores na alma e na pele escura de Serra Leoa. Viveu horrores indizíveis. Essas milícias transformam crianças em assassinos entorpecidos, embrutecidos, desumanizados, crianças reprogramadas que lutam por uma causa que não lhes pertence e da qual o mundo se esquiva. E há também as crianças-soldados

---

[293] Em verdade, este conflito durou 116 anos.
[294] Autor de *Feras de Lugar nenhum* (2015).
[295] Autor de *Muito longe de casa: memórias de um menino-soldado* (2015).

do narcotráfico, seja no México, seja na Colômbia ou Brasil. E o mundo se esquiva delas também, se esquiva ou tenta esquivar-se, mas não deveria, pois lhes roubou a infância e não tem como devolver.

São 300 mil crianças-soldado que matam e são mortas sem, ao menos, ter ideia do porquê. E isso não inclui as crianças-soldado do narcotráfico, aquelas que vigiam, assaltam, matam, vendem drogas e se vendem drogadas ou não. Elas têm vida curta e expectativas ainda mais curtas. Sabem que vão morrer logo e veem isso com olhos desumanizados. É uma maldição sem fim. É a morte anunciada da alma do mundo.

11.13 Mentiras: O Jogo Sujo da Guerra

Por que os Estados Unidos da América do Norte invadiram o Iraque de Saddam Hussein em 2003? Porque havia armas químicas de destruição em massa? Não, não havia. Porque Saddam comemorou a queda das torres gêmeas de Nova Iorque, logo após os atentados de 11 de setembro? Também não foi por esse rancor juvenil. Para libertar o povo iraquiano do jugo desse tirano insensível e levar a eles a sua democracia benévola? Ora, ora, não desçamos tão baixo. Então, foi porque Saddam abrigava terroristas em seu país? Claro que não, muitos outros países abrigam terroristas! E, é lógico, isso também depende do que você chama de terroristas....

Então, qual foi a desculpa por traz das mentiras ditas na cara dura, das vergonhosas mentiras do país mais rico do mundo? Dinheiro, é lógico. O Iraque, assim como o Irã, se alinhava com a Rússia, a Bielorrússia (Belarus), o Cazaquistão e outros, buscando eliminar o dólar como moeda corrente nos negócios do petróleo. Era uma forma de quebrar a hegemonia desse país e reduzir o efeito das sansão imposta como retaliação. As grandes reservas de óleo e gás natural do Cáucaso e Mar Cáspio ficariam fora do alcance dos EUA. E foi nesse momento que Saddam Hussein pretendeu substituir o dólar pelo euro no negócio do petróleo[296], o que deixaria o FED (Federal Reserve dos EUA) e Wall Street trincando os dentes.

A invasão e a destruição completa do Estado iraquiano, reduzindo a zero a infraestrutura do país, viriam na forma de uma democracia imposta pela violência. Nada muito diferente do que os EUA fariam a Líbia de Muammar Gaddafi, ao Afeganistão dos Talibãs ou na Síria. Sempre a ideia da "guerra contra o terror", da perseguição de Bin Laden, de seus colíderes ou de quaisquer outros.

---

[296] Bandeira (2016), p. 459.

Aí entra em cena o *modus operandi* das mentiras em série usando a grande mídia. O terrorista é aquele a quem você chamar de terrorista? Seria o Hamas o responsável pelo terror, ou a sanguinária ocupação da Palestina pelo Exército de Israel é que alimenta a violência desenfreada? De que lado está o terror? Muito antes disso, teria sido Yasser Arafat um terrorista, como foi chamado durante anos, ou o líder inconteste da Organização para a Libertação da Palestina (OLP), que viria a selar a paz com Shimon Peres e Yitzhak Rabin, respetivamente, presidente e primeiro ministro de Israel, com os quais dividiria o Nobel da Paz de 1994?

Nada do que foi acordado por esses três seria efetivamente honrado. Os assentamentos judeus continuariam a ocupar a Cisjordânia e Gaza, os palestinos continuariam com a maior parte das mortes na maioria civis, milhares de residências, escolas, hospitais, centros comerciais e fábricas seriam destruídos pelo Exército de Israel, mas nada disso seria chamado de terrorismo pela grande mídia. Milhares de pessoas seriam presas e torturadas, e outras tantas, mutiladas e desfiguradas, mas isso também não seria terrorismo sob o primas dos jornais e das TVs do mundo ocidental.

Dizer que a destruição completa da Síria, onde estão (ou estavam) as cidades mais antigas do mundo, seja um golpe contra o terror do Estado islâmico ou contra o ditador Bashar al Assad, é uma verdade conveniente a alguns. É uma boa maneira de encobrir os direitos de usufruto do gasoduto que chegaria ao Ocidente por um caminho mais curto e mais barato. Então você diria, mas isso é jogo sujo! Apagar da terra a civilização mais antiga do mundo é uma abominação! E você estaria certo, mas a ideia do terror já teria feito estragos na sua mente.

Sempre sabemos apenas parte da verdade e nunca nos perguntamos a quem ela convém. A mentira vem antes da guerra e é uma arma letal. Uma vez instalada na mente das pessoas, elas a repetem sem pestanejar, repetem como se alguma vez tivessem sido verdade, repetem em coro como fieis adestrados. Assim, a "Arte da Guerra" tem menos de coragem e mais de mentira do que estamos dispostos a aceitar. É evidente que julgamos com o que temos em mãos, portanto o primeiro passo para reverter esse quadro lastimável é perguntar-se – a cada vez – *a quem convém essa informação, essa "verdade"* e, aos poucos, bem aos poucos, desatar os nós da mentira.

***

Dissemos há pouco que a mentira vem antes da guerra, mas cabe ressaltar que ela também vem depois. Quando findou a Segunda Guerra, boa parte do mundo estava afundada em caos, mas isso não foi suficiente. Iniciava a Guerra Fria, e os vitoriosos reforçaram seus planos secretos de aniquilação mútua. Isso envolvia experimentos brutais que consistiam em ministrar plutônio, rádio, tório e urânio radioativos em cobaias humanas[297]. Os testes eram feitos em hospitais, institutos psiquiátricos e até em escolas e envolveram negros, mendigos, doentes terminais e crianças. Também se aplicou drogas alucinógenas, como a mescalina e o ácido lisérgico (LSC), sem o conhecimento dos pacientes. E ainda há experimentos para o aperfeiçoamento da guerra biológica[298] com a disseminação de cepas agressivas de varíola, tulemia, tifo, antraz e outros agentes infecciosos. Isso, aliás, tem precedentes históricos em diferentes épocas.

Toda a sorte de mentiras foi utilizada para encobrir esses testes, e só muito lentamente umas poucas verdades têm vindo à tona. Uma enorme violação de princípios éticos financiada pelas altas esferas governamentais em tempos de paz... Aliás, mentiras e tragédias em tempos de paz. E tudo isso não sem os benefícios para as indústrias bélica e farmacêutica.

O século XX foi um tempo de tragédias gritantes e tragédia veladas; um marco vergonhoso no Antropoceno, fosse na guerra, fosse na paz. O século XXI não iniciou melhor. Guerras como da Rússia e Ucrânia revelaram o poder devastador da "supertecnologia" e a vitória das indústrias bélica e tecnológica. Revelar a verdade pode ser desconcertante. Buscar soluções pode ser desconcertante, mas há quem o faça. Existem outras questões em voga além da mentira.

11.14 Anatomia da Maldade

Este é um assunto de arrepiar! Quantos nomes e quantas definições para o diabo, satã, satanás, demônio, lúcifer, belzebu, príncipe das trevas...? O mal tem uma face? É possível rastreá-lo, encontrar suas marcas? Os demônios que escaparam da Caixa de Pandora eram irmãos de sangue? Filhos de uma semente defeituosa? Filhos de um determinismo biológico?

---

[297]. Projeto Manhattan.
[298] Christopher, G. W., Cieslak, T. J., Pavlin, J. A., & Eitzen Jr., E. M. (1997). Biological warfare. A historical perspective. *JAMA*, 278, 412-417.
Osterholm, M. T. (2001) Bioterrorism: A real modern threat. In Scheld, W. M., Craig, W. A., & Hughes, J. M. (Ed.). *Emerging Infections* (Vol. 5, pp. 213-222). Washington, DC: ASM Press.

Cesare Lombroso foi um médico psiquiatra de grande importância em sua época. Foi o criador da antropologia criminal e um dos pilares do Direito Penal. Ele ansiava por determinar as causas da criminalidade e, até certo ponto, foi bem sucedido, mas então Lombroso resolveu ir além. Resolveu estabelecer 'estigmas', inclusive físicos, que representassem um "delinquente nato". Analisou o crânio de assassinos, presidiários, desajustados sociais, ladrões, loucos, prostitutas, trapaceiros, preguiçosos... – pena não ter analisado o crânio de políticos e empresários proeminentes, financistas e banqueiros, milionários e ditadores...

Um cientista moderno diria que sua amostra estava viciada ou tendenciosa, mas ele não teve condições de perceber isso, pois tinha uma missão em mente, o que o desviou dos objetivos originais e dos refinamentos da ciência. Para Lombroso, uma pessoa ter mais ou menos tatuagens dava indícios definitivos de delinquência, ser mais ou menos preguiçosa, ter mais ou menos reação etílica. O "Homem de Lombroso" caiu em descrédito, mas ele havia dado passos incertos na tentativa de compreender o mal.

Samuel George Morton, seu contemporâneo, também tentou justificar seus preconceitos de racismo e sexismo, buscando encaixá-los em um determinismo biológico, mas nem um nem outro, pelo jeito, conheciam efetivamente as ideias de Darwin. Em outras palavras, usaram-nas como lhes convinha. É claro, os brancos europeus estavam no topo da escala, depois os indígenas e por fim os negros... Inclusive desenhos de crânios foram manipulados por seus colegas e admiradores, achatando-os ou alongando-os, para se conseguir um efeito mais "realista". Essas ideias enganosas permanecem ainda hoje e justificam inúmeras decisões catastróficas de mentes mal-informadas e embrutecidas.

O mal, no entanto, não estava no formato dos crânios, nem na quantidade de tatuagens ou na cor dos cabelos, ele tinha outras nuances mais difíceis de rastrear. O reducionismo é um problema reincidente, seja na mente de um leigo, seja na de um cientista.

***

O psiquiatra norte-americano Joel Dimsdale tentou um caminho diferente. Ele buscou coincidências comparando as mentes deturpadas de nazistas condenados pelo tribunal de Nuremberg. Personalidades distintas que planejaram e executaram o holocausto foram colocadas em perspectiva.

Seriam esses criminosos de guerra personalidades perturbadas desde o início ou pessoas comuns que se desviaram da sanidade em algum momento? Respondendo essa questão, Dimsdale publicou o livro *Anatomia da Maldade*[299]. Nesse livro, ele elencou entrevistas, diferentes testes, como os de Rorschach, e a opinião de cientistas eminentes que avaliaram essas personalidades. Mais do que isso, incluiu também pesquisas mais recentes, nas quais os resultados de testes dos nazistas foram misturados ao de pessoas comuns, o que chamamos de teste duplo-cego, isto é, aquele em que não aparecem os nomes dos avaliados. Para sua surpresa, e contra suas próprias opiniões originais, ele concluiu que não havia algo que fosse único, *"profundamente maligno e patologicamente horrível nesses líderes nazistas"*.

A maldade não tinha um único tom, uma única personalidade característica. Não poderia ser reduzida a uma semente defeituosa, ou à Marca de Caim, aquela visão preconceituosas e racista que perdura na mente de tantos. A maldade teria muitas formas, nuances, origens, que uma condição propícia poderia despertar nas mais improváveis e diferentes pessoas... *"eu teria chegado tão longe? [*perguntou Dimsdale*] essa é uma pergunta muito dolorosa e perturbadora"*[300]... E você ou eu, teríamos chegado tão longe?...

De fato, existem pessoas más, inábeis socialmente ou psicopatas por natureza. Elas compreendem cerca de 1 ou 2% das pessoas do mundo todo. Há uma fatia um pouco maior de oportunistas convictos. Gente arrogante, intolerante, prepotente, mas que não pode ser enquadrada como má. Quando galgam postos proeminentes, podem extrapolar e pisotear os demais, mas, normalmente, essas pessoas permanecem bem controladas por normas de conduta.

Há também uma boa cota de ingênuos, aqueles facilmente influenciáveis, mas que são bons de coração. (Lembrem-se de que a credulidade é componente importante em nossa espécie. Antes da ciência e das escolas, você precisava *acreditar* que uma cobra era peçonhenta ou teria de descobrir por si próprio. As crenças são facilitadores sociais). Os tais inocentes úteis, embora bons de coração, também são capazes de maldades. Como nos disse o historiador Rutger Bregman, *"eles anseiam por reconhecimento"*[301], anseiam em fazer parte de algo maior, e essa é uma armadilha sempre pronta a disparar.

---

[299] Dimsdale, J. E. (2016). *Anatomy of malice: The enigma of the Nazi war criminals*. New Haven: Yale University Press.
[300] Dimsdale, J. E. (2016). *Anatomy of malice: The enigma of the Nazi war criminals*. New Haven: Yale University Press. 257 pp.
[301] Bregman, R. (2021). *Humanidade*. São Paulo: Planeta Estratégia. 460 pp.

Certa confluência de forças pode colocar no poder um oportunista arrogante ou um psicopata, e aí teremos estragos em larga escala. Não precisaríamos de exemplos neste caso. Vez por outra, ascende ao poder alguém que funciona como marionete ou fantoche de eminências pardas. Esse geralmente não é um inocente clássico, e sim um oportunista pouco criativo ou desprovido de inteligência. Também não precisaríamos de exemplos explicativos para isso. Todavia, a maioria esmagadora da humanidade não tem nada de maligna. Não é oportunista nem psicopata. Pelo contrário, as pessoas costumam mostrar-se generosas e altruístas. Assim é em situações corriqueiras e em situações muito difíceis.

***

...Umas tantas vezes emergem emoções que caminham na direção oposta. Elas nascem onde não se espera..., onde não há água, nem comida, nem remédios, nem compreensão, nem paz onde nunca houve, muito menos justiça. Elas nascem da dor, da tragédia, da desolação, do abandono, da miséria, da fome devastadora, dos escombros, do lixo e da morte sem fim... Nascem onde há uma perda de todos os bens e toda e qualquer esperança. Para usar uma ideia chula, pense em perda total, hoje ou sempre, geração após geração.

A empatia é dessas emoções teimosas que andam noutra direção, e sua força – por sinal, surpreendente – é "a grande alma do mundo". Dela nascem centelhas de vida, como abnegação, altruísmo, generosidade, caridade, solidariedade e heroísmo sem nome e sem fronteiras. Dela nascem o igualitarismo, a não violência, o perdão e, até mesmo, com a devida sorte, algo que chamamos de paz... uma paz que está longe de ser covardia... pelo contrário, uma paz nascida da tenacidade e da perseverança, uma paz que teima em não dar as mãos à mentira.

A despeito de sua vergonha, os séculos XX e XXI lançaram novas cartas no jogo indefinido da humanidade, cartas ainda enigmáticas, uma onda perdida que não segue as demais. Sempre houve heroísmo sem nome, mas ele tem arregimentado multidões ultimamente. Seria esse um traço aberrante do Antropoceno? Por que o humanitarismo teima, simplesmente, em não morrer? Por que tanta gente generosa e boa? Tanta gente abnegada a reconstruir o mundo? Pessoas pobres que repartem o que não tem com os que tem ainda menos? Há algo precioso a ser revelado sobre pessoas assim, e elas não são poucas. Elas vivem e praticam a antítese do ego. Suas ações sobrevivem abaixo das cinzas, aquilo que não vemos porque não queremos ver, o que a mídia tem vergonha de mostrar, ou aquilo que os donos do dinheiro não querem que saibamos.

> *O que há em nossa natureza além do narcisismo, da violência e da maldade? Eis o ponto de virada*

Capítulo 12

A Grande Alma do Mundo

> *Há dores e injustiças insuperáveis na vida. Não precisamos aprofundá-las com nossa indiferença.*
>
> *(Andréa Pachá – Velhos são os Outros)*

> *Se você acha que é pequeno demais para fazer a diferença, nunca passou a noite com um mosquito.*
>
> *(Provérbio Africano)*

12.1 Vermelho Sangue: A Cruz e o Crescente

Estamos na Síria, um país destruído. Aleppo e Damasco, duas das cidades mais antigas do mundo e berço da civilização, são hoje escombros. Damasco já foi descrita como aquela que sobreviveu a todas as desgraças da história do mundo, mas agora parece chegar ao fim. Allepo também. Ela sobreviveu aos romanos, aos cruzados, ao massacre turco dos armênios, mas agora parece a superfície da lua. Ghouta Oriental está devastada. Suas ruas estão crivadas de crateras. Na maioria, não são mais transitáveis. Uma caminhonete progride, aos solavancos, carregando corpos de crianças. Elas estão envoltas em panos brancos. A escola foi destruída num bombardeio com todos dentro. Os prédios de apartamentos foram partidos ao meio como se fossem maquete de papelão. Alguns tombaram inteiros, virando uma massa de destroços – tijolos, madeira, ferro, corpos.

O ar está denso de poeira. Existem incêndios por toda parte. Céu e terra estão envoltas em cinza e pó, assim como as pessoas. Muita gente vaga sem rumo. Arrasta corpos exangues, sobe nos destroços, devastada de dor, arranca blocos de concreto com as mãos nuas, abre espaço com escoras de madeira em busca de alguém, trabalha, desesperadamente, com as forças que não têm. Outro par de mãos ajuda a deslocar o concreto moído. É um estranho que o faz e depois mais outro. Quanta gente desconhecida, quantos heróis anônimos! Um braço se ergue em sinal de silêncio, e todos ouvem. O gemido vem das entranhas da terra. Mais uma criança em choque em meio ao holocausto. O tempo é curto, curto demais para salvar tantos.

Duas crianças são encontradas mortas, uma de 15 e outra de 6 anos. A adolescente protegia o irmão num abraço derradeiro. Os corpos enrijecidos não puderam ser separados pelos socorristas atônitos e foram enterrados juntos. O caso ficou famoso pela dramaticidade, mas foi apenas um entre milhares.

Sete anos de uma guerra estranha, em que todos lutam contra todos. É uma guerra dentro de outras guerras. Milícias diferentes tentam impor-se para derrubar o ditador, mas todos têm aliados externos. Agora o ditador lança foguetes de gás cloro contra a cidade numa punição sem fim. As pessoas vomitam, desmaiam. Antes foi o gás *sarim* que atacava o sistema nervoso.

Pelo menos, essa é a versão da mídia ocidental, mas talvez os grotescos ataques químicos tenham outra origem. A Arábia Saudita tem interesses claros em desestabilizar a Síria, e o mesmo se pode dizer da Turquia, de Qatar e dos Estados Unidos[302]. O "ouro negro" parece estar por traz de tudo, e o comércio ou o tráfico de armas também. A Síria é uma imensa reserva de gás natural e tem portos no Mediterrâneo. Agora está imersa numa triste paralisia, e sua infraestrutura, completamente arrasada. Os interesses não manifestos, os interesses contraditórios e inconciliáveis ajudam a manter a mentira sobre a guerra civil. Assim também é com a Palestina. Interesses escusos forjaram uma guerra e um perfil de terrorismo nem sempre creditado ao verdadeiro responsável.

São muitas guerras simultâneas, uma delas é a da desinformação. A guerra das agências de inteligência é talvez a mais maligna. Ela dá respaldo às outras guerras. E nós, os espectadores complacentes dos telejornais, ficamos horrorizados e tomamos, via de regra, um partido errado. Somos a massa de manobra para a colossal fábrica de dinheiro. Somos a plateia de um cotidiano show do tipo "tudo por dinheiro". Votamos – como bobos da corte que somos – no que nos parece adequado, mas só parece... Preferimos as versões plantadas pela CIA, NSA, Black Waters, Mossad, GRU, MIT, e tudo isso porque veneramos versões teatrais e burlescas.

Uma guerra civil? Não, uma guerra de interesses escusos. Uma guerra como a da Líbia. Poços de petróleo, gasodutos, estradas... e a mão de ferro de países imperialistas que agem para desestabilizar, para causar desordem, para cooptar e depois oferecer auxílio, segurança, estabilidade. O plano é este, sempre o mesmo.

---

[302] Bandeira (2018).

Enquanto isso, os hospitais de Aleppo, que ainda estão de pé, não têm mais leitos, nem remédios, nem água, nem médicos. Somente a dor é coletiva e abundante. Os feridos entram nos hospitais em ondas como arremessados de um mar em fúria. Quem tenta organizar o caos grita ordens e gesticula, põe as mãos nas cabeça e se desespera. O que fazer se são tantos? E quem se importa se são tantos?

Mais de 400 mil mortos desde os primeiros levantes em 2010 na tal "primavera árabe". Cinco milhões de fugitivos só na Síria, no maior êxodo desde a Segunda Grande Guerra. Talvez sejam 7 milhões, ninguém conhece os números exatos. Muitos cruzam o deserto em direção à Turquia. Outros se lançam ao mar sem a menor noção de destino. Pagam para os "oportunistas da guerra" e embarcam para uma viagem sem fim. Tentam cruzar o Mediterrâneo, o *"Mare Nostrum"* dos romanos, e são abandonados no meio da viagem. Ficam à deriva sem comida nem água, com os filhos nos braços.

As balsas enferrujadas fazem água por todos os lados, e há quem se lance ao mar, a nado, numa tentativa sem sentido. Cinquenta por cento das balsas que partem da Líbia desaparecem no mar, e algumas das que chegam em um lugar qualquer são retidas longe do porto. Os fugitivos são impedidos de desembarcar. Ficam à deriva sofrendo de disenteria e desidratação aguda e morrem em frente ao porto seguro. O desespero reduz os horizontes, impede a ponderação e o raciocínio. O desespero é conveniente à guerra.

Os corpos se espalham pelo Mediterrâneo, um mar que, a essa altura, já é de ninguém. Vez por outra, um herói anônimo se lança n'água e nada, ensandecido, empurrando a balsa. Outro o imita, e depois mais outro. Fazem isso por dias e mais dias! Não há razão plausível para essa tentativa estapafúrdia, mas eles fazem mesmo assim. Estão além de suas forças. Estão além de qualquer força humana. As águas do Mediterrâneo são muito frias, e alguns afundam em hipotermia. A balsa se aproxima da Grécia, da Itália ou da Turquia, e a guarda costeira resgata os mortos vivos, para levá-los aos campos de refugiados. A grande alma do mundo morreu no corpo dos heróis anônimos, mas haverá outros. Estranho isso, não? Sempre haverá outros.

Os êxodos da Síria, da Líbia, do Sudão, da Nigéria e da Eritreia são assombrosos! Há também o êxodo de cidadãos da Somália e do Afeganistão. A mídia se cala, e alguns governos europeus erguem muros de centenas de quilômetros para barrar a imigração, existe perseguição policial e de grupos xenófobos. A polícia perde o controle e bate nos refugiados. Quase 60 milhões de pessoas movem-se em busca de sobrevivência. E ainda há os êxodos de ucranianos e russos por conta de mais uma guerra estúpida. A elitizada Europa balança sem saber o que fazer. A mesma Europa que produziu um êxodo colossal quando os nazis invadiram a França, em 1940. Talvez 8 milhões[303] de pessoas tenham partido do dia para a noite. Abandonaram seus negócios e suas casas no que foi uma verdadeira avalanche de gente, que entupiu estradas e trilhas, deixando para trás cidades vazias. Hordas intermináveis de carretas, carros, bicicletas e gente em carrinhos de mão transportando filhos, velhos e inválidos. Até Paris pareceu uma cidade fantasma.

Hoje, nessa mesma Europa, crianças são passadas por cima do arame farpado das cercas de contenção. São entregues a desconhecidos que demostram empatia. As estradas se enchem de uma horda de famintos expatriados, indesejados, perseguidos, escorraçados, espoliados. E tudo isso, em pleno século XXI, na "Era da Conectividade", na era das campanhas virtuais, da propaganda, da conquista de Marte, da informação.

Enquanto isso, o Crescente Vermelho espera uma trégua humanitária para levar água, comida e medicamentos à Ghouta Oriental perto de Damasco. Luta-se, desesperadamente, para estabelecer um corredor humanitário para a evacuação dos feridos, dos doentes, dos desnutridos, dos que estão em choque, das crianças. Quem são essas pessoas que vão em direção ao inferno? Só o mitológico Hércules (Héracles) foi ao inferno e voltou. Por que eles ousam desafiar as garras da morte, oferecendo-se como voluntários?

O Crescente Vermelho atua no Oriente Médio, na Ásia e no Norte da África[304]. Foi criado com o objetivo de compatibilizar os propósitos da Cruz Vermelha numa zona onde o "símbolo da cruz" tinha dificuldades de aceitação, devido ao antigo rancor das Cruzadas. Mas a Cruz e o Crescente são filhos de um mesmo pai, um homem cujo propósito foi a assistência humanitária aos soldados feridos na batalha de Solferino, no Norte da Itália (1859).

Hoje, ambas as instituições abarcam o mundo todo, e sua missão primordial é proteger a vida e a dignidade das vítimas de conflitos armados. Essas instituições acabaram se auto incumbindo de outras tarefas gigantescas, como a assistência médica, tratamento dos prisioneiros de guerra, busca de desaparecidos, e assim por diante. Não é possível pensar na "grande alma do mundo" sem lembrar da Cruz e do Crescente.

---

[303] Evans (2017).
[304] Hoje a organização é reconhecida em 33 países islâmicos.

Organizações com propósitos afins foram criadas em determinados locais para transcender tradições arraigadas. Assim, o 'Leão e o Sol Vermelho' foi criado no Irã, e a Magen David Vermelha, em Israel. Mais uma vez, as exigências religiosas ou de Estado passaram a interferir buscando uma glória, em parte egocêntrica, na valoração de seus próprios símbolos. Mas a ideia original é de imparcialidade, internacionalização[305] e humanitarismo, e, sabemos, qualquer iniciativa de compartimentalização vai no sentido inverso.

Na Primeira e Segunda Guerras Mundiais, a Cruz Vermelha desempenhou uma função hercúlea: a de permanecer no inferno e ajudar as pessoas. Acabou ganhando os prêmios Nobel da Paz em 1917 e 1944, mas também foi acusada de desvio de verbas. Há quem acuse a Comissão dos Direitos Humanos dos males do mundo, mas a estes falta discernimento, e, nos tempos de crise, discernimento é artigo raro.

12.2   Sem Médicos e Sem Fronteiras

Há um mundo onde as fronteiras são mera abstração, onde etnias inteiras fogem em desespero de um inimigo que nem sequer conhecem. Não entendem o inimigo porque nem sequer lhe fizeram qualquer mal. Milícias de outro país ou de sua própria terra aparecem no coração da noite, atirando, queimando e sequestrando crianças para transformá-las em soldados. Aparecem no meio da noite para estuprar jovens meninas ou até crianças. Aparecem para atear fogo às choças paupérrimas que lhes serviam de lar. Assim como vem, vão deixando as cinzas para os cães. E quem consegue fugir às pressas (e às cegas) carrega apenas os filhos nas costas. Se perde na noite dos tempos sem ter quem lhes ajude. E perdem tudo que um dia tiveram por menos que fosse.

Se você tem uma família, uma língua e um país, saiba que eles não têm mais nada disso. Vagam como zumbis e morrem de fome nos ermos do mundo ou morrem quando encontram outra milícia. E quem sobreviver, sabe-se lá como, acaba encontrando outros bandos atordoados vagando a esmo. Gente que nem fala a mesma língua, que nem tem os mesmos costumes, a não ser o estranho hábito de sobreviver ao improvável e à barbárie sem freios. Esta pode não ser a sua estória, mas é a estória deles. A "história" de uma tradição e de uma língua que lhes foi arrancada e agora a ninguém ou quase ninguém importa.

---

[305] No sentido do objetivo e da missão da organização.

Imundos, doentes, de barriga inchada, de lábios rachados e pele esticada, subnutridos irreversivelmente ou quase, eles, às vezes, alcançam campos de refugiados em Mali, Serra Leoa, Ruanda e Congo ou no Sudão do Sul. Sentam-se sobre seus próprios dejetos esperando a morte com olhos opacos. Para alguns, há pouco o que fazer, mas há muito a fazer por todos...

Jovens médicos, enfermeiros, assistentes sociais, trabalham 12, 14 horas por dia e recebem nada ou quase nada. Organizam filas, armam tendas ou espaços ao relento. Examinam aqueles corpos judiados. Dão-lhes remédios, quando há remédios a serem dados. Dão-lhes banho, se houver água, mas água não há. É um artigo de luxo, de extremo luxo. Dão-lhes comida, se houver comida. E trabalham..., trabalham em meio à insanidade coletiva, em meio à coletiva escassez de tudo.

Então chegam mais refugiados vindos da "guerra" da Síria, fugidos da Líbia, do Afeganistão, da Palestina, e continuam chegando, pois não há fronteiras para a dor, embora haja fronteiras para a opulência e para a riqueza. E quando um caminhão de donativos aproxima-se, perde-se o controle da precária ordem que havia. Todos se atropelam e se pisoteiam, porque humanidade não há, embora os tais Médicos Sem Fronteiras (MSF) se debulhem e se multipliquem, pelo menos, no esforço genuíno e sem nome. Eles são heróis, mas não sabem disso, pois o tempo lhes escapa como tudo mais.

Outra criança morre com aqueles olhos grandes na pele esticada. Precisa ser enterrada pelos pais, mas não tem pais. Também não tem país, nem língua, nem costumes. Ninguém sabe como chegou ali. Não há interpretes para tantos dialetos. Então aparecem outros refugiados fugidos do Ebola, do Boko Haram ou do comércio de escravos para as minas de cobre. Também há milicianos desertores que cansaram de matar e trucidar etnias "rivais".

São 32 milhões de refugiados mundo afora, mas a ONU não tem o controle de todos, nem mesmo reconhece alguns. Não pode acompanhar o afluxo de gente. Alguns desses locais viram vilas como as de Panian e Shamshatoo no Paquistão, e elas não são as maiores. Dadaab e Kakuma, no Quênia, e Dollo Ado, na Etiópia, abrigam, em conjunto, quase 800 mil pessoas. E ainda há os campos de refugiados da Grécia, Turquia, Jordânia, Líbano, Faixa de Gaza, Irã, Índia, Bangladesh, Nigéria, Sudão do Sul, Chade, Tanzânia, Uganda, Líbia, Argélia, Mauritânia, Mali... E os governos viram as costas para não enxergar as próprias fronteiras.

A Europa faz de conta que os refugiados não estão chegando como uma enxurrada e, como dissemos a pouco, cria muros de contenção e as cercas de arame farpado como a dos campos nazistas. Freta trens para que eles atravessem de um país ao outro sem tocar seu relicário imaculado, seu solo sagrado. E esquece que essa mesma Europa foi palco de um êxodo colossal. Logo ela, cujos países elitizados foram erguidos a custo da escravidão, do saque e da espoliação de suas colônias na Ásia, África, nas Américas e Oceania.

Enquanto isso, nos campos de refugiados, grassam epidemias, sucumbem os desnutridos e morrem de frio os desabrigados. E os Médicos Sem Fronteiras improvisam tratamentos, adaptam remédios e lutam contra tabus tribais e a incompreensão de governos. Atendem mulheres estupradas e mutiladas com galhos de árvore e canos de fuzis. Sim, a vingança demoníaca dos milicianos e dos exércitos oficiais não tem fim nem limites. E os jovens médicos voluntários, vindos de longe do caos daquele mundo, atravessam a pé áreas extremamente perigosas e caminham horas para levar uma réstia de saúde ao mundo perdido, às vilas que ninguém conhece e que nem no mapa estão.

Eles também atendem favelas que são maiores do que cidades. Favelas de ruelas tortuosas e becos sombrios, onde o lixo forma montanhas, onde o ar é pesado, onde os casebres não têm números e as condições sanitárias são inimagináveis. Não há como saber quantos ali moram. A fome abre as portas para a imunidade baixa e para epidemias sem fim[306]. E há a combinação de doenças como a Aids e a tuberculose, que trabalham em dupla num pesadelo sem trégua. Há doenças parasitárias, filhas da pobreza e da desinformação, bebês e mais bebês soropositivos sem futuro e há voluntários de jaleco branco..., mas quem são eles, esses altruístas, que redescobriram a empatia do mundo?

Importa saber que estamos no século XXI, na era da conectividade, das redes sociais, essas mesmas redes que se importam com fofocas e produzem *fake news*, mas deixam na invisibilidade o mundo real. A conectividade é seletiva, os "vampiros da realidade só matam pobres", como sentenciou a escritora e jornalista Eliane Brum em sua luta para trazer à tona a verdade crua. A indústria farmacêutica não vê os pobres da mesma maneira que os ricos, ela diz. E é verdade. Não se trata de *fake news* neste caso.

---

[306] As mais impactantes são: tuberculose, Aids, leishmaniose, cólera, malária, doença de Chagas.

12.3 Os Capacetes Azuis e os Capacetes Brancos

Faz um calor dos diabos em Yida, no Sudão do Sul, um campo de refugiados paupérrimo. Simplesmente respirar já é bastante difícil. Os tanques de combate da ONU apontam para a massa de corpos esqueléticos e despejam sobre eles água. Os Capacetes Azuis não têm muito mais a fazer, e a água acabará logo. Eles tentam organizar filas de cadastramento, mas a coluna de gente maltrapilha que aflui pela estrada poeirenta, carregando trochas na cabeça, perde-se atrás do relevo distante. Gente, gente, gente – só isso –, gente que nunca para de chegar, um mar de gente. Parece até que o mundo, além das colinas, esvaziará. Como é possível tanta gente sem lar!?

Os Capacetes Azuis, o exército da ONU[307], foram idealizados como uma força de paz a se interpor entre exércitos rivais, supervisionar a retirada de tropas e mediar ou monitorar eventuais cessar-fogo. Assim, vez ou outra, são pegos no fogo cruzado. Esta foi a linha mestra da força de paz na proteção do Canal de Suez, isto é, uma espécie de força tampão. Além disso, dão guarida aos monitores dos Direitos Humanos e aos observadores internacionais e podem atuar na reconstrução da ordem pública.

Essa vocação original deu tanto bons frutos quanto dores de cabeça. Manipulada por intenções ocultas e por dezenas de facções, a ONU e suas forças de paz resvalaram aqui e ali. Acusam-na de interferir nas eleições dos governos de transição. Acusam-na de abusos sexuais. Seria de esperar que algum problema emergisse do caos, já que a paz é mais complexa que a guerra.

Hoje, o papel humanitário dos Capacetes Azuis toma cada vez mais espaço. Os próprios desastres naturais – terremotos e furacões –, entraram para a esfera das forças de paz. Porém, considerando o caos político internacional, as inumeráveis nuances tribais, as diferenças culturais e abordagens particulares sobre o melhor caminho para reconstrução de um país arrasado, tornaram esses esforços desgastantes. Burundi, Mali, Sudão do Sul, Congo e Haiti são exemplos de esforços imensos ou mesmo heroicos e soluções incompletas.

Enquanto os Capacetes Azuis lançam alimentos de aviões para as hordas sem fim, tentando amenizar as condições grotescas dos campos de refugiados, as críticas à sua atuação aumentam e ganham ouvidos pouco críticos. Pensa-se em restringir seus limites de atuação. Pensa-se em cortar verbas. Confere-se medalhas aos mortos em ação, mas não se chega a conclusões definitivas, até porque não há soluções definitivas. O mundo continuará mudando.

---

[307] *United Nations Peacekeeping Forces*

Na ONU, há uma participação desigual dos países membros, e os avanços são lentos. Existem vetos que podem vir dos cinco países que formam o Conselho de Segurança[308]. Dois desses são falsas democracias, em que se pratica eleições de "faz de conta". Os cinco são ou foram colonialistas. Dois desses países estão sempre envolvidos em conflitos, geralmente apoiando lados opostos. Seus interesses são mais importantes do que o dos mais de 60 milhões de deslocados, famintos, perseguidos, ultrajados. Pelo menos metade são crianças, muitas delas sem pais (e hoje também sem país).

***

Em 2013, quando Aleppo era só poeira branca e dor, surge um grupo de voluntários intitulados de "Capacetes Brancos", membros de *uma* Defesa Civil da Síria. Sua função seria a de resgatar pessoas soterradas nos escombros da cidade destroçada. Sua proposta humanitária (e, portanto, não bélica) era a de resgatar qualquer cidadão ou soldado sem distinção. Vista sob esse ângulo, não haveria o que comentar. Cidadãos sem treinamento e cuja iniciativa e neutralidade estariam além de qualquer dúvida. Até um Prêmio Nobel da Paz foi cogitado a eles. Mas, então, apareceram críticas e desconfianças...

A proposta midiática do grupo se entrelaçava ao braço armado sobrevivente da Al Qaeda. Milicianos e Capacetes Brancos eram vistos juntos, portando armas e comemorando. Alguns vídeos divulgados mostram falhas de montagem, parecendo curiosamente encenados. O que pensar de tudo isso? Quem estava com a verdade: a propaganda ou a contrapropaganda? Ou ainda nenhuma delas? Seremos injustos com um esforço genuíno ou seríamos inocentes úteis mais uma vez? A guerra na Síria simplesmente não existiria, e os milhões de refugiados na Grécia, Itália e Turquia seriam pura imaginação do Ocidente? (Há quem apoie essa ideia). Que loucura coletiva é essa de notícias falsas contraditórias e de manipulação da verdade?

De um lado da propaganda estão os norte-americanos e do outro seus arqui-inimigos, os russos. Um colocando a culpa no outro. No meio disso tudo, a dor, as famílias fragmentadas, os bombardeios de ambos os lados e os presidentes falastrões apoiados por sua mídia estatal. É o caminho da desordem mundial. Em meio a esse redemoinho, existem diferentes grupos

---

[308] São eles: China, Rússia, Estados Unidos, França e Inglaterra.

milicianos rebeldes e terroristas consagrados, mas separá-los é uma tarefa sombria. Os Capacetes Brancos são acusados de receber milhões de dólares americanos à guisa de reconhecimento humanitário, mas o dinheiro financiaria a Frente al-Nursa contra o ditador Bashar al-Assad.

Assim, estaríamos falando de dinheiro para a guerra, e não para a paz, dinheiro para a matança, e não para o salvamento, dinheiro para produzir escombros, e não para removê-los. Seja como for, existe outra Defesa Civil na Síria, que age sem trégua salvando pessoas, mas qual é essa defesa civil? Ela recebe apoio internacional? Ela recebe atenção da mídia e prêmios de reconhecimento? Ou ela trabalha em silêncio abaixo dos escombros no submundo de Aleppo, uma das cidades mais antigas do mundo? Quem são os verdadeiros socorristas?

Por sua parte, Bashar al-Assad, o tirano, faria negócios com o Estado Islâmico à guisa do petróleo e seria apoiado pela Rússia. Aviões russos e norte-americanos bombardeariam diferentes alvos nas mesmas cidades, transformando-as num monte de entulho. Todos são alvo de todos. E ainda há os exércitos separatistas, como o Exército Democrático da Síria, e os revolucionários do Exército Livre da Síria. São nomes diferentes, mas todos torturam a todos para obter informações. Decapitações, crucificações, tortura. O povo não tem comida, nem liberdade, e ninguém mais confia em ninguém. A escuridão se fecha num abraço mortal.

12.4 Estamos Todos Órfãos

Talvez você não queira ler o que segue... É seu direito...

Estamos ou estaremos órfãos. Pensem nos bebês soropositivos das favelas de Bangladesh ou Johanesburgo. Pensem nos meninos-soldados do Congo ou do Burundi. Pensem no flagelo dos tutsis e dos rohingyas. Pensem na guerra da Síria, do Iêmen, do Mali, da República Centro-Africana, da Nigéria, da Palestina... Pensem nas minas terrestres que fazem órfãos muito depois das guerras. Pensem nas crianças aliciadas pelo tráfico de drogas no Rio de Janeiro, na cidade do México ou na sua cidade. Elas também são crianças-soldados. Pensem no alcoolismo, na prostituição, na pobreza extrema e nos bebês abandonados num beco, numa lixeira ou jogados numa vala. Pensem nas cidades violentas – são tantas – e nas balas perdidas. Pensem no tráfico de bebês e de crianças.

Se quiserem extrapolar, pensem no que fez a Segunda Grande Guerra, talvez a mais maligna na produção inconcebível de órfãos! Só nessa guerra foram quase 13 milhões! Quase 13 milhões de crianças sem mães nem pais, sem infância e sem memória e, muitas vezes, sem nome e sobrenome. Crianças cujos sonhos sufocantes incluem a prisão nos guetos, fuzilamentos, enforcamentos, decapitações, frio enregelante e fome das mais brutais. Muitas delas usadas como um "depósito de sangue" em transfusões para os soldados nazistas feridos. Leia-se aqui: transfusão total do sangue! Mas quem se importa com números. Há uma saturação de números e um desleixo com as emoções alheias.

Nos países do Leste Europeu, na chamada frente russa, a brutalidade foi ainda maior. Pais, mães, tios e avós morreram no "front", nos bombardeios e nas chamas que consumiram vilas e cidades inteiras. Morreram protegendo seus pequenos ou porque não tiveram forças ou tempo para escapar na evacuação, não de uma aldeia, mas de países inteiros. Colunas intermináveis de pessoas fugindo com os filhos no colo ou levando crianças que não eram suas, mas que eram a alma do mundo.

Os generais de Hitler propunham o extermínio total. Eram cautelosos devido à extensão da União Soviética. Quem ficasse para traz poderia ajudar os *partisans*, e assim se matava e em frenesi. Matava-se também cavalos, ovelhas, porcos e cães, para que nada restasse, para que nada prendesse as pessoas à sua querida terra. E foi assim que a Bielorrússia (hoje Belarus) foi estraçalhada... Transformou-se numa montanha de corpos inchados e putrefatos, em nuvens sufocantes de moscas, em valas de sangue... e num país de órfãos...

Muitos destes órfãos foram escravizados e levados para a Alemanha, tendo de arar a terra congelada com as mãos, cavar sepulturas, transportar fardos de feno nas costas como estivadores, semear a terra com as cinzas dos corpos calcinados de seus pais ou amigos nos campos de concentração. E eram crianças arrancadas da infância pela guerra... A escravidão de crianças é um dos produtos mais bárbaros da humanidade! Crianças de 12, 8, 6 anos... Criancinhas.

***

Diz-se que, de dois em dois segundos, uma criança no mundo perde o direito de pertencer a uma família e a ter uma vida normal. São mais de 200 milhões de órfãos. Os números oscilam, dependendo das fontes de consulta, mas quem se importaria se fossem 180 ou 216 milhões? A mídia cotidiana transforma tudo em números, e há pouca humanidade nos números. E 15% desses órfãos acabará suicidando-se antes de se tornar adulto, e vários outros milhões sofrerão de depressão e não terão como ser tratados. Nem saberão que estão doentes. E muitos passarão fome e de fome morrerão.

Só na Índia são 25 milhões de órfãos em números conservadores! A China, o tigre do Oriente, um país sabidamente em franco crescimento, só fica um pouco atrás. Depois estão Nigéria, Indonésia, Etiópia... No Iêmen, ninguém sabe quantos são e não se importa com a guerra infinita que grassa por lá. No Haiti, eram 400 mil órfãos antes do terremoto. Depois vieram dois furacões, e o mundo perdeu a conta. Na África, a Aids é a principal causa dessa devastação humana, é o próprio vórtice da morte. O fato é que o mundo não sabe o que fazer, não tem ideia de como reverter essa tendência.

O Fundo das Nações Unidas para a Infância (Unicef)[309] é obrigado a reformular suas previsões em poucos anos. Seus cálculos, por sinal dedicados, parecem nunca satisfazer. A Unicef assume a possibilidade de estimular a adoção internacional, mas o que isso faria das culturas, das tradições humanas, das etnias? O passado cultural dessas crianças estaria definitivamente apagado, ou, pelo contrário, seu futuro seria reconstruído do nada? As adoções são o caminho mais imediato, mas cada país tem suas próprias normas ou restrições, e uma auditoria independente da ONU parece fundamental.

Algumas pessoas pensam que a marca registrada de nossa espécie seja o altruísmo. Pensam que "adotar" seja um verbo só conjugado apenas por nós. Até sabem que cães e gatos são capazes de adoção, mas veem isso como exceção. **Ledo engano:** a adoção ocorre largamente em mais de 120 espécies de mamíferos. Ocorre também em mais de 150 espécies de aves. Definitivamente, não somos os únicos! O que vemos como trunfo humanitário é partilhado por outras espécies sociais. Não fazemos nada mais do que fazem as aves e os demais mamíferos. Viver em sociedade leva naturalmente à adoção. Algumas espécies de focas protegem e dão de mamar a filhotes perdidos ou órfãos na confusão da colônia reprodutiva, e isso é uma prática comum. Alguns órfãos chegam a receber mais atenção do que o filhote legítimo. Assim, nossos tabus culturais de adoção são um engodo (mais um dos quais nos permitimos).

---

[309] United Nations Children's Fund – Unicef (https://www.unicef.org/).

Se, por um lado, as adoções andam lentamente, a Unicef tem vencido, gradualmente, outras batalhas diárias. A desnutrição infantil é uma delas. Na Etiópia e no Sudão do Sul, os níveis de desnutrição são tão graves que simplesmente inibem, irreversivelmente, o desenvolvimento físico e cognitivo das crianças. Nesse caso, as ações humanitárias precisam focar precocemente as mães e amas de leite, envolvendo-as em programas nutricionais educativos e no uso de suplementação alimentar. E há também os esforços sanitários, de higiene pessoal, imunização, educação e proteção contra abusos físicos ou morais e de trabalho escravo, inclusão social e igualdade, além do desenvolvimento dos adolescentes e do atendimento a crianças deficientes... A lista de atuações da Unicef é longa, mas, em resumo, trata-se de restaurar a dignidade das crianças.

Se as crianças são a alma do mundo, então a ONU vem marcando seus melhores pontos aí. A Unicef surgiu depois da devastação da Segunda Guerra Mundial e visava originalmente a atender os órfãos da Europa, mas hoje alcança mais de 150 países. Sua irmã mais velha e menos conhecida é a "Save The Children"[310], que surgiu por razões gêmeas após a Primeira Guerra Mundial. Suas ações humanitárias abarcam mais de 120 países. Uma e outra, junto de seus milhares de voluntários mundo afora, são o coração pulsante da alma do mundo. Há uma legião de heróis anônimos.

Se nós estipularmos que órfãos são aquelas crianças sem pais, poderíamos estar incorrendo em mais um de nossos muitos erros. Existem crianças com pais que não recebem qualquer afeto, nem atenção. São números apenas. Números para servir de bônus nos planos assistenciais. São crianças que nunca tiveram infância, nunca foram protegidas. São corpos de criança e mentes de adultos deprimidos, que vivem os mesmos horrores dos outros órfãos, mas que não entram nas estatísticas porque não têm documentos, nem passado nem futuro.

Deles, nem a Unicef nem ninguém se encarrega, porque os que vivem na bonança nada sabem e não se interessam em saber. A mídia não os vê. Os governantes não os veem. As classes sociais abastadas não os veem, nem as classes remediadas. Ninguém os vê. Mas há de haver um acerto de contas... pois a Caixa de Pandora está aberta...

---

[310] https://www.savethechildren.org/

12.5 O Pássaro e o Elefante Cinzento: Salvando Espécies da Extinção

Algumas perguntas atormentam a humanidade já faz um bom tempo. Somos senhores do nosso destino? (E do destino dos outros animais? E plantas?). Nossas escolhas – nossos acertos, erros e nosso tão estimado livre arbítrio – podem pesar na balança e permitir futuros diferentes? Ou somos reféns de um destino inexorável, onde todo nosso esforço pouco interfere na trajetória da vida? Diferentes culturas têm abordagens próprias sobre o tema e não é fácil encontrar exemplos contundentes para conceder a vitória a um desses dois contrapontos.

Isso me faz lembrar a pequena e constrangedora fábula do incêndio na floresta.

Os animais fugiam espavoridos em hordas frenéticas saltando as labaredas mortíferas, que calcinavam cada arbusto e cada corpo retardatário. Tinham os olhos arregalados e o cérebro embotado de pânico. Fugiam sem olhar para trás com os pelos chamuscados. Mas havia um personagem que não combinava com a cena. Estava envolvido numa faina improvável, numa tarefa digna de Hércules. Era um pequeno passarinho que ia e voltava incansável. Molhava suas frágeis asas num lago e retornava ao fogo, que subia em espirais demoníacas. Sacudia suas asinhas ali e novamente voltava ao lago. Estava comprometido demais, devotado demais àquela tarefa. Em um passo trôpego apareceu um grande elefante e este não pode deixar de notar o intrépido passarinho que voava em meio às chamas.

– Entendo o seu propósito – disse o elefante suspirando pela enorme tromba – sem dúvida é um ato de coragem e altruísmo, mas não há mais o que fazer aqui. A floresta está condenada. Fuja enquanto é tempo ou a onda de calor vai matá-lo.

A ave que molhava suas asas no lago, por um breve instante fitou o gigante. Seus minúsculos olhos negros faiscavam com a luz do fogo. Ela viu um elefante cinzento cercado por densos rolos de fumaça. Era um tempo cinzento aquele. Então, impaciente, como se não desejasse perder mais tempo ela simplesmente disse:– Também entendo o seu propósito, mas não se trata de estar condenada ou não. Só estou fazendo a minha parte! – e ela falou olhando diretamente para a tromba descomunal do elefante.

Dizendo isso, o passarinho de asas molhadas partiu como um raio em direção as garras do fogo... Em direção ao inimigo feroz...

Essa pequena grande história contém quase tudo que é necessário saber sobre a conservação da natureza. É, em si, uma lição de vida insuperável. Deixa-nos saber, com clareza, que a maioria de nós é uma horda em fuga, desorganizados, em pânico e confusos. A confusão é tudo o que desejam os mentores do progresso burro. (Sim! Existe um progresso inteligente, mas ele requer parcimônia e clareza, requer boa vontade e pouco ego). Já o progresso burro requer que as pessoas não pensem. Requer que elas simplesmente aceitem o que está por vir. Requer subserviência e até mesmo escravidão mental. Os mentores do progresso burro são os mesmos da escravidão, e não há nada de surpreendente nisso, ou há?

A personagem do elefante é um pouco mais complexa. Ela vende uma ideia de quem faz uma leitura precisa da situação. Considerados todos os prós e contras, não há mais o que fazer no tal incêndio. É isso que diz o elefante. Além do mais, seu cérebro grande sugere inteligência. Mas há um ou dois pontos que não combinam com a realidade. Como poderia ele saber do futuro? (E nisso todos estamos em pé de igualdade). Como poderia ele saber se o lago não barraria o fogo? Ou mesmo um caminho largo na mata não faria o mesmo? Como poderia ele saber que não desabaria uma tremenda tempestade logo a seguir? A princípio, pode parecer que a personagem do elefante esteja imbuída de honestidade e compaixão, mas pode existir outra nuance, algo disfarçado aí.

No mundo real, existem os mensageiros da má fé. Eles vêm até você só para pedir que desista de seu propósito. Dizem que não há o que fazer. Dizem que a situação não tem como ser revertida. Fazem um ar de complacência e enfado, mas se, por qualquer razão, insondável, você não desistir de seu propósito, eles somem como se não lhes tivessem dito nada. Esses são os verdadeiros 'agentes secretos' enviados pelos mentores do progresso burro.

Já o passarinho é um ente mais raro. Sua determinação – por sinal extraordinária – não tem o objetivo da glória ou do reconhecimento. Ele está apenas comprometido com suas convicções. Como o elefante, ele também não conhece o futuro, mas está ali a despeito disso. Se suas asas molhadas são ou não uma ferramenta inócua, isso não vem ao caso. Ele acredita que a floresta mereça ser salva, independentemente de que sua ação pese na balança.

Em minha vida, conheci alguns *passarinhos* desse tipo, ou melhor, algumas pessoas com essa formidável determinação. Olhando agora para essa parábola, vejo que o passarinho sublima aquelas duas questões intangíveis feitas no início. Não faz diferença se somos capazes ou não de mudar o destino das coisas, pois não conhecemos o futuro. Sem conhecer o futuro, as questões sobre o livre arbítrio acabam ficando em segunda ordem. O que importa é o comprometimento com as próprias convicções, mesmo que isso requeira um milhão de viagens entre a superfície tranquila do lago e as vorazes garras do fogo.

A Conservação da Natureza e as ações humanitárias aqui tratadas têm muito em comum. Não são oriundas de programas de Estado, pelo contrário, são iniciativas de Organizações Não Governamentais (ONGs). Tendem a ser vistas pelos governos como algo piegas e sentimental, mas, em verdade, são esforços pragmáticos e de coragem. As ONGs conservacionistas, os Médicos sem Fronteiras, a Cruz Vermelha e a Unicef são a pedra no sapato dos governos corruptos. Tais esforços tendem a ser vistos por esses governos como inciativas para reparar pequenos danos colaterais, mas não é assim. O que elas fazem é reparar os grandes danos e a omissão desses governos. Elas deveriam estar na origem de todos os programas políticos como ações prioritárias. Deveriam ser a ponta de lança de nossos propósitos.

Ao permitirmos – por omissão – a devastação das florestas, o aterro dos manguezais, a poluição do solo e do ar, o acúmulo de lixo nos oceanos, a destruição dos estoques pesqueiros, estamos aceitando a morte precoce de nosso planeta, de nosso *oikos* (em grego, casa ou família). Assim, estamos ou estaremos todos órfãos. É uma mera questão de tempo, um tempo que não temos.

O progresso burro é extremamente caro e a mãe de todos os desperdícios! Pelo contrário, o progresso inteligente, aquele que coloca a Conservação da Natureza como baliza, é muito mais barato e duradouro. Exige mais criatividade, é claro, mas criatividade é uma habilidade que não nos falta como espécie.

Se você for um desses "passarinhos que molham as asas para apagar o fogo", será como o médico sem fronteiras que tanto admira. Até porque, para a conservação da natureza, também não há fronteiras. Sim, há e haverá um custo pessoal nesse envolvimento, e poucas vezes você saberá se o seu esforço rendeu frutos. O que aprenderá é que biodiversidade não é apenas uma palavra cujo sentido escapa às pessoas. Uma espécie a menos é também um mundo mais pobre, um mundo com menos "serviços ecossistêmicos", como dizem os ecólogos. Infelizmente, não se trata de apenas uma espécie a menos, são centenas de espécies que perdemos por ano ou talvez milhares[311]. E esses são números bem conservadores! Sim, caminhamos para uma pobreza progressiva no quesito biodiversidade.

---

[311] Fonte: *World Wide Fund for Nature* (WWF) ou Fundo Mundial para a Vida Selvagem e Natureza.

O nível de pobreza humana na Libéria, na Eritréia, no Zimbábue ou em Burundi também escapa a maioria de nós, nós que vivemos na bolha urbana das cidades ricas ou remediadas. Mas se essa realidade esmagadora nos escapa, não é porque a pobreza seja uma palavra sem força. Sua força é tal que fingimos ignorá-la. Mas essa omissão é como a do progresso burro, que a cada dia onera mais a nossa mente e o nosso corpo, nos tira a iniciativa e a vontade e nos põe doentes. Somos todos o "elefante cinzento" da fábula ou nem isso. Talvez outro animal atarantado em fuga. Cada um de nós pode escolher suas ações, e omitir-se é também escolher.

12.6   O Igualitarismo e as Sementes da Paz

É muito fácil reconhecer um ditador. Ele parece ter frequentado a mesma escola, uma escola sem liberdade de pensamento e, às vezes, sem qualquer pensamento. O igualitarismo, dizem eles, é uma ideologia perniciosa. É coisa de socialistas, comunistas...

Talvez não haja bobagem maior a ser dita, mas existem otários suficientes para cair nessa armadilha primária. As visões reformistas, pós-revolução francesa, mexeram num vespeiro real, e desde então o igualitarismo ganhou nuances de "conspiração" de esquerda, de denúncia, de reforma agrária, de radicalismo, de invasão de propriedades, e assim por diante. Essa visão foi utilizada e adaptada pelo marxismo, pelo maoísmo... e, portanto, considera as perspectivas da política, da ideologia e da justiça, ou mesmo da filosofia.

Tudo isso é muito recente no que se refere ao animal humano. É um debate a ser compreendido – certamente –, mas não o único. Ambos os modelos de ditadores, sejam eles de direita ou esquerda, usam o assunto da forma como lhes convém e, via de regra, de maneira superficial e maldosa. **Igualitarismo não é reformismo, muito menos radicalismo ou conspiração,** e não nasceu com o marxismo nem com Robespierre, Rousseau ou Babeuf. O que nasceu com eles foi um igualitarismo político e de direitos, nem por isso menos importante. Mas isso deixemos aos filósofos, historiadores e aos cientistas políticos qualificados.

No que tange ao animal humano, existem questões que os ditadores não podem compreender ou, evidentemente, não querem, pois tais questões afetariam seu poder de mando e seus valores pouco humanitários.

As maneiras pelas quais o animal humano decide seus caminhos vai além das questões puramente políticas, ideológicas, judiciais ou filosóficas.

Bem antes disso, existem as questões biológicas, sociais e pessoais. Elas estão na essência de todos nós (e sempre estiveram através dos tempos), desde que decidimos partilhar a carniça roubada de uma animal abatido pelas hienas na savana africana; desde que "decidimos" sair da África, desde que decidimos partilhar a técnica de fazer um gume cortante numa pedra solta. Decidir, evidentemente, é uma palavra que precisa ser definida com precisão, mas aqui o ponto é outro e se chama de igualitarismo.

Somos animais gregários, e essa capacidade social é adaptativa sob o ponto de vista da evolução. É certo que as sociedades mudaram ao longo do tempo e tiveram de se adaptar às novas condições. É certo que um pastor de ovelhas ou cabras, na Pré-História, tinha necessidades diferentes dos que plantavam sorgo, cevada ou ervilhas. As sociedades nômades e as sedentárias foram se remodelando paulatinamente. As sociedades agrárias ou mistas cresceram em número de indivíduos, e novos desafios se apresentaram. Novas decisões tiveram de ser tomadas, consciente ou inconscientemente.

Havia coisas que eram boas para mim e ruins para você e outras que eram boas para ambos. É aí que devemos procurar as sementes da paz. É sabido que um mar calmo não faz um bom marinheiro e, por essa razão, as sociedades se transformaram considerando o balanço débil – mas eficaz – do igualitarismo. Mesmo nas sociedades urbanas, muito mais complexas, surgidas inicialmente na Ásia Menor, esse balanço mostrou sua eficiência.

A política, as questões judiciais e filosóficas já estavam em voga nas sociedades urbanas antigas, mas o igualitarismo não tinha nada de conspiração, nem radicalismo, nem reformismo. Não era coisa perniciosa. Era (e é) uma possibilidade. Nem Robespierre nem Karl Max, nem esquerda nem direita pairavam por aí.

Assim, o igualitarismo, em essência, é um atributo biológico e social. Ele é natural. Mais do que isso: é anterior ao animal humano, como veremos logo mais. O filósofo Voltaire meteu os pés pelas mãos quando asseverou que os animais, por não possuírem deveres recíprocos entre si, não dependiam de outro ser vivo para viver, ao contrário dos homens. Bem, Voltaire não era biólogo. Se fosse, estaria ruborizado no túmulo. É óbvio que animais gregários possuem deveres recíprocos e dependem de outros para viver, mas tudo bem, nosso renomado filósofo não era um bom observador da natureza. Ele deveria ter lido Aristóteles ou observado os cães de Paris.

Somos uma espécie mimética, desesperada por copiar fórmulas que funcionaram. Mas aqui não há qualquer fantasia nostálgica de volta ao passado. O passado não se encaixa agora. Fato é que somos o que nosso potencial bioquímico, neurológico, comportamental, fisiológico permite. O igualitarismo está na natureza das sociedades humanas e pré-humanas e sempre funcionou muito bem. Ele é um caminho que conhecemos faz tempo, muito antes de ser visto como coisa perniciosa.

***

Antes mesmo da relação conflituosa e burra, do embate entre esquerda e direita, o igualitarismo também trilhou um caminho sinuoso nas sociedades moldadas por religiões. Na Índia antiga e ainda hoje, o sistema de castas produziu um alarmante grau de desigualdade. As castas mais baixas, que eram várias, eram taxadas de sujas, e considerava-se que contaminavam as demais. Os grupos proscritos tinham de comer em vasilhas quebradas e tinham de avisar sobre sua aproximação tocando uma matraca de madeira ou gritando a intervalos de poucos passos, alertando sobre sua presença contaminadora.

Visto hoje (e principalmente sob o ponto de vista ocidental), esse comportamento soa como aberração. As castas soam como aberração. No entanto, as sociedades ocidentais, em países de democracia liberal, têm suas castas com outros nomes e, geralmente, chamam os pobres de sujos, de perigosos, e assim por diante. Também chamam seus oponentes de sujos, de perigosos, e assim por diante. Fogem do igualitarismo como se fossem padres fugindo de um demônio imaginário; ou, muito pior, sabem que se trata de um demônio imaginário, mas fazem questão que os demais fujam dele.

Justamente por isso, esquerda e direita, quando extremas – marxismos, trotskismos, chavismos, fascismos, nazismos – acusam o outro de demônio, de sujo, de perigoso. Essa é uma boa receita para detectar uma proposta ditatorial, uma proposta na qual o indivíduo (leia-se, você) não terá importância nem agora nem nunca. Propostas igualitárias não têm um demônio no lado oposto e talvez não tenham um lado oposto.

Em tese, numa democracia verdadeira, você poderia escolher entre duas ou mais proposta igualitárias sem tropeçar em demônios. E se você tropeçar neles, então fique alerta: talvez, mas só talvez, você esteja começando a se enredar... seja na política, seja na religião. E lembre-se: a política e a religião, em sua origem, são libertadoras; enredar-se nelas, uma patologia.

12.7 Ahimsa, o Lotus e o Tao

Há uma escalada de violência que é marca indelével de nossa espécie. Todos temos genes briguentos, e, dependendo das condições, eles fazem valer seu *modus operandi*. Mas também temos uma herança bonobo, dos assim chamados chimpanzés pigmeus. O notável etologista Frans de Waal nos tem lembrado, muitas vezes, que os bonobos são nossa contraparte pacifista. Isto é, temos os genes da paz de nossos parentes longínquos, e eles podem emergir, se deixarmos.

Há quem conheça caminhos menos hierárquicos e preconceituosos, menos apegados a riquezas e privilégios..., menos apegados ao ego. Podem ser caminhos religiosos, filosóficos ou leigos, tanto faz. Ahimsa é um deles...

Em meados do primeiro milênio antes de Cristo (ou mesmo mais além), nas remotas fronteiras que viriam definir Índia e Nepal, veio à tona um movimento que acabou sendo conhecido por jainismo, uma estratégia de comunhão com todas as criaturas para amenizar os sofrimentos do mundo. Pessoas iluminadas, conhecidas por Tirthankaras, os "fazedores de caminho" ou "fazedores de vau"[312], transmitiam seus ensinamentos, que incluíam a "não violência" (Ahimsa). O mais conhecido desses mestres foi Mahavira[313], um contemporâneo de Buda. Mahavira pertencia à casta dos guerreiros (xátrias) e viveu no luxo durante a primeira parte de sua vida. Isso é particularmente emblemático, já que a não violência e a pregação da empatia por todos nasceu de quem havia sido educado para a guerra.

Para ele, a violência tinha origem no desejo de possuir ou controlar. Considerava também que nenhuma verdade era absoluta e que apenas por meio da integração de diferentes pontos de vista poderíamos aproximar-nos da verdade. Mais ainda, à noção de que os vários pontos de vista sobre a verdade não são a própria verdade. Nesse e em muitos outros aspectos, o jainismo encorajava a considerar o pluralismo de opiniões e a não se apegar às próprias ideias. Pensando em atualidades, o jainismo colocou em prática a proposta de uma sociedade igualitária, como vimos anteriormente.

A Índia era um caldeirão em efervescência nesse tempo longínquo. Jainismo, hinduísmo e budismo produziram e desenvolveram a ideia de karma, de tempo infinito, de ausência de posse e, logicamente, de Ahimsa. Todas essas religiões ou filosofias, dependendo do ponto de vista, se influenciaram mutuamente e desenvolveram a meditação como prática de vida.

---

[312] O vau é uma passagem segura através de um rio.
[313] Mahavira foi o 24º desses mestres *Tirthankaras*, donde se depreende a Antiguidade do jainismo.

Hoje os neurocientistas sabem que a meditação atua justamente sobre as áreas do cérebro relacionadas à empatia e que seu efeito desperta a empatia.

Embora bem menos conhecido no Ocidente, o jainismo tem, pelo menos, 4 milhões de seguidores. O budismo, difundido pela Ásia, pelas Américas, pelo Caribe e por parte da Europa, alcança 500 milhões de seguidores, e o hinduísmo, mais de 1 bilhão pelo mundo. Estamos falando, portanto, em mais de 1,5 bilhão de pessoas praticantes da não violência! Por certo, Ahimsa não serve como exemplo de iniciativa fracassada, como pensam alguns. É um caminho possível e uma escolha.

***

As ideias de Ahimsa, da reciprocidade das emoções, da unicidade dos seres humanos, do apaziguamento, da benevolência, espalharam-se pelo mundo e influenciaram leigos, salmistas e religiosos de outras vertentes. Padres franciscanos, hereges cátaros e programas da ONU[314] endossaram a não violência. Mas, no mundo moderno, ninguém ficou mais engastado a essa ideia do que Mohandas Gandhi (1869-1948). Sua resistência à opressão colonialista inglesa na Índia, pelo método pouco ortodoxo da "não resistência", conseguiu romper os grilhões do Império britânico. Todavia, essa regra de ouro não protegeu Gandhi, que acabou assassinado. Também não impediu que o fundamentalismo religioso e o nacionalismo (sempre ele) acabassem por turvar a visão dos ativistas e grupos paramilitares. No entanto, Gandhi globalizou a ideia da não violência, e ela parece funcionar muito bem nas raízes comunitárias. O salto está em fazê-la funcionar nos governos...

***

Kǒng Qiu foi um sujeito prático. Nascido em meados do primeiro milênio a.C., no que hoje é a província de Shantung (ou Xantung), ao leste da China, dedicou-se, desde cedo, ao sustento da família. Foi contador, professor e um funcionário público menor, mas muito dedicado à ética e ao Estado. Basicamente, não aprovava a tirania. Para ele, o Estado existia para benefício do povo, e não o contrário. Embora pregasse o respeito às autoridades, era um humanista no sentido que concebemos hoje e um igualitarista.

---

[314] *International Decade for the Promotion of a Culture of Peace and Non-Violence for the Children of the World.*

Viajou muito e dedicou-se a divulgar ideias para uma vida melhor. Ideias, aliás, simples e poderosas que podiam ser compreendidas por quase todo mundo. Essas mesmas ideias viajaram por 2 mil e quinhentos anos sem perder a atualidade e a eficiência, um feito particularmente extraordinário. Sua interferência no pensamento chinês foi notável e só encontrou obstáculos na revolução maoísta. Isso é particularmente interessante e revelador. Justo o partido comunista não via com bons olhos sua regra de ouro – *"não faça aos outros aquilo que não quer que seja feito a você"*. Isso deixa bastante claro que o comunismo não inventou o igualitarismo, pelo contrário, o negou desde o princípio. O comunismo, assim como o capitalismo ou o nazismo, contém castas e prevê a dominação completa, portanto não são ideologias igualitárias.

A simples leitura das frases de Kǒng Qiu desperta uma empatia genuína. *"Se você tem uma laranja e a troca com outra pessoa que também tem uma laranja, cada um fica com uma laranja. Mas se você tem uma ideia e troca com outra pessoa que também tem uma ideia, cada um fica com duas."* Esta é uma poderosa visão igualitária que os governos modernos estão longe de aprender, mas que o cidadão comum pode fazê-lo com facilidade e prazer.

Esse era o caminho (o Tao) de Confúcio, nome pelo qual ficou conhecido no Ocidente[315]. Nosso mestre Kǒng cultivava a empatia em todos os níveis, iniciando pela família e alcançando o Estado. Ele pregava que era possível trabalhar as pessoas como um escultor habilidoso trabalhava uma pedra bruta[316], e dessa forma era possível trabalhar a humanidade de cada um.

Pouco depois da morte de Confúcio, outro mestre itinerante chamado Mozi também martelou que o Estado deveria trabalhar as ideias de empatia e de "levar os outros em consideração tanto quanto nos levamos"[317]. Mozi, era um homem do povo, um artesão, cujo apelo foi ainda mais forte e mais longe.

As ideias de Confúcio, Mozi e o Taoísmo (ou Daoismo) influenciaram não apenas a China, mas também a Mongólia e a Coreia, numa larga escala de tempo, desde o Neolítico ao século XXI!!! Assim também tem sido com o budismo e o hinduísmo. Essa epopeia do pensamento humano, que inclui a benevolência e as práticas de livrar a mente de teorizações, no mais das vezes inúteis, é parte importante da "grande alma do mundo". É parte

---

[315] K'ung-fu-tzǔ, Kǒng Fūzi (ou Kǒng Zi), de acordo com o sistema de romanização para a língua chinesa (Wade-Giles), significa, simplesmente, "nosso mestre Kong".
[316] Armstrong (2016), p.101.
[317] Armstrong (2016), p.103.

importante das ações humanitárias modernas, dos grupos de socorristas nas catástrofes naturais, da essência da ONU. Mais ainda: é onde devemos buscar as sementes da paz...

O que poderíamos dizer da empatia? Como ela pode ajudar-nos na busca dessas preciosas sementes? Nas sementes de nossos laços de ternura? Na capacidade de sentir a dor dos outros? Na capacidade de reconciliação? Na compreensão prática do dar e receber?

Ou existe uma base biológica para isso ou estaremos falando de filosofia. O confucionismo e o budismo são pontos de vista filosóficos e práticos que exploram bastante bem o tema. O taoismo é, por assim dizer, um extraordinário manual. Inúmeras religiões e seitas fizeram o mesmo. E as bases biológicas da empatia? Nossa espécie é um ponto de partida confiável para encontrarmos as sementes da paz? Ou elas foram espalhadas antes de nós?...

Tolice, diriam alguns. Fascinante, diriam outros. Fechar os olhos é sempre uma opção para fugir de monstros imaginários (de monstros reais, nem tanto). Muitas crianças cobrem os olhos com um lençol. Muitos adultos também... Mas existem outras opções. E se as sementes da paz já estiverem em nossos genes faz tempo?

Então, ficaria mais viável convencer as pessoas de que elas são capazes do apaziguamento e do perdão. Elas não precisariam compreender uma crença metafísica, não precisariam memorizar doutrinas e princípios elaborados há mais de 2 mil anos, não precisariam brigar umas com as outras por pertencerem a diferentes religiões. Poderiam continuar com suas religiões e saber que elas mesmas também têm os 'genes da paz'.

Isso seria fascinante! Seria *a estranha história de quando passamos a nos preocupar com os outros...*

Capítulo 13

A História Natural da Empatia

Quem não compreende um olhar, tampouco entenderá uma longa explicação.

(Provérbio Árabe)

13.1 Laços de Ternura. Existe Amor sem Agressão?

Sentei-me, atabalhoadamente, numa praia rochosa em *Cuverville Island*, na Antártida. Fazia um frio danado, mas os pinguins-de-gentoo descansavam, preguiçosamente, em meio aos blocos de gelo que vinham dar na praia. Estavam à vontade como quem toma sol e nem notavam o sujeito de roupas vermelhas dedicado a afazeres fotográficos. Foi então que percebi uma algazarra a poucos metros de mim. Era uma discussão ruidosa e cheia de rancor. Uma skua marrom levantava as asas e abria a cauda, indicando tomar posse de uma carcaça de pinguim, logo à frente, e estava convencida de seus direitos. Isso fazia sentido, mas não para os outros três pinguins-gentoo, que grasnavam e abriam o bico laranja em desatino. Eles estavam decididos a proteger o morto e encaravam o poderoso predador antártico.

Qual o sentido em proteger uma carcaça, um animal morto? Embora gregários, os pinguins não demonstram ligações sociais entre indivíduos – afora o interesse de machos por fêmeas, e vice-versa. Eles formam o que Konrad Lorenz, pai da etologia, chamou de bando anônimo. Se um deles desaparecer, os outros nem percebem (se percebem, não demonstram).

Na mesma praia rochosa, eu testemunhara, minutos antes, uma cena diametralmente oposta. Uma foca-leopardo, de olhos negros e sinistros, emergira a poucos metros da colônia ruidosa e abocanhara um deles, sem dificuldades. Era como se ela nem estivesse ali. Os pinguins pareciam estar olhando para uma rocha, e não para um predador. E, quando a infeliz vítima se foi, os demais mantiveram uma exasperante neutralidade. Por que agora disputavam a carcaça de um colega morto? Ocorreu-me que as raízes da empatia viajavam longe e por caminhos improváveis. De uma hora para outra, os apáticos pinguins se importavam com o outro. Quebravam a inflexível regra das aves: o bando anônimo.

A história natural da empatia é também a história natural da violência. Aprender sobre o perdão é parte substancial do que chamamos de comportamento de agressão, e vice-versa. São dois temas intrinsecamente relacionados como o símbolo do Yin e Yang[318]. No entanto, um deles é definitivamente mais complexo e mais desafiador.

Uma ave é capaz de brigar com a sua imagem no espelho e fazê-lo com fúria incontestável. Certa vez, um belo gavião caracará atacou sua imagem refletida na janela de nosso apartamento e conseguiu rachar a vidraça em várias direções. Depois, foi embora satisfeito por ter destruído, literalmente, seu inimigo imaginário. Noutra vez, um bem-te-vi cismou com outra janela contra a qual desferia golpes a todo momento. Depois passou a atacar o vidro traseiro do meu carro, e tive de tomar uma atitude. Usei uma dessas máscaras de carnaval de Veneza com um grande bico assustador. Deixei-a dentro do carro junto ao vidro, e o bem-te-vi destemperado sessou seus ataques. Definitivamente, o carro era o território de uma criatura maligna.

As aves não só são incapazes de autorreconhecimento como também não consideram questões individuais na comunidade. Ou elas têm um desafeto, com quem extravasar sua agressão, ou são neutras com relação aos demais congêneres. Assim, elas podem expressar agressão, mas a empatia necessita de algo mais. Necessita, em alguma medida, que um indivíduo consiga se ver através do outro (ou no outro), portanto este outro precisa existir como indivíduo.

Ao reler pela enésima vez meu exemplar de *A agressão uma história natural do mal*, do eterno mestre K. Lorenz[319], relembrei que nem todas as aves são neutras em relação aos congêneres. Algumas formam laços matrimoniais ou mesmo incluindo toda a família. Assim foi com os gansos estudados por Lorenz. Os tais gansos ficavam de asas abertas, como que assobiando, junto de um amigo moribundo para o defender. Mais ainda, nem todos esses laços estão restritos às relações de parentesco ou sexuais; alguns são de pura amizade no sentido que compreendemos para nós mesmos. Segundo Lorenz esses laços entre indivíduos que se reconhecem manifestam-se, unicamente, em animais cuja agressividade intraespecífica é muito desenvolvida.

---

[318] O Yin Yang, de acordo com a cultura milenar chinesa, pode ser traduzido como 'as forças fundamentais do universo, ao mesmo tempo antagônicos e complementares, em perpétua oscilação de predominância'.
[319] Lorenz (1979).

Em parte, a narrativa sobre os gansos bate com minhas observações dos pinguins-de-gentoo, mas existem diferenças claras. Os gansos são altamente territoriais e naturalmente agressivos, já os pinguins não. Suas desavenças se restringem a discussões de percurso, quando um fica no caminho do outro. Porém, vez por outra, explodem lutas sangrentas, nas quais um pobre coitado é perseguido e machucado numa sequência angustiante. Parece que neles os freios sociais da agressão são ainda frágeis.

***

Os mamíferos sociais vão além na concepção de vida em grupo. São capazes de reconhecer particularidades em cada indivíduo de uma comunidade e até mesmo desenvolver laços mais estreitos com uns e outros. Se um deles morrer ou for embora, a rede de relacionamentos reorganiza-se. Cada um deles tem um 'peso' diferente na comunidade, e por isso não formam um bando anônimo. Alguns indivíduos têm importância marcante na sociedade e conferem estabilidade e durabilidade a ela.

É comum dar nomes diferentes às sociedades de mamíferos, dependendo da estrutura social. Matilhas, manadas, bandos, varas... expressam hierarquia e outros requintes sociais que as aves nem sonham (exceto talvez os gansos), e é aí que entra a empatia.

Viver em grupo é naturalmente difícil. Explosões de agressividade são naturais em sociedades complexas. Não só disputas pela hegemonia do grupo, como fazem os carneiros-monteses, dando tremendas pancadas com os cornos e o crânio, ou as intrincadas lutas dos cervos com seus chifres ramificados.

Existem também alianças entre machos para alcançar um fim aparentemente indireto. Golfinhos machos se juntam e sequestram fêmeas para conseguir seus favores sexuais, e machos chimpanzés se auxiliam mutuamente para alcançar a ascensão social e mesmo a liderança do grupo. Leões machos formam parcerias duradouras, o que lhes conferem vantagens no sucesso reprodutivo. Chimpanzés fêmeas também formam alianças, e assim por diante. Em todos esses casos, a agressão é o pano de fundo, e talvez seja verdadeira a sentença dura de K. Lorenz de que *"não existe amor sem agressão"*. Essas alianças são fruto do reconhecimento individual e do potencial que cada um reconhece no outro.

13.2 Paz, Emoções e Personalidade

A evolução do comportamento agressivo dotou as espécies sociais de sua contraparte, o comportamento de apaziguamento. Conhecemos bastante bem o ato de apaziguamento dos cães, virando-se de barriga para cima. E os cães domésticos são os herdeiros dos lobos, a "bestia", como era conhecido na Idade Média. O comportamento de submissão, que inclui mostrar a barriga e as partes macias do pescoço, serve como um freio à agressão, já que o vitorioso seria levado a assassinar seu rival no caso de seguir em frente. Assassinatos de congêneres não são uma boa premissa para a alcateia e em nada ajudariam na manutenção da hierarquia. A sociedade dos lobos e sua eficiência como caçadores exige esse balanço delicado entre agressão e apaziguamento. Exige também laços sociais fortes, cujo reconhecimento individual não está apenas na aparência e no cheiro do colega, mas também no seu comportamento e na sua personalidade. Além disso, está na capacidade de reconhecer as emoções.

Emoções e personalidade eram termos proscritos, até bem pouco tempo, nos estudos de ecologia e comportamento animal. Os cientistas estudavam apenas as populações animais, mas aos poucos esse tabu vem perdendo a consistência. Tudo mundo que tem um cão ou um gato sabe que eles são diferentes de outros cães e gatos. Nas sociedades selvagens, ocorre o mesmo. Os estudos atuais, envolvendo redes sociais de animais selvagens, mostram com clareza que cada indivíduo dá sua contribuição social de maneira diferente. Eles têm comportamentos particulares, emoções particulares e sua personalidade.

Há uma resistência, quase paranoica, de nossa parte em aceitar que outros animais tenham emoções[320], personalidade e sejam habilitados nas artes da paz. Queríamos ser os únicos nesses três quesitos, mas não somos, e é compreensível que não aceitemos mais essa fraqueza. Isso nos obrigaria a digerir nossas conexões animais; nos obrigaria a compreender que essas três coisas são um legado de nossa tortuosa ancestralidade. Não as inventamos, nem as recebemos de uma deidade qualquer. Apenas as herdamos. E alguns de nós nem sabem o que fazer com elas. Não demonstram ter personalidade, não sabem expressar emoções, tampouco estão habilitados a paz.

A guerra nos mostra fuzilamentos em massa, enforcamentos em massa, e tudo isso depõe contra nós, já que nossos ancestrais usavam esses

---

[320] Ver capítulo 1, sobre o tema das emoções animais.

freios – pelo menos, a maior parte do tempo. Seria essa perda de freios uma patologia social? Seria um efeito colateral do número exorbitante de pessoas juntas? Algo relacionado a Moral? Levantar as mãos, baixar a cabeça e cair de joelhos são comportamentos universais de apaziguamento em nossa espécie. Mesmo assim, vez por outra, simplesmente não funcionam. Terroristas, *serial killers* e até exércitos regulares treinados preferem não enxergar esses comportamentos de apaziguamento e descarregam suas armas e sua ira num assassinato em massa. A "bestia" não é um bom nome para os lobos... e para nós, o nome serviria?

***

Jane Goodall já sabia, em plena década de 1960, que os chimpanzés de Gombe que ela estudava tinham personalidades particulares. Mike era extremamente curioso e inventivo, Golias, um brutamontes humilde e pacífico, David Graybeard era habilidoso socialmente e foi o primeiro chimpanzé a permitir que ela o acariciasse. Mas, quando ela apresentou essas descobertas para a comunidade científica da época, lhe foi dito que deveriam "ser varridas para debaixo do tapete". Era um tapete um tanto inchado naquele tempo – ponderou ela em seu livro.

Tabus desse tipo não ajudam em nada a compreender quem somos. Precisamos jogar borda afora o orgulho que nos impede de ver com clareza. E se desejarmos compreender a empatia, tanto mais deveremos manter a mente aberta. Ela também não é exclusividade nossa. Mais ainda, ela está ancorada nas emoções animais, na capacidade de construir a paz e no altruísmo.

13.3   Cuidando dos Incapacitados

Nossos laços de ternura parecem razoavelmente antigos. Ninguém sabe exatamente por que alguém se preocupa com o outro, notoriamente se este outro estiver incapacitado. Existe algo nas espécies gregárias que pode levar a essa ajuda improvável. Os laços de amizade e a capacidade de ler as emoções estão ancorados fundo nos mamíferos, embora, como acabamos de ver, possam ter surgido ainda antes na evolução.

Todo mundo que já teve um cão sabe que ele tem uma formidável capacidade de "ler seus pensamentos". Isso é mera força de expressão. O que eles leem, instantaneamente, é o seu comportamento, aquilo que está contido no seu olhar e nas microexpressões do rosto. Como sabemos, o corpo fala, e os cães entendem perfeitamente o corpo. Se estivermos considerando um laço de amizade, em que cada um conhece o outro bastante bem, essa leitura é precisa e veloz. Assim, perceber a incapacidade no outro é uma mera questão de leitura de comportamentos, e não algo etéreo, como pensam alguns.

Da expedição ao Ártico de De Long[321], lá pelo ano de 1880, surge a narrativa cativante sobre um cão de nome Snuffy, que definhava devido a um grave ferimento no focinho e na cabeça. Foi então que outro cão, de nome Jack, se juntou a ele para lhe dar apoio – observando-o, protegendo-o dos outros, guiando-o e cuidando de sua higiene – sem, contudo, levar qualquer vantagem com isso. Tempos depois, Snuffy teve de ser sacrificado, e Jack ficou perturbado com o seu desaparecimento.

Cães, lobos, elefantes, golfinhos e macacos colecionam exemplos de ajuda a incapacitados. Transportam, lambem suas feridas, montam vigílias longas e lamuriosas e protegem. Estabelecem relações de empatia cuja origem pode estar na consanguinidade ou mesmo na amizade incondicional. São exemplos muito numerosos, e não extravagâncias eventuais.

Entre os primatas, existem exemplos de ajuda a incapacitados e feridos em várias espécies. Alguns macacos se mostram consternados na presença de um ferido. Observam-no e abraçam-se mutuamente, permanecendo perto dele numa atitude de apoio. Jane Goodall nos fala do ataque violento sofrido por Madam Bee, a chimpanzé mais velha que perambulava pela periferia da comunidade de Kahama. Depois de ser esmurrada, chutada e arrastada por outros chimpanzés, ela sobreviveu aos ferimentos por quatro dias. Não conseguia mover-se, a não ser arrastando-se. Enquanto isso, sua filha adolescente, Honey Bee, permaneceu por perto fazendo-lhe festas e tentando afastar as moscas de suas múltiplas feridas.

Quando em nossa sociedade moderna fazemos de conta não ver os incapacitados, estamos negando nossa ancestralidade e os comportamentos que serviram para moldar essa mesma sociedade. De nada adianta apontar a violência como uma atitude ancestral, acusando os outros animais de brutos ou bestiais, e depois se esquivar de ajudar os incapacitados, fingindo não saber que a empatia e o altruísmo também surgiram antes de nós. Se eles podem manifestar empatia, nós também podemos. Não porque eles sejam inferiores, mas porque somos os herdeiros dos genes deles, os legados, os privilegiados, uma espécie jovem, cujos antepassados experimentaram muitas coisas, e uma delas foi a empatia.

---

[321] Sides, H. (2015). *In the kingdom of ice: the grand and terrible polar voyage of the USS Jeannette*. London: Anchor.

13.4   Sentindo a Dor dos Outros

A empatia é fruto, puro e simples, da capacidade de poder sentir a dor (ou as emoções) do outro. Os humanos têm a tendência de pensar que são os únicos seres dados a 'apartar' uma briga quando o sofrimento é demais. Essa atitude de agir como juiz pode aparentar algo elitizado e digno, mas é, no mais das vezes, um comportamento compartilhado pela maioria dos mamíferos. Até mesmo um truculento macho de leão-marinho, que se dedica a tratar na pancada (leia-se mordida) suas fêmeas e seus vizinhos de território, pode interceder por um filhote desgarrado, que está sendo maltratado por um vizinho infanticida. Ele simplesmente sai de seu pedestal de autoridade suprema e vai proteger o infortunado bebê. Tira-o da encrenca e põe um basta na situação. Age de fato como um juiz (não muito elitizado).

Um exemplo ainda mais contundente de 'sentir a dor do outro' foi-nos dado pelo mais perigoso e violento mamífero africano. Sabe-se que os hipopótamos partem da apatia para a selvageria total em segundos, destruindo tudo o que há pela frente. Sabe-se que eles matam mais humanos na África do que os leões e os crocodilos. Pois bem, às margens de um afluente do Nilo, um antílope foi atacado por um enorme crocodilo, que o pegou pelas pernas e o derrubou na água. Os outros antílopes fugiram em debandada sem ter o que fazer, mas foi então que entrou em cena um personagem improvável. Um grande hipopótamo investiu contra o crocodilo, afastando-o, e depois, para surpresa geral, retirou a cabeça do antílope da água, permitindo que ele se recobrasse do susto. Isso tudo foi filmado pelas lentes oportunistas de um documentarista.

Hipopótamos e antílopes não têm relações de cumplicidade, embora compartilhem o ambiente da savana. Fica difícil descartar a possibilidade de que o hipopótamo tenha apenas aproveitado a oportunidade para dar uma lição no crocodilo, já que são inimigos viscerais, mas, sem dúvida, é tentador também ver empatia em sua atitude, já que hipopótamos e antílopes são animais gregários. Também é emblemático o comportamento de tentar reanimar o antílope, e essa é uma prova mais robusta. Assim, podemos encontrar empatia mesmo nesse "*bad boy*" inveterado; mais do que isso, uma empatia entre espécies, coisa que normalmente pensamos ser um atributo só nosso.

Os hipopótamos têm essa dualidade. Depois desse primeiro caso na década de 1980, começaram a aparecer vários outros. Hoje existem lentes apontadas para todo lado, celulares de alta definição nas mãos de cada turista, e isso potencializou imagens de natureza selvagem.

Um pequeno filhote de zebra tentava uma travessia num rio de águas barrentas. Apenas a ponta de seu focinho forçava passagem a nado, mas ele estava sendo levado pela correnteza. Então, dois hipopótamos se aproximaram. Um deles conduziu com seu enorme focinho, o bebê zebra para a margem e, quando ele finalmente se pôs de pé, completamente exausto, o gigante deu meia volta e voltou ao rio. O que estava em jogo nessa cena? Cuidado parental dirigido a outra espécie? Talvez, e nessa oportunidade era um bebê de outra espécie. Pode haver consciência de que alguém necessita de ajuda? Alguém suficientemente frágil? Por que hipopótamos salvariam antílopes e zebras da boca de crocodilos ou filhotes de zebras em apuros? ...Talvez os hipopótamos sejam como nós, espécies de caráter duvidoso, malignas por um lado e altruístas pelo outro. A empatia tem mesmo portadores estranhos.

***

Sabemos que, nos mamíferos, as mães arriscam alto para salvar seus bebês. Mães elefantes os protegem de predadores e demostram uma coragem extraordinária. Enfrentam crocodilos, leões e hienas, os mais formidáveis caçadores. E isso é algo corriqueiro na savana africana. Mas existem outros perigos. Bebês elefantes que caem em atoleiros arregimentam toda a manada para um salvamento. O filhote é puxado por certas fêmeas e empurrado por outras, e há as fêmeas que entram na areia movediça, arriscando a própria vida para salvar o desastrado bebê.

Jabulani, o nome da bola utilizada no Campeonato Mundial de Futebol da África do Sul em 2010, foi uma homenagem insólita. Com três meses de vida, um bebê elefante havia caído no atoleiro ao tentar tomar água e estava exausto de chapinhar naquela armadilha mortal. Estava prostrado, desidratado e debaixo de um calor de derreter. Seus olhos estavam fechados. As fêmeas da manada haviam tentado de tudo e capitulado. Haviam se ferido no resgate impossível. Muitas horas mais tarde, o elefantinho acabou salvo por guarda-parques e enviado a um centro de recuperação de animais selvagens na África do Sul. Recuperado, ele ganhou um apelido que haveria de mudar a vida de outros órfãos elefantes: Jabulani ("alegria" ou "júbilo").

Inúmeros casos de fêmeas corajosas já foram confirmados. Em alguns, houve o empenho coletivo das fêmeas elefantes e dos humanos no resgate de filhotes desastrados nesses atoleiros africanos. São belos exemplos de que "sentir a dor dos outros" é um assunto corriqueiro e que transita faz tempo entre espécies gregárias de vida longa. A empatia é um tema profundamente enraizado entre os mamíferos de quatro patas, bem antes que adotássemos o disparate de uma vida bípede.

***

Agora vejamos exemplos mais próximos em nossa parentela primata. Se somos o que somos, então podemos encontrar, em nosso ramo evolutivo, não apenas as raízes da violência, mas também as sementes da paz. Elas chegaram até nós permeando cada um dos elos de ligação, que reconhecemos como ancestrais comuns. No entanto, tais ancestrais se foram há muito tempo. Sobrou apenas o testemunho compartilhado com nossos parentes mais próximos.

Como dissemos no capítulo 1, Frans De Waal, o proeminente aluno de Jane Goodall, se dedicou ao interessante comparativo do homem com o chimpanzé comum e com o bonobo (ou chimpanzé pigmeu). Como ambas as espécies são nossas parentas no mesmo pé de igualdade, ele propôs que os encrenqueiros chimpanzés nos tivessem legado sua desesperada necessidade de ascensão social e de impor seus desejos sobre os demais. Já os bonobos, por sua parte, nos teriam legado o pacifismo e a concórdia. De fato, eles não perdem tempo em apartar uma briga. Quando uma discussão mais intempestiva começa, eles logo tratam de jogar água fria na disputa. Transformam a ira em sexo e assim canalizam a agressão para algo menos destrutivo (ou mais construtivo).

Num reducionismo um tanto quanto exagerado, uma das espécies nos teria legado a agressão desmedida, e a outra, o apaziguamento. A ONU seria um legado bonobo. A realidade, no entanto, é um pouco menos exagerada do que isso, e tanto bonobos quanto chimpanzés comuns têm seus momentos de rusgas e apaziguamento.

As fêmeas têm sempre um importante papel no apaziguamento e na coesão do grupo, mas mesmo os machos o fazem. Numa sociedade pequena, a tensão precisa ser dissipada, e os líderes dedicam um esforço genuíno para aplacar o medo dos demais. O belo documentário sobre os chimpanzés selvagens de Gombe, organizado pela BBC nos anos 1980, mostra com delicadeza e detalhe os abraços fraternais dos brigões nos demais membros da comunidade. Alguns estendem a mão para que seus subalternos a beijem, tocam os lábios na testa do outro, ou mesmo lhes dão tapinhas nas costas (!), comportamento com a mesma conotação de nossa sociedade moderna. Após uma disputa, dois oponentes encostam os lábios um no outro, num clássico beijo chimpanzé. Algumas vezes, abraçam-se, encostando o ventre. Depois de momentos de agitação, a paz deve prevalecer. A saúde da sociedade depende disso. A dor dos outros é importante para o sucesso da comunidade, e não pode ser desprezada.

A reconciliação é bem conhecida nos primatas antropoides, como gorilas, chimpanzés e bonobos, mas também está presente em muitos outros primatas, como os macacos-pata, vervets, rhesus, macacos-japoneses e macacos-prego e até em certos lêmures, cada um com seus protocolos pacifistas. Em todos esses casos, os gestos de apaziguamento e reconciliação são inequívocos e envolvem a maior parte das linhagens de primatas[322]. As sementes da paz são, portanto, bem distribuídas em nossa parentela, permeando até nós por veios ricos e variados.

Somos, como disse Frans De Waal – bem-nascidos[323] –, herdeiros de requintadas estratégias para evitar o isolamento e o ostracismo, sempre tão danosos aos primatas. Os estratagemas pacifistas ficam mais complexos com a idade. Dizendo de outra maneira, nós, primatas, aprendemos sobre a paz conforme acumulamos experiências ao longo da vida. A paz é uma arte cheia de detalhes sutis, e a experiência conta bastante.

Às vezes, a dor do outro nos é insuportável, e interceder parece a única conduta viável. Muitas vezes, isso requer uma dose extra de heroísmo, como nos mostrou a pequena Gremlin. Duas chimpanzés, Passion e Pom, vinham protagonizando terríveis episódios de infanticídio em Gombe[324]. Elas roubavam bebês recém-nascidos de suas mães e simplesmente os devoravam sem a menor cerimônia ou remorso. As mães lutavam corajosamente, mas acabavam derrotadas no confronto desproporcional. Então, Melissa, com seu bebê no colo, foi atacada pela dupla. Durante a furiosa luta que se seguiu, a pequena Gremlin, que ainda era uma "criança" nesse tempo, se lançou contra as fêmeas infanticidas e bateu nelas com seus pequenos punhos. Frustrada com essa tentativa, ela correu para os observadores humanos, olhando-os diretamente nos olhos, e depois para Melissa, que

---

[322] Os gestos de apaziguamento e reconciliação são bem conhecidos, pelo menos, nos Lemuroides, Platirrinos e Catarrinos. Ver: de Waal (2007).
[323] de Waal, F. B. (1996). *Good natured: the origins of rigth and wrong in humans and other animals*. Cambridge, MA: Harvard University Press.
[324] Goodall, J. (1991). *Uma janela para a vida: 30 anos com os chimpanzés da Tanzânia*. Rio de Janeiro: Jorge Zahar.

ainda segurava o bebê, e novamente para os humanos. Ela nitidamente buscava a interferência deles. Ao não ser correspondida, Gremlin voltou ao confronto em defesa de sua mãe. Lançou-se contra as assassinas e fê-lo de maneira ainda mais feroz...

O desfecho acabou sendo trágico, mas a coragem de Gremlin nos mostra muito sobre a percepção da dor do outro; mostra-nos que os atos de heroísmo já estavam presentes na evolução, antes mesmo de nossa linhagem humana. Não somos os únicos com um panteão de heróis e semideuses. Esse também é um legado de nosso ancestral remoto com os chimpanzés.

13.5 Consciência e Autorreconhecimento?

Animais não humanos têm percepção de presente e futuro ou cronologia de eventos anuais? Podem reconhecer-se como indivíduos em meio a outros animais semelhantes? Entendem seu papel no grupo social ou seus erros e acertos? Essas são perguntas difíceis num estudo em liberdade, e só nos resta o subterfúgio, não tão digno, dos estudos em cativeiro ou na vida doméstica.

Cães têm plena consciência de que destruíram o sofá da sala e se sentem profundamente constrangidos e chateados. Baixam as orelhas no mais comiserável pedido de desculpas. Demonstram uma tristeza dolorida, resignando-se à solidão e ao desafeto, baixam a cabeça e piscam os olhinhos quando recebem uma boa reprimenda, mas existem também outros níveis de consciência, e não só a consciência do erro. Ela é apenas uma das premissas na compreensão do papel social.

Durante as tentativas de ensinar a linguagem norte-americana de sinais para surdos-mudos, aos nossos parentes chimpanzés, muita coisa brotou da mente animal. Eles não só aprendiam e memorizavam os sinais como os combinavam, de uma nova maneira, para expressar seus desejos e sentimentos. Certa vez, um dos chimpanzés do programa de treinamento – já enfadado pelas constantes repetições – simplesmente combinou os gestos aprendidos de uma nova maneira, chamando o treinador de "seu bosta verde". Ele conhecia os gestos para a cor verde e o significado de bosta, mas os reorganizou usando "verde" como um adjetivo. Estava expressando um sentimento claramente negativo. Havia um grau de consciência ali que assombrou a todos.

Roger Fouts[325], em seu *O parente mais próximo*, apresentou farta lista de exemplos de consciência animal. Para estimular seus modelos cativos, ele comemorava certas datas especiais, como aniversários e festas tradicionais do calendário. Depois de uma dada comemoração, Roger perguntava sobre a data importante que viria a seguir, ou mesmo os próprios chimpanzés se davam conta de que o Natal estava chegando devido ao avanço do inverno. A ideia de passado e futuro não os surpreendia, pelo menos não a ideia de um futuro próximo. As crianças humanas também só têm ideia clara de um futuro ou um passado próximo. O que está além de determinado tempo escapa-lhes. Portanto, pensar em cronologia não significa ter consciência da velhice quando se é jovem. Não há praticidade nisso. O futuro que interessa é, no máximo, aquele alocado na próxima estação do ano ou numa aliança que temos de fazer para obter um novo status social. Alianças são coisas do momento e endereçadas a uma vantagem logo à frente.

Em outro experimento realizado com uma jovem fêmea chimpanzé, foi proposto um jogo envolvendo fotografias. Foi solicitado a ela, por intermédio de sinais, que separasse as fotos da família com a qual convivia. Ela fez dois montes. Num deles, colocou fotos de sua família humana, incluindo ali a própria foto. No outro monte, empilhou fotos de vários animais, sendo que o seu pai chimpanzé, que ela não conhecia, foi colocado nesse monte. Nesse caso, não há apenas o autorreconhecimento, mas também o senso de pertencimento a um grupo e familiaridade com ele.

13.6 Dar e Receber

O altruísmo é mesmo um mistério interessante. A princípio, ele se veste com as mais elegantes roupas, parece o mais sofisticado dos comportamentos. É comum a ideia de que somos um ser elevado e (muito eventualmente) magnânimo, mas sabemos também que vários animais podem ajudar os outros. Eles o fariam de maneira intencional e planejada ou meramente num rompante emocional? Hipopótamos ajudando antílopes e zebras? Leões-marinhos supermachistas ajudando bebês que talvez nem sejam deles? Elefantes extraordinariamente apegados aos seus entes queridos?

Aqui não estamos falando do bem e do mal, esse tabu cultural arraigado e impregnado de dogmas. Estamos falando de algo mais simples e

---

[325] Fouts, R. & Mills, S. T. (1998). *O parente mais próximo: o que os chimpanzés me ensinaram sobre quem somos*. Rio de Janeiro: Objetiva.

corriqueiro, que pode ser adaptativo na evolução dos organismos. Dar e receber é meramente um negócio do tipo "*trade off*"? No caso dos elefantes, seguramente entra em cena a seleção de parentesco[326], um dos pilares da evolução do comportamento. Nesse exemplo, todos os riscos estão justificados. Esse também é o caso de uma cena recente filmada no Parque Kruger, África do Sul, onde um macho de babuíno se joga na frente de um leopardo em plena carreira para impedir que ele capture um dos membros do grupo. Na sequência, os 50 babuínos, inclusive fêmeas e jovens, sentindo-se encorajados, partem para cima do azarado leopardo. Novamente a tal seleção de parentesco.

Nos leões-marinhos machos, parece bem mais difícil aceitar a ideia de compaixão pelos filhotes, afinal as fêmeas de seu "harém" já chegam prenhes da temporada reprodutiva anterior. Não há como ter certeza da propriedade dos genes, mas sempre há o imperativo territorial, em que os conflitos constantes entre vizinhos roubam energia e perturbam a homeostase no território. Em linhas gerais, há em parte a seleção de parentesco, já que as fêmeas tentam retornar ao mesmo território ano após ano.

Não sabemos o quão frequente são os comportamentos altruístas de hipopótamos que enfrentam crocodilos para salvar antílopes, ou de golfinhos que enfrentam tubarões para salvar nadadores humanos. O provável é que sejam eventos raros, pontuais, ou ainda mal-interpretados pelos observadores humanos. Mas, mesmo que raros, são fruto de espécies sociais e muito gregárias, cuja noção de grupo é parte de seu sucesso evolutivo. Aliás, golfinhos e hipopótamos, por mais diferentes na forma que sejam, são grandemente aparentados como mostram seus genes[327]. E como suas linhagens evolutivas se separaram há mais de 55 milhões de anos, podemos dizer que os impulsos de compaixão altruística sejam razoavelmente antigos entre os mamíferos.

O ato de dar e receber é comum e fácil de atestar entre os primatas sociais. O "*grooming*", aquele comportamento em que um parceiro faz que cata pulgas ou carrapatos no outro, é claramente uma forma de valorizar vínculos não apenas de sangue. Tais vínculos permitem vantagens futuras na partilha de comida, na proteção contra agressões desmedidas e até nos laços políticos baseados na ascensão social, como se verificou nos chimpanzés.

---

[326] Kin selection: teoria proposta por William Hamilton, em que a ajuda é orientada aos filhotes ou parentes diretos.

[327] Modernamente, alguns cientistas consideram que os golfinhos e hipopótamos estejam incluídos num mesmo grupo taxonômico conhecido por Cetoartiodactyla. Todavia, independentemente deste nome, eles são parentes muito próximos.

O dar e receber, nesses casos, é uma via de mão dupla ou, como chamou Edward Wilson[328], um altruísmo apenas relativo. Esse autor compreende por 'altruísmo relativo' aquele comportamento calculado e que considera as exigências intrincadas da sociedade. Porém, um chimpanzé alfa tem suas regalias ao obter a aliança de outros machos, e as fêmeas também têm suas regalias, mesmo nas sociedades igualitárias dos bonobos. Ou seja, há uma seleção de grupo e, muitas vezes – mas nem sempre –, de ligações familiares.

É justamente sobre o 'nem sempre' que cabem algumas palavras. Em 1970, Robert Trivers elaborou a ideia de altruísmo recíproco, isto é, da formação de redes expandidas de cooperação e ajuda mútua, que iam além dos laços de parentesco. Chimpanzés e bonobos nos fornecem exemplos sólidos desse tipo de altruísmo, mesmo havendo interesses futuros de retorno. Alianças políticas e formação de coalisões, partilha de alimento e busca de proteção contra invasores ou predadores têm exemplos abundantes nessas duas espécies próximas, mas não apenas aí. A partilha de alimentos também é conhecida entre os macacos-prego (ou capuchinhos), e as coalisões para defesa eficiente do grupo ocorrem também nos macacos rhesus. Assim, as bases da ajuda mútua já surgiram há mais tempo, bem antes do homem moderno. Foi algo que também herdamos e que chegou até nós pelos intrincados caminhos da evolução e da estrutura social dos mamíferos.

13.7 Recompensa e Castigo. Um Altruísmo Humano?

O impulso altruístico é seguramente irracional! Qualquer um que se lançou ao mar furioso, ou a um incêndio para ajudar um desconhecido, sabe que não calculou suas próprias chances de sobreviver. Aqui não estamos falando de um profissional "resgatista", mas de um cidadão comum. Ed Wilson chamou esse comportamento – sem o desejo de retribuição equivalente–, de altruísmo puro ou absoluto[329]. Neste caso, ele é unilateral e poderia ser representado pelo típico "herói anônimo".

Quando o tal herói pretender ser reconhecido por seus feitos na sociedade, então não estaríamos falando de altruísmo absoluto, e sim relativo, pois ele acumula créditos para serem usados no futuro. Num caso ou noutro, no entanto, a sociedade se beneficia, mas razão e sensibilidade (ou emoção) são mães de comportamentos diferentes. A razão é mais apegada ao altruísmo relativo, e a sensibilidade, ao altruísmo puro.

---

[328] Wilson (1981).
[329] Wilson (1981).

Um número estrondosamente grande de heróis anônimos está espalhado pelo mundo. Dorme e come mal, trabalha muito e arrisca a vida todos os dias. Médicos e enfermeiros em regiões conflituosas, zonas de catástrofes ou de pobreza extrema – assistentes sociais, sacerdotes, bombeiros, soldados de forças de paz e voluntários abnegados de todos os tipos – construíram um esforço mundial respeitável. Aqui e ali ocorrem deslizes, desvio de mercadorias ou fundos, mas o produto final é geralmente altruísta.

É dos pequenos e dos grandes atos de generosidade que se nutre a sociedade. A maioria esmagadora das pessoas entende o bem, o dar e o receber, é capaz de sentir a dor dos outros e é amplamente favorável à paz. Esse é um retrato mais fiel da humanidade do que os descalabros que perpetramos. É claro, somos uma espécie com muitas ambiguidades e somos muito influenciáveis pelos humores do momento. Tempos sombrios fazem pessoas egoístas, mas mesmo eles nunca foram capazes de destruir a generosidade. A generosidade também nos é inata.

13.8   Ubuntu

Os animais sociais já sabiam disso há muito tempo, mas foi na Mãe África que a ideia foi verbalizada pelos humanos. Oriunda das línguas bantas subsaarianas, mais precisamente do Xhosa[330], *ubuntu* traz consigo uma dessas ideias amplas e intraduzíveis. Numa forma simplória, significaria "eu só existo porque nós existimos" (ou seja, *"Umuntu Ngumuntu Ngabantu"* – uma pessoa é uma pessoa por causa das outras pessoas). Em outras palavras, minha existência está intrinsecamente ligada aos outros membros da sociedade onde vivo, está intrinsecamente ligada a todas as outras pessoas que cruzaram a minha vida – em qualquer momento –, seja breve, seja permanente.

O que eu sei (e sou) é o que aprendi com todas essas pessoas. Não apenas com os familiares e amigos próximos, mas com qualquer estranho – no mais fugidio instante que seja – e com qualquer inimigo que achou por bem nos ensinar algo, mesmo sem desejar fazê-lo. Em cada pequeno lance ou oportunidade, estamos aprendendo com alguém.

De certa forma, *ubuntu* conduz à concepção de humanidade, de respeito pelos outros e pela conciliação. A capacidade de compreender os outros,

---

[330] Um dos idiomas falados na África do Sul e no Zimbábue, sendo língua materna ou segunda língua de mais de 11 milhões de pessoas.

ou ao menos tentar enxergar pelos olhos dos outros, é a única maneira de crescer. Essa é uma lição majestosa da Mãe África nesses tempos sombrios de individualismo patológico.

Esse estado de empatia e compreensão instantânea, como sabemos, está profundamente enraizado no comportamento social dos animais. É o que acabamos de chamar de altruísmo recíproco. É um pré-requisito natural para as sociedades. Um cão, que logicamente não fala nem escreve na língua humana de seu dono, sabe tudo o que ele pretende. Ele consegue compreender no ato, e isso cria sintonia entre dono e cão.

Comportamentos sutis, flexões de sobrancelha, olhares, movimento das orelhas e posturas são uma forma de falar e compreender e, basicamente, se você for um cão ou um lobo ou um cavalo ou um golfinho ou um macaco, estará atento aos demais. Cães não leem exclusivamente códigos comportamentais humanos, mas códigos ancestrais de animais sociais que nós ainda mantemos. E caso você seja um humano – ora, ora –, então também deverá (ou deveria) estar envolvido, permanentemente, em ler os demais. E se não estiver, perderá a oportunidade de aprender e crescer. Ler os demais custa apenas um pouco de atenção, não muito mais do que isso...

Por isso, falei no início que *ubuntu* já era do conhecimento dos animais sociais faz tempo. Se o individualismo agora nos traz problemas, isso pode ser revertido com certa facilidade, pois temos o kit *ubuntu* em nossas ações. É claro, precisamos praticá-lo e repassá-lo com o auxílio de nossos professores africanos...

Como os biólogos já sabem faz tempo, "um babuíno sozinho é um babuíno morto". As sociedades são nosso sustentáculo, nosso sistema bem bolado de saúde e bem-estar. Assim, um caminho de autovalorização exacerbado, de individualismo enlouquecido, parece pouco sensato. O individualismo está subvertendo as coisas, e isso, infelizmente, começou na minha geração, os *baby boomers*.

Ubuntu e biologia formam um entroncamento, uma via comum, uma espécie de salvaguarda da sobrevivência, e cabe usar esse entroncamento com mais frequência. A versatilidade de nossa espécie está no próprio DNA, mas as práticas cotidianas, o treinamento e o aperfeiçoamento da conduta estão na cultura que forjamos todos os dias.

13.9 SIMPATIA

Ter a capacidade de participar das emoções alheias é um bom significado para o que chamamos 'empatia'. Pode ser a simples aceitação, a compreensão do que se passa com o outro ou a completa identificação emocional. Para o sempre perceptivo Carl Roges[331], ser empático é ver o mundo com os olhos do outro e não ver o nosso mundo refletido nos olhos dele.

Diferentes pessoas e diferentes profissões fazem questão de distinções conceituais entre os termos 'simpatia e empatia', e outros os usam de maneira intercambiável. Até mesmo renomados dicionários apresentam interpretações algo particulares sobre o assunto. Mas não é necessário ir tão longe. Basta dar uma breve olhada na etimologia da palavra. Do grego, *sypatheia*, ou *syn*, significa "junto ou em conjunto", e *pathos*, "sentimento". Se empatia é a capacidade de ler os sentimentos do outro ou de se identificar com o outro, então simpatia é um movimento conjunto, um compartilhamento instantâneo de sentimentos. É óbvio que aqueles que compartilham sentimentos desenvolvem afinidades e conhecem-se mutuamente muito melhor.

Quando pessoas abnegadas se dedicam a cuidar dos doentes e subnutridos nos imensos campos de refugiados espalhados pelas terras de ninguém – muitas vezes, sem remédios, nem água, nem abrigo do sol ou da chuva –, elas podem sentir a dor desses miseráveis. Existe muita dor nesses campos de morte e salvação. Mas os doentes e famintos de olhos opacos e pele esticada talvez nem tenham consciência do processo como um todo e não compreendam qualquer sentimento dos outros sobre o que ainda resta em seus corpos e mentes espoliados. Nas atitudes abnegadas, há uma grande dose de altruísmo, mas nem sempre haverá simpatia da parte dos semiesquecidos do mundo. Nesse caso, a empatia é a motivação de alguns e a benção de outros.

Simpatia é um salto quântico nada moderno na evolução da vida e fundamental no sucesso das sociedades. Nossos laços de ternura, nossa capacidade de ler as emoções dos outros e de ser lido pelos outros, dar e receber as recompensas sociais e a autoconsciência são frutos da habilidade de compartilhar sentimentos.

Sociedades nas quais os sentimentos são compartilhados, imitados com parcimônia, identificados, reproduzidos e, principalmente, avaliados pelos outros tendem a ser sociedades solidárias. Aí temos algo do que Richard

---
[331] Carl Roges foi um famoso psicólogo e humanista norte-americano.

Dawkins chamava de *memes,* aquele *modus operandi* compartilhado. Mas, onde a falta de altruísmo prevalece, onde os sentimentos são escondidos e os egos valorizados, onde não se aceita a avaliação dos demais, então, as sociedades se tornam torpes e truncadas.

Nessa perspectiva, o ego é um caminho sombrio e que segue numa direção oposta à da simpatia. Durante um dos momentos mais atrozes da história da humanidade, quando pessoas eram assassinadas em massa em câmaras de gás em Auschwitz, Treblinka, ou Belzec, a simpatia também era assassinada. Ali, os sentimentos, se é que existiam, estavam encobertos pelo manto negro do ego. Para matar qualquer simpatia pelas vítimas, era necessário roubar, antes de qualquer coisa, todo e qualquer sentimento.

Uma sobrevivente do Holocausto teria dito numa famosa carta: *"Herr Frank diz que quando ficamos tristes, viramos pessoas muito egoístas. Sentimos pena de nós mesmos porque estamos perdendo algo tão essencial para nós,..."*[332]. Assim, em muitos casos, o egoísmo já havia destruído as pessoas abarrotadas nos guetos e nos campos de concentração, mesmo antes dos assassinatos. O egoísmo é a antítese da simpatia e o fim das sociedades como as conhecemos. Num certo aspecto, o Antropoceno tem a marca do egoísmo (pelo menos em sua porção moderna), uma marca por demais cruel, mas vejam: esta não é a marca do homem como espécie; é a marca de um tempo, uma migalha de tempo na trajetória humana.

***

A confiança entre parceiros de caça e sua compreensão mútua e instantânea deram à 'simpatia' um valor sem igual para a sobrevivência. Isso foi particularmente importante nos pequenos grupos nômades que vagavam em busca de comida e abrigo. Foi a simpatia que impediu a desintegração dos grupos, principalmente em condições difíceis de tragédia e desesperança. E agora, o que pode acontecer nas sociedades humanas hiperpopulosas?

As guerras, a fome, as tragédias climáticas, a desigualdade, o egoísmo sem precedentes podem abalar a importância de nossos sentimentos compartilhados e simultâneos? Pode a simpatia sobreviver ao "mundo cão" (*Mondo Cane*)[333] contemporâneo?

---

[332] Schiloss, E. (2013). Depois de Auschwitz. São Paulo: Universo dos Livros. p. 186. "Herr Frank" era Otto Frank, o pai de Anne Frank. p. 186.

[333] Filme italiano ganhador da Palma de Ouro, em 1962.

Segue uma resposta, ainda que pareça inverossímil: *penso que sim*. A arquitetura da nossa mente, forjada faz tempo na linhagem primata e *mamaliana*, tem componentes inatos, que são bem antigos. Qualquer um que goste de seu cão sabe que ele é incrivelmente habilidoso em ler intenções e emoções. Faz isso automaticamente sem tampouco compreender o abismo evolutivo entre espécies. Seu dono pode ou não compreender o abismo evolutivo, mas, independentemente disso, também conhece as artimanhas dele. Há uma conversa secreta entre os dois, um fluxo intenso de significados.

Isso ocorre por simpatia, pela dupla leitura de pequenos sinais corporais. A capacidade interpretativa de sinais entre espécies, evolutivamente tão distantes, demonstra o quão ancestral são a empatia e a simpatia na evolução dos mamíferos. Elas estão na origem das sociedades e têm por base sinais universais. Estudos sobre comportamento animal têm muita dificuldade em registrar sinais produzidos pelas microflexões dos lábios, sobrancelhas, estreitamento dos olhos, dilatação das pupilas, lubrificação da córnea. Essas são particularmente difíceis de interpretar em ambiente natural, mas são tão intensas que algumas espécies animais se olham apenas de soslaio para não invadir a privacidade do companheiro. Chimpanzés e gorilas são exemplos maravilhosos dessa comunicação sutil e avassaladora. Os olhares diretos são brevíssimos e só quando o companheiro não está olhando. No mais das vezes, são olhares discretos de canto de olho.

Na história natural da empatia, a simpatia vem como um *plus*, um algo a mais, que permite a compreensão mútua sem a necessidade da fala. Amigos que se conhecem há muito tempo ou casais fazem isso continuamente e aumentam a qualidade de comunicação e confiança. Usam uma capacidade inata, geralmente apelidada de "inteligência social-emocional" ou "inteligência psicológica intuitiva". É um pacote "rico em conteúdo", como nos disse Steve Mithen, isto é, um *kit* para compreensão que facilita aos bebês humanos sacarem várias coisas, antes mesmo de terem tempo de aprender sobre elas.

Essa capacidade interpretativa de sinais básicos não surgiu da noite para o dia nem tampouco agora. É algo antigo e que nasceu junto das primeiras sociedades animais. A mobilidade dos lábios, das sobrancelhas e orelhas e um sutil espremer de olhos requereram músculos especiais. O globo ocular aumentou grandemente sua mobilidade, especialmente na linhagem humana. O branco dos olhos passou a sinalizar, com precisão cirúrgica, o interesse imediato de cada indivíduo do grupo e para onde ele dirige a pupila.

Somos uma espécie super sociável com alguns indivíduos insociáveis. Nada errado com isso. Viva a diversidade!!

13.10 Caberia Falar de Amor?

Eis a armadilha! O tema mais debatido de todos os tempos e o mais nebuloso. Há quanto tempo o amor está conosco? Nem sabemos defini-lo, quanto mais responder a essa pergunta. Diz-se que *amor* e *desejo* vêm da mesma palavra latina, *lubet,* e de sua variação, *lubido* (ou libido). E como o sânscrito também é parte do tronco linguístico indo-europeu, amor também vem da palavra *lubh*. Os gregos antigos definiam amor de duas formas: *eros*, sexo e erotismo, e *ágape*, amor fraternal e espiritual. Os psicólogos geralmente definem amor como uma espécie de tempestade emocional, que distorce a realidade, mas que cumpre um propósito na atração entre parceiros. Amor não é propriamente realidade, mas tem raízes nela. Em outras palavras, é uma visão ilusória do outro, mas uma visão com propósitos claros de união por determinado tempo.

Quando cuidamos de um bebê, desenvolvemos um estado progressivo de ligação com ele. Alguns pais e mães, principalmente aqueles de primeira viagem, relatam que o primeiro sentimento em relação ao seu bebê oscila entre curiosidade, susto e preocupação, mas o sentimento de amor os envolve, cada vez mais, até que o bebê seja tudo que existe dentro da mente ou do coração deles. É uma ligação extremamente forte, quase obsessiva. Aliás, a palavra obsessão já foi usada para definir o amor, seja por psicólogos, seja por poetas ou dramaturgos.

Para muitos especialistas, o amor da mãe pelo bebê é o ponto de partida para todas as outras formas de amor, e isso é a tônica para os mamíferos sociais. Por essa razão, a adoção é comum, seja em mamíferos domésticos, seja nos selvagens. A perda de um bebê é traumática para mães elefantas ou primatas e para cães e gatos domésticos. A adoção de um órfão é subterfúgio comum nesses casos. Não que isso seja obrigatoriamente amor, mas, seguramente, é um dos ingredientes maternais.

Cuidar de um bebê humano num ambiente selvagem e instável é um desafio nada desprezível. Assim, o amor serviria também para aproximar outros parentes e o próprio pai, estivesse ele consciente ou não da paternidade. Uma jovem mãe, com um bebê indefeso, precisaria da ajuda de um amigo que lhe desse apoio, seja protegendo, seja alimentando. Mesmo antes, nos últimos meses de gravidez, esse apoio seria muito necessário. Sem dúvida, o sexo é parte importante do amor, mas a sobrevivência do bebê é a contraparte mais óbvia. Pequenos grupos nômades humanos sabiam, intuitivamente, que a sua sobrevivência e continuidade se dava pelos novos bebês. Sabia que bebês saudáveis eram resultado de proteção e nutrição.

Esses amigos protetores são bem conhecidos em muitas espécies animais. Jovens fêmeas de babuínos têm relações preferidas com jovens machos que se mantêm por perto e impedem as agressões dos demais. Esse é só um exemplo pinçado entre tantos. Os jovens amigos acabam, posteriormente, demonstrando preferência no acasalamento. Esse é outro ingrediente inserido no que que viríamos a chamar de amor.

O psicólogo Robert Sternberg[334] propôs uma inteligente tríade para definir o amor. O primeiro componente seria o emocional, aquele da intimidade e confiança. O segundo seria o motivacional, que, na prática, se trata da atração física e sexual. O terceiro componente é cognitivo. Ele seria uma espécie de consciência de que há um compromisso de conservar aquele acordo de união. É claro que cada um desses componentes tem lá a sua força e é variável entre as pessoas. Também é variável ao longo do tempo. Mais ainda, varia entre mulheres e homens.

De certa forma, nada disso é novo na evolução dos mamíferos e das aves. Compromissos com o bebê, confiança no outro, atração física e química hormonal, autoconsciência e compreensão do quadro de relações sociais estão bem desenvolvidos em muitas espécies e notadamente nos primatas. Portanto, perguntar "a quanto tempo o amor está conosco" não é um nó impossível de desatar. Sabemos que a autoconsciência e a noção de passado e futuro são parte da mente dos chimpanzés e bonobos, nossos parentes. Evidentemente, amor implica preferências e, em alguma medida, monogamia de curta duração (monogamia serial). Em nossa linhagem humana, isso pode e deve ter ocorrido muitas vezes, e não apenas com nossa espécie vaidosa.

Como diria o poeta Olavo Bilac, "simpatia é quase amor". É aí que o círculo se fecha. A história natural da empatia é uma história de progressivos experimentos de compreensão, laços de ternura, cuidados, dar e receber e compromissos. Tampouco a compaixão é algo novo e exclusivo. Ela está expressa naqueles abnegados de que falamos há pouco e que partilham os campos de refugiados com quem nada possui. A compaixão é uma ramificação do altruísmo inato e que há tanto tempo nos acompanha. Partilhar as emoções alheias é um grande salto. Assim, o amor está conosco já faz algum tempo e pode nos ter sido legado por várias de nossas espécies ancestrais. O amor que um cão devota ao seu dono mostra o quão antigo é esse experimento formidável.

---

[334] Sternberg, R. J. (1986). A triangular theory of love. *Psychological review*, 93 (2), 119.

***

Uma pequena nota: a empatia, esse sentimento antigo, tão enraizado em nós e naqueles que nos precederam, não é isenta de erro, não é um dia de sol sem nuvens. Quando nos compadecemos com alguém em especial e o colocamos na frente de nossas prioridades mais urgentes, de certa forma, colocamos para trás aqueles que não estão em nosso raio de ação ou percepção, mas que também seriam dignos da mesma atenção, ou mais. Às vezes, falamos dos refugiados da guerra da Ucrânia e esquecemo-nos dos refugiados da Síria, do Sudão do Sul e do Afeganistão. Às vezes, arregimentamos esforços para conseguir dinheiro para o transplante de coração de uma criança, e não vemos outras tantas que estavam à espera há muito mais tempo. Essa é uma miopia que temos. Quando a empatia ganhou seus primeiros experimentos na evolução dos animais sociais, não havia questões morais envolvidas.

Questões morais são outro assunto. Elas nos levam a situações para lá de ambíguas. Sim, somos influenciáveis pela mídia e pelo momento. Somos influenciáveis pelas opiniões dos outros, e justo aí podem recair escolhas ineptas. Mas a empatia não tem qualquer culpa no cartório. Nossa *moral oportunista* talvez tenha, e para isso serviria bem valorizar a tal alcunha de *sapiens* ou a *razão* da qual nos orgulhamos tanto... Isso ampliaria nossa visão de mundo, permitindo-nos escapar (um pouco) de nossa miopia social.

***

Foi quando cada um de nós aprendeu a ler a mente do outro, que demos um salto de importância capital. Esse foi o trunfo dos mamíferos sociais sobre os répteis. Não foi mérito de nossa espécie, mas fizemos uma parte importante. É certo que aprendemos igualmente a mentir, e isso também não foi "mérito" nosso.

Foi assim que o corpo passou a falar por meio dos gestos, mesmo antes do que chamamos de fala. Foi assim que nossa mão espetacular inventou um mar de códigos. Foi assim que a face mutável dos humanos, a face fugaz, impermanente, virou uma face tagarela. Até quando dormimos nós falamos... e pensamos que são sonhos.

Foi assim que nosso olhar revelador deu asas à empatia e não mais conseguiu esconder por completo as armadilhas de nosso ego, que são muitas...

Epílogo...

"O Crepúsculo do Antropoceno[335]?"

> *Desconfiai do mais trivial, na aparência singelo. E examinai, sobretudo o que parece habitual. Suplicamos expressamente: não aceiteis o que é de hábito como coisa natural, pois em tempo de desordem sangrenta, de confusão organizada, de arbitrariedade consciente, de humanidade desumanizada, nada deve parecer natural, nada deve parecer impossível de mudar.*
>
> *(Bertolt Brech)*

Não há como negar nossa dominância no planeta, nossa impetuosidade, nossos descontroles, nossas decisões inconsequentes. Inventamos abrigos para as intempéries, e o gume numa rocha lascada é bem verdade. Inventamos a escrita e, portanto, a contabilidade e os contratos legais. Ora, se assim foi, então inventamos os contadores, os escriturários, os financistas, os bancos, os advogados, os cartórios e toda a sorte de burocratas do mundo. Não, eles não têm culpa de nada. Eles são o que emergiu dessas descobertas como tudo mais. Inventamos muitas formas de estocar comida ou energia, de ampliar a memória, muitas formas de viajar, muitas formas de usar o que inventamos, e foi assim que o significado de "Antropoceno" foi além de uma mera palavra com muitas letras. O destino do que inventamos nos escapa a todos. Uma descoberta é sempre muitas descobertas; descobertas que levam a diferentes destinos.

A Caixa de Pandora foi aberta, libertando uma tempestade de demônios, de recriminações e mágoas longínquas, de conceitos distorcidos, de certos e errados que nunca foram uma coisa ou outra. E, é claro, decisões desastrosas permitem *lições de reparação* ou, quem sabe, apenas *a correção de rumo* em nossas ações na história. O conhecimento da história, aliás, é fundamental e necessário! É nossa referência para a *correção de rumo*.

---

[335] O termo foi criado pelo químico Paul Crutzen e pelo biólogo Eugène Stoermer em uma reunião do Programa Internacional Biosfera-Geosfera. Como veremos mais à frente, o termo pode não ser verdadeiramente adequado.

A empatia e a capacidade de aprender são um alento nesse mar de desordem sangrenta, como disse Bertold Brech. *Não confundir o habitual com o natural* pode ser o grande salto de reparação, a grande revolução, a grande sacada do Antropoceno, mas nosso tempo se esgota junto às calotas polares de gelo duro. Não somos eternos, talvez nem mesmo nosso legado.

Se somos ou não responsáveis diretos pelo aquecimento global, isto é quase irrelevante, já que somos responsáveis indiretos (e réus confessos) pela queima de combustíveis fósseis e emissão de gases geradores do efeito estufa. Se Tóquio ou São Paulo são cidades cujo ar é irrespirável, se nossas megalópoles são bolhas de calor e se as cidades de porte médio estão caminhando, rapidamente, para se tornarem megacidades, que mais continuaremos negando? E que lições podemos tirar disso?

Se, desde o longínquo Neolítico, iniciamos a derrubada de florestas e a queima de madeira para aquecer nossas noites, proteger os limites de nossos acampamentos, ganhar espaço para o plantio de nossa subsistência ou cozinhar alimentos, então somos responsáveis diretos pela degradação do solo, da qualidade da água e do ar e dos alimentos que ingerimos. E que lições podemos tirar disso?

Se hoje cruzamos o Atlântico ou o Pacífico em poucas horas, isso é mérito nosso, mas seria uma canalhice negar que não haja consequências desse ato quase *habitual*. A malha aérea moderna é assombrosamente grande...

Seria uma canalhice afirmar que a fome no mundo sempre foi habitual e que, portanto, é natural. A fome de dias ou semanas ou meses e até de anos é natural na evolução do homem, mas a fome secular imposta, a fome "arbitrariamente consciente", a fome como política de Estado imposta aos outros Estados, isso parece mesmo habitual, mas não é natural. Em outras palavras, é um engodo. Depois, os países ricos fornecem esmolas aos países pobres para encobrir a fome "arbitrariamente consciente" e deliberadamente imposta por eles. E que lições podemos tirar disso?

Estamos às portas de uma sexta extinção em massa..., mas há quem ainda diga que a terra seja plana, mesmo usando nossa malha aérea; que os ativistas ambientais são uns chatos e que tudo sempre foi assim. Não, não foi – essa é a resposta. O que parece habitual pode não ser natural. Em outras palavras, é um engodo, uma forma de enganar você usando notícias falsas, usando a ciência de maneira mentirosa.

No Neolítico e antes disso, catamos ovos de aves para matar a nossa fome atroz, mas só quando os primeiros saltos tecnológicos nos permitiram construir embarcações para alcançar as ilhas distantes foi que comemos todos os ovos dessas mesmas ilhas. Foi assim que extinguimos, pelas próprias mãos, montes de espécies. Foi assim que extinguimos montões de aves marinhas, as aves elefantes de Madagascar e os moas da Nova Zelândia... Comemos e introduzimos doenças com nossas aves domésticas.

Que lições podemos tirar disso? Ora, muitas. Aprendemos que as ilhas têm um equilíbrio delicado e que, quanto mais distantes da costa, menos chances têm de ser recolonizadas. E foi assim que os colonos polinésios detonaram com tudo, marcando o Antropoceno com a sua passagem. Foi assim que os colonos portugueses e holandeses deram cabo do Dodô no Oceano Índico; foi assim que o Havaí perdeu 30% de suas espécies em 500 anos; foi assim que a Ilha de Guam no Pacífico perdeu 60% delas nos últimos 30 anos; foi assim que 1,2 mil espécies de aves de um total de 10 mil estão ameaçadas de extinção, e você acreditando que os ativistas ambientais são apenas uns chatos. Se são ou não são chatos, isso deveria ser o de menos para você e para mim, mas nos distanciamos com acusações recíprocas, em vez de aprender sobre as lições do Antropoceno.

Em 27 anos, comemos todas as vacas-marinhas-de-steller, um dugongo gigante que habitava o Mar de Bering, lá pelas bandas da Manchúria. Sim, ao descobri-los por acaso em 1741, comemos todos, transformamos em óleo para iluminação, em manteiga... Arpoamos os bebês primeiro para manter os pais por perto e devoramo-los ainda vivos. E chamamo-los de vacas-marinhas por conta do gosto de sua carne. E os ativistas ambientais são apenas uns chatos, porque esse é um ponto fora da curva, um verdadeiro azar na trajetória humana.

Não é verdade! Nós comemos todas as focas do caribe também. Extinguimos o lobo-da-Tasmânia, o tigre-do-Mar-Cáspio, o quagga – aquela famosa zebrinha listrada pela metade –, o cervo-de-Schomburgk, mais de uma espécie de wallaby – um canguru australiano –, o antílope azul da savana africana e até o golfinho-chinês – o baiji. E poderíamos acrescentar a essa lista os alces-gigantes, os auroques, os leões e os ursos das cavernas, os rinocerontes lanudos, os mamutes, os mastodontes, as preguiças-gigante – isso só para citar os maiores. E, vejam, esses caras não habitavam ilhas distantes da costa, habitavam áreas continentais contínuas, e mesmo assim demos cabo deles. Os oito últimos foram extintos por nossas mãos antes ou no início do Neolítico, quando nossos progressos tecnológicos ainda estavam engatinhando. Podemos culpar as mudanças climáticas, se quisermos, mas foi nossa expansão demográfica que bateu o martelo, a expansão do homem sedentário.

Que lições podemos tirar disso? Que lições podemos tirar do que fizemos às baleias cinzentas do Atlântico? O que podemos aprender do que fazemos, justo agora, com a simpática vaquita, o golfinho do Mar de Cortez, ou com os rinocerontes bancos e negros? Pousamos helicópteros no meio da noite, armados de miras infravermelhas e de motosserras para cortar fora seus cornos. Há um comércio de cornos, há um comercio de marfim, há um comércio de testículos de tigres e de pandas, há um comércio de aves coloridas e de macacos coloridos e de... Que lições podemos tirar disso?

O que podemos aprender sobre o comércio de pessoas, que de natural não tem nada, mas é estranhamente habitual. O que podemos aprender sobre os "senhores das armas", os países ricos que geram as crises nos países pobres, a tal "confusão organizada", que lhes tira a identidade cultural? Desumanizar a Síria, a Líbia, a Palestina, o Sudão, o Afeganistão, os árabes – quaisquer que sejam –, pintando-os com as cores do terrorismo e mentindo ao mundo que isso nada tem a ver com o ouro negro? Claro que tem. São pura e deprimente falácia, mentira, engodo tão habituais, mas que de naturais não tem nada! Deprimente sim, e nós aceitamos tais mentiras como naturais.

A mentira planetária, assim como o ego, é própria do Antropoceno, e não da evolução do homem. Não estamos falando de mentirinhas inocentes quando um chimpanzé macho, de hierarquia inferior, leva uma fêmea do chefe para dar uma voltinha. Estamos falando do terceiro chimpanzé (o homem) e de suas mentiras nascidas das oligarquias, da plutocracia, do *Auri Sacra Fames*. Suas mentiras nascidas do ego, como vimos há pouco, do ego que se ergue acima dos sentimentos compartilhados. E vejam, não estamos falando do ego inerente à humanidade, e sim do ego de uma escória poderosa, mas muito distante de representar a humanidade.

O golpe é duro, mas eu e você estamos envolvidos por nos calarmos, pela omissão diuturna, por aceitar mentiras e propagar mentiras nas redes sociais, sem conferir a veracidade (*nossa, isso é uma coisa baixa*), e por nos negarmos a aprender as lições do nosso tempo. Ocupamo-nos furiosamente com os sistemas políticos de direita e esquerda e com acusações recíprocas, mas não conhecemos história. Nós inventamos a escrita para registrar fatos e hábitos, mas, estranhamente, não lemos o que escrevemos. Pode isso?

Ahh... Sei que a história é sempre escrita pelos vencedores... **Atenção**: isso é só parte da verdade. Quem lê também interpreta e deixa de ser refém de manobras idiotas, típicas dos eternos idiotas de plantão. Há uma "manada" de idiotas sempre disposta a repetir o que não sabe. Podemos negar que houve ditadura aqui e ali, massacres aqui e ali, genocídios aqui e ali, mas quem lê vai desmascarar mentiras aqui e ali e acolá e, ao desmascará-las, vai crescer na compreensão de todas as coisas e ajudar os demais nessa compreensão.

"Onde se queima livros, acaba se queimando pessoas", disse o poeta alemão Heinrich Heine. Os nazistas queimaram livros, os fascistas queimaram livros, os falangistas queimaram livros, os maoístas queimaram livros, os inquisidores medievais queimaram livros, e todos queimaram pessoas ou as envenenaram em câmaras de gás, ou as trancafiaram, fuzilaram, enforcaram e mataram de fome, porque o conhecimento é uma arma poderosa. Todas as ditaduras, mesmo as maldisfarçadas de democracia, buscam estrangular o conhecimento, o ensino, a ciência.

Ativistas ambientais também têm sido mortos, porque a mídia não lhes dá ouvidos, porque o sistema os desumaniza, porque não conhecemos atualidades nem história e porque aceitamos mentiras plantadas que se tornam habituais. A "queima de arquivo" é habitual, mas não é natural. Ela é fruto de uma cultura deletéria, que tanto valorizamos e que nos têm levado ao crepúsculo de um tempo, um tempo de "isolamento" imposto pela tecnologia, um tempo de depressivos culturais, de analfabetos culturais, de egoístas e de "confusão organizada" (aliás, muito bem organizada, digo isso novamente) para nos tornar inseguros. E que lições podemos tirar disso?

***

Para alguns cientistas, o Antropoceno iniciou com a Revolução Industrial, entre 1760 e 1870. Máquinas a vapor revolucionaram os navios e os trens, as fábricas e a construção civil. Empregos foram extintos, outros criados, e o mundo mudou num salto. Mas, para outros cientistas, o Antropoceno iniciou bem antes, durante a revolução agrícola, em algum momento no início do Neolítico. O trigo, a cevada, o sorgo e as azeitonas mudariam o mundo e a estrutura das populações humanas. Para esses, Antropoceno e Neolítico coincidem. No entanto, seja qual for a época escolhida, ela será uma migalha em relação ao tempo de nossa trajetória no planeta. Somos uma espécie de 120 mil anos, pelo menos (talvez 300 mil anos), e dois séculos ou 10 mil anos, tanto faz, são uma conta pequena.

Neste tempo exíguo, desflorestamos o planeta, drenamos os pântanos que tão bem serviam para controlar as inundações, ampliamos os desertos, contaminamos a água dos rios e até dos lençóis freáticos, destruímos o solo, expondo-o ao sol inclemente, às pastagens ou às monoculturas extensivas, carregamos o ar com substâncias tóxicas irrespiráveis, geramos bolhas de calor com nossas cidades, envenenamos nossos alimentos, extinguimos montes de espécies animais e vegetais, soterramos os corais e catapultamos doenças aos píncaros. Somos os mentores da chuva ácida e da poluição radioativa, da acidificação dos mares e da poluição sonora, das ilhas de plástico flutuante do tamanho de cidades e das montanhas de lixo indestrutível a céu aberto. E somos corresponsáveis pelo aquecimento global.

Promovemos, neste tempo, pelo menos, 200 guerras de peso conhecidas por nomes, duas delas mundiais. Só no século XXI, já são mais de 21 guerras a um custo inconcebível de vidas, povos e culturas destruídos. São muitas gerações de mutilados, depressivos, paranoicos, desajustados e miseráveis produzidos pelas guerras. Isso sem contar as revoluções sanguinárias, os genocídios, os êxodos e o terror com enforcamentos e decapitações punitivas. É uma trajetória de arrepiar nestes 10 mil anos e uma marca indelével do Antropoceno.

Vendo apenas essa breve parte de nossa história (e Pré-História), deveríamos mudar de nome para *Homo iracundus* ou *Homo litigiosus* ou *Homo horribilis*, mas nossa 'racionalidade' não admite tal retrocesso. E que lições podemos tirar disso?

***

Talvez nossos laços de ternura, nossa capacidade de sentir a dor dos outros e cuidar dos incapacitados e a legião de emoções que herdamos dos demais animais ofereçam-nos um caminho *legítimo* e *natural*. A empatia é um caminho *natural* que poderia ser também *habitual*. Este parece ser o ponto quando nos preocupamos com a qualidade de vida e com os outros animais e plantas. A empatia é a pedra de toque e o caminho da sobrevivência.

Preocupamo-nos com os bisões norte-americanos e salvamo-los da extinção. Também estamos mudando o destino dos cavalos selvagens, dos lobos dos Alpes e dos Pirineus, das baleias-francas e dos micos leões--dourados, mas as ararinhas-azuis, as focas-monge do Mediterrâneo, as toninhas sul-americanas e as vaquitas da América do Norte caminham, perigosamente, no limiar da extinção. O mesmo se pode dizer da castanheira-do-brasil e do pau-brasil, da canela-sassafrás e da canela-preta, e se formos mais longe, o que dizer das sequoias e dos baobás? Todos eles na borda do mundo, numa espécie de limbo.

Preocupar-se com os outros é também um valor do Antropoceno e talvez uma lição a ser aprendida – uma lição de humildade, como disse o pai da etologia, Konrad Lorenz. Nossa falta de humildade coletiva pode ser um sintoma do crepúsculo do Antropoceno, assim como nossa beligerância. A Caixa de Pandora deixou escapar muitos demônios com os quais temos de lidar, mas hoje vemos com clareza que, dentre os valores naturais de nossa humanidade, aqueles valores herdados de nossos ancestrais mamíferos, também está o sentimento de empatia. Com ela nada deve parecer impossível de mudar, como insistiu Bertolt Brech[336].

***

Faz pouco tempo, o Antropoceno parece ter dado um novo salto devido à explosão tecnológica. Computadores, telefones celulares, máquinas fotográficas, relógios, aspiradores, aviões, carros – todos imbuídos de respostas instantâneas, exatas, autônomas. Seria este o início de um Ciberceno ou Tecnoceno[337]?

Novamente estamos a extinguir empregos e, quem sabe, criar outros. Mas se confunde quem chama isso de inteligência artificial – a AI, em inglês. Um computador que lê a forma do seu corpo e produz uma roupa perfeita para você em poucos minutos não é inteligente. Ele apenas reagiu ao que você o instruiu a fazer. Ele agiu como escravo, rápido e diligente. A AI exigiria que a tal máquina aprendesse com as novidades e mudasse sua conduta por conta própria. Meu celular bem que tenta prever as palavras que escrevo, mas é lamentável nesse quesito. E ele ainda as corrige erroneamente, mas é vendido como um aparelho inteligente. Inteligente, no entanto, é o marketing elaborado para convencê-lo do que o aparelho não

---

[336] Eugen Bertholt Friedrich Brecht: dramaturgo, poeta e encenador alemão do século XX.

[337] Grandes pensadores modernos, como o sociólogo Jason W. Moore, da Universidade de Binghamton, o filósofo brasileiro André Francisco Pilon, entre muitos outros, definem o termo Antropoceno como "uma interpretação fantasiosa" ou uma forma falsa de entender as coisas. Eles dizem que o termo encobre a verdade, delegando a responsabilidade a toda a humanidade. E propõem termos como "capitaloceno" ou "corporatoceno" como muito mais adequados. **Esta é uma visão nada desprezível da situação.**

é. E você se convence porque não se pergunta, e não se pergunta porque perguntar dá trabalho. A velocidade do Tecnoceno não permite perguntas, mas permite que as mentiras – um turbilhão delas – o atinjam de supetão, e você sede, capitula. É atropelado por mentiras.

A inteligência artificial tem dado, sim, seus primeiros passos, mas não adianta perguntar ao seu aspirador de pó. O "ChatGPT" aparece como o limiar da verdadeira AI – seria esse o nosso fim? Aliás, a ideia é razoavelmente antiga. Em *Blade Runner, o caçador de androides*, Rutger Hauer, na época um ator pouco conhecido, deu um show como o androide que vislumbrava, por conta própria, o mundo emocional humano. Ele desejava esse salto e foi a verdadeira personificação da AI já no ano de 1982. Hoje muitos de nós desejam o salto inverso: o de escapar do mundo emocional, refugiando-se nas simulações computacionais. Isso é habitual, mas seria natural? Você tem medo da inteligência artificial ou da burrice corriqueira e que parece natural?

***

Quando da revolução agrícola, as sociedades humanas sofreram um rearranjo, tornando-se sedentárias e precisando lidar com a ideia de propriedade. Elas também precisaram apostar no planejamento. A revolução industrial exacerbou a concentração de renda na mão dos donos das indústrias e quase eliminou o trabalho artesanal, aumentou o êxodo rural e as submoradias da periferia. Agora, a revolução tecnológica parece nos empurrar para o anonimato travestido de conectividade. A conectividade da qual nos gabamos é uma falsa liberdade. Você pensa ter acesso a tudo, mas tem acesso à parte que lhe foi atribuída pelos algoritmos da internet. A sociedade vai se tornando mais egoísta, passiva e conformada, assim como cada indivíduo que a compõe. Cada vez mais desumanizamos o animal humano. Cada vez mais as emoções vão sendo deixadas à margem, aquelas emoções tão cruciais à nossa trajetória evolutiva.

***

Quando foi que alavancamos o egoísmo como tônica social? E por que ele estaria tão em alta nos tempos modernos? ...Talvez devamos recuar apenas três séculos, apenas três para entender melhor a questão. Movimentos sociais estavam pipocando em todo canto. A burguesia se rebelava contra o absolutismo, contra a mão pesada das religiões seculares, e valorizava a razão como atitude de pensamento e de ação. Luz contra as trevas! Nada de mal, não é mesmo?

Sim, o Iluminismo, como foi chamado, valorizaria a liberdade e a ciência contra a tirania e a superstição. Traria a noção de progresso e tentaria apagar, sem muito sucesso, o colonialismo há muito arraigado. Houve crescimento político, econômico, legal, filosófico, intelectual e uma pauta cada vez maior de ideias do tipo "pense por si mesmo, pense alto, atreva-se".

Porém, o Iluminismo deixou algumas pontas soltas... Embora sua proposta original incluísse a liberdade e o igualitarismo, essa iniciativa valorizaria também palavras (e ações) apontadas para a riqueza, ambição, fama e mesmo ganância. A liberdade parecia estar garantida, mas o igualitarismo, provavelmente não. Lembremos que era um movimento da burguesia, e, portanto, essa igualdade tinha um "público-alvo" mais ou menos limitado. Liberdade e igualdade para quem? Sim, o liberalismo econômico (e depois o neoliberalismo) catapultaria membros da burguesia ao estrelato, a ganância desmedida, a riqueza e provocaria uma desigualdade social chocante. Inventariam Wall Street, a bolsa de valores, a paridade ao dólar, e o imperialismo econômico retornaria firme e forte, explorando a pobreza sem constrangimentos nem escrúpulos.

Os indivíduos eram livres para ascender economicamente, mas sem regras claras e sem punições para alguns. Eles poderiam pisar e espoliar os demais para "cumprir suas metas" (aliás, uma expressão corriqueira hoje). A Era do Egoísmo mostrava suas garras. Estaríamos mesmo saindo das trevas?

***

De fato, as mudanças são a tônica. Nada permanece como está. Entre um salto e outro, entre uma revolução e outra, esse animal que somos perde a noção do que lhe é natural. PERDE... E DEVE SER LEMBRADO DISSO. Ao adotar extravagâncias como hábito, ao adotar pensamentos doentios como hábito, perdemos o rumo, o senso comum.

Criamos um mundo moderno de fantasias *high-tech,* que tem muito de mitologia antiga e deuses supremos. Mas nossa memória expandida, seja nos escritos em pergaminho ou papiro, seja em argila, papel ou cristal líquido, seja nas imensas bibliotecas ou nas "nuvens eletrônicas", está aí para nos lembrar das lições já muitas vezes vividas. O Antropoceno é uma *era de memórias*... e nesse salto atual, também a *era do descarte*. Qual desses cenários prevalecerá? A memória, as experiências muitas vezes vividas ou o descarte, o caminho fácil de abandono e desprezo?

São muitas as lições a aprender, mas isso não é nada para *o terceiro chimpanzé, o macaco-nu, o animal humano,* uma espécie criativa, esperta e emocional. Somos sapiens também, mas não o tempo todo, e alguns de nós quase nunca. Haja visto os negacionistas das vacinas, do mundo redondo, dos genocídios comprovados e dos guetos modernos. Esses são os *non sapiens* do latim. Nosso dedo acusador está sempre em riste como se fôssemos uma eterna criança, querendo afastar suspeitas. Frans de Waal já nos lembrava que não somos apenas razão, mas um complexo mosaico que inclui cognição, emoções e a fisiologia do nosso corpo[338]. Somos a expressão de nossos hormônios e neurotransmissores, aquele mundo químico invisível que define muitíssimo do que somos.

Somos a espécie Peter Pan? A espécie que se nega a crescer? O que podemos aprender com isso? O que podemos aprender sobre *o valor do conhecimento, do perdão e da empatia*? Um pequeno passo, talvez muito tímido, mas um bom passo em direção ao que nos é natural.

Por sorte, somos apenas um animal humano – um contínuo entre espécies que se sucederam e que, por vezes, conviveram. Por sorte, não somos tão especiais nem tão isentos como desejaríamos. Nossa natureza social está aderida, como amálgama, aos outros animais sociais, e isso é bom porque somos o que deles herdamos, o que nos foi legado. Não deveríamos ter vergonha de nossa contraparte animal, de aceitá-la e conviver com ela.

Somos filhos de uma linhagem primata muito antiga, tão antiga que os dinossauros quadrúpedes ainda andavam por aqui, as baleias ainda viviam em terra (pasmem!) e os macacos dependiam das árvores e tinham receio do chão. Mas foi ainda antes que surgiu o que temos de melhor, *aquilo que chamamos de empatia*. Este é o fascinante fio condutor que veio de longe e, em meio a tantas curvas e descaminhos, chegou até nós..., o fio que nos liga à bondade e à decência de que também somos feitos. Como insiste Rutger Bregman[339], em seu empolgante livro sobre uma visão otimista do homem, "no fundo, a maioria das pessoas é bastante decente...".

---

[338] de Waal (1996).
[339] Bregman, R. (2021). *Humanidade*. São Paulo: Planeta Estratégia. p.20

***

Repetindo: a empatia nos é **natural** e quem sabe também possa ser **habitual** na sociedade moderna... Somos bons em aprender coisas. É só uma questão de tentar, ter o firme propósito de tentar...

Lembre-se: *"nada deve parecer impossível de mudar"* (Bertolt Brecht).

Se as pessoas são o problema... então as pessoas também são a solução.
(Anônimo)

Fim?...

REFERÊNCIAS

Aamodt, S. & Wang, S. (2009). *Bem-vindo ao seu cérebro.* São Paulo: Cultrix.

Ambrose, S. H. (1998). Late Pleistocene human population bottlenecks, volcanic winter, and differentiation of modern humans. *Journal of human evolution,* 34(6), 623-651.

Armstrong, K. (2016). *Campos de sangue: religião e a história da violência.* São Paulo Companhia das Letras.

Avital, E. & Jablonka, E. (2000). *Animal traditions: Behavioural inheritance in evolution.* Cambridge: Cambridge University Press.

Axelsson, E., Ratnakumar, A., Arendt, M. L., Maqbool, K., Webster, M. T., Perloski, M., & Lindblad-Toh, K. (2013). The genomic signature of dog domestication reveals adaptation to a starch-rich diet. *Nature,* 495 (7441), 360-364.

Bandeira, L. A. M. (2016). *A desordem mundial: O espectro da dominação: guerras por procuração, terror, caos e catástrofes humanitárias.* Rio de Janeiro: José Olympio.

Barash, D. P. (1979). *The whisperings within: Evolution and the origin of human nature.* New York City: Arco Pub. 274 pp.

Batten, M. (1995). *Estratégias Sexuais: como as fêmeas escolhem seus parceiros.* Rio de Janeiro: Record. 302 pp.

Bauman, Z. & Leonidas Donskis, L. (2021). *A cegueira Moral.* São Paulo: Ed. Zahar

Beah, I. (2015). *Muito longe de casa: memórias de um menino-soldado.* (Cia de Bolso). São Paulo: Companhia das Letras.

Beevor, A. (2012). *A segunda guerra mundial.* Rio de Janeiro: Record. 952 pp.

Bekoff, M. (2010). *A vida emocional dos animais.* São Paulo: Cultrix. 206 pp.

Bekoff, M. & Byers, J. A. (Eds.). (1998). *Animal play: Evolutionary, comparative and ecological perspectives.* Cambridge: Cambridge University Press.

Benveniste, É. (1969). *Le vocabulaire des institutions indo-européennes: Émile Benveniste. Sommaires, tableau et index établis par Jean Lallot.* Paris: Éds. de Minuit.

Bethencourt, F. (2019). *Racismos: das cruzadas ao século XX*. São Paulo: Cia da Letras.

Braidwood, R. J. (1988). *Homens pré-históricos*. Brasília: UnB.

Bregman, R. (2021). *Humanidade*. São Paulo: Planeta Estratégia. 460 pp.

Brown, J. H. & Lomolino, M. V. (2006). *Biogeografia*. (2. ed, pp. 691). Ribeirão Preto: FUNPEC.

Caparrós, M. (2018). Fome. Rio de Janeiro: Bertrand Brasil.

Christopher, G. W., Cieslak, T. J., Pavlin, J. A., & Eitzen Jr., E. M. (1997). Biological warfare. A historical perspective. *JAMA*, 278, 412-417.

Condemi, S. & Savatier, F. (2019). *As últimas notícias do Sapiens: Uma revolução nas nossas origens*. Belo Horizonte: Vestígio. 157pp.

Darwin, C. (2013). *A expressão das emoções no homem e nos animais* (pp. 24). São Paulo: Companhia das Letras.

de Waal, F. (2007). *Eu, primata: por que somos como somos*. São Paulo: Companhia das Letras. 331 pp.

de Waal, F. B. (1996). *Good natured: the origins of rigth and wrong in humans and other animals*. Cambridge, MA: Harvard University Press. 296 pp.

Debiec, J. (2011). Who's in Charge? Free Will and the Science of the Brain. *Nature*, 478 (7369), 322-323.

Diamond, J. (2014). *The third chimpanzee: on the evolution and future of the human animal.* New York City: Simon and Schuster.

Diamond, J. (2017). *Armas, germes e aço: os destinos das sociedades humanas*. Rio de Janeiro: Record.

Dimsdale, J. E. (2016). *Anatomy of malice: The enigma of the Nazi war criminals*. New Haven: Yale University Press. 257 pp.

Eco, U. (2018). *O fascismo eterno*. Rio de Janeiro: Record. 64 pp.

Eiseley, L. (2011). *The immense journey: An imaginative naturalist explores the mysteries of man and nature*. New York City: Vintage.

Ekman, P., Friesen, W. V., & Ellsworth, P. (2013). *Emotion in the human face: Guidelines for research and an integration of findings* (Vol. 11). Amsterdam: Elsevier.

Erill, S. (2017). *La ciência oculta: mujeres y ciencia*. Barcelona: Fundación Dr. Antoni Esteves. 128 pp.

Evans, R. J. (2017). *O Terceiro Reich em Guerra: Como os nazistas conduziram a Alemanha da conquista ao desastre (1939-1945)*. São Paulo: Crítica. 1056 pp.

Falush, D., Wirth, T., Linz, B., Pritchard, J K., Stephens, M., Kidd, M., & Suerbaum, S. (2003). Traces of human migrations in Helicobacter pylori populations. *Science*, 299 (5612), 1582-1585.

Feyerabend, P. K. (1989). *Contra o método* (Vol. 3). Rio de Janeiro: Francisco Alves.

Fleagle, J. (2013). *Primate adaptation and evolution*. Massachusetts: Academic Press.

Foley, R. (1993). *Apenas mais uma espécie única*. São Paulo: Editora da Universidade de São Paulo, São Paulo. 368 pp.

Foley, R. (2003). *Os humanos antes da humanidade*. São Paulo: Unesp. 294 pp.

Fouts, R. & Mills, S. T. (1998). *O parente mais próximo: o que os chimpanzés me ensinaram sobre quem somos*. Rio de Janeiro: Objetiva. 412 pp.

Freedman, A. H. & Wayne, R. K. (2017). Deciphering the origin of dogs: From fossils to genomes. *Annual Review of Animal Biosciences*, 5, 281-307.

Freitas-Magalhães, A. (2020). *A Psicologia das Emoções – o fascínio da face humana*. Alfragide: Leya.

Gomes, L. (2019). *Escravidão: do primeiro leilão de cativos em Portugal até a morte de Zumbi dos Palmares*. (Vol. 1). São Paulo: Globo livros. 479 pp.

Goodall, J. (1991). *Uma janela para a vida: 30 anos com os chimpanzés da Tanzânia*. Rio de Janeiro: Jorge Zahar. 280 pp.

Gould, S. G. (1991). *A falsa medida do homem*. São Paulo: Martins Fontes. 384 pp.

Griffin, D. R. (2013). *Animal minds: Beyond cognition to consciousness*. Chicago: University of Chicago Press. 310 pp.

Grueter, C. C., Chapais, B., & Zinner, D. (2012). Evolution of multilevel social systems in nonhuman primates and humans. *International Journal of Primatology*, 33, 1002-1037.

Gunz, P., Neubauer, S., Maureille, B., & Hublin, J. J. (2010). Brain development after birth differs between Neanderthals and modern humans. *Current biology*, 20 (21), R921-R922.

Harari, Y. N. (2014). *Sapiens: A brief history of humankind*. Jerusalem: Publish in agreement with The Deborah Harris Agency and the Grayhawk Agency. 459 pp.

Hrdy, S. B. (1981). *The Woman that never evolved*. Cambridge: Harvard University Press.

Irons, W. (1979). Political stratification among pastoral nomads. *Free radical biology, & medicine*, 1: 361-374.

Iweala, U. (2006). *Feras de lugar nenhum*. Rio de Janeiro: Nova Fronteira. 192 pp.

Kramer, S. N. (1963). *The Sumerians: Their history, culture, and character*. Chicago: University of Chicago Press.

Lambert, Y. (2007). *La naissance des religions: de la phéhistoire aux religions universalistes*. Paris: Armand Colin. 510 pp.

Largo, M. (2011). *Lunáticos por Deus: lendas, mitos e fatos*. São Paulo: Larousse do Brasil. 416 pp.

Las Casas, B. D. (2001). *O paraíso destruído: brevíssima relação da destruição das Índias*. Porto Alegre: nL & PM. 176 pp.

Leigh, S. R. (2004). Brain growth, life history, and cognition in primate and human evolution. *American Journal of Primatology: Official Journal of the American Society of Primatologists*, 62 (3), 139-164.

Lemoine, S. R., Samuni, L., Crockford, C., & Wittig, R. M. (2023). Chimpanzees make tactical use of high elevation in territorial contexts. *Plos Biology*, 21(11), e3002350.

Leroi-Gourhan, A. (1975). The flowers found with Shanidar IV, a Neanderthal burial in Iraq. *Science*, 190, 562-564. https://doi. org/10. 1126/science

Leroi-Gourhan, A. (2007). *As religiões da pré-história*. Lisboa: Edições 70.

Linz, B., Balloux, F., Moodley, Y., Manica, A., Liu, H., Roumagnac, P., & Achtman, M. (2007). An African origin for the intimate association between humans and Helicobacter pylori. *Nature*, 445(7130), 915-918.

Lorenz, K. (1979). *A agressão. Uma história natural do mal*. Lisboa: Editora Moraes.

McGrew, W. C. (1992). *Chimpanzee material culture: implications for human evolution.* Cambridge: Cambridge University Press.

Milanez, F. & Santos, F. L. (2021). *Guerras da Conquista: da invasão dos portugueses até os dias de hoje.* Rio de Janeiro: Harlequin/HarperCollins.

Mithen, S. J. (1998). *The prehistory of the mind a search for the origins of art, religion and science.* London: Orion Publishing Group. 425 pp.

Mittermeier, R. A. & Wilson, D. E. (2011). *Handbook of the mammals of the world: vol. 2: hoofed mammals.* Barcelona: Lynx Edicions.

Mittermeier, R. A., Wilson, D. E., & Rylands, A. B. (Eds.). (2013). *Handbook of the mammals of the world: primates.* Barcelona: Lynx Edicions.

Morris, D. (2006). *O macaco nu: um estudo do animal humano.* (16. ed). Rio de Janeiro: Record. 188 pp.

Mullally, S. L. & Maguire, E. A. (2014). Memory, imagination, and predicting the future: A common brain mechanism? *The Neuroscientist,* 20 (3), 220-234.

Nagorski, A. (2013). *A Batalha de Moscou.* São Paulo: Editora Contexto. 352 pp.

Ohler, N. (2017). *High Hitler.* São Paulo: Editora Planeta. 375 pp.

Ordine, N. (2016). *A utilidade do inútil: um manifesto.* Rio de Janeiro: Companhia das Letras.

Osterholm, M. T. (2001) Bioterrorism: A real modern threat. In Scheld, W. M., Craig, W. A., & Hughes, J. M. (Ed.). *Emerging Infections* (Vol. 5, pp. 213-222). Washington, DC: ASM Press.

Papagrigorakis, M. J., Yapijakis, C., Synodinos, P. N., & Baziotopoulou-Valavani, E. (2006). DNA examination of ancient dental pulp incriminates typhoid fever as a probable cause of the Plague of Athens. *International Journal of Infectious Diseases,* 10 (3), 206-214.

Piazza, P. V. (2019). *Homo biologicus: comment la biologie explique la nature humaine.* Paris: Albin Michel. 362 pp.

Pomeroy, E., Bennett, P., Hunt, C. O., Reynolds, T., Farr, L., Frouin, M., & Barker, G. (2020). New Neanderthal remains associated with the 'flower burial' at Shanidar Cave. *Antiquity,* 94 (373), 11-26.

Pough, F. H., Heiser, J. B., & McFarland, W. N. (2003). *A vida dos vertebrados* (Vol. 3). São Paulo: Atheneu.

Read, P. P. (2001). *Os Templários*. Rio de Janeiro: Imago. 368 pp.

Rees, L. (2018). *The Holocaust: A new history*. New York City: Public Affairs. 574 pp.

Ryan, C. (2010). *The Last Battle: The Classic History of the Battle for Berlin*. New York City: Simon and Schuster.

Saint Exupéry, A. de (2015). Terra dos Homens. São Paulo. Via Leitura.

Schloss, E. (2015). *Depois de Auschwitz*. São Paulo: Universo dos Livros Editora.

Schmitt, D. (2003). Insights into the evolution of human bipedalism from experimental studies of humans and other primates. *Journal of Experimental Biology*, 206 (9), 1437-1448.

Sevim-Erol, A., Begun, D. R., Sözer, Ç. S., Mayda, S., van den Hoek Ostende, L.W., Martin, R.M.G., Cihat Alçiçek, M. (2023). A new ape from Türkiye and the radiation of late Miocene hominines. *Commun. Biol.,* 6, 842.

Sforza, C. & Sforza, F. C. (2002). *Quem somos. História da diversidade humana.* São Paulo: Editora Unes. 384 pp.

Sides, H. (2015). *In the kingdom of ice: the grand and terrible polar voyage of the USS Jeannette*. London: Anchor.

Sin-leqi-unninni. (2017). *Ele que o abismo viu: Epopeia de Gilgámesh.* (Tradução de Jacynto Lins Brandão). Belo Horizonte: Autêntica. 50 pp.

Solomon, A. (2014). *O demônio do meio-dia: uma anatomia da depressão*. (2.ed.). Rio de Janeiro: Companhia das Letras.

Starkweather, K. E. & Hames, R. (2012). A survey of non-classical polyandry. *Human Nature*, 23, 149-172.

Sternberg, R. J. (1986). A triangular theory of love. *Psychological review*, 93 (2), 119.

Swedell, L. (2012). Primate Sociality and Social Systems. *Nature Education Knowledge,* 3(10), 84.

Talamo, S., Nowaczewska, W., Picin, A., Vazzana, A., Binkowski, M., Bosch, M. D., & Hublin, J. J. (2021). A 41, 500 year-old decorated ivory pendant from Stajnia Cave (Poland). *Scientific Reports*, 11(1), 22078.

Toledo, J. (2006). *Pragas e Epidemias – Histórias de doenças infeciosas.* Belo Horizonte: Folium Editora. 152 pp.

Ujvari, S. C. (2015). *A História da humanidade contada pelo vírus.* São Paulo: Contexto.

Veyne, P. (2011). *História da vida privada.* [Histoire de La Vie Privée]. São Paulo: Companhia das Letras.

Wasson, R. G. (1968). *Soma: Divine mushroom of immortality. [S. l.]:* Harcourt Brace Jovanovick

Weil, P. & Tompakow, R. (2017). *O corpo fala – Edição Comemorativa: A linguagem silenciosa da comunicação não-verbal.* São Paulo: Vozes Limitada.

Wilson, D. E. & Mittermeier, R. A. (2011). *Handbook of the mammals of the world, volume 2: hoofed mammals.* Barcelona, Spain: Lynx Ediciones.

Wilson, E. O. (1981). *Da natureza humana.* (Tradução de G. Florsheim). São Paulo: TA Oueiroz. 263 pp.

Worobey, M., Cox, J., & Gill, D. (2019). The origins of the great pandemic. *Evolution, Medicine, and Public Health,* 1, 18-25.

Zeman, A., Dewar, M., & Della-Sala, S. (2015). Lives without imagery – Congenital aphantasia. *Cortex,* 73, 378-380.